"十二五"职业教育国家规划教材
经全国职业教育教材审定委员会审定

花卉栽培技术

HUAHUI
ZAIPEI JISHU

第二版

柏玉平　王朝霞　刘晓欣　主编

U0367745

化学工业出版社
·北京·

全书以花卉栽培技术为主线，对基本理论与基本技术知识体系进行了系统的构建。全书共十章，划分为三个不同知识体系的单元，即花卉的认识、花卉的栽培条件、花卉的栽培管理技术。每个单元又由五部分组成，即单元内容摘要、学习目标、基础知识与基本技能、复习思考题、实训指导。第一单元包含三章，即花卉的概述、分类和应用，是对花卉含义、种类及园林与生活应用的基本认识和了解；第二单元包含两章，即花卉栽培的环境条件和设施条件，是对花卉栽培所需环境条件和设施及设备条件的熟悉与了解；第三单元包含五章，即花卉的繁殖技术、花期调控技术及露地花卉、温室花卉、专类花卉的栽培管理技术，是技术、技能的主体，是对花卉栽培技术实践应用的具体阐述。本教材插入了大量自拍图片，结构新颖，系统性强，可参考的技能实训内容多，并吸收了行业最新研究与应用动态，具有很强的科学性、实用性和可操作性。

本书可作为园林、园艺专业的教材使用，也可作为相关专业的教师、学生及广大花卉生产与爱好者的参考用书。

图书在版编目（CIP）数据

花卉栽培技术/柏玉平，王朝霞，刘晓欣主编.—2版. —北京：化学工业出版社，2016.10（2024.1重印）
"十二五"职业教育国家规划教材
ISBN 978-7-122-27873-9

Ⅰ.①花… Ⅱ.①柏…②王…③刘… Ⅲ.①花卉-观赏园艺-高等职业教育-教材 Ⅳ.①S68

中国版本图书馆CIP数据核字（2016）第197546号

责任编辑：李植峰　迟蕾　　　　　　　　　　装帧设计：史利平
责任校对：王素芹

出版发行：化学工业出版社（北京市东城区青年湖南街13号　邮政编码100011）
印　　装：北京缤索印刷有限公司
787mm×1092mm　1/16　印张16¹⁄₂　字数500千字　2024年1月北京第2版第6次印刷

购书咨询：010-64518888　　　　　　　　　　售后服务：010-64518899
网　　址：http://www.cip.com.cn
凡购买本书，如有缺损质量问题，本社销售中心负责调换。

定　　价：58.00元

《花卉栽培技术》（第二版）编写人员

主　　编　柏玉平　王朝霞　刘晓欣

副 主 编　姜春华　陶正平　杨玉芳　王洪习

参编人员　（按姓名汉语拼音排列）

柏玉平（辽宁科技学院）

程　冉（济宁职业技术学院）

胡月华（商丘职业技术学院）

姜春华（甘肃农业职业技术学院）

李铭刚（咸宁职业技术学院）

刘晓欣（辽宁科技学院）

陶正平（广东农工商职业技术学院）

汪　妮（濮阳职业技术学院）

王洪习（濮阳职业技术学院）

王健梅（长治职业技术学院）

王立生（本溪市动植物园）

王永志（三门峡职业技术学院）

王朝霞（河南科技大学林业职业学院）

杨玉芳（山西林业职业技术学院）

杨运英（广东科贸职业学院）

前 言

《花卉栽培技术》教材自2009年出版以来，已先后被全国三十多个高职高专院校的园林、园艺等专业选为教材，应用广泛，反映良好。目前已印刷了6次。经过近7年的教学实践，发现教材尚有需要完善之处，如某些语句不够简洁、逻辑性不强，个别内容排序与归属不够合理，一些问题的叙述尚欠详细和精准，部分章节和花卉种类的图片不足或不够清晰与美观，有些与时代发展密切相关的动态内容显得陈旧等。因此，有必要对教材进行修订。

本次教材修订的原则是保持教材第1版的原有结构，继续秉承图文并茂、条块清晰、重点突出、实用性与可操作性强的编写特色，重点修订以下几个方面：一是改正不准确、逻辑性不强及错误的文字与内容；二是更新和增补插图；三是修改与时代发展密切相关的内容，以反映最新的产业动态，如第一章第四节中的"中国花卉产业的发展历史与现状"；四是调整内容设置与排序不尽合理的部分，如第五章第一节"温室的类型"、"温室的设计与建造"内容的归属与设置，第五章第四节"花卉栽培常用的器具"中内容的排序和论述；五是更新了部分花卉的栽培管理技术，增补了目前栽培和应用广泛的花卉种类。

本书配套有丰富的立体化数字资源，可从www.cipedu.com.cn 免费下载。

由于受编者水平和所在地域所限，书中不妥和疏漏之处在所难免，敬请读者不吝指正！

柏玉平

2016年5月

第1版前言

花卉产业是21世纪最有希望和活力的产业之一，被誉为"朝阳产业"。花卉不仅以其绚丽的色彩、婀娜的姿态及沁人心脾的芳香深入人心，惹人喜爱，美化园林，改善环境，丰富生活内容，更以其潜在的商品价值，为人们创造财富，推动社会经济的发展，成为当今世界贸易及社会生活不可或缺的组成部分。目前花卉行业人才尤其是专业技术型人才缺乏，培养既有理论又有技能的花卉专门型人才已成为花卉行业的迫切需求。本教材即是根据高职园林与园艺专业对花卉技能型人才培养的要求而编写的。

全书以花卉栽培技术为主体，对花卉栽培的基本理论与基本技术知识体系进行了系统的构建。全书共十章，划分为三个知识模块，即花卉的认识、花卉的栽培条件和花卉的栽培管理技术三个单元。为了加强对花卉栽培基本理论与技术的理解与掌握，每个单元都设置了相应的学习目标、复习思考题和实训项目，使学习更有目的性、技能训练更有针对性。第一单元包含花卉的概述、分类和应用三章，是对花卉含义、种类及花卉园林应用的基本认识和了解；第二单元包含花卉栽培的环境条件和设施条件两章，是对花卉栽培所需环境条件和设施、设备条件的熟悉与认识；第三单元包含五章，即花卉的繁殖技术、花期调控技术及露地花卉、温室花卉、专类花卉的栽培管理技术，是对花卉栽培技术在生产实践中运用的具体阐述。

本教材采用了大量的图片，以加强对概念的理解和对花卉种类的直观认识；内容设置上采取模块式，单元构建新颖、独特，知识体系条块划分清晰，知识系统性强，有别于国内高职同类教材；花卉选材来源于最新的市场动态，技术阐述吸收了行业最新研究与应用信息，具有很强的科学性、典型性和实用性；全书共设计了三十二个实训项目，各院校可根据实际条件和情况任意选择，可操作性强。

本教材由12所院校的14名老师联合编写，其中教材第一单元初稿由柏玉平、陶正平统稿，第二单元初稿由姜春华统稿，第三单元初稿由王朝霞、柏玉平统稿。全书的最终统稿、修改与审核工作由柏玉平完成，王朝霞、王洪习、陶正平协助审核、修改与整理。教材第二、三、六、八、九章所配图片，由柏玉平拍摄，第六章由杨玉芳补充，第八章由王洪习补充，第九章由杨运英补充；第五、十章由王朝霞拍摄，柏玉平、陶正平补充；柏玉平、刘晓欣负责全书图片的编辑与处理。

本书可作为园林、园艺专业的教材使用，也可作为相关专业的教师、学生及广大花卉生产与爱好者的参考用书。

由于编者学术水平与能力有限，加之编写时间较为仓促，疏漏与不当之处在所难免，敬请读者批评指正！

编者
2008年12月

目　录

第一单元

花卉的认识

单元内容提要

第一单元共设置了三章理论内容和八个实训项目。

三章理论内容为"花卉的概述"、"花卉的分类"和"花卉的应用"。通过这三章内容的学习，可以使学生对花卉的含义与研究范畴、花卉栽培的意义、国内外花卉产业的发展概况，以及花卉的类别、花卉在城乡园林及社会生活中的应用等有一个基本的认识和了解，拟为后续章节的学习奠定良好的基础。

八个实训项目中，调查类四项，即当地花卉产业、花卉露地应用形式、盆花装饰、鲜切花种类及营销情况的调查；识别类两项，即花卉种类和球根种类的识别；设计类两项，即花坛和花境的设计与配植。旨在通过实训，能使学生对所学理论内容进行充分地理解和吸收。

单 元 学 习 目 标

技能目标

1. 分清花卉与园林树木的所属范畴。
2. 掌握花卉产业市场调研的基本方法，学会书写实践调研报告。
3. 准确区分不同类别的花卉及不同类型的球根。
4. 分清花坛与花境，认识二者的不同类型。
5. 能简单设计花坛和花境，掌握其花卉配植的基本方法，并熟知当地配置花坛与花境常用的花卉种类。
6. 能熟练认识鲜花店中常见的切花种类，了解常见花卉花语和切花凋萎原因。

知识目标

1. 掌握花卉的含义及范畴，了解花卉栽培的研究内容。
2. 熟悉花卉产业的概念及其所包含的内容，了解国内外花卉产业发展概况。
3. 正确理解和掌握各类花卉的概念与特点。
4. 熟知园林花卉地栽应用的常见形式，掌握花坛与花境的概念、特点及设计的基本要点。
5. 掌握花卉盆栽装饰与切花装饰的基本特点和基本应用形式。

重　点

花卉与花卉产业的范畴；各类花卉的概念与特点；花坛与花境的区别及设置要点；鲜切花保鲜技术。

难　点

各类别花卉含义的理解、区分与应用。

第一章　花卉的概述

第一节　花卉的含义

一、花卉的含义和范畴

1. 花卉的概念

目前，花卉的概念尚无统一的定论，比较常见的说法一般有两种。

一是从性质和字义来解释，"花"是种子植物的生殖器官或繁殖器官，"卉"是草的总称，花卉即"花草"的同义词，原意就是"花花草草"或"开花的草本植物"。

二是从观赏性、生长习性和用途等方面来解释，主要应用于园林、园艺上，有狭义和广义之分。

（1）狭义花卉　指具有一定观赏价值的草本植物，包括露地草本花卉和温室草本花卉，多为观花和观叶植物。如鸡冠花、一串红、三色堇、金鱼草、菊花、芍药、百合、郁金香、吊兰、君子兰等。

（2）广义花卉　是指经过人类精心栽培养护，能美化环境、丰富人们文化生活的草本植物和木本植物，分为观花、观叶、观果、观茎、观根、观芽及观姿等多种类型，如各类草花、草坪草与地被植物、花灌木、观花乔木以及树桩盆景等。

2. 花卉的研究范畴

在广义花卉生产和应用范畴中研究的木本植物，通常是指那些原产于热带或亚热带地区，耐寒性弱，在北方需要盆栽保护越冬，具有较高观赏价值的木本植物，如山茶花、扶桑、白兰花、栀子花、含笑、月季、日本五针松等。而那些树体高大，耐寒性较强，可以在当地露地栽培越冬的木本植物，则常归于园林树木的研究范畴之中。二者的主要区别在于，前者常盆栽观赏，盆栽后因受营养空间的限制，株体矮小，对环境条件比较敏感，栽培管理相对精细，多作商品性栽培；而后者常于自然条件下行地栽观赏，株体随着年龄的增长变化较大，对环境条件的适应性强，养护管理粗放，一旦栽植可终生不动，除苗木外，很少作商品性栽培。但两者没有严格的界限，学习时，可以根据所在地区及南北地域的不同灵活掌握。

在花卉的实际应用中，露地绿化如花坛、花境、花钵等应用的花卉素材，多为草本花卉；而室内观赏用的盆栽花卉，既有草本的，也有木本的，这些花卉多原产于热带和亚热带，不耐寒冷和强光直射，需要盆栽并室内摆放。

二、花卉栽培的目的

花卉栽培的目的主要有三个。

1. 生产栽培

以创造经济效益为目的，是生产性企业进行的产业化生产行为。即将栽培出的花卉产品作为商品进入市场流通，为社会提供消费的一种栽培方式。其产品主要有鲜切花、盆花、种苗、种球等。生产栽培的要求主要有如下四点。

① 先进而规范的栽培技术。如无土栽培技术、组织培养技术等。

② 现代化的生产设施和设备。如具有机械化和自动化控制的现代化温室设施。

③ 规模化生产，专业化、专一化经营。即生产土地集约化，且具有一定的生产规模，从而形成了各种专业化和专一化经营，如专门生产切花、盆花、种球和种苗，或专门生产某种花卉，或某种花卉的 1 ～ 2 个品种。

④ 产品高度商品化、标准化，能进入国内外流通市场，获得较高的经济效益。

2. 观赏栽培

以观赏为目的，主要用于室内外装饰布置，以发挥其观赏价值，是非生产性企业的非产业化生产行为。如公园、广场、街道绿地、工厂、机关、医院、校园、庭园及室内观赏等栽植的花卉。

3. 科研栽培

以种质资源收集、科学研究和科普教育为主要目的，主要是在各级植物园、专类园、品种圃、标本植物展示室等特定区域进行栽植，栽培对象包括大量的野生种和栽培种。

三、花卉栽培技术课程的研究内容与学习方法

1. 花卉栽培技术课程的研究内容

花卉栽培技术是园林、园艺等专业的一门实践性很强的职业技术课程。它是以花卉植物为研究对象，主要讲述花卉的分类、栽培条件、生物学特性、繁殖方法、栽培管理、装饰应用等方面的基础理论与基本技术的一门课程。

通过花卉栽培技术课程的学习，能够对国内外花卉生产现状与发展趋势有一个基本的认识，熟悉花卉、花卉分类、花卉繁殖与花卉栽培的基本概念，熟练掌握本地区常见花卉的形态特征、生态习性、主要繁殖方法、栽培管理技术及花卉应用等方面的基本理论与操作技能。

2. 花卉栽培技术课程与其他课程的联系

花卉栽培技术是一门综合性很强的课程，它的理论体系是以园林植物、植物生理、土壤肥料、园林植物病虫害防治、植物遗传育种等多门课程为基础。只有首先理解和学好以上各门课程，才能全面分析和解决花卉生产中出现的具体问题。同时，它又是园林规划设计、园林工程等应用课程的基础和必备技能，只有学好花卉栽培技术课程，熟练掌握各类花卉的形态特征、生态习性、观赏特性和栽培管理技术，才能灵活运用各类常见花卉于园林绿化建设和社会生活之中。

3. 花卉栽培技术课程的学习方法

（1）现场观察法　要想学好花卉栽培技术，首先，必须认识形形色色的花卉植物。而认识不同种类花卉植物的最基本方法，就是经常到各类园林绿地、花卉市场和花卉栽培基地等进行现场观察，了解各类花卉的基本形态、观赏特性和园林用途，以达到熟练认识不同种类花卉的目的。

（2）比较记忆法　花卉植物不仅种类繁多，而且相同科、属甚至不同科、属的花卉植物又常具有相似的特征。学习时，如果只单独的去记忆某一种花卉的特征，则很容易发生相似种混淆的现象。因此，在学习过程中，若能将相似种类进行比较，找出其细微的区别特征并加以记忆，就很容易同时掌握多种相似花卉了。

（3）归纳总结法　花卉的产地不同，对环境条件及繁育、栽培技术的要求也常有不同。在学习时，需要对不同产地、不同生态习性的花卉进行归纳总结，并在生产时甄别对待，才能达到科学栽培的目的。

（4）勤于实践法　花卉栽培技术是一门技能性和应用性很强的课程，只有勤于动手实践，亲自进行花卉的繁殖、栽培和养护管理，才能熟练掌握其基本技术，为从事花卉生产经营奠定坚实的基础。

总之，要想掌握花卉栽培技术，就必须勤观察、勤思考、勤实践，并善于归纳总结、比较分析，才能做到科学栽培与合理应用。

第二节　花卉栽培的意义和作用

1. 花卉在生态环境中的作用

（1）绿化、美化、香化环境　花卉是绿化、美化和香化人们的生活环境和工作环境的良好材

料，是用来装点城市园林、工矿企业、学校、会场及居室内外等的重要素材，用来构成各式美景，创造怡人的生活、休憩和工作环境。主要体现在三个方面。

① 花卉是绿色植物，对环境起到绿化的作用，让人们在绿色中得到放松。

② 花卉具有各种美丽的姿态、色彩和怡人的香气，给人以美的享受。它既能体现自然美，也能反映人类匠心独运的艺术美。既是大自然色彩的来源，也是季节变化的标志，让人们从中体味大自然的美好。

③ 花卉具有独特的风韵和生命的动态美及旋律美，从其发芽、展叶、抽茎，一直到开花结果各个阶段的生长发育节奏中，让人无不感受到勃勃的生机。

（2）改善和保护环境，净化空气　花卉栽培可以提高环境质量，增进身心健康。体现在三个方面。

① 保护和改善环境。如防风固沙、保持水土，通过叶片的蒸腾作用降低气温、调节空气湿度等。

② 监测环境污染。某些花卉对有害气体如 SO_2、Cl_2、O_3、HF 等特别敏感，在低浓度下即可产生受害症状，可以用来作指示物监测环境污染。如百日草、波斯菊等可以监测 SO_2 和 Cl_2；矮牵牛、小苍兰、香石竹除可以监测氮氧化物外，还可以监测 O_3；唐菖蒲、美人蕉、萱草等可以监测 HF。

③ 净化空气。花卉可以吸收 CO_2，放出 O_2，通过滞尘、分泌杀菌素或吸收有害气体等方式来净化空气，使空气变得清新宜人，减少病害的发生。如金琥昼夜吸收 CO_2，释放 O_2；滴水观音有清除空气灰尘的功效；非洲茉莉产生的挥发性油类具有显著的杀菌作用，可使人放松，有利于睡眠，提高工作效率；常春藤、鸭脚木（鹅掌柴）可吸收空气中的尼古丁，将其转化成无害物质；吊兰、芦荟、月季、鸭跖草、虎尾（皮）兰、龟背竹、一叶兰、绿萝、巴西木等可吸收甲醛、苯等多种有害物质。

2. 花卉在精神生活中的作用

（1）消除疲劳，促进身心健康　通过养花、赏花，可以丰富人们的业余生活和老年人的晚年生活，增加生活的情趣，消除一天的工作疲劳，增进身心健康，提高工作效率。

（2）赋予花卉精神内涵，给予人们以精神激励和享受　从古至今，很多文人墨客在种花赏花的同时，常以花为题材吟诗作画。同时，人们还常将花卉人格化，并寄予深刻的寓意，从花中产生某种境界、联想和情绪，赋予花卉以丰富的文化内涵，使人们从中得到精神激励和精神享受。如梅、兰、竹、菊，被誉为花中四君子，除常用于作画之外，还常将其拟人化，比喻不同的性格和境界。

总之，古往今来，人们历来对花怀有特殊的情感，视花为"人类感情的橱窗"，用其来表达思想，形容现实生活，并将其作为幸福、吉祥、光明和圣洁的象征。

（3）标志社会文明和精神文明的程度　随着人们文化素养层次的提高，花文化逐渐与社会物质文明和精神文明产生了密切的联系，成为良好文明的标志。纵观中国历代花卉事业的发展，可以看出，每当国泰民安、富强兴旺、科技文化昌盛的时代，人们种花、养花、赏花的兴趣和水平就得到提高，花卉事业就会得到发展，如唐代、宋代和改革开放后。反之，花卉业的发展就会受到摧残与破坏，如战争年代和"文化大革命"时期。

近三十几年来，由于科技水平和生活水平的不断提高，花卉的应用更加广泛。人们在庆祝婚典、寿辰、宴会、探亲访友、看望病人、迎送宾客、庆祝节日及国际交往等场合中，把花作为馈赠的礼物，用以增进情感，渲染气氛，花卉已成为现代文明生活不可分离的生活要素之一。

3. 花卉在经济建设中的作用

花卉栽培是潜在的商品化生产，可以获取较高的经济效益。体现在四个方面。

① 花卉栽培是一项重要的园艺生产，可以出口创汇，增加经济收入，改善人民生活条件。

② 花卉业的发展，带动了其他相关产业的发展，如花肥、花药、栽花用的机具、花盆、基质等的生产及鲜花保鲜、包装贮运业等。同时对化学工业、塑料工业、玻璃工业、陶瓷工业等也有极大的促进作用。

③ 花卉在国际交往中，可以增进国际友谊，促进国际贸易，增加外汇收入。

④ 花卉除观赏之外，还具有多种用途，如食用、药用、制茶、提取香精等。

第三节　中国花卉种质资源的特点及其对世界园林的贡献

1. 中国花卉种质资源的特点

中国是世界上花卉种类和资源最丰富的国家之一，这主要与我国地域订阔，地跨三带（热带、温带、寒带），自然条件复杂，地形、气候、土壤多种多样，且在冰川发生时期没有受到毁灭性的破坏，基本上保持了比较稳定的、温暖的气候有关。主要表现在四个方面。

（1）野生植物资源丰富　原产我国的高等植物约有3.5万种，约占世界高等植物的1/9，其中观赏植物占1/6以上。对不少科属的植物而言，中国更是世界分布的中心，即某些花卉中国产的种数多，所占该种花卉世界产的百分比大，而且，很多种类还有明显集中分布的区域。如杜鹃花，世界产总种数约900种，原产中国的就有600种，除新疆、宁夏外，各省均有分布，而以西南山区分布最为集中。报春花全世界约有500种，中国就有390多种；百合花在世界上约有100种，原产中国的就有60多种；龙胆世界产400种，中国产230种；蔷薇世界总产150种，中国原产约100多种。

（2）原产中国的名花多　如菊花、牡丹、荷花、兰花、梅花、山茶花、杜鹃花、水仙花、蔷薇等都是原产于中国的著名花卉。

（3）特有珍稀种多　如牡丹、黄牡丹、桂花、金山茶、月季、栀子花、南天竹、梅花等，都是我国特产的花卉。

（4）选育出的园艺品种多，且品种优良，特点突出　自古以来，中国人民不断对野生花卉进行引种驯化，经过长期的栽培选育，使中国传统名花的品种极为丰富。如荷花栽培品种约有250个，国兰品种500多个，山茶花品种700多个，杜鹃花、牡丹花品种1000多个，梅花品种300多个，菊花和月季品种则多达3000多个。而且，很多种质资源具备优良的品质和突出的特点，如早花性、优异性和抗逆性等。

2. 中国花卉种质资源对世界园林的贡献

中国花卉种质资源十分丰富，被世界园林界、植物界视为世界园林植物的重要发源地之一，素有"世界园林之母"的美誉，为世界各国花卉业及园林绿化的发展作出了巨大的贡献。

公元前5世纪，中国的荷花就经朝鲜传入日本。到16世纪，中国的花卉和其他园艺作物开始在世界范围内进行大量交流。至19世纪初，开始有大批欧美植物学工作者来华收集花卉资源。其中，英国引种中国植物2000多种，仅在英国爱丁堡皇家植物园，目前引种栽培的中国原产植物就有1500种之多；北美引种1500种以上，美国加州的花草树木有70%以上的种类是从中国引进的；意大利引种有1000余种，德国现有植物中50%来源于中国，荷兰40%的花木由中国引入，日本引种的则更多。

目前，世界上几乎所有的国家都有来自于中国的园林植物。在欧洲流传着这样一种说法："没有中国的花木，就称不上一个花园。"由此可见，中国的花卉种质资源，不仅是中国的财富，也是世界的财富。

第四节　国内外花卉产业发展概况

一、花卉产业的涵义及范畴

花卉产业是世界各国农业中唯一不受农产品配额限制的产业，是21世纪最有希望的农业和环境产业之一，被誉为"朝阳产业"。同时，又是高科技、高投入、高效益的"三高产业"，但也具有较高的风险性。

花卉产业属于第三产业，有狭义和广义之分。狭义的概念，是指传统花卉产业，即是指将花卉作为商品进行研究、开发、生产、贮运、营销以及售后服务等一系列的活动内容。具体包含四个方面。

① 花卉产品的生产。即生产可供人们观赏的花卉植物和用于花卉繁殖的材料，如各种草本和木本观花、观叶、观果等的花卉植物，鲜切花、盆花、盆景、种苗（花苗、种球、种子）等

的生产。

② 花卉艺术加工产品的制作。如插花、根雕、竹刻、干花、花卉编织品等。

③ 花卉相关配套产品的制造。即花卉生产与经营的相关产品，如花盆、花肥、花药、栽培基质、营养剂及各种花卉机具、设施设备等的制造。

④ 花卉的售后服务工作。如花店营销、花卉产品流通、花卉装饰与租摆等。

广义的概念，是指现代花卉产业，即除了以上活动内容外，还包括仿生花和仿花艺术品、赏石、垂钓、观赏鱼、鸟和宠物，以及工业、食用、药用的花卉植物等。

发展花卉产业，对于绿化、美化环境，建设美好家园，调整产业结构，促进城乡人均收入翻番，扩大社会就业，提高人民生活质量，全面建成小康社会，推进生态文明，建设美丽中国，都具有重要作用。

二、中国花卉产业的发展历史与现状

1. 中国花卉栽培简史

中国花卉栽培与利用的历史极为悠久，西周（公元前11～公元前7世纪）《周记·天官·大宰》中记述"园圃毓（育）草木"，说明在西周时，人们就在园圃中培育草木了。

战国时期（2500年前），吴王夫差在会稽建梧桐园，"所植花木，类多茶花海棠"；屈原的《楚辞·离骚》中记载"朝饮木兰之坠露兮，夕餐秋菊之落英"，这说明在当时已开始栽培茶花、海棠、木兰和菊花了。

秦汉时期（2100年前），统治者大建宫苑，广罗"奇果佳树，名花异卉"。《西经杂记》记载，当时收集的花卉、果树已达2000余种，其中梅花就有候梅、朱梅、紫梅、同心梅等多个品种。

晋代（1800年前），已广泛栽培菊花、芍药，同时嵇含撰写的我国历史上第一部花卉专著《南方草木状》中，还记述两广和从越南引入的奇花异木80种。

唐朝时期（1300年前），有了牡丹的栽培，菊花、芍药栽培盛行，还出现了温室花卉和盆景。花卉种类、栽植技术、品种培育和嫁接技术有了较大程度的发展。并有了多部花卉专著，如王芳庆的《园林草木疏》、唐朝宰相李德裕的《手泉山居竹木记》等。

宋代（1000多年前），是中国花卉栽培的高潮时期，栽培的花卉种类已达200多种。这个时期，出现了以种花为业的"花农"，花卉开始进入商品化生产。花卉专著盛极一时，如范成大的《苑林梅谱》、王学贵的《兰谱》、刘蒙的《菊谱》、王观的《芍药谱》、陈思的《海棠谱》、欧阳修的《洛阳牡丹记》等。

元代，战争频繁，是文化低落时期，花卉栽培亦衰，但菊花栽培仍盛。

明清时期（600～300多年前），是我国花卉发展的第二个高潮，出现了许多系统性论述花卉分类、繁殖、栽培管理等的专谱、专著，如明朝王象晋的《群芳谱》、王路的《花史左编》；清朝陈昊子的《花镜》、刘景的《广群芳谱》、袁宏道的《瓶史》等巨著。花卉栽培遍及全国，并出现了花卉栽培中心，如洛阳主要栽培牡丹，后中心移至山东和安徽；杭州主产玫瑰；江浙生产兰花；福建生产杜鹃，漳州生产水仙等。到了晚清时期，因外忧内患，花卉业日趋萧条，大量花卉资源及名花品种外流欧美国家。

鸦片战争时期（150多年前），由于帝国主义的入侵，使我国花卉栽培业遭受了极大的损失，丰富的花卉资源和名花异卉流入国外，极大地丰富了欧洲的园林。而欧美、南非等地的百余种草花和温室花卉，也在这个时期大批输入中国。

民国时期（90～60多年前），花卉栽培只在少数城市有局部的发展，主要生产盆花、盆景、种苗和种球等，而且有关花卉的专著也较少。

新中国（1949年）成立后，花卉生产经过了兴旺—衰落—辉煌几个不同时期。"文革"前，中国花卉生产曾一度兴旺，至"文革"时期（1966～1976年），花卉生产则最为低落。20世纪80年代以后，改革开放使中国花卉业迅速崛起。尤其是近十几年来，无论是花卉栽培面积、产值、出口额，还是大中型花卉生产企业的数量，都呈快速递增趋势。在良种繁育、品种引进、栽培技术、栽培设施等方面都取得了可喜的进展，花卉生产进入快速稳定发展时期。

2. 中国花卉业发展现状

中国花卉业起步于20世纪80年代。20世纪90年代中期，花卉产业进入快速发展期。从1998

年起，中国的花卉种植面积就已占到世界花卉生产总面积的1/3，位居世界第一，成为世界最大的花卉生产基地和重要的花卉消费国及出口贸易国。进入21世纪以来，我国花卉产业更是呈现良好的发展势头，主要成就如下。

（1）产业规模稳步发展　据统计，截至2011年底，全国花卉生产面积、年销售总额分别由2001年的12.35万公顷和126.27亿元增加到103.13万公顷和1068.53亿元，各增长了8.29倍和8.46倍，产业总规模翻了三番多。从业人员从2001年的145.88万人增加到2011年的467.69万人，总规模也扩大了3.2倍。其中，2011年与2010年相比，花卉生产面积、年销售总额分别增长了10.64万公顷和206.54亿元，增幅各为11.6%和23.97%，创近年来新高。

（2）生产格局基本形成，品种结构进一步优化　目前，我国花卉区域化格局基本形成，如以云南、辽宁、广东等省为主的鲜切花产区；以广东、福建、云南等省为主的盆栽植物产区；以江苏、浙江、河南、山东、四川、湖南、安徽等省为主的观赏苗木产区；以广东、福建、四川、浙江、江苏等省为主的盆景产区；以广东、北京、上海等省市为主的设施花卉产区；以辽宁、云南、广东、福建、上海等省市为主的花卉种苗、种球产区；以内蒙、甘肃、山西等省为主的花卉种子产区。

品种结构也进一步优化。目前，花卉产品已由传统的盆景和小盆花发展到鲜切花、盆花、观赏植物、传统盆景和草坪与地被植物五大类，初步满足了不同消费者对花卉产品的需求。

全国知名品牌产品进一步巩固和发展。如长春君子兰，永福杜鹃，漳州水仙，大理、楚雄、金华的茶花，洛阳、菏泽的牡丹，鄢陵、北碚的腊梅等。

（3）科技平台逐步完善，科研创新得到加强　据不完全统计，全国现有省级以上花卉科研机构100多个，设置观赏园艺和园林专业的高等院校100多所。2011年花卉专业技术人员已达到19.52万人，比2001年的4.65万人增长了319.78%。"全国花卉标准委员会"、"国家花卉工程技术研究中心"等全国性花卉科技平台逐步建立和完善。北京、上海、江苏、浙江、福建、河南等省（市）充分发挥科技人才优势，组织花卉育种研发团队，联合科研教学机构与企业协作攻关，搭建了技术研发及成果转化平台。由于科技投入不断增加，花卉科研和人才培养能力得到加强，自主创新能力也有了很大提高，产前、产中、产后等领域取得和贮备了一批科技成果。玫瑰、康乃馨、非洲菊、含笑、杜鹃等一大批花卉新品种相继自主培育成功。2010年以来，已经获得国家植物新品种权保护的花卉新品种有200多个。其中，由云南省农科院花卉研究所自主选育的"秋日"非洲菊和"赤子之心"月季两个花卉新品种，分别于2012和2013年获得欧盟正式授权，二者是我国唯一获得欧盟正式授权的花卉品种。

（4）花卉市场和流通体系逐步形成　截至2011年，全国已有花卉市场3178个，花店近8万家，与花木销售有关的网站和网店数百万家，基本形成了多层次花卉信息网络，社会化服务能力明显增强。随着产业发展，花卉营销手段不断出新，花卉批发、拍卖、连锁超市、零售、鲜花速递、网上交易等互联的销售流通网络不断涌现。重点花卉产区依托基地办市场，已形成一批以基地为中心的大型集散地和物流批发市场，如昆明国际花卉拍卖交易中心、广东陈村花卉世界、江苏武进夏溪花木市场、北京莱太花卉市场、沈阳东北亚花卉大市场等。

（5）花卉企业规模化、专业化程度提高　2001年，我国的花卉企业总数有2.1万个，其中大中型企业有2000个左右。到了2011年，我国的花卉企业总数突破6.6万个，其中大中型企业突破1.26万个。目前，全国各地涌现出一大批像浙江森禾种业资产超过10亿元的大型花卉企业。北京东方园林、广东棕榈园林等花卉企业成功上市，花卉生产经营由小而全向规模化、专业化方向发展。

（6）花文化日趋繁荣　以举办大型花事活动为载体，不断挖掘花文化内涵。将花卉主题展览展示与花卉产业园区建设、休闲观光旅游相结合，使赏花为主题的旅游市场逐年扩大，极大地促进了产业链的延伸。进入21世纪以来，我国举办了一系列国际性和全国性花事活动，如沈阳、西安的世界园艺博览会，北京和上海的中国国际花卉园艺展览会，广东顺德、四川成都、北京顺义和山东潍坊中国花卉博览会等。

（7）对外合作不断扩大　2011年，全国花卉出口48024.40万美元，是2001年8003.38万美元的6倍，增长了540%。云南、广东、福建、辽宁已成为主要花卉出口生产基地，产品销往日本、荷兰、韩国、美国、新加坡及泰国等50多个国家和地区，大批国产花卉经过新疆口岸进入中亚市场。目前，正在开拓俄罗斯、乌克兰、澳大利亚、东欧、东盟、中东和中亚等花卉出口的新兴市场。

种种数据表明，花卉产业逐步成为农民致富的重要产业，花卉业已经成为近10年来我国最具活力的产业之一。短短10年，中国的花卉产业已经实现了由数量扩张型向质量效益型的转变。

3. 中国花卉业存在的问题

由于花卉行业的体制、机构、组织等管理缺位，各种经费扶持和鼓励政策缺乏，花卉统计、质量监督、检验检疫、供求信息等社会化服务体系不健全，造成中国花卉产业仍存在以下三个方面的突出问题。

（1）品种创新和技术研发能力不强　我国主要商品花卉品种、栽培技术和资材等基本依赖进口，花卉种质资源保护不力，开发利用不足，科研、教学与生产脱节现象仍然存在，科技创新能力不强，科技成果转化率较低，具有自主知识产权的花卉新品种和新技术较少。

（2）产品质量和产业效益不高　我国花卉生产技术和经营管理相对落后，专业化、标准化、规模化程度仍然较低；花卉产品质量不高，单位面积产值较低；产品出口量较小，国际市场竞争力较弱。

（3）市场流通体系不健全　花卉市场布局不合理、管理不规范和服务不到位等问题依然突出；花卉物流装备技术落后，标准化、信息化程度低，花卉物流企业发展滞后，税费负担过重。

4. 我国花卉业亟待解决的问题

① 加强专业技术人员培训力度，提高技术创新和科技推广能力。
② 自主研发、选育和培育花卉新品种。
③ 加大产业配套基础设施的投入，提高设施栽培技术水平。
④ 完善花卉流通领域及服务体系。
⑤ 由扩大生产规模的数量型增长，向结构优化、集约化经营的质量效益型增长转变。

三、世界花卉产业的概况

1. 世界花卉生产概况

花卉的商品化生产始于20世纪初期，近十几年，世界花卉业以年平均25%的速度增长，远远超过世界经济发展的平均速度，成为当今世界最具活力的产业之一。

目前，世界花卉生产稳步增长，发达国家发展趋于平衡或略呈下降趋势，而发展中国家增长较快。尤其是非洲和南半球的一些国家增长势头迅猛。

荷兰、哥伦比亚、意大利、丹麦、以色列、比利时、卢森堡、加拿大、德国、美国、日本是世界花卉主要生产国。其中，欧盟国家、美国、日本既是世界三大花卉生产先进区，也是世界花卉三大消费中心。目前，仅荷兰而言，其花卉产业的总产值就为120多亿美元，占其农业总产值的22%以上，每年向全世界120多个国家和地区出口鲜切花、球茎和观赏植物达60亿美元，花卉出口占世界花卉出口的70%。它们拥有全世界最丰富的花卉品种和数高质优的花卉产品，主导着全球花卉业的发展潮流和趋势。

世界最具花卉出口实力的10个国家和地区为：荷兰、美国、日本、丹麦、以色列、中国台湾地区、西班牙、意大利、哥伦比亚、肯尼亚。荷兰是世界鲜切花出口第一大国，占全球贸易额的60%；哥伦比亚、以色列位居第二和第三。荷兰用于花卉生产的土地总面积约为27000公顷，其中70%为玻璃温室花卉生产。近3/4的土地面积种植鲜切花（尤其是玫瑰和菊花），在其余土地上则栽培观赏植物，花卉品种已超过1.1万个。

花卉消费市场主要是欧盟、美国和日本；发展中国家消费水平不高，消费不大，但市场潜力很大，其中中国、印度和俄罗斯等人口大国将是市场潜力很大的国家。日本花卉生产与消费表现出协同发展的趋势，生产能力较强，同时因国内生产成本增加和消费水平稳步增长，进口潜力也较大。

世界公认的四大传统花卉批发市场为：荷兰的阿姆斯特丹、美国的迈阿密、哥伦比亚的波哥大、以色列的特拉维夫。这些花卉市场决定着国际花卉的价格，引导着花卉消费和生产的潮流。

国际花卉生产布局基本形成，世界各国纷纷走上特色道路。荷兰在花卉种苗、球根、鲜切花生产方面占有绝对优势；美国在草花及花坛植物育种及生产方面走在世界前列，同时在盆花、观叶植物方面也处于领先地位；日本凭借"精致农业"的基础，在育种和栽培上占有绝对优势，并对花卉的生产、贮运、销售做到了标准化管理。

2. 世界花卉业的发展趋势

第一，世界花卉业生产与市场格局总体上不会有大的改变。美国、欧洲、日本等世界三大经济体仍将是世界花卉业生产、市场和消费的主体。

第二，花卉生产总量长期保持上升势头，花卉产品生产以专业化、规模化为特征，求新求异求变的多样化需求处于上升态势。近年来，新的种类在国际市场上较受欢迎，如大花飞燕草及乌头属、蓍草属、风铃草属等植物。以南美洲、非洲和热带野生花卉为种质资源也开发了不少新种类和新品种，如大花猪笼草等，上市后备受青睐。

第三，供大于求、产销不对路的问题将长期存在。新兴的花卉生产大国竞争将更加激烈，产业结构处于不断调整，产品结构处于不断变化之中。

第四，新的花卉生产与贸易中心正在形成之中，中南美洲、非洲、亚洲的中国和印度都将成为成长中的花卉生产中心。中国极有可能成为新的世界花卉贸易中心。世界花卉贸易中以切花为主，中国云南已经具备成为这个中心所在地的基本条件，而且已被世界花卉界认同。

第五，新兴企业不断涌现，而且起点较高，一些劣势企业纷纷破产、倒闭。花卉企业参与国际竞争必须拥有核心竞争力和市场拓展能力。

第六，科技进步将进一步助推世界花卉业的发展，新兴花卉生产国的知识产权保护意识必须快速增强，否则，就不可能成为花卉业强国。

第二章　花卉的分类

第一节　花卉分类概述

花卉种类繁多，分布广泛。同其他植物相比，具有形态各异、生态习性多样、种植形式不一等特点。为了便于花卉的认识、研究、生产和应用，有必要对其进行科学、合理的分类。一般来说，花卉的分类方法有以下三种。

1. 植物系统分类法

这是植物学上常用的分类方法，它是以植物形态特征所反映出的亲缘关系和进化程度为依据，将植物排列到由界（kingdom）、门（phylum）、纲（class）、目（order）、科（family）、属（genus）、种（species）各等级组成的分类单元中的分类方法，是一种自然分类法。其中，种是分类的基本单位，然后集相似的种为属、相似属为科、相似科为目，如此一直到纲、门、界，从而形成一个完整的自然分类系统。

"种"是具有一定自然分布区域和一定生理、形态特征的植物类群。"种"下又常因变异细分为"亚种（subspecies）"（变异显著，有一定分布区域）、"变种（varietas, var.）"（变异显著，无一定分布区域）和"变型（forma）"（变异较小的类型）。

在花卉生产应用中，常以"品种（cultivar, cv.）"为主要研究对象。它们是在种（又称原种）的基础上，经过人工选择、培育形成的具有人类需要性状的栽培植物群体，又称栽培品种或园艺品种，是园林、农业、园艺等应用科学的主要研究对象。

学习时，一般只需掌握常见种或品种的科、属即可，如一串红（*Salvia splendens Ker-Gawl.*）为唇形科、鼠尾草属植物，鸡冠花（*Celosia cristata L.*）为苋科、青葙属植物等。

植物系统分类法的优点是简便易行，便于查找；分类位置固定，不重复、不交叉。缺点是专业性太强，难以在大众中掌握和普及；有时还与生产实践存在一定差异，如肉质多浆花卉虽然来自40余科，但它们却有相似的形态和生理、生态特点，因而栽培管理方法也相似；又如在庞大的蔷薇科内，既有草本，也有灌木和乔木，植物生长习性不同，栽培管理方法亦有较大差异。

植物系统分类法，在花卉栽培管理、遗传育种及繁育上具有实际指导意义。许多亲缘关系相近的花卉，常具有相同或相似的地理起源、生态习性、相同或相近的病虫害及生理与细胞学特点，据此可采取相同或相似的栽培管理措施及病虫草害防治办法。同时，亲缘关系越近，越易进行杂交育种，嫁接繁殖也越容易成活。

2. 人为分类法

这是园林、园艺生产上常用的分类法。它是以植物的习性、栽培环境、观赏特性、园林用途等为依据进行分类的方法。

人为分类法的优点是简单明了，通俗易懂，实用性强，便于大众掌握，且与生产实际联系紧密，故又称实用分类法。缺点是该法不能反映出植物间的亲缘关系和进化情况，不宜进行理论研究。

3. 自然分布分类法

这是以花卉自然分布为依据进行的分类，分为热带花卉、热带雨林花卉、亚热带花卉、热带及亚热带沙生植物、暖温带花卉、温带花卉、亚寒带花卉、高山花卉等。这种分类方法能反映出各种花卉的生态习性，可作为花卉栽培管理时的参考依据。

第二节 人为分类法

一、按生活型及生物学特性分类

生活型是指植物对综合生境条件长期适应而在形态（外貌）、生理、适应方式上表现出来的生长类型，如草本植物、木本植物（乔木、灌木、藤本）、肉质植物等。

生物学特性是指花卉的固有特性，包括花卉的生长发育、繁殖特点和有关性状，如种子发芽、根、茎、叶的生长，花果种子发育、生育期、分蘖或分枝特性、开花习性、各生育时期对环境条件的要求等。

按花卉生活型及生物学特性分类可将花卉分为三类，即草本花卉、木本花卉和仙人掌及多汁多浆类花卉。

（一）草本花卉

植物茎干为柔软多汁，没有或极少有木质化组织的草质茎。

1. 一年生花卉

一年生花卉是指春季播种，夏、秋开花结实，入冬枯死，在当年（1个生长季）内完成生命周期的花卉种类。又称春播花卉，皆不耐寒。如一串红、鸡冠花、万寿菊、矮牵牛、凤仙花、翠菊、紫茉莉、波斯菊、千日红、茑萝、牵牛等。

2. 二年生花卉

二年生花卉是在2个生长季内完成生命周期的花卉种类。一般秋季播种，当年只生长营养器官，越冬休眠后，于第二年春、夏开花、结实，种子成熟后逐渐枯萎死亡，又称秋播花卉。这类花卉耐寒性较强，但多不耐高温，一般在炎夏到来前完成开花结实阶段而枯死。

在温暖地区，常秋播后于冷床内保护越冬。寒冷地区，多早春2～3月份播种于温室内。如金盏菊、紫罗兰、金鱼草、三色堇、雏菊、虞美人、羽衣甘蓝等。

3. 多年生花卉

多年生花卉是指寿命在2年以上，一次栽植可多年开花的花卉种类。根据其地下根或地下茎变态与否又分为两类，即宿根花卉和球根花卉。它们的共同特征是地下部分（地下根或地下茎）常年不死，但地上茎、叶因寿命不同，则存在着两种类型。

一是每年枯死的种类。这类花卉地上部分耐寒性较弱，开花结实后或冬季来临前，茎、叶枯萎死亡；地下根或茎则可露地宿根越冬，或需挖掘起来贮藏越冬或越夏，每年春季再由地下根或茎上重新萌生茎、叶。

二是终年常绿的种类。这类花卉全株耐寒性较弱，需要常年养护于室内，或在寒冷地区于设施内保护越冬。

（1）宿根花卉 是指地下根或地下茎为须根系或直根系，不发生变态的花卉种类，如图2-1所示。其中，地上茎、叶每年枯死的花卉如菊花、芍药、荷包牡丹、玉簪、蜀葵、萱草、蕨类等；地上茎、叶终年常绿的花卉如君子兰、吊兰、万年青、文竹、四季秋海棠、一叶兰、龟背竹及蕨类、兰科、凤梨科花卉等。

图2-1 宿根花卉根系（须根系）

（2）球根花卉 是指地下根或茎发生变态，膨大为块状、球状、根状等，能以其贮藏的大量水分和营养，安全度过休眠期（夏季或冬季）的花卉种类。其中茎、叶每年枯死的常见种类有唐菖蒲、美人蕉、大丽花、郁金香、百合、晚香玉等；茎、叶终年常绿的常见种类有马蹄莲、大岩桐、虎眼万年青、葱莲、海芋等。其类型因分类依据不同而有不同。

① 根据栽植时间不同，分为两种类型，即春植球根类和秋植球根类。

春植球根类，是春季栽植，夏、秋开花，地下根或茎越冬贮藏的球根花卉，如唐菖蒲、美人蕉、大丽花、晚香玉、朱顶红等。

秋植球根类，是秋季栽植，春、夏开花，地下根或茎越夏贮藏的球根花卉，如郁金香、百合、马蹄莲、香雪兰等。

② 根据地下茎或根的形态及结构不同，分为五种类型，如图2-2所示。

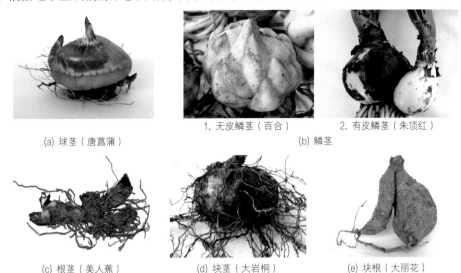

(a) 球茎（唐菖蒲）

1. 无皮鳞茎（百合）　　2. 有皮鳞茎（朱顶红）

(b) 鳞茎

(c) 根茎（美人蕉）　　(d) 块茎（大岩桐）　　(e) 块根（大丽花）

图2-2　球根花卉的五种球根类型

a. 球茎类：地下茎短缩呈球形或扁球形，实心，外包数层膜质外皮，表面有环状节部痕迹，茎顶生芽和侧生芽。如唐菖蒲、香雪兰。

b. 鳞茎类：有多数肥大的鳞叶，其下部着生于一扁平的茎盘上。又分为无皮鳞茎和有皮鳞茎两种。无皮鳞茎是鳞叶无包被，如百合、卷丹等；有皮鳞茎则鳞叶外面有一层膜质包被，如郁金香、朱顶红等。

c. 根茎类：地下茎肥大粗壮成根状，上有明显的节和节间，节上可生侧芽。如美人蕉、荷花、鸢尾等。

d. 块茎类：块状，外形不规则，表面多无节痕，由茎顶生芽长叶。如马蹄莲、大岩桐、仙客来。

e. 块根类：由根膨大而成纺锤状，含大量营养，根颈处有数个芽眼，由此处发芽展叶。如大丽花、花毛茛。

（二）木本花卉

茎坚硬，木质部发达的花卉。主要分为以下三类。

1. 乔木花卉

植株高大，有明显主干。落叶类如梅花、樱花、海棠、石榴等；常绿类如白兰花、橡皮树、广玉兰、苏铁、棕榈、桂花、山茶花、榕树等。其中多数常绿种类既可地栽也较适于盆栽，盆栽后植株矮化；落叶类只有少数种类适于盆栽，如梅花、海棠、石榴等。

2. 灌木花卉

植株低矮，茎成丛，无明显主干。落叶类如牡丹、八仙花、迎春花、贴梗海棠等；常绿类如杜鹃、月季、米兰、含笑、观音竹、含笑、栀子等。其中大多数种类适于盆栽。

3. 藤木花卉

茎一般细弱不能直立，蔓生，常需立支架使其攀附。落叶类如紫藤、凌霄、金银花等；常绿类如叶子花、常春藤、络石、炮仗花等。

（三）仙人掌及多汁多浆类花卉

这是具有肉质肥厚的茎、叶，水分及养分含量丰富，耐干旱和高温环境的一类花卉。其中，部分种类的叶退化成针刺状，以适应干旱的环境条件。该类花卉大多原产于热带沙漠或半沙漠地带，如金琥、仙人掌、仙人指、芦荟、龙舌兰等。少部分产于热带雨林中，如令箭荷花、昙花、量天尺等。其中金琥、仙人掌、仙人指、蟹爪兰、令箭荷花、昙花、量天尺、仙人球等为常见的仙人掌类花卉；芦荟、龙舌兰、景天、落地生根、石莲花、十二卷、虎尾兰、虎刺梅等为多浆花卉。

二、按栽培生境分类

1. 露地花卉

露地花卉是指在露地自然条件下能完成其全部生长发育过程的花卉，分为草本花卉和木本花卉。其中，草本花卉又分为一年生、二年生、宿根及球根花卉；木本花卉又分为乔木、灌木和藤木花卉（见第八章）。本教材主要介绍草本花卉，木本花卉仅介绍牡丹和月季，其它则在园林树木中介绍。

特点：耐寒性强；根系发达，枝壮叶茂；肥力因素易自然达到平衡，管理简便、粗放。

2. 温室花卉

温室花卉是指原产于热带、亚热带及南方温暖地区，在寒冷地区需要在温室培育、或温室保护下安全越冬的花卉，分为草本花卉、亚灌木花卉、木本花卉和专类花卉（见第九和第十章）。其中，草本花卉又分为一、二年生花卉、宿根花卉和球根花卉。

特点：耐寒性弱；根系不发达；植株生长的好坏完全取决于人工管理水平，需要精心呵护。

3. 水生花卉

水生花卉是指生长于水体中、沼泽地、湿地上的花卉，如荷花、王莲、睡莲、凤眼莲、浮萍等。

三、按观赏器官分类

1. 观花类

以观花为主，欣赏其色、形、韵。特点是花朵繁多或花大色美。如菊花、荷花、月季、牡丹、大丽花、扶桑、虞美人、唐菖蒲、杜鹃花等。多数花卉属于此类。

2. 观叶类

以观叶色、叶形为主。特点是叶形奇特，或色彩富于变化，而花常小或形、色不美。如龟背竹、变叶木、文竹、彩叶草、橡皮树及秋海棠类、蕨类、竹芋类、棕榈类植物等。

3. 观果类

以观果为主。特点是果实丰富、硕大或奇特，色泽艳丽，挂果时间长。如五色椒、冬珊瑚、金橘、佛手、石榴、火棘、无花果、南天竹等。

4. 观茎类

一般茎枝或叶常发生变态，具有独特的风姿，可观性强，如虎刺梅、光棍树、佛肚竹、珊瑚树、山影拳及仙人掌类、天门冬属植物等。

5. 观芽类

主要观赏其肥大的叶芽或花芽，如结香、银芽柳等。

6. 其他

有些花卉的其他部位或器官具有观赏价值，如马蹄莲、红鹤芋观赏其色彩美丽、形态奇特的佛焰苞；麦秆菊、千日红、叶子花观赏其色彩鲜艳的苞片；虎眼万年青则观赏其硕大的绿色鳞茎。

四、按自然花期分类

1. 春季花卉

2～4月份开花，如三色堇、雏菊、郁金香、金盏菊、香雪兰、君子兰等。

2. 夏季花卉

5～7月份开花，如凤仙花、虞美人、石竹、鸢尾、萱草、栀子等。

3. 秋季花卉

8～10月份开花，如翠菊、鸡冠花、菊花、大丽花、桂花、唐菖蒲等。

4. 冬季花卉

11月份~翌年1月份开花，因冬季严寒，露地栽培的花卉能开花的种类稀少，多为温室花卉。如腊梅、一品红、山茶花、水仙、仙客来、鹤望兰等。

5. 多季花卉

只要条件适宜，可以多季开花，如四季秋海棠、红花酢浆草、长寿花等。

五、按用途分类

1. 按园林用途的分类

（1）花坛花卉　主要用于布置花坛的花卉，以一、二年生草花为主，如一串红、鸡冠花、矮牵牛、万寿菊、三色堇、千日红、孔雀草、金盏菊等。

（2）庭园花卉　主要用于花境或庭院成片、成丛栽植观赏，以宿根花卉和木本花卉为主，也可适当配置一些球根花卉和一、二年生花卉，如芍药、萱草、金鸡菊、马蔺、蜀葵、唐菖蒲、大丽花、凤仙花、牡丹等。

（3）盆栽花卉　用于室内外盆栽观赏，以温室花卉为主，如仙客来、瓜叶菊、蒲包花、君子兰、吊兰、菊花等。现代园林中，也常将一、二年生花卉于温室内提前播种，盆栽后布置园林，以观赏其盛花时的景观，如一串红、万寿菊、矮牵牛、地肤、彩叶草、三色堇等。

（4）切花花卉　主要用于鲜切花生产的花卉，如唐菖蒲、香石竹、月季（习称"玫瑰"）、菊花、非洲菊、百合等。

（5）岩生花卉　耐干旱瘠薄，适合岩石园栽植的花卉，如石竹、丛生福禄考、半支莲及景天类植物等。

（6）地被花卉　低矮、适应性强，用于覆盖地面的花卉。如三叶草、红花酢浆草、沿阶草等。

2. 按经济用途的分类

（1）药用花卉　以全株或某个器官入药，如牡丹、芍药、牵牛、麦冬、鸡冠花、凤仙花、金银花、菊花等。

（2）香料花卉　含芳香成分或挥发性精油，用于各种用途的香料或提取香精，如桂花、白兰、玫瑰、栀子、茉莉、水仙花、晚香玉、腊梅等。

（3）食用花卉　能做成菜肴或其他食品食用，如百合、菊花脑、黄花菜、藕、玫瑰等。

（4）茶用花卉　可用于薰制花茶，如茉莉花、代代花、玫瑰、栀子、兰花、桂花等。

（5）其他有经济价值的花卉　可生产纤维、淀粉及油料的花卉，如黄秋葵、鸡冠花、月见草、扫帚草、含羞草、马蔺、蜀葵等。

第三节　自然分布分类法

根据自然分布进行分类，可将花卉分为以下各类。

1. 热带花卉

在热带地区可露地栽培，脱离原产地栽培需要进入高温温室越冬。如变叶木、红桑、虾衣花、观赏凤梨、非洲紫罗兰等。

2. 热带雨林花卉

要求夏季凉爽、冬季温暖，空气相对湿度在80%以上。栽培时，夏季要求在荫蔽环境条件下养护，冬季进入高温温室或中温温室中越冬。如海芋、龟背竹、棕竹、热带兰、热带棕榈及竹芋类植物等。

3. 亚热带花卉

喜温暖潮湿的气候条件，北方栽培要求在中温温室中越冬，盛夏季节需要适当遮荫防护。如山茶花、白兰花、米兰等。

4. 热带及亚热带沙生植物

主要为仙人掌科及多浆植物。喜阳光充足、夏季高温而干燥的气候条件，忌水湿。

5. 暖温带花卉

在我国长江流域及其以南地区均可露地越冬，北方可在低温温室内越冬。如映山红、云南素馨、夹竹桃、棕榈、栀子等。

6. 温带花卉

我国北方可在露地保护越冬，在黄河以南地区可露地栽培。如月季、牡丹、石榴、碧桃等。

7. 亚寒带花卉

在我国北方可露地越冬。如紫薇、丁香、榆叶梅、连翘等。

8. 寒带花卉

主要分布于阿拉斯加、西伯利亚、中国大兴安岭以北地区。这些地区气候冬季漫长而严寒，夏季短促而凉爽。植物生长期只有2～3个月。由于这类气候夏季白天长、风大，因此植物低矮，生长缓慢，常成垫状。主要花卉有：细叶百合、龙胆、雪莲等。

9. 高山花卉

高山花卉是分布在海拔2500～3000米以上高山或高原上的花卉。中国西藏、云南、四川、青海、新疆等省区多有分布。这些植物适应高山或高原上的严寒、大风和强辐射，多为草本和矮小灌木，生命力强、生育期短。其花型、花色各异，艳丽多姿。常见的如杜鹃花、报春花和龙胆中的大部分种类。中国高山花卉资源丰富，仅云南西北部高山就汇集了5000多种高山植物。

第三章　花卉的应用

花卉不仅可以改善环境、净化空气和防护污染，更重要的是可以以其千姿百态、姹紫嫣红的自然美和人类匠心独运的艺术美，装点园林绿地和室内空间，为人们营造优美的休闲娱乐场所和怡人的工作与生活环境。根据花卉园林用途的不同，可将其分为三种应用形式，即地栽应用、盆栽应用和切花应用。

第一节　花卉的地栽应用

花卉的地栽应用是指将花卉按照一定的设计形式，配植于各种园林圃地之中，构筑五彩缤纷、诗情画意的各种景境，以达到人们对环境保护、游憩欣赏、文化娱乐和进行各种体育活动等方面的各种要求。花卉的地栽应用以露地草本花卉为主，包括花坛与花境、花丛与花群、篱缘与棚架、花钵与花台等多种应用形式。

一、花坛与花境

花坛和花境是将多种花卉或不同颜色的同种花卉，集中栽种在特定的栽植床内，使其发挥群体美的布置方式。它们大多设置在公园内或大型建筑物的前面、绿地中心和道路两旁等处，虽占地不多，但对美化环境、活跃气氛、提高绿化效果，有着突出的作用，是花卉应用于园林绿化的重要形式。

（一）花坛

1. 花坛的概念

花坛是按照设计意图，在具有几何轮廓的栽植床内，种植不同色彩的花卉，运用花卉的群体效果来体现图案纹样，或观赏盛花时绚丽景观的一种花卉应用形式。它以突出鲜艳的色彩或精美华丽的纹样来表现其装饰效果。在园林布局中常作为主景，在庭院布置中也是重点设置部分，对街道绿地和城市建筑物也起着重要的配景和装饰美化作用。

2. 花坛的类型

随着时代的变迁和文化的交流，花坛的形式在逐渐变化和拓宽。现代工业的发展，为花坛施工技术的提高、盆钵育苗方法的改进提供了可能性，使得许多在花坛意义上的新设想得以实现。现代花坛不仅式样极为丰富，而且某些设计形式已远远超出了花坛最初的含义。现将花坛的基本设计形式归纳如下。

（1）盛花花坛　盛花花坛又称花丛花坛，集栽花坛，是在自然式或规则式植床内，按照一定的图案设计，集中栽植同期开放的同种花卉或不同花卉，以表现花朵盛开时群体的色彩美（图3-1）。盛花花坛具有以下特点。

① 外形轮廓主要是几何图形或其组合，如圆形、椭圆形、方形、长方形、三角形等，也可以根据地形设置成自然形状。大小要适度，一般观赏轴线以8～10m为度。

② 以色彩设计为主题，图案设计处于从属地位。

③ 内部图案简洁，轮廓鲜明，体现整体色块效果。

图3-1　盛花花坛（沈阳世博园）

④ 以一、二年生观花草本为主要材料，也可适量选用球根花卉或宿根花卉，通常以10～40cm的矮性品种为宜。要求高矮整齐，株丛紧密，开花繁茂，花色鲜艳明亮，盛开时花朵应完全覆盖枝叶和地面；花期一致且开放时间较长；耐移栽，缓苗快。常用的花卉见表3-1。

表3-1 盛花花坛常用花卉

花卉名称	科 名	学 名	株高/cm	花期（月份）	花 色
矮牵牛	茄科	*Petunia hybrida*	30～40	4～8	红、粉、黄、紫、白等
一串红	唇形科	*Salvia splendens*	30～60	5～10	红
万寿菊	菊科	*Tagetes erecta*	30～80	5～11	橘红、黄、橙黄
孔雀草	菊科	*Tagetes patula*	20～40	6～10	橙
翠菊	菊科	*Callistephus chinensis*	10～30	5～10	黄、橙
鸡冠花	苋科	*Calosia argentea*	15～60	8～10	紫红、红、黄、橙
藿香蓟	菊科	*Ageratum conyzoides*	40～60	4～10	蓝紫
千日红	苋科	*Gomphrema globosa*	40～50	7～11	紫红、深红、白等
百日草	菊科	*Zinnia elegans*	30～70	6～9	白、绿、黄、粉、红等
四季秋海棠	秋海棠科	*Begonia semperflorens*	15～30	全年开花	红、粉、白、紫、黄等
半枝莲	马齿苋科	*Portulaca grandiflora*	15～20	6～10	红、粉、黄、橙
霞草	石竹科	*Gypsophila elegans*	40～50	4～6	粉、白
石竹	石竹科	*Dianthus chinensis*	30～50	5～9	红、粉、白、杂色
金盏菊	菊科	*Calendula officinalis*	30～40	4～6	黄、橙
金鱼草	玄参科	*Antirrhinum majus*	20～45	5～7	紫红、红、黄、粉、白
雏菊	菊科	*Bellis perennis*	15～20	4～5	红、粉、白
彩叶草	唇形科	*Coleus blumei*	30～50	5～10	叶黄、红、紫、橙、绿等各色斑纹
羽衣甘蓝	十字花科	*Brassica oleracea*	30～40	11～翌年2	叶心白、黄、肉色、玫红、紫等
桂竹香	十字花科	*Cheiranthus cheiri*	30～60	4～6	紫红、红、粉
三色堇	堇菜科	*Viola tricolor*	15～20	5～6	黄、紫褐、白、蓝
美女樱	马鞭草科	*Verbena hybrida*	30～40	4～6	红、粉、黄、紫、白等
福禄考	花葱科	*Phlox drummondii*	20～30	5～7	红、粉、白
紫罗兰	十字花科	*Matthiola inana*	20～60	4～9	紫、红、白、粉、黄
须苞石竹	石竹科	*Dinathus barbatus*	40～50	5～6	紫红、红、粉、白
红叶甜菜	藜科	*Betavulgaris var.cicla*	30～40	11～翌年2	紫红
矮雪轮	石竹科	*Silene pendula*	20～30	5～6	粉白、粉红
郁金香	百合科	*Tulipa gensneriana*	20～40	4	红、粉、黄、白等
风信子	百合科	*Hyaxinthus orientalis*	15～25	5～6	紫红、红、粉、蓝紫、白
葱莲	石蒜科	*Zephyranthes candida*	15～25	7～11	白
韭莲	石蒜科	*Z. grandiflora*	15～30	4～9	粉红

注：现代城市园林中应用的各类草本花卉，为达到提前观赏或不同时期观赏的目的，常在温室中进行提前播种或分期分批播种育苗，故其花期与自然花期不同。

⑤ 盛花花坛可设计为一种草花，也可设计几种不同色彩的花卉组合。几种草花合用时，要求色彩搭配和谐，株型相近，花期也基本一致。

此外，花坛边缘还可适当选用一些矮小灌木、绿篱或草本地被镶边，如朝鲜黄杨、雀舌黄杨、小檗、紫叶小檗、景天类植物等。花坛中心还可以配植高大整齐的草本花卉，如银边翠、地肤、美人蕉、芭蕉等，也可以配植少量姿态优美的树木材料，如苏铁、海枣、凤尾兰、蒲葵、龙舌兰、桂花及修剪成球形的黄杨、龙柏、海桐、大叶黄杨等。

（2）模纹花坛　模纹花坛又称毛毡花坛、镶嵌花坛、图案式花坛等，是在规则式植床内，集中栽植植株低矮、枝叶细密、色彩鲜艳，有对比的观叶性或多花性草本植物，以表现群体组成的精美图案或装饰纹样。其特点如下。

① 外部轮廓都为规则的几何图形，要求线条简洁，面积不宜过大。

② 内部图案纹样精美细致，要有长期的稳定性，可选择的内容广泛，如工艺品纹样、文字或文字的组合、时钟、花篮、花瓶、各种动物、乐器的图案等。

③ 色彩设计应以图案样式为依据，用植物的色彩突出纹样，使之清新而精美。

④ 株高5～10cm为宜，或通过修剪达到此高度。通常以枝叶细小、株丛紧密、萌蘖性强、耐修剪的观叶植物为主，常见的如五色草（绿草、大叶红、小叶红、黑草、佛甲草的统称）、彩叶草、银叶菊等。也可少量点缀低矮、花小而密的观花草本，如半枝莲、三色堇、孔雀草、雏菊、四季秋海棠、香雪球、矮藿香蓟等。

在模纹花坛的中心部分，在不妨碍视线的条件下，还可选用整形的小灌木、桧柏、小叶黄杨以及苏铁、龙舌兰等；也可用其他装饰材料来点缀，如形象雕塑、建筑小品、水池和喷泉等。

根据模纹花坛表面是否整齐划一，常将其分为毛毡花坛和浮雕花坛两种形式。

浮雕花坛：植株高度根据纹样不同有高有矮，图案纹样有凸有凹。也可以通过修剪，使配植在模纹花坛中的同种植物高度不同而呈现凸凹，有如浮雕一样（图3-2）。

图3-2 浮雕时钟模纹花坛

毛毡花坛：即将所有植株修剪成同一高度，表面平整，看去犹如华丽的地毯（图3-3）。

现代花坛中常见有盛花花坛与模纹花坛相结合的花坛形式。例如，在规则式几何形植床内，中间设置为盛花式，周围为模纹式；或在立体花坛中，基座为盛花式，立面为模纹式［图3-4（a），图3-7(c)］。同时，盛花花坛与模纹花坛，既可以设置成与地面平行的平面式花坛［图3-3（a）］，也可以设置于斜坡或阶地，或建筑的台阶两旁及台阶上，成为斜面式花坛（图3-2）。既可以单个设置形成单体花坛（图3-1），也可以由单体花坛组成花坛群或花坛组。其中花坛群是由多个相同或不同形式的单体花坛组成（图3-5），常设置于大型环境中，如草坪、大型广场或交通环路上；花坛群中的单体花坛在构图和景观上应具有统一性，底色相同，如草坪或铺装广场；格调一致，但可有主次之分；还可结合喷泉或雕塑布置，作为装饰或构图的中心，单体花坛、底色、喷泉或雕塑紧密结合，形成花坛群的整体景观（图3-6）。而花坛组则是同一个环境中设置的多个花坛，各花坛间联系不太紧密，如沿路布置的多个带状花坛、建筑物前作基础栽植的数个小花坛。

(a) 奥运五环模纹花坛

(b) 洋紫荆模纹花坛

图3-3 毛毡式模纹花坛

(a) 标牌式立体花坛

(b) 标牌式立体花坛的制作

图3-4　标牌式立体花坛

图3-5　街边广场花坛群

图3-6　街心广场花坛群

（3）立体花坛　向空间伸展，具有竖向景观，是超出花坛原有含义的一种布置形式（图3-4、图3-7）。

立体花坛的布置手法与模纹花坛相同，包括标牌花坛、造型花坛等形式。标牌花坛是用植物组成竖向牌式花坛，多为一面观，制作方法是依据图样设计，将植物材料扦插或种植在栽植箱或花盆中，依图案拼组摆放或绑扎在由建筑材料（砖、木板、钢管、铁架）搭成的骨架上（图3-4）。造型花坛是依环境及花坛主题，利用植物材料将花坛做成各种造型，如动物、花篮、花瓶、建筑小品等形式，多为四面观，采用的花卉常为五色草、卧茎景天、小菊、四季秋海棠等（图3-7）。

(a) 人与马组合（小叶红、小叶绿）

(b) 蝴蝶（佛甲草、大叶红）

(c) 北京奥运会会徽（四季秋海棠）

(d) 拱形门（四季秋海棠）

(e) 塔式（矮牵牛）

(f) 奥运五环（藿香蓟、四季秋海棠等）

图3-7　造型立体花坛

3. 花坛的设置

（1）花坛的位置和形式

① 花坛的位置　花坛的设置主要根据当地的环境，因地制宜地设置。一般设置在主要交叉道口、公园出入口、主要建筑物前以及风景视线集中的地方。

② 花坛的形式　花坛的大小、外形、结构及种类的选择，应视四周环境而定。一般在花园出入口，应设置规则整齐、精致华丽的花坛，一般以模纹花坛为主；在主要交叉路口或广场上，则以鲜艳的盛花花坛为主，并配以绿色草坪效果为好；纪念馆、医院的花坛则以严肃、安宁、沉静为宜。

③ 花坛的外形　应与四周环境相协调。如长方形的广场设置长方形花坛就比较协调；圆形的中心广场又以圆形花坛为好；三条道路交叉口的花坛，设置成马鞍形、三角形或圆形均可。

（2）花坛的高低和大小

① 花坛的高度　应在人们的视平线以下，使人们能够看清花坛的内部和全貌。所以，不论是盛花花坛，还是模纹花坛，其高度都应利于观赏。为了使花坛层次分明、便于排水，花坛应呈四周低中心高或前低后高的斜坡形式。

② 花坛的面积　不宜过大。面积过大既不易布置，也不易与周围环境协调，又不利于管理。如场地过大时，可将其分割为几个小型花坛，使其相互配合形成一组花坛群。

（3）花坛的色彩　花坛内花卉色彩是否配合得协调，直接影响观赏的效果。若色彩配合不当，就会显得繁琐杂乱。

整个花坛的色彩布置应有宾主之分，即以一种色彩作为主要色调，以其他色彩作为对比，衬托色调。一般以淡色为主，深色作陪衬，效果较好；若淡色、浓色各占一半，就会使人感觉呆板、单调。当出现色彩不协调时，用白色介于两色中间，可以增加观赏效果。

一个花坛色彩不宜太多，配色多而复杂会给人以杂乱的感觉。一般花坛以2～3种颜色为宜；面积较小的花坛，通常只用1种或2种颜色；大型花坛4～5种足矣。

在布置花坛的色彩时，还要注意与周围景物的色彩相协调。如在周围都是草地的花坛中，设计成以红、黄色为主的花坛，会显得格外鲜艳，取得较好的景观效果。

4. 花坛的栽植与管理

（1）圃地整理　花坛栽植前，要先翻整土地，将石块、杂物剔出。若土质过劣则换以好土，土质贫瘠则应施足基肥。四周最好用花卉材料作边饰，不得已情况下也可用砖、水泥砌好，可以起到保护作用。栽植时，先按图纸要求以石灰粉在花坛中定点放样，以便按设计进行栽植。

（2）栽植顺序　盛花花坛栽植时，按先中心后四周或自后向前的顺序栽种。不耐移植而用小花盆或育苗钵育苗的花卉品种，则应倒出后带土坨栽种。模样花坛则应先栽模纹图案，然后栽底衬。全部栽完后，立即进行平剪，使高矮一致，或制成浮雕式。

（3）株行距　株行距根据植株大小或设计要求决定。模纹花坛用五色草类配置时，株行距一般可按3cm×3cm；中等类型花苗如矮翠菊、藿香蓟、石竹、金鱼草等，可按15～20cm行距栽植；大苗类如一串红、金盏菊、万寿菊等，可按30～40cm，呈三角形种植。现代花坛中的观花花坛，一般直接栽种已开花植株，以立见观赏效果，株距以枝叶完全覆盖地面为宜。

（4）养护管理　花坛栽植完毕后，需立即浇一次透水，使花苗根系与土壤紧密结合，提高成活率。平时应注意及时浇水、中耕、除草、剪除残花枯叶，保持清洁美观。如发现有害虫滋生，则应立即根除。若有缺株要及时补栽。对五色草等组成的模样花坛，应经常整形、修剪，保持图案清晰、整洁。

5. 花坛的更换

由于各种花卉都有一定的花期，要使花坛特别是设置在重点园林绿化地区的花坛一年四季有花，就必须根据季节和花期经常进行更换。每次更换都要按照绿化施工养护中的要求进行。现将各季花坛更换的常用花卉介绍如下。

（1）春季花坛　以3～5月开花的一、二年生草花为主，常用的种类有三色堇、金盏菊、雏菊、虞美人、四季秋海棠、桂竹香、紫罗兰、天竺葵、四季报春、瓜叶菊、丛生福禄考等。也可适当配合部分球根花卉，如郁金香、风信子、葡萄风信子等。

（2）夏季花坛　以5～7月开花的草花为主，常用的有石竹、百日草、半支莲、矢车菊、美女樱、凤仙花、翠菊、天人菊、矮硫华菊、千日红、地肤、香雪球、矮雪轮、福禄考、宿根福禄考等。夏季花坛根据需要可更换1～2次，也可随时调换已过花期的部分种类。

（3）秋季花坛　以7～10月开花的草花为主，常用花卉有翠菊、鸡冠花、孔雀草、千日红、细叶美女樱、彩叶草、荷兰菊、雁来红、矮大丽花、百合和早菊、日本小菊及经短日照处理的菊花等。

（4）冬季花坛　长江流域一带常用羽衣甘蓝、红叶甜菜作为花坛布置，露地越冬。

在现代城市和园林中，某些花卉如矮牵牛、一串红、万寿菊等，可通过冬季温室育苗或不同时期分批育苗的方法，达到春、夏、秋三季花坛应用或其他形式应用的目的。

（二）花境

1. 花境的概念

花境又称为境边花坛，是指利用露地宿根花卉、球根花卉及一、二年生草本花卉，沿树丛、绿篱、栏杆、绿地边缘、道路两旁及建筑物前，呈带状自然式布置的一种花卉应用形式。它是根据自然风景中林缘野生花卉自然散布生长的规律，加以艺术提炼而应用于园林景观中的一种花卉布置方式。要求既能体现植物个体的自然美，又能体现花卉自然组合的群落美。

2. 花境的特点

花境与花坛有着本质的区别，其特点如下。

① 花境边缘依环境不同，可以是自然曲线，也可以是直线。

② 所选用的植物以花期长、色彩鲜艳、栽培管理粗放的宿根花卉为主，适当配以一、二年生草花和球根花卉，或全部用球根花卉配置，或仅用同一种花卉不同色彩的品种配置。

③ 各种花卉的配植呈自然斑块状混交，错落分布，花开成丛。不要求植物高矮一致，只注意开花时不相互遮挡即可，但也不是杂乱无章，整体构图必须严整。

④ 不要求花期一致，但要有季相变化，四季有花或至少三季有花。

⑤ 管理粗放，不需年年更换，一经栽植可观赏多年。

3. 花境的分类

一般根据设计的观赏面不同，可分为以下两种。

（1）单面观赏花境　花境的宽度一般为2～4m，植物配置前矮后高，供游人单面观赏。一般布置在道路两侧、建筑物墙基或草坪边缘等地，见图3-8、图3-9、图3-10、图3-11。

（2）两面观赏花境　花境的宽度一般为4～6m，植物的配置为中央高、两侧低，可供游人两面观赏。通常两面观赏的花境布置在道路、广场、草地的中央等处，见图3-12。

4. 花境的布置

① 花境的边缘可用草坪、矮性花卉或矮栏杆作点缀。

② 花境不宜过宽，要因地制宜，通常要与背景的高低、道路的宽窄成比例，即墙垣高大或道路很宽时，其花境也应宽一些。

③ 植株高度不要高过背景。在建筑物前一般不要高过窗台。

④ 为了便于观赏和管理，花境不宜离建筑物过近，一般要距离建筑物40～50cm。

⑤ 花境的长度视需要而定，过长者可分段栽植。设计时应注意各段植物材料和花卉色彩，要有多样变化。

图3-8　环式单面观赏花境　　图3-9　单面观赏带状不对称式花境　　图3-10　单面观赏多花成丛花境

图3-11 单面观赏带状对称式花境

图3-12 两面观赏花境

图3-13 林下紫萼玉簪花境

⑥ 在布置花境时，植物选择以当地露地越冬、不需要特殊管理的宿根花卉为主（图3-8、图3-9），兼顾一些小灌木及球根花卉和一、二年生花卉（图3-11、图3-13），常见配置花卉如玉簪、鸢尾、百合、宿根福禄考、桔梗、蜀葵、向日葵、萱草类、荷包牡丹、石竹类、芍药、晚香玉、葱兰、美人蕉、大丽花、风信子、花毛茛、郁金香等。

⑦ 配置的花卉还要考虑到同一季节中彼此的色彩、姿态、形状及数量上要搭配得当，植株高低错落有致，花色层次分明（图3-10）。同时，还要使花境内花卉的色调与四周环境相协调，如在红墙前用蓝色、白色就更鲜明活泼，而在白粉墙前用红色或橙色就更显得鲜艳。反之，在青砖墙前用蓝色、紫色，效果就不好。

二、花丛与花群

这也是将自然风景中野花散生于草坡的景观应用于园林。在园林中为了加强园林布局的整体性，把树群、草坪、树丛等自然景观相互连接起来，常在它们之间栽种一些成丛或成群的花卉植物，也可以将花丛或花群布置于道路的转折处（图3-14），或点缀于小型院落（图3-15）及铺装场地（小路、台阶等地）之中。

花丛与花群大小不拘，简繁均宜，株少为丛，丛连成群。一般丛群较小者组合种类不宜过多，花卉的选择高矮不限，但以茎秆挺直、不宜倒伏、植株丰满整齐、花朵繁密者为佳。如用宿根花卉、球根花卉，则花丛、花群持久且便于养护。

图3-14 花丛（道路转折处）

图3-15 花群（小游园）

图3-16 篱垣绿化

三、篱垣与棚架

篱垣是指用竹、木等植物材料做成的墙垣；棚是用竹、木和铅丝等搭成的棚架。在现代园林绿地中，多用水泥构件建成棚架或花架来美化庭院。

篱垣及棚架绿化，植物材料丰富，设计形式多样，可做园林一景，又有分割空间的作用。所用的攀援及蔓性花卉生长迅速，能很快起到绿化效果。

在篱垣和拱门上常利用一些花叶密集的宿根花卉（图3-16）或缠绕性植物做垂直绿化（图3-17），也可垂吊盆栽蔓性花卉（图3-18），如牵牛花、茑萝、矮牵牛、美女樱、常春藤、落葵等，这些花卉重量较轻，不致将支撑物压歪、压倒。棚架多选用木质藤本和挂果多的植物，如紫藤、葡萄、猕猴桃等，经多年生长具有观花观果的效果，同时又兼有遮阳降温的功能。

图3-17　棚架缠绕绿化　　　　　　　　图3-18　棚架垂吊绿化

四、花钵与花台

1. 花钵

随着现代城市的发展和施工手段的逐步完善，近年来出现了许多用木材、水泥、金属、陶瓷、玻璃钢、天然石材、塑料等制作的花钵、花箱，来代替传统花坛。由于其易于移动，故被称作"活动花坛"或"可移动的花园"。这些花钵或花箱设计样式多，应用灵活，施工便捷，可迅速形成景观，符合现代化城市发展的需求。尤其对于城乡建筑比较密集和其他一些难于绿化地区的美化，有着特殊的意义。在较宽敞的厂前区、广场、大型建筑门前、道路交叉口、停车场等处都可点缀一、二，见图3-19。

用于花钵、花箱的花卉，要视花钵、花箱的样式来定，一般常用的花卉有：翠菊、串红、草茉莉、美人蕉、大丽花、小丽花、半支莲、吊兰、矮牵牛、万寿菊、三色堇、百日草、旱金莲、鸡冠花、小菊等，有时也可种植一些小型乔灌木。种植土要肥沃，最好用培养土。较大的花钵、花箱必须有卵石排水层，一年换土一次。

2. 花台

花台也称为高设花坛，是将花卉种植在高出地面的台座上而形成的花卉景观。花台一般面积较小，台座的高度多在40～60cm左右，多设于广场、庭院、街旁、出入口两边、墙基、树基、窗下等处，见图3-20、图3-21、图3-22。

(a) 百花园车式花坛

(b) 小游园车、箱式花坛

(c) 街边箱式花坛

(d) 游园马路中央架式花坛

(e) 广场钵式花坛

(f) 广场箱式花坛

图3-19　活动花坛

图3-20 广场花台

图3-21 街边花台

图3-22 树基花台

花台选用的花卉，因形式不同及环境风格而异。由于通常面积狭小，一个花台内常布置一种花卉；因台面高出地面，故应选用株形较矮，繁密匍匐或茎叶下垂于台壁的花卉。宿根花卉中常用的种类有玉簪、芍药、萱草、鸢尾、兰花、麦冬、沿阶草等；也可以应用一、二年草本花卉，如鸡冠花、翠菊、百日草、福禄考、美女樱、矮牵牛、四季秋海棠等。另外，如迎春、月季、杜鹃及凤尾竹等木本花卉，也常用作花台布置。

第二节 花卉的盆栽应用

一、花卉盆栽的应用特点

盆栽花卉是环境装饰的基本材料，具有以下四个方面的应用特点。

① 布置灵活多样，更换随意，挪动方便。

② 种类繁多，观赏期长，观赏效果好。

③ 适用范围广泛，不同的温度、光照、水分与湿度等环境条件下，都有与之相适应的盆栽花卉。

④ 四季都有开花的种类，花期容易调控，可满足重大节日和临时性重大活动的用花。

目前，盆栽花卉广泛应用与广场、宾馆、饭店、写字楼、娱乐中心、度假村等室内外场所，并已逐渐形成盆花摆租的业务。

现代园林中，为应用方便，除温室花卉外，某些露地一、二年生草本花卉也常用于盆栽，装饰室外环境，如门前楼梯、墙基、公园入口、广场、小型游园等，摆放成花坛或花境式样（图3-23、图3-24）。常见花卉有一串红、万寿菊、矮牵牛、三色堇、羽衣甘蓝、地肤、彩叶草、翠菊等。

图3-23 广场的盆栽装饰花坛

图3-24 公园入口的盆栽装饰花坛

二、花卉盆栽的室外应用

1. 阳台与屋顶花园

阳台与屋顶花园绿化作为一种不占用地面土地的绿化形式，其应用越来越广泛。它的价值不仅在于能为城市增添绿色，而且能减少建筑材料屋顶的辐射热，减弱城市的热岛效应。如果能很好地加以利用和推广，形成城市的空中绿化系统，对城市环境的改善作用是不可估量的。

考虑到二者具有温、湿度条件及承重能力的限制，在植物的选择上，一般应避免采用深根性或生长迅速的高大乔木。通常可布置一些盆花、大型盆栽，或砌筑栽植槽栽种花

图3-25 住宅门前的盆栽装饰

图3-26　办公楼门前楼梯的盆栽装饰

图3-27　广场周边的盆栽装饰

图3-28　街边建筑物前的盆栽装饰

图3-29　室内角隅的盆栽装饰

卉。常用盆栽藤本蔓生的植物，尤其是用一年生蔓性花卉来布置屋顶花园；也有在大型建筑物的屋顶筑池、堆山，铺设草地花坛及栽植花木，建立棚架、篱垣等。

2．门前和楼梯

门前一般均应有园林绿化布置。可呈规则式摆放，也可自然摆放，但要保证交通无阻，布置要从整体及远观效果着眼。一般门前两侧常对称摆放常绿的大型木本盆栽植物，如蒲葵、棕榈、苏铁、棕竹、鹅掌柴、大叶黄杨、非洲茉莉等（图3-25）；而楼梯的台阶或休息台上常规则放置一些一、二年生的小型盆花，但应保证安全，不易碰落。盆花的色彩要层次鲜明，且有对比。常用的一年生花卉如一串红、鸡冠花、翠菊、万寿菊、孔雀草、百日草、彩叶草、地肤、矮牵牛等（图3-26）。

3．广场和街道

常用高大的盆栽木本植物整齐地分列于广场四周或建筑物前沿，种类不宜多，以体形端正的常绿植物为佳（图3-27），如配合一些观花的盆花，也以小而整齐、成群成片或带状布置为宜。可环放于大树或灯柱周围，或做道路镶边，或群集组成一个临时"花坛"，要密集、整齐和色彩分明，有整体的效果（图3-28）。

三、花卉盆栽的室内应用

1．门厅两侧

门厅两侧盆栽花卉多用对称式布置，常置于大厅两侧，因地制宜，可布置两株大型盆花，或成两组小型花卉布置。常用的花卉有：苏铁、散尾葵、南洋杉、鱼尾葵、山茶花等。

2．室内角隅

角隅部分是室内花卉装饰的重要部位，因光线通常较弱，直射光较少，所以，应选用一些较耐荫蔽的花卉（图3-29）。大盆花可直接置于地面，中小型盆花可放在花架上。如巴西铁、鹅掌柴、棕竹、龟背竹、喜林芋、富贵竹等。

3．书房案头

书房要突出宁静、清新、幽雅的气氛，可在案头放置中小型盆花，如兰花、文竹、多浆植物、杜鹃花、案头菊等。书架顶端可放常春藤或绿萝。

4．卧室窗台

卧室要突出温馨和谐，所以，宜选用色彩柔和、形态优美的观叶植物作为装饰材料，利于睡眠和消除疲劳。微香有催眠入睡的功能，因此，植物配置要协调和谐，少而静，多以1～2盆色彩素雅、株形矮小的植物为主（图3-30）。忌色彩艳丽，香味过浓，气氛热烈。

窗台布置是美化室内环境的重要手段。南向窗台大多向阳干燥，宜选用抗性较强的虎尾兰、仙人掌类和多浆植物，或茉莉、米兰、君子兰及观花花卉等；北向窗台可选择耐阴的观叶植物，如常春藤、绿萝、吊兰和一叶兰等。窗台布置要注意以采光适量及不遮挡视线为宜。

5. 会场与会议室

（1）会场的盆花装饰

① 严肃性的会场。要采用对称均衡的形式布置，显示出庄严和稳定的气氛，常用常绿植物为主调，适当点缀少量色泽鲜艳的盆花，使整个会场布局协调，气氛庄重（图3-31）。

② 节日庆典等喜庆会场。选择色、香、形俱全的各种类型植物，以组合式手法布置成花带、花丛及雄伟的植物造型等景观，并配以插花等，使整个会场气氛轻松、愉快、亲切、团结、祥和。

（2）会议室的盆花装饰　布置时要因室内空间大小而异。中型会议室多以中央的条桌为主进行布置。桌上可摆放插花和小型观叶、观花类花卉，数量不能过多，品种不宜过杂。大型会议室常在会议桌上摆上几盆插花或小型盆花，在会议桌前整齐的摆放1～2排盆花，可将观叶与观花植物间隔布置，也可以是一排观叶植物、一排观花植物。后排要比前排高，其高矮以不超过主席会议桌为宜（图3-31）。

图3-30　卧室窗台的盆栽花卉

图3-31　会场的盆花装饰

四、花卉盆栽应用的注意事项

花卉盆栽应用无论是在室内或室外，都要注意符合各类植物的生态习性，主要是对光照、温度、湿度和通风条件的需求。同时，供摆饰应用的盆花，一般还需要10～15天更换1次，否则在摆饰过程中，会因温度、光照、湿度等方面条件不能完全满足而导致生长不良。因此，在盆花应用时，要注意盆花摆饰的位置及对各生态因子的调节。

1. 光照

凡喜光的花卉，室外应置于阳光直射处，室内则放于近窗处；喜阴的则正好相反。

2. 温度

无论南方或北方，盆花摆饰的选材都要符合当地自然条件，利用自然优势，延长花期。异地应用时，首先要注意花卉的生理温度。大多数花卉要求的生理温度是12～18℃，过高易凋谢，花期短；过低易受冻害。喜温暖的花卉，冬季应置于室内热源或阳光充足处。

3. 湿度

在盆花养护过程中，空气湿度宜维持在75%～90%之间。喜干旱的盆花应放于光照强、通风好的地方，否则会引起徒长。空气干燥会引起叶片干尖、干边，所以，需要根据温度高低与空气干燥程度，适时向植株及周围地面喷水以增加湿度。

4. 通风

通风不良，常会导致病虫害的发生。一般，夏季温度高，应经常开窗通风。冬天亦应于中午时分开门或气窗适量通风。

第三节　花卉的切花应用

一、常见的鲜切花种类及其花语

（一）常见的鲜切花种类

鲜切花就是从活体花卉植株上剪切下来的具有观赏价值的枝、叶、花、果的总称，用于制作花篮、花束、瓶插花及花环、花圈、壁花、胸饰花等。根据切取的花卉材料主体器官的特征，大致可将鲜切花分为四类。

1. 切花类

切花类以花作为离体植物材料的主体。其色彩鲜艳，姿态优美，有的还有诱人的香气，是插花和其他花卉装饰的主要花材，也是这类作品的色彩来源。传统的世界四大切花是：现代月季（玫瑰）、香石竹（康乃馨）、唐菖蒲（剑兰）、菊花；非洲菊（扶郎花）则被列为当今世界第五大切花，见图3-32。

(a) 现代月季（玫瑰）　　　(b) 菊花　　　(c) 香石竹　　　(d) 唐菖蒲　　　(e) 非洲菊

图3-32　常见切花

切花根据生活型又可分为以下几类。

（1）一、二年生切花　周期短、见效快，插花中只作配材。如金盏菊、紫罗兰、金鱼草、万寿菊、孔雀草、石竹、翠菊、百日草、鸡冠花、千日红、三色堇、桂竹香、矢车菊、蛇目菊、波斯菊、麦秆菊、绣线菊、霞草（满天星）、勿忘我、福禄考等。

（2）宿根类切花　在国内外切花中占较大比重，插花作品中作骨架花材。如菊花、香石竹、补血草（惯称"勿忘我"）、非洲菊（扶郎花）、鹤望兰、芍药、飞燕草、鸢尾、松果菊、一枝黄花、荷兰菊、宿根天人菊、萱草、白鹤芋、金光菊、花烛类植物等。

（3）球根类切花　花大、醒目，管理方便，在国内外市场上唱主角，在插花作品中常用作焦点花。但因种球价格昂贵，出花量少，因而切花价格也相对较高。如唐菖蒲、郁金香、百合、朱顶红、小苍兰、风信子、球根鸢尾、石蒜、欧洲水仙、马蹄莲、晚香玉、大丽花、花毛茛等。

（4）木本切花　东方插花中运用较多，中国、日本插花常用木本花材，插在剑山上，彰显东方文化。如月季、白兰、山茶、迎春、桂花、珍珠梅、连翘、榆叶梅、梅花、银芽柳等。其中珍珠梅枝条富有诗情画意；连翘枝弓形，很生动；玉兰小短枝如毛笔，很易造型；梅花枝条虬曲多姿，典雅古朴。

（5）水生切花　如睡莲、荷花、凤眼莲等。

2. 切叶类

切叶类以叶作为离体植物材料的主体。用作切叶的植物材料，有的叶色鲜艳多彩，有的叶形美丽奇特，多用作插花和花卉装饰的配材，起烘托作用。

（1）草本切叶　如广东万年青、肾蕨、春芋、雁来红等。

（2）木本切叶　如苏铁、棕竹、棕榈、散尾葵、变叶木、广玉兰、龟背竹、鱼尾葵、巴西木、美丽针葵等。

3. 切枝类

切枝类指没有着生花朵的枝条或分枝，外形线状，有直、曲、拱、扭、垂等多样形态变化。常作为插花和花卉装饰的主体（东方式插花）或衬托。如栀子、松枝、柏枝、枣枝、竹枝、常春藤、南蛇藤等。也可带有花、果、叶，如桃花、腊梅、紫荆、连翘、海棠、牡丹、梨花、雪柳、迎春花等。

4. 切果类

（1）木本切果类　如枇杷、山楂、海棠、南天竹、金橘、石榴、佛手等。

（2）草本切果类　如五色椒、玉珊瑚、观赏瓜等。

国内作切花应用的资源尤其是切枝、切叶、切果类，很有市场潜力，有待开发。如桃花、龙柳、刀豆、鹤头花、丝瓜、葫芦等。

（二）花语

花语是人们在长期的养花和赏花过程中，根据花卉的生态习性和特征，赋予其人格化的思想和愿望，在一定社会历史条件下约定俗成并为大众公认，作为情感交流的媒介而流传的语言。

花语最早起源于古希腊的神话里，记载爱神出生时创造了玫瑰的故事，玫瑰从那个时代起就成为了爱情的代名词。随着时代的发展，花卉成为了社交的一种赠与品，更加完善的花语代表了赠送者的意图，成为人们表达感情和思想的载体，花语也成了花文化中重要的组成部分。常见花卉的花语见表3-2。

表3-2 常见花卉的花语

花卉名称	花　语
现代月季（习称"玫瑰"）	爱情、真挚、情浓、娇羞、艳丽。其中红色代表热情可靠、贞节，热恋，爱心真诚，爱火熊熊；白月季，尊敬与崇高；黄月季，嫉妒与不贞洁；粉红月季，爱心与特别的关怀，也寓意初恋的开始；黑月季，独一无二，有个性和创意；蓝紫月季，珍贵、珍稀；橙黄月季，十分爱慕与真心；橙红色月季，美丽，富有青春气息
香石竹（康乃馨）	慈祥、温馨、真挚、不求代价的母爱。其中白色表示纯洁真挚的友谊，真心的关怀，不讲利害关系；黄色，表示希望进一步发出友谊的光辉；淡红色，表示内心有热情，但不敢表露；大红色，表示热心与对方合作，相互沟通；白心红边，表示赞赏对方节俭朴素，为人随和，平易近人；紫红色，表示喜欢浪漫中带温馨，但讨厌奢侈；复色表示心情复杂而富有说不出的爱意；蓝色、绿色或非自然色的花朵，有不崇尚于自然，虚假、伪善、矫揉造作的含义
菊花	不畏风霜，独立寒秋，象征孤傲不惧。其中白菊代表忠诚，真理；黄菊，脆弱的爱，无聊的爱，沮丧
唐菖蒲（剑兰）	高雅、长寿、康宁；顺从。其中，红色代表亲密；黄色代表尊敬
百合	代表纯洁。其中白百合，气质高雅，百年好合；黄百合，快乐，喜庆
红鹤芋（红掌）	热情、热心、热血
非洲菊	有毅力、适应力强
郁金香	华丽；繁荣；宽容、博爱、神圣、幸福与魅力
勿忘我（补血草）	友谊万岁、永远思念
马蹄莲	纯洁、幸福、清秀
霞草（满天星）	配角，但不可缺
鹤望兰（天堂鸟）	自由、幸福、吉祥
蝴蝶兰	美丽夺目，须时常滋润
卡特兰	风韵华贵、出类拔萃
含羞草	敏锐、柔细、谦虚；失望、泄气；敏捷；知耻保廉
水仙	清芳幽雅、冰莹秀丽
风信子	凝聚生命力、自我丰盛
非洲紫罗兰	亲切繁茂、永远美丽
荷花	脱俗持久、恩爱关怀
银芽柳	生命光辉；银元滚滚来
牡丹	富贵荣华、繁盛艳丽
梅花	高风亮节、独立创新；不畏强暴
桂花	月宫仙境；富贵、和平、友好、吉祥
红豆	相思绵延
一品红	普天同庆；老当益壮，返老还童；热诚不灭
桃花	美艳醉人、烂漫
佛手	福寿、友谊
荷包牡丹	荷包鼓胀、财源滚滚

花卉名称	花　语
紫罗兰	浪漫
鸢尾	优美，热情、适应力强
金鱼草	复色代表一本万利；红色，鸿运当头；黄色，金银满屋；白色，心地善良；粉色，龙马精神、龙飞凤舞；紫色，花好月圆

二、切花的保鲜措施

鲜切花从采收到消费者手中，要经过许多环节。据估计，鲜切花在这个过程中的损失约为20%～40%之间，主要原因是采后处理与保鲜工作做得不好，造成巨大浪费。应从采收、包装、运输、批发、零售及瓶插各个环节注意采用保鲜技术，以减少损失，延长切花寿命。随着国内鲜切花产销形势两旺，保鲜技术将日显重要。

（一）鲜切花衰老凋萎的原因

1. 内部因素

由花枝切离母体后引起的一系列生理失调所致。

（1）缺水　一方面花枝剪切后失去水源，而蒸腾失水仍在继续；另一方面，空气进入切口堵塞导管，使吸水不畅。

（2）缺乏营养　剪切后，主要依靠茎中贮藏的营养物质进行新陈代谢。呼吸基质缺乏是切花凋萎的重要原因之一，鲜切花材料体内养分储存量直接影响其衰老速度。

（3）乙烯的产生　剪切后会产生大量乙烯，乙烯是切花衰老过程中产生的一种内源激素。它能引起自动催化反应，只要有少量乙烯存在，就可以诱导和促使切花中迅速产生大量的乙烯，从而引起切花过早凋萎。

不同种类的切花对乙烯的敏感性不同，较敏感的切花有乌头属植物、风铃草属植物、百合、小苍兰、满天星、兰花、飞燕草、金鱼草等；不甚敏感的有唐菖蒲、郁金香、芍药、月季、菊花等；而香石竹花朵对乙烯敏感，但花蕾不敏感。

2. 外部因素

（1）水质　较低的pH可以改善植物体内水分的平衡。当水的pH值为4或小于4时，可以抑制细胞繁殖，降低酶的活性，减轻对导管的堵塞，对某些切花如月季可以起到延长寿命的作用。

（2）温度　温度高，切花呼吸频率增高，能量消耗大，从而缩短了切花的寿命。低温可延缓切花的衰老过程。同时，在低温下可以抑制乙烯的大量产生。在0.5℃下，切花则不会受到乙烯的危害，还能在一定程度上避免色变、形变以及微生物的侵袭。因此，切花应尽可能在低温下贮存及运输。

（3）气压　低压5.3～8.0kPa，可促进切花体内不同气体向外扩散，降低呼吸频率，延长切花贮存时间。

（4）空气成分　降低由氧调节的呼吸与代谢，控制氧含量0.5%～1%和二氧化碳含量0.35%～1%，可减少乙烯产生，降低切花呼吸基质，减少养分消耗。

（二）鲜切花保鲜技术

鲜切花保鲜是采用物理或化学方法延缓切离母株的花材衰老和萎蔫的技术措施，是切花作为商品流通的重要技术保证，是缓解生产与销售矛盾、促进周年均衡供应市场的重要手段。通常可分为物理和化学两种方法。

1. 物理方法

（1）贮藏技术

① 低温贮藏　即将切花放在冷库或冰柜、冰箱等冷藏设施内进行保鲜贮藏。一般切花贮藏温度为2～4℃，但一些热带切花品种，如花烛、热带兰等，在这种温度下贮藏就会受到冻害。在湿度为85%～90%、0～0.5℃的条件下，菊花可存放30天；2℃时可存放14天；20～25℃时可

存放7天；一般认为菊花贮藏适温为 $0 \sim 4$℃。

② 气控贮藏　即将切花放在气调贮藏设施内保鲜贮藏，控制 O_2 0.5% $\sim$ 1%，因为如果 O_2 的浓度低于这个指标，厌气腐烂作用就会增强，对贮藏不利。一般 CO_2 0.35% $\sim$ 10%，也可以通过输入 N_2 来达到保鲜的目的。水仙在含氮100%、温度4.5℃时，贮藏3周后，切花的鲜艳度、挺拔度不减当初。

③ 减压贮藏　即将切花放在气封贮存室内进行保鲜贮藏。将气封贮存室的气压降到标准大气压以下，可降低呼吸速率，延缓切花衰老过程。如唐菖蒲在常压下0℃时，可以存放 $7 \sim 8$ 天；在8.0kPa、 $1.7 \sim 2$℃时，可存放30天。月季在夏天常压常温下只能贮存4天；在5.3kPa、0℃时为42天。

④ 抗蒸腾剂的使用　使用抗蒸腾剂是降低切花蒸腾作用的有效措施，可以阻止植物气孔全部张开，减少蒸腾，以达到延长切花寿命的目的。

（2）切取技术　切花采收时，切口要整齐，同时采用45°斜切，以增加花茎吸水面积。对易流浆汁的花材还要灼烧切口，或将切口浸入沸水中约20s，可防止花枝组织液外溢。此外，最好采取水中切取，使茎内导管中水连续不断。切取时间、切口大小直接影响鲜切花的寿命。

2. 化学方法

即采用切花保鲜剂。切花在采收以后的保鲜处理中，保鲜剂的使用起着决定性作用，是延缓衰老、萎蔫的关键因素。不同品种的切花要求不同种类的保鲜剂。

（1）保鲜剂的成分　主要水、糖、杀菌剂或抗菌剂（如8-羟基喹啉，8-HQ）、表面活性剂（如吐温-20）、无机盐（如硫酸银）、有机酸极其盐类［如柠檬酸（盐）、苯甲酸（盐）］、乙烯抑制剂和拮抗剂［如AOA（氨氧乙酸）、AVG（氨氧乙基乙烯基甘氨酸）］及植物生长调节物质如细胞激动素、赤霉素等。

（2）保鲜剂的处理方法

① 吸水处理。切花在贮运过程中，会出现不同程度的失水，影响切花的外观品质。用水饱和的方法使略有萎蔫的切花恢复细胞膨压，称为吸水处理。

具体方法是：先配制含有杀菌剂和柠檬酸的溶液，pH4.5 $\sim$ 5.5，并加入浓度为0.1% $\sim$ 0.5%的吐温-20润湿剂。然后将花茎斜放入 $35 \sim 40$℃的上述溶液中浸泡基部几小时，再将切花连同溶液放入冷库过夜贮藏，失水即可消除。对于萎蔫较重的切花，可先将整个切花淹没在溶液中，浸泡1h，然后再同上法进行冷藏处理。对于茎木质化的切花，如菊花、非洲菊等，可将花茎末端在 $80 \sim 90$℃热水中烫几秒钟，再放入冷水中浸泡，有利于细胞膨压的恢复。

长途运输的切花，最普遍的症状是花瓣失去膨压，也称花疲乏，吸水处理后即可恢复膨压，并显示良好的品质。

② 脉冲处理。切花在贮藏运输前进行的预处理，称为脉冲处理。脉冲处理的目的是补充糖分，延长切花的寿命，并对促进花朵开放、保持花瓣颜色、增进品质都有良好的效果。其方法有用高浓度的蔗糖溶液短时间处理，或硝酸银（1000mg/L）、硫酸银（4mol/L）浸泡花茎等。

③ 瓶插液保鲜处理。通常所说的保鲜液是指瓶插液。瓶插液的配方较多，一般含有糖、杀菌剂和有机酸，其中糖浓度较低，常为0.5% $\sim$ 1.0%。一些切花茎基部和部分叶片浸在保鲜液中，会分泌出有害物质，伤害自身或同一瓶中的其他切花。因此，每隔一段时间，应调换新鲜的瓶插液。

（三）零售花店的鲜切花处理与管理技术

零售商对鲜切花的处理技术主要有三个方面，即再吸水处理、保鲜剂处理和环境条件的控制。

1. 再吸水处理

在常温下运输的鲜切花，打开包装后只需将其插入水中或保鲜液中即可。如果是在低温下运输，首先应检查鲜切花有无低温伤害。未受伤害的鲜切花先置于 $5 \sim 10$℃冷室中12 $\sim$ 24小时，然后再移至较高温度下解开包装，进行再吸水处理。同时去除茎下部叶片和外围的受损花瓣。

2. 保鲜剂处理

可使用商业性切花保鲜剂，也可自行配制。配制保鲜剂时，要用去离子水或蒸馏水，且要现配现用，暂时不用时应放在非金属容器中于暗处低温保存。

3. 环境条件的控制

大多数鲜切花应贮存于4～5℃温度下，热带花卉要放在12～15℃温度下。空气相对湿度稳定在80%～90%左右，必要时可安装加湿器。在橱窗内展示的鲜切花应防止日光直射。此外，被乙烯污染的空气对鲜切花危害极大。花店中的乙烯来源于交通繁忙的街道、塑料花和聚乙烯膜，此外，鲜切花若衰老、萎蔫、受机械损伤和腐烂，也会产生很多乙烯，应及时清除。

（四）消费者处理与管理技术

消费者从花店购买的鲜切花常表现出轻微的萎蔫。将花茎基部剪去2～3cm，然后将整个花枝浸没水中2～3h，使其恢复新鲜挺拔状态。花瓶中的水应浅一些，以3～10cm深为宜，并每隔1～2天换1次水。

消费者可购买商业性保鲜剂，也可在家自制简易保鲜剂，下面介绍三种简易配方。

配方一：常规含糖饮料，兑上等量的水，再加入半汤匙家用漂白剂。

配方二：用1L水中加入2汤匙新鲜柠檬汁（粉），再加一汤匙白糖和半汤匙家用漂白剂。消费者使用的配方不要求很严格，一般来说，1汤匙大约15～20mL。

配方三：用0.5L水来溶解半片阿司匹林药片和1汤匙白糖。

此外，消费者在摆放和护理切花时，还应注意如下几点：一是鲜切花不能耐受直射光，因此应避开窗口过强的光线；二是室内空气相对湿度较低时，应每天或每隔一天对切花喷水，并避开空气流动快的地方；三是花瓶或插花要置于室内较冷凉的位置，远离炉子、散热器等。此外，不要把花瓶或插花放在靠近成熟的水果附近，保持室内空气新鲜。

三、鲜切花的应用特点

① 应用广泛，比较接近群众生活。鲜花以其姿态万千的风采，争奇斗艳的气韵，给人们以美的享受，现代生活越来越离不开鲜花。如各种会议场所、礼宾仪式、婚丧喜庆、娱乐餐饮及生活中各类房间的装饰美化等。在外交场合，无论政要会晤、外事谈判，还是商务往来，都少不了用插花来点缀；运动员取得优异成绩时，除了授予奖章、奖杯外，还送上一束鲜花祝贺；现代人的婚礼中，从迎亲的彩车到新房的布置，从新娘的头饰到手中的捧花，处处离不开花；情人约会、亲友互访时，鲜花又成了感情的桥梁和友谊的象征；甚至在悼念和缅怀的时刻，人们也会借助鲜花，用无声的语言表达敬仰和思念。

② 不受季节限制。可随环境季节变化，因地制宜，因时而动。如夏天多用冷色调花卉，而冬天宜选用暖色调花卉。

③ 形式多样，方便易行。可作插花、花束、花篮、花环、花圈、头花、胸花、捧花等多种形式。

④ 不污染环境。

⑤ 价格较高，观赏性强。一次性消费，且价格较高。但其可视性强，有较高的观赏价值。

四、鲜切花的应用形式

1. 插花

插花是切取木本或草本花卉上可供观赏的枝、叶、花、果，插入盛水或嵌有花泥的容器中，表达自然美的艺术作品。可用一种花卉，还可以将多种花卉插于一个容器内，见图3-33。

插花常用于各种庆典仪式、迎来送往、婚丧嫁娶、探亲访友等社交礼仪活动。其主要目的是增进友谊、表达尊敬、喜庆、慰藉或治丧的气氛。因此，要求造型整齐简洁，花色鲜丽明快，通常体形较大，花材较多，插作繁密。要求花材的花形较为规整，不宜过于硕大粗厚或过分碎小，切忌采用有异味或有毒汁等刺激、污染环境的植物，如万寿菊、夹竹桃等。另外，还需了解不同国家、地区及不同民族用花中的爱好和忌讳等习俗，以便在插花时选用适宜的花材与花型。

(a) 石膏插器

(b) 金属插器

(c) 藤篮插器

(d) 玻璃插器

图3-33　不同插器及不同形式插花

图3-34　花束

图3-35　花篮

2. 花束

花束是将3～5枝或更多的花枝包扎成束，用于迎送宾客、祝贺、婚礼、慰问及悼念等礼仪场合。为尽量维持花朵的新鲜度，花束基部浸湿后包以蜡纸，外面再裹上锡纸或金箔，并饰以彩带等物，既美观又便于携带，见图3-34。

至于花束的形状、大小、颜色，要考虑到用途及风俗习惯等因素。小型花束可以是单一种类的花枝，大型花束最好应用几种切花材料。花材要求无异味，对有刺的花枝如月季要去刺。

3. 花篮

多用藤、柳条或竹篾编成篮，内插鲜花而形成花篮。花篮属于礼仪插花，实用性、商品性比较强，便于携带，具有较强的装饰效果，可用于婚嫁喜庆、生辰祝贺、名人迎送、纪念活动、大厦落成、开张大吉、丧事悼念等场合，见图3-35。

花篮的外形可圆、方、扁、弯；材料可竹、木、藤、陶，尽量应用插花的原理，把木本、草本和藤本等花草有选择地、协调地插于一篮之中。而且，蔬菜、水果、洋酒、点心等也有很不寻常的美意，可与鲜花一同配置观赏。为了增加花草的鲜明度，篮内应适当放置花泥或盛水的容器，也可配备水苔、海绵泥等保湿材料，以防花材过早萎蔫。

花篮在插作构图时，除了烘托热闹欢快气氛时的庆典花篮外，一般不宜插成枝叶繁重、花朵紧密的结构，更不宜将提把和篮沿全部遮住，但要用配叶或彩带装饰提把。

选用花材时，要考虑送礼的对象及其喜好，选用恰当的花材插作。除鲜花外，还可用枝叶、果及干花等材料。同时也可选购一些小礼品、小饰物和贺卡，与花篮配合一并赠送，显得浪漫而有情趣。

4. 花环与花圈

花环是用花枝和细绳（或细铁丝、铅丝等），或直接用花枝串联扎成的环状饰物［图3-36（a）］。常用来套在脖子上，表示尊敬和欢迎，国际交往应用较多。也常用作圣诞节的门上及壁面装饰［图3-36（b）、（c）］。若用于前者，选用的切花材料要无异味，不污染服饰，如百合，因其花粉易散落污染，使用时一定要去雄。

花圈比花环大，一般是用竹材编成的环状物，其上用水苔等包裹，再用绿色枝叶等遮住草环，再插上鲜花即成（图3-37）。花圈主要用于表示哀悼及祭奠活动。为延缓花枝失水，草环应常喷水使之保持湿润，以延长使用期。为便于摆设，花圈应带支架或底座，花材的颜色应以冷色调或中性色调为主，如蓝、紫、白色等，以烘托宁静、哀悼的气氛。

(a) 头饰或脖饰

(b) 门面装饰

(c) 壁面装饰

图3-36　花环

图3-37　花圈

单元复习思考题

一、名词解释

花卉 花卉产业 一、二年生花卉 多年生花卉 露地花卉 温室花卉 宿根花卉 球根花卉 盛花花坛 模纹花坛 立体花坛 花境 切花

二、简述题

1. 一年生花卉与二年生花卉、宿根花卉与球根花卉有何区别？

2. 根据球根花卉地下器官的不同可将其分为哪些类型？各类型的特点如何？

3. 露地花卉和温室花卉各有哪些应用形式？不同应用形式应用的花卉种类有什么不同？

4. 盛花花坛与模纹花坛有哪些特点？二者有何不同？

5. 设置花坛和花境时应注意哪些事项？植物的配植与养护管理方法如何？

6. 立体花坛有哪些形式？它在现代装饰中发挥了哪些作用？

7. 如何区分花坛与花境、活动花坛与花台、花丛与花群？

8. 盆花装饰的特点如何？摆饰过程应注意哪些问题？

9. 鲜切花有哪些应用特点？怎样才能延长鲜切花的观赏时间？

三、论述题

1. 花卉栽培为什么要求有先进的科学技术和完善的设施？

2. 花卉产业包含哪些内容？我国花卉业的发展现状如何？发展趋势怎样？

3. 你所在当地花卉产业的现状如何？你认为应该如何发展和振兴当地花卉业？

4. 现代花卉装饰中，其应用形式与特点有了哪些变化？当地常见的花卉应用形式有哪些？各类形式中常见的应用花卉有哪些种类？分析当地花卉应用中存在哪些问题。

5. 当地鲜花店中常见的切花种类有哪些？其花语如何？这些花卉在实际营销过程中是如何进行保鲜的？

实训一　当地花卉产业情况调查（课外作业）

一、实训目的

熟悉当地花卉生产状况、产品种类、营销状况、相关产业发展情况。

二、实训用具

相机，记录笔，记录本。

三、实训方法与内容

将学生分成若干小组，分别调查以下内容。

1. 调查当地花卉市场销售的产品种类、花卉来源、营销状况。

2. 调查常见盆栽花卉的市场价格、畅销种类。

3. 调查当地人们对花卉的认识及喜好程度，对花卉的需求及应用情况。

4. 调查当地花卉产业（如花卉产品的生产、花卉艺术加工产品的制作、花卉配套产品的制造、花卉的售后服务等）的发展及人才需求情况。

四、实训作业

以调查报告的形式上交实训结果，报告中要详细写明实训时间、调查的区域、内容和结果，对发现的问题加以讨论，并提出改进的意见。

实训二　花卉种类的辨识

一、实训目的

1. 熟练认知常见各类露地花卉和温室花卉，掌握其花卉名称、识别特点、生态习性及园林用途。

2. 初步感悟花卉在园林配置中的美学原理及美感。

二、实训用具

相机，记录笔，记录本。

三、实训方法与内容

1. 实训方式

实训时以班级为整体，以小组为单位分组进行认知。避免由于观察场所小、材料少、班级人数众多而漏看、漏听、漏记。

具体方式：大班型班级的学生，首先由各组小组长跟随指导老师进行认知，然后再由组长分别培训本组成员；小班型班级的学生，可直接跟随指导老师进行认知，再分组复习归纳。

要求小组长必须做到观察认真、详细，花卉名称记录、特点描述准确无误，以免在培训本组同学时出现连带性错误。

2．记录方法

可以按表1和表2观察、记录、归纳、总结所看到的各类花卉。也可自己设计记录方法，原则是：名称无误，识别特征关键，记录全面，相似种区分准确。

表1　常见露地花卉种类记录表

| 中文名 | 别名 | 科别 | 分类（生活型） | 性状 | | | | 园林用途 |
				高度/cm	花序、花形、花色	叶序、叶形	其他	

表2　常见温室花卉种类记录表

| 中文名 | 别名 | 科别 | 分类（生活型） | 性状 | | | 温度类型 | 光照类型 |
				高度/cm	花序、花形、花色	叶序、叶形		

四、分析与讨论

如何才能快速记忆和熟练区分各类常见花卉？

五、实训作业

1.现场记录

每人准备一个笔记本，现场记录观察到的各类花卉的名称、类别、识别要点、应用形式、应用地点、周围环境等，实训结束后当日上交，以此考核现场表现，也可作为综合成绩评定参考。

2.归纳总结

实训结束后，按表1、表2分别详细列出观察到的各类露地花卉与温室花卉，并上交报告。

实训三　球根花卉的种球识别

一、实训目的

1. 通过观察进一步理解球根花卉的概念。
2. 熟悉不同类型球根花卉代表种地下根或茎的形态特点、主要繁殖方法。

二、实训材料与用具

1. 材料：取5种类型球根花卉的地下根或茎，如唐菖蒲或小苍兰（球茎），卷丹或朱顶红（鳞茎），大岩桐或仙客来、马蹄莲（块茎），美人蕉或芭蕉（根茎），大丽花或花毛茛（块根）等。
2. 用具：镊子，放大镜，盛球皿，铅笔，橡皮，绘画纸。

三、实训方法与内容

仔细观察5种类型球根的形态特点，按表3所列项目观察记录各项内容。

四、实训作业

1. 观察并描绘各种球根的形态。
2. 写出球根类型、科别、球根特点及主要繁殖方法。
3. 绘制唐菖蒲（或其他种类球根）老根、新球、子球着生图，填入表4中。

表3　球根花卉分类一览表

序　号	中文名	科　别	球根类型	球根形状（绘图）	球根特点	主要繁殖方法
1						
2						
3						
4						
5						

表4　球根花卉子球、老球着生图

中文名	科　别	球根类型	着生图	着生特点

实训四　花卉露地应用形式调查

一、实训目的

1. 了解露地花卉应用形式的类型，各类型的设置特点及相互间区别。
2. 熟悉不同应用形式的常见应用花卉种类。

二、实训用具

记录本、记录笔、相机等。

三、实训方法与内容

1. 调查了解不同季节露地应用中常见的花卉种类。
2. 调查露地花卉应用的主要形式，了解不同应用形式的特点、区别及常用的花卉种类。
3. 调查花坛、花境、花丛、花群、花台和花钵等的应用地点和特点。

四、实训作业

1. 调查结束后，写出调查结果，通过对结果的归纳与总结，找出不同应用形式之间的异同点。
2. 对花卉应用中存在的问题进行分析与讨论，并提出合理化的改进意见。

实训五　花坛设计与花卉配植

一、实训目的

掌握花坛设计的基本方法，培养运用花坛设置相关理论进行创新设计的能力。

二、实训用具

绘图纸，绘图笔，铁锹，板镐，小手铲，白灰，铁皮喷壶，细眼喷壶，皮尺、卷尺等。

三、实训时间

花坛具体设计与植物配植时间，应在花坛应用形式的课堂理论教学内容结束后进行。

四、实训要求

学生自选环境或根据校园绿化要求，设计一个夏季花坛或秋季花坛。根据环境特点选择盛花式或模纹式。内容要求：
① 绘制花坛位置图；
② 设计花坛平面图；
③ 绘制花坛立面图；
④ 列出花坛花卉配植名录表；
⑤ 附花坛设计说明书。

五、实训方法与内容

1. 主讲教师详细讲解设计要求，学生自行勘测现场，绘制总平面位置图。
2. 学生以小组或小班为单位设计花坛草图，然后由指导教师指导修改草图。
3. 绘制正式图。
4. 教师在班级统一讲评，或将每个设计方案的问题反馈给设计小组或学生本人。
5. 图纸设计完成并合格后，即可按照设计方案进行花卉配植，花卉栽植方法与顺序如第三章中花坛植物配植相应内容所述。

实训六　花境设计与花卉配植

一、实训目的

掌握花境设计的基本方法，培养学生运用花境设置相关理论进行创新设计的能力。

二、实训用具

绘图纸，绘图笔，铁锹，板镐，小手铲，白灰，铁皮喷壶，细眼喷壶，皮尺、卷尺等。

三、实训时间

花境具体设计与花卉配植时间，应在花境应用形式的课堂理论教学内容结束后进行。

四、实训要求

学生自选环境或根据校园绿化要求，设计花境一处。根据环境特点选择花境设计类型。内容要求：
① 绘制花境位置图；
② 设计花境平面图；

③ 绘制花境主要观赏期立面图；

④ 花境效果图（自选）；

⑤ 列出植物配植名录表；

⑥ 附花境设计说明书。

五、实训方法与内容

1. 主讲教师详细讲解花境设计要求，学生自行勘测现场，绘制总平面位置图。

2. 学生以小组或小班为单位设计花境草图，再由指导教师指导修改草图。

3. 绘制正式图。

4. 教师在班级统一讲评，或将每个设计方案的问题反馈给设计小组或学生本人。

5. 图纸设计完成并合格后，即可按照设计方案进行花境花卉配植。配植要求如第三章中花境相应内容所述。

实训七　盆花装饰调查

一、实训目的

1. 了解盆花装饰的特点、常见盆花装饰的形式。

2. 熟悉不同盆花装饰形式常见应用的花卉种类，为今后室内外花卉的装饰应用和课堂理论知识的消化理解奠定良好的基础。

二、实训用具

速记本、记录笔、相机等。

三、实训方法与内容

在相关理论知识学习结束后，将学生分成小组，分地段或分区域调查当地室内外盆花的装饰应用情况。本实训可以作为课外作业布置给学生，由学生利用业余时间进行调查。

教师详细讲解调查的主要内容及作业要求，然后学生分组进行现场调查、实测、拍照，回校后对调查的结果进行整理、归纳和分析，完成实训报告。

四、实训作业

1. 进一步熟悉和掌握室内装饰中常见应用的盆花种类及应用形式，并列表整理。

2. 实测 2～3 个室内花卉设计的优秀实例，绘制平面图、主立面图，并列出植物材料、色彩、株高、冠幅、用量等，分析其优缺点。

3. 按照实训意义与目的、调查时间、地点或单位、调查内容、调查结果、结果分析与讨论、建议等项目内容，写出实训报告。

实训八　鲜切花的种类及营销调查

一、实训目的

了解当地鲜花店切花经营的种类、货源、运输工具、保鲜方法与营销状况等。

二、实训用具

速记本、记录笔、相机等。

三、实训方法与内容

1. 当地鲜花店切花经营种类的调查。
2. 切花来源、运输手段、保鲜方法的调查。
3. 鲜切花销售经营状况的调查。
4. 调查当地具代表性的花店3～4个，记录：①花店位置与花店面积；②经销人员文化层次；③经销产品类型（鲜花、干花、人造花等）；④经销的鲜切花种类、保鲜方法、进货渠道、时令价格及销售态势；⑤年营业毛利；⑥存在的问题。

四、实训作业

按照以上方法内容，写出详尽的调查报告，包括调查的意义与目的、调查时间、地点、花店的名称、调查内容、调查结果、结果分析与讨论、意见和建议等。

第二单元

花卉的栽培条件

单元内容提要

　　本单元共包含两部分内容，即花卉栽培的环境条件和设施条件。该两章内容设置的目的是了解和掌握：

　　1.制约花卉生长发育的环境因子有哪些。这些环境因子与花卉生长发育的关系如何？

　　2.花卉在栽培过程中需要哪些主要设施、材料与用具？主要设施的建筑结构、性能、作用如何？

　　3.大型设施内，应设置哪些进行环境条件调节和控制的常见设备？其设置目的与应用效果如何？

　　只有充分了解和掌握以上知识内容，才能在花卉露地栽培或设施栽培中创造出最适宜花卉生长发育的环境条件，达到科学栽培与管理的目的。

单元学习目标

技能目标

1.结合资料查阅，能对不同耐寒力、不同光照强度和光照周期的花卉类型进行区分和归类。

2.能因地、因时、因情采取适宜的方法与措施防治低温或高温危害。

3.能根据各种花卉的形态特点区分不同需水量的花卉类型。

4.熟悉缺乏不同元素尤其大量元素时花卉的表现症状，并能对症采取有效施救办法。

5.熟知温室不同结构类型、温度类型的特点及用途，了解温室内光照、温度、湿度调控采用的常见设备或设施。

6.熟知塑料大棚、荫棚的建筑结构、性能及功用。

7.了解风障、荫棚、小拱棚的搭建方法。

8.熟练认识不同质地的花盆、常见栽培机具、其他容器，熟悉其性能和应用特点。

知识目标

1.理解"温度三基点"的含义、范畴及对花卉生长发育的不同影响，掌握花卉不同生长发育期对温度的不同要求。

2.掌握花芽分化的概念和花卉类型，了解影响花芽分化的内、外因子。

3.理解光周期和积温的概念，初步了解花期调控的基本方法。

4.了解水分对花卉生长发育的影响。

5.熟练掌握主要营养元素在花卉生长发育过程中所起的作用。

6.了解花卉栽培设施的概念、作用及环境调控常见设备的作用。

重　点

1.不同环境条件对花卉生长及花芽分化的影响。

2.不同耐寒力、不同需水量、不同光照强度和光照长度花卉类型的特点、常见花卉。

3.花卉栽培中各主要营养元素尤其N、P、K、Ca、Fe的作用及其营养缺乏症状。

4.温室、塑料大棚、荫棚、冷床的结构、性能与用途。

5.设施内进行温度、水分、光照调控的常用设备与设置目的、效果。

难　点

1.对花卉栽培中各个环境因子重要作用的理解与掌握。

2.对不同耐寒力、需水量、光照强度和光照长度花卉类型特点的掌握与区分。

第四章 花卉栽培的环境条件

花卉栽培的环境条件，又称环境因子，主要是指温度、光照、水分、土壤、营养及空气等。花卉的生长发育，除受其自身遗传特性影响外，还与这些环境条件有着密切的关系。一方面，花卉因原产地不同，对这些环境条件的要求不同，所以，当花卉异地栽培时，常会由于环境条件的不适宜，而造成生长不良，甚至死亡；另一方面，这些环境条件之间，又彼此促进，相互制约，综合影响着花卉的生长和发育。因此，要使花卉生长健壮，开花良好，就必须首先了解花卉与这些环境条件之间的关系，并在生产栽培时合理调节和控制，才能达到科学栽培与养护的目的。

第一节 温 度

温度是影响花卉生长发育最重要的环境因子之一，它不仅影响花卉的分布，而且还影响花卉的生长发育和植物体内的一切生理变化，如酶的活性、光合作用、呼吸作用、蒸腾作用等。因此，在花卉引种、栽培和应用时，首先要考虑的就是温度条件。

一、花卉生长发育对温度的要求

（一）不同花卉生长发育对温度的要求

1. 对"三基点"温度的要求

花卉和其他植物一样，在其生长发育过程中，对温度均表现出三个最基本的要求：即最低温度、最适温度和最高温度，称之为"三基点"温度。

由最低至最适温度，随着温度的升高，花卉生长速度加快，到达最适温度范围时生长最快、最健壮且不徒长；超过最适温度，随着温度的升高，生长速度反而逐渐减慢。超过最低和最高温度界限，植株受害甚至死亡，"南花北养"或"北花南养"时最易出现此类现象。

花卉正常生长的温度范围一般为 $0 \sim 35℃$。花卉茎、叶开始生长的温度通常是 $10 \sim 15℃$（根系生长要比地上部分低 $3 \sim 6℃$），最适温度是 $18 \sim 28℃$，最高温度则为 $28 \sim 35℃$。由于花卉原产地不同，其"三基点"温度也有较大差异。原产热带和亚热带的花卉三基点偏高，温带和寒带的花卉三基点则偏低，如表4-1所示。

表4-1 不同原产地花卉最低和最适生长温度比较

温 度	热带花卉	亚热带花卉	温带花卉	寒带花卉
最低生长温度/℃	18	$15 \sim 16$	10	5
最适生长温度/℃	30左右	25左右	$15 \sim 20$	$10 \sim 15$

依据不同原产地花卉耐寒力的大小，可将其分为以下三种类型。

（1）耐寒性花卉 此类花卉抗寒力强，能耐 $-5 \sim -10℃$ 的低温，甚至在更低温度下亦能安全越冬。在北方寒冷地区能露地栽培，不需保护地。包括原产于寒带和温带以北的许多露地宿根花卉、秋植球根花卉、落叶木本花卉。常见的宿根花卉如芍药、紫萼玉簪、蜀葵、萱草、荷兰菊、菊花等，秋植球根花卉如郁金香、卷丹、桔梗等，木本花卉如牡丹、木槿、蔷薇、玫瑰、榆叶梅、丁香等。也有部分二年生花卉如三色堇、石竹、金鱼草、蛇目菊等可在北京及以南露地越冬。

（2）不耐寒性花卉　不能忍受0℃以下温度，甚至在5℃或8～10℃以下即停止生长或死亡，如吊兰、文竹、龟背竹、虎尾兰、朱顶红、吊钟海棠及彩叶草、四季秋海棠、吊竹梅、温室凤仙、叶子花等，部分种类甚至要求不得低于15℃，如变叶木、一品红、花烛属植物等。

这类花卉原产于热带及亚热带地区，包括一年生花卉、春植球根花卉和不耐寒的多年生常绿草本及木本花卉。其中，一年生花卉的生长发育，只能在一年中的无霜期内进行；春植球根花卉如唐菖蒲、美人蕉、大丽花、晚香玉等也不耐寒，在寒冷地区为防冬季冻害，需于秋季采收，贮藏越冬；不耐寒的多年生常绿草本或木本花卉，在北方不能露地越冬，仅限于温室内栽培，称为温室花卉。

（3）半耐寒性花卉　耐寒力介于耐寒性与不耐寒性花卉之间，生长期间能短期忍受0℃左右的低温，通常要求越冬温度在0℃以上。在我国长江流域能露地安全越冬，北方冬季需加防寒设施才能安全越冬。

这类花卉多原产温带以南和亚热带以北地区，包括大部分二年生花卉、部分宿根花卉和部分常绿木本花卉，如金盏菊、紫罗兰、桂竹香、瓜叶菊、一叶兰、非洲菊、葱兰、水仙、桂花、山茶花、月季花、梅花等。

2. 对昼夜温差的要求

在自然条件下，温度昼高夜低，形成一定温差。这种昼夜温度有节律的交替变化，称温度周期性变化，简称温周期。周期性变温对绝大多数花卉的生长发育是有利的。

在一定范围内，昼夜温差越大，花卉生长越迅速。白天的高温，有利于光合作用的进行；夜间的低温，可降低呼吸作用对光合产物的消耗，使有机物积累增多，有利于花卉的营养生长和生殖生长。适当的温差还能延长开花时间，使果实鲜艳。

不同气候型花卉，对昼夜温差的要求不同，这与原产地温度的日变化幅度有关。一般热带花卉要求昼夜温差为3～6℃；温带花卉为5～7℃；原产于沙漠地区的花卉，如仙人掌类为10℃以上。

在花卉栽培中，理想的条件应是：白天的温度在该花卉光合作用最适的温度范围内，夜间的温度应尽量在呼吸作用较弱的温度范围内。

3. 对积温的要求

（1）积温的概念　花卉的生长发育，不仅需要热量水平，还需要热量的积累。这种热量积累常以积温来表示。

积温是指花卉某一发育阶段内逐日活动温度的总和，又称活动积温。

其中，活动温度是指高于生物学下限温度的日平均温度。而生物学下限温度，则是指植物某一发育期开始所需的起点温度。如某花卉在10℃时花芽开始分化，则10℃即为该花卉花芽分化的生物学下限温度；某天的日平均气温为15℃，15℃即为这天的活动温度；另一天的日平均气温为7℃，因其低于生物学下限温度，故该天的活动温度为0℃。

（2）不同花卉相同发育阶段对积温的要求不同　花卉特别是感温性较强的花卉，在相同发育阶段所要求的积温不同，但同一花卉某发育阶段的积温是相对稳定的。例如月季从现蕾到开花所需积温为300～500℃；杜鹃由现蕾到开花则需600～750℃；短日照的象牙红从开始生长到形成花芽需要10℃以上的活动积温1350℃，它在大于20℃的气温环境中仅需2个多月就能形成花芽并开花，而在15℃的环境中则需3个月才能形成花芽。

了解感温花卉的热量条件，以及它们在生育过程中或某一发育阶段所要求的积温，对引种栽培、促成栽培与抑制栽培有一定的指导意义。

（二）同种花卉不同生育期对温度的要求

同一种花卉，从种子萌发到种子成熟，对温度的要求随着生长发育阶段的不同而有所变化。

1. 种子萌发期

花卉种子经过一段时间的休眠后，遇到适宜的环境条件如温度、氧气及水分等即能吸水发芽。一年生花卉种子萌发可在较高温度下进行，一般为20～25℃；喜温花卉的种子，发芽温度在25～30℃为宜。二年生花卉播种时要求的温度较低，一般在16～20℃。耐寒花卉的种子，发芽可以在10～15℃或更低时就开始。

2．幼苗期

与播种期相比，幼苗期要求温度较低，一般为13～20℃。其作用是防止幼苗徒长及顺利通过春化阶段，完成花芽分化。一年生花卉如凤仙花、百日草、万寿菊等的幼苗期，要求5～12℃；多数二年生花卉，要求0～10℃，如月见草、毛地黄、虞美人、罂粟等。

3．营养生长期

营养生长时期花卉枝叶及根系生长旺盛，白天需要较高的温度，以增强光合作用强度，为开花结实积累更多的营养物质。

4．生殖生长期

此期包括花芽分化期、开花期和结实期。一般，开花结实期要求相对较低的温度，有利于延长花期和子实成熟。温度过高或过低，会妨碍授粉及受精，引起落蕾、落花。

二、温度对花卉生长发育的影响

温度不仅影响花卉种类的地理分布，而且还影响花卉生长发育的每一时期及过程，如种子或球根的休眠、茎的伸长、花芽的分化和发育等，都与温度有密切关系。

（一）规律性温度对花卉生长发育的影响

1．影响花卉分布

不同气候带和不同海拔高度，因气温差异很大，而分布着适应相应气候条件的不同植被类型。如气生兰类主要分布在热带、亚热带；百合类绝大部分分布在北半球温带；仙人掌类大多数原产于热带、亚热带干旱地区的沙漠地带或森林中。著名的高山花卉如雪莲、各种龙胆、绿绒蒿、杜鹃、报春等，分布在高海拔地区。

2．影响花芽分化

花芽分化是指植物生长点由叶芽转变为花芽的生理和形态过程。植物进行一定的营养生长（经过成熟期），并通过春化阶段及一定光照时间后，即进入生殖生长阶段，此时，营养生长逐步减缓或停止，芽内生长点开始分化，直至雌雄蕊完全形成。

花卉种类不同，花芽分化和发育所要求的适宜温度也不同，大体上分为以下两种类型。

（1）在低温下分化　某些花卉在开花之前必须经过一个低温时期才能形成花芽，否则不能正常开花，这种低温促进开花的作用，叫做春化作用，这个过程称春化阶段。

根据春化阶段所要求的低温值和持续时间的不同，可将植物分为三种类型。

① 冬性植物　低温值0～10℃，持续30～70天。许多二年生花卉如月见草、毛地黄、虞美人、罂粟等和部分宿根花卉如芍药、鸢尾等属于此类。

② 春性植物　低温值5～12℃，持续5～15天。一年生花卉为春性花卉，如凤仙花、百日草、万寿菊等。

③ 半冬性植物　介于前两者之间，低温值3℃以上，持续15～20天。

许多原产温带中北部及各地的高山花卉，其花芽分化多要求在20℃以下较凉爽的气候条件下进行，如八仙花、卡特兰属和石斛属的某些种类，在13℃左右和短日照下可促进花芽分化。

（2）在高温下分化　有些花卉在20℃或更高的温度下进行花芽分化，这已超出了春化作用的最初含义。许多花木类，如杜鹃花、山茶花、梅花、桃花、樱花和紫藤等，均在6～8月份气温高至25℃以上时进行花芽分化，入秋后进入休眠，经过一定时期低温后，结束或打破休眠而开花；许多春植球根类花卉的花芽，如唐菖蒲、美人蕉、晚香玉等于夏季生长期分化，而郁金香、风信子等秋植球根是在夏季休眠期分化；一年生花卉如一串红、鸡冠花、醉蝶花、凤仙花、矮牵牛、百日草、波斯菊、长春花等的花芽，也是在高温下进行分化。

春化阶段的通过是花芽分化的前提，但通过春化阶段以后，也必须在适宜的温度下，花芽才能正常分化和发育。如郁金香，其花芽分化最适温度为20℃，但花芽伸长的适宜温度为9℃；杜鹃花花芽分化适宜的温度为18～23℃，而花芽伸长的温度为2～10℃。

一般，花芽分化后的初期要求有几周的低温时期，其低温最适数值和范围因花卉种类和品种而异，如郁金香为2～9℃，风信子为9～13℃，水仙为5～9℃。必要的低温持续时间常为6～13

周，低温之后逐渐升温，以促进花芽发育。

3. 影响花色与花香

（1）影响花色　温度是影响花色的主要环境因子之一。如矮牵牛的蓝白复色品种，在30～35℃高温条件下，花色完全呈蓝或紫色；在15℃条件下，花色呈白色；介于两温度之间，呈蓝白复色；温度变化近于30～35℃时，蓝色部分增多，温度变低时，白色部分增多。

喜高温的花卉在高温下花朵色彩艳丽，如荷花、半支莲、矮牵牛等；而喜冷凉的花卉，如大丽花、月季、翠菊等，在冷凉季节或地区栽培时，花色鲜艳，若遇30℃以上的高温，则花朵变小、花色黯淡，如虞美人、三色堇、金鱼草、菊花等。

（2）影响花香与开花持续时间　多数花卉开花时如遇气温较高、阳光充足的条件，则花香浓郁；不耐高温的花卉遇高温时香味变淡。这是由于参与各种芳香油形成的酶类活性与温度有关。

花期遇气温高于适温时，花朵提早脱落；同时，高温干旱条件下，花朵香味持续时间也缩短。

（二）非规律性温度对花卉生长发育的影响

1. 低温影响

低温是很多花卉种子打破休眠的关键，尤其是高海拔地区的花卉种子。但当温度低于5～10℃时，一些温室花卉就会死亡。花卉不同组织、器官对低温的忍受能力不同，生长中的植物体其耐寒力很低，但通过秋季和初冬冷凉气候的锻炼，在一定程度上，可以提高其耐寒力。一般花卉的根系、茎、枝、叶、芽的耐寒力依次降低，如茉莉、夹竹桃、变叶木地上部分冻死后，其根部仍然存活，当温度适宜时，可以由根部重新发芽长出新植株。提高花卉耐寒力的方法常有如下几种：

①　温室盆花移出温室或温床花苗移植露地前，应加强通风，以逐渐降温增强其耐寒力；

②　早春冷凉时播种，可提高幼苗对早春霜冻的抵抗力；

③　增施P、K肥，减少N肥施入，可促进根系强大、茎秆坚韧、植株成熟，增强抗寒力；

④　最为常用的简单防寒措施是于地面埋土，覆盖稻草、落叶、马粪、塑料薄膜等。如在东北南部，将花卉的根颈部分埋到封冻了的土中，可以忍耐-10℃的低温。

2. 高温影响

高温会导致花卉生长障碍，严重时植株死亡。当气温升高到最适生长温度以上时，生长速度会随温度的升高而下降，若温度继续升高，就会引起植物体失水，其结果使部分花卉产生落花落果、生长瘦弱等现象。一般花卉种类在35℃的温度下，生长开始减缓。继续升高，除少数种类如多肉多浆植物在40℃以上甚至50℃也能生长外，绝大多数花卉种类的植株便会死亡。栽培中可以采取以下措施防止高温危害：

①　保证土壤湿润，促进蒸腾作用的进行，降低植物体温；

②　经常向地面、叶片喷水，可降温6～7℃；

③　灌溉、松土、地面铺草或设置荫棚等，如南方搭篷遮荫、广东水坑栽培等都可以起到降低夏季高温的作用。

第二节　光　照

光照是花卉植物制造营养物质的能量来源，没有光的存在，光合作用就不能进行，花卉植物也就不复存在。光照对花卉生长发育的影响主要体现在三个方面：即光照强度、光照长度和光的组成。

一、光照强度对花卉生长发育的影响

光照强度简称"照度"，是指单位面积上所接受的可见光的能量，单位为lx（勒克斯）。

自然条件下，光照强度是随纬度的增加而减弱，随海拔的升高而增强；一年中以夏季光照最强，冬季光照最弱；一天中以中午光照最强，早晚光照最弱。光照强度不仅直接影响光合作用的强度，而且还影响植物体一系列形态和解剖上的变化，如叶片的大小和厚薄，茎的粗细、节间的长短，叶片的结构与花色的浓淡等。

1. 不同花卉生长发育对光照强度的要求

不同种类的花卉，对光照强度的要求不同，这主要与原产地的光照条件有关。原产高海拔地带的花卉要求较强的光照条件；原产阴雨天较多的热带和亚热带花卉，对光照条件的要求较低。一般而言，多数花卉在光照充足的条件下，植株生长健壮，着花多而大；而部分花卉在光照充足的条件下，反而生长不良，需要半阴条件才能健康生长。因此，常依花卉对光照强度的要求不同，将其分为以下三种类型。

（1）阳性花卉　喜强光，不耐阴，必须在全光照条件下才能正常生长发育的花卉。包括露地一、二年生草本花卉和部分宿根花卉、大部分球根花卉、部分温室花卉，如一串红、鸡冠花、菊花、美人蕉、郁金香、扶桑、月季、茉莉、石榴和仙人掌科、景天科等多肉多浆植物。

（2）中性花卉　稍能耐阴，一般情况下需要光照充足，但在盛夏日照强烈时略加遮阳会生长更好。多为原产于热带和亚热带地区的花卉，如白兰花、栀子花、倒挂金钟、萱草、耧斗菜等。

（3）阴性花卉　不能忍受强光直射，一般要求荫蔽度为50%～80%（即需遮去自然光照的50%～80%）或散射光的环境条件。此类花卉多原产于热带雨林或高山阴坡及林下，具有较强的耐阴能力，若强光直射，则会叶片枯焦，长时间即会死亡。许多观叶花卉和少数观花花卉属于此类，如兰科、蕨类、竹芋科、姜科、秋海棠科、天南星科、苦苣苔科花卉及杜鹃花、山茶花、玉簪、八仙花、文竹、大岩桐等花卉。

一般植物的最适需光量大约为全日照的50%～70%，多数植物在50%以下的光照时生长不良。过强的光照，会使植物同化作用减缓，枝叶枯黄，生长停滞，严重的整株死亡。当光照不足时，同化作用及蒸发作用减弱，植株分蘖力减小，节间延长，叶色变淡发黄，不易开花或开花不良，且易感染病虫害。光照不足的情况常发生于冬季天气不良的温室内。

2. 同一花卉的不同生育阶段对光照强度的要求不同

一般花卉的幼苗繁殖期需光量较低，某些花卉种子发芽时甚至需遮光；成苗期至旺盛生长期需光量逐渐增加；生殖生长期则不同花卉对长、短日照要求不同。开花期对喜光花卉适当减弱光照，可以延长花期，并使花色保持鲜艳；对于绿色花卉如绿牡丹、绿菊花等，适当遮光则可使花色纯正、不易褪色。

另外，某些花卉对光照的要求还因季节而异，如君子兰、仙客来、大岩桐、天竺葵、倒挂金钟等，夏季需要适当遮阳，在冬季则需要阳光充足。

3. 光照强度对开花的影响

（1）影响花蕾开放　光照强弱对花蕾开放时间有很大的影响。如半支莲、醡酱草，是在中午前后的强光下盛开，日落后即闭合；紫茉莉、晚香玉、月见草，在傍晚光弱时开放香气更浓，第二天日出后闭合；牵牛花在光线由弱到强的晨曦中开放；而昙花只在夜间21点以后的黑暗中才能开花。但多数花卉种类的花朵是晨开夜闭。

（2）影响花色浓淡　花青素必须在强光下才能形成，而低温（尤春季或秋季夜间温度较低）能抑制碳水化合物的转移，可为花青素的形成积累物质基础，因此，强光和低温条件下，紫红色的嫩芽如芍药、秋季红叶如南天竹及呈红、蓝、紫色的花卉，颜色都会变得更浓。此外，花青素的形成还与光的波长有关。

二、光照长度对花卉生长发育的影响

光照时间（光周期）是指一日中日出日落的时数或一日中明暗交替的时数，亦称光照长度。它不仅影响植物的节间伸长、叶片发育以及花青素的形成等，而且，还影响着花卉的分布、开花及营养繁殖。

1. 影响花卉分布

日照长度随纬度而不同，植物的分布也因纬度而异，因此，日照长度也与植物的分布有关。低纬度的热带和亚热带地区（赤道附近），全年日照长度均等，昼夜几乎都为12h，所以，原产该地区的花卉属于短日照花卉，如秋菊和一品红是典型的短日照花卉。高纬度的温带地区，夏季昼长夜短，冬季昼短夜长，因此，原产温带地区的花卉为长日照花卉，如唐菖蒲、大丽花是典型的长日照花卉。

2. 影响花卉开花

观花花卉的花芽分化，除受遗传特性的影响外，还受光照时间即光照长度的影响。根据花芽分化对日照长度的要求，可将花卉分为以下三种类型。

（1）长日照花卉　是指每天的光照时数在12小时以上（14～16小时）才能进行花芽分化并开花的花卉。长日照花卉大多分布于暖温带和寒温带，自然花期多在春末和夏初。如金盏菊、雏菊、紫罗兰、大岩桐、矢车菊等。

（2）短日照花卉　是指每天的光照时数在12小时以下（8～12小时）才能进行花芽分化并开花的花卉。短日照花卉大多分布于热带和亚热带，自然花期多在秋、冬季节。如菊花、长寿花、蟹爪兰、一品红等。

（3）中日照花卉　是指花芽分化不受光照时数的限制，只要温度适合，一年四季中的任何日照长度下均能开花的花卉。如凤仙花、一串红、非洲菊、香石竹、月季、牡丹等。

3. 影响营养繁殖

光照长度还影响花卉植物的营养繁殖。例如，短日照可诱导和促进某些块根、块茎的形成与生长，如大丽花、秋海棠、菊芋等；长日照可促进某些植物的营养生长及营养繁殖，如虎耳草匍匐茎的生成、落地生根属某些种类叶缘幼小植物体的产生等。

4. 影响冬季休眠

在温带，长日照通常促进植物营养生长，短日照经常促进植物冬季休眠。

三、光的组成对花卉生长发育的影响

1. 光的组成

太阳光由不同波长的可见光谱与不可见光谱组成，其波长范围主要在150～4000nm。其中可见光（即红、橙、黄、绿、蓝、紫）波长在400～760nm之间，占全部太阳光辐射的52%；不可见光，即红外线（波长大于760nm小于）占43%，紫外线（波长小于400nm）占5%。

2. 不同光质对花卉生长发育的影响

（1）可见光　绿色植物只以可见光为其光合作用的能量来源。其中，吸收利用最多的是红光和橙光（640～660nm），它们在直射光中占37%，散射光中占50%～60%；其次是蓝紫光（430～450nm），其同化效率仅为红光的14%；绿光大部分被叶子所透射或反射，很少被吸收利用，因而使叶色呈绿色。

红橙光有利于碳水化合物的合成，且因在散射光中所占比例较大，而使散射光对半阴性花卉及弱光下生长的花卉效用大于直射光；蓝光有利于蛋白质的合成，短光波的蓝紫光，能抑制茎的伸长，使株体矮小，并能促进花青素的形成。

（2）不可见光　紫外线的长波（320～400nm）部分，能抑制茎的伸长，促进种子发芽和果实成熟，促进花青素的形成。在自然界中，高山花卉因受蓝、紫光及紫外线辐射较多，加上高山低温的影响，花卉一般都具有节间缩短、植株矮小、花色艳丽等特点。此外，紫外线还可促进维生素C的合成。

红外线（波长760～1000nm）的主要功能是被植物吸收转化为热能，使地面增温，影响花卉体温和蒸腾作用。

第三节　水　分

花卉的生长发育离不开水。首先，水是植物细胞的重要组成成分，植物体重的70%～90%是水。其次，水是植物生命活动的必要条件。因为没有水光合作用就不能进行；矿质营养也只有溶于水中，才能运转并被吸收利用；同时植物还依靠叶面水分蒸腾来调节体温，使植物免受高温危害。此外，水还能维持细胞膨压，使枝条挺立、叶片开展、花朵丰满。环境中影响花卉生长发育的水分包括两种：即土壤水分和空气湿度。

一、土壤水分对花卉生长发育的影响

花卉生长发育所需要的水分，大部分来源于土壤。土壤水分通常用土壤含水量的百分数，即土壤湿度来表示。多数花卉以田间最大持水量的60%～70%为宜。土壤干旱会使花卉缺水而生长不良；水分过多，特别是排水不良的土壤，也会使根系因缺氧而腐烂，严重时导致叶片失绿，植株死亡。但不同原产地的花卉和同一花卉的不同生育期，对水分的要求和适应性均有一定差异。

1. 不同原产地花卉对水分的要求不同

花卉种类不同，需水量也不同，这与原产地的降雨量及其分布状况有关。依此可把陆地花卉分为三种类型：即旱生花卉、湿生花卉和中生花卉。

（1）旱生花卉　耐旱性极强，能忍受较长时间空气与土壤的干燥，而仍能生长发育良好的花卉类型。这类花卉原产于经常缺水或季节性缺水的地方，为了适应干旱环境，而产生了许多形态、构造上的适应性变化和特征。如叶片变小或退化成刺状、毛状和肉质化；表皮角质层加厚，气孔下陷；叶片质地硬且革质，有光泽或具绒毛；细胞液浓度与渗透压增大，大大减少了植物体内水分的蒸腾。

这类花卉一般都具有发达的根系，能增强吸水力，从而更增强了其适应干旱环境的能力，如仙人掌科、景天科、番杏科、大戟科植物和龙舌兰等，它们多具有"多浆、多肉"的茎或叶，一般耐旱、怕涝，水浇多了则易引起烂根、烂茎，甚至死亡。因此，此类花卉浇水时，一般应掌握"宁干勿湿"的原则。

（2）湿生花卉　原产热带沼泽地、阴湿森林中的花卉。这类花卉耐旱性弱，需要生长在潮湿的环境中，在干旱或比较干旱情况下会生长不良或者枯死。其特点是通气组织发达，根、茎和叶内多有通气组织的气腔与外界相通，以供应根系氧气的需要；渗透压较低，根系不发达，控制蒸腾作用的结构弱，叶片薄而软。如热带兰类、蕨类、凤梨类、天南星科、秋海棠类、湿生鸢尾类等花卉。湿生花卉在养护中应掌握"宁湿勿干"的浇水原则。

（3）中生花卉　这类花卉对水分的要求介于以上两者之间，需要在干湿适中土壤上才能正常生长的花卉。大多数花卉均属于此类。对该类花卉浇水要掌握"见干见湿"的原则，即保持60%左右的土壤含水量。其中，有些种类偏于耐湿，有些种类则偏于耐旱，如广玉兰、夹竹桃、金丝桃、迎春等喜欢较湿的土壤，而白玉兰、紫玉兰、海棠、腊梅等则较为耐旱。

花卉尽管有旱生和湿生之别，但不管哪类花卉，若长期水分供应不足，或土壤中水分过多，同样能受到危害。特别是一些盆栽花卉，盆土过干或过湿都会影响根系的生长，造成枝叶凋萎脱落，甚至死亡。

2. 同种花卉不同生育期对水分的要求不同

（1）种子发芽期　需水较多，以使种皮软化，有利于胚根的抽出和胚芽的萌发。

（2）幼苗期　因幼苗根系弱小，在土壤中分布较浅，所以抗旱力极弱。虽然每次需水量不多，但必须经常保持土壤湿润。

（3）成苗期　为保证植株营养生长旺盛，增强细胞的分裂、伸长及各组织器官的形成，需要给予适量的水分，并保持适宜的空气湿度。但要注意水分不能过多，否则易发生枝叶徒长，影响开花。

（4）花芽分化期　此期花卉植株由营养生长转入生殖生长，多数花卉应适当控制水分，以抑制枝叶生长促进花芽分化。梅花的"扣水"，就是控制水分供给，致使新梢顶端自然干梢，叶面卷曲，停止生长而转向花芽分化。球根花卉凡球根含水量少的，则花芽分化也早，球根鸢尾、水仙、风信子、百合等用30～35℃的高温处理，其目的就是促其脱水而使花芽提早分化。

（5）开花期　开花后，要求空气湿度较小，否则会影响正常授粉。过大的土壤湿度，会使花朵早落，花期缩短。

（6）结实期　观果花卉在座果期，应供应充足的水分，以满足果实发育的需要。但在种子成熟期，空气干燥可促进种子成熟。

二、空气湿度对花卉生长发育的影响

空气湿度对花卉生长发育也有很大的影响。若空气湿度过大，易使枝叶徒长、滋生病虫害，并常有落蕾、落花、落果、授粉不良或花而不实的现象；空气湿度不足，叶色变黄，叶缘干枯，花期缩短，花色变淡等。

在实际栽培中，南花北养和北方冬季室内养花时，容易出现空气干燥的情况。根据不同花卉对空气湿度的不同要求，可采取喷淋枝叶、地面喷水或空气喷雾等方法增加空气湿度。

空气湿度，常用空气相对湿度（表示空气中实际水汽含量与饱和水汽含量的相对比值）百分数来表示。一般花卉所需要的空气相对湿度在65%～70%左右。原产热带雨林中的花卉对空气湿度要求相对较高，如兰花、蕨类、秋海棠类花卉及龟背竹等喜湿性花卉，要求空气相对湿度不低于80%；而原产沙漠地区的花卉空气湿度可较低些。

第四节　土　壤

土壤是花卉栽培的重要基质，是花卉赖以生存的物质基础。它不仅对花卉植株具有固定作用，而且还能不断为花卉生长发育提供水分、养分、热量和氧气。所以，土壤的理化性质及肥力状况，对花卉生长发育具有重要的意义。

土壤的理化性质是指土壤的物理性质和化学性质。而土壤肥力是指土壤所具有的供应和调节植物生长所需要的水分、养分、空气、热量和其他生活条件的能力。其中水分、养分、空气、热量为四大肥力因素，它们相互联系，相互制约，不可替代，综合影响着花卉的生长发育。

判断土壤肥力的重要指标是土壤有机质。而土壤有机质的高低，又与两个重要因素有关：一是土壤的自然属性，即土壤质地；二是土壤的人为管理，即合理耕作和施肥改良。

一、土壤物理性状对花卉生长发育的影响

土壤物理性状是指由于土壤颗粒的大小分布及其堆积所产生的孔隙性质、松紧状况，以及由这两个因素所导致的土壤水、气、热与耕作性等方面的变化，主要由土壤质地所决定。

（一）不同土壤质地的特点及其在花卉栽培中的应用

土壤质地即土壤机械组成，是指土壤中各粒级土粒（砂粒、粉粒和黏粒）含量百分率的组合，又称土壤颗粒组成。土壤质地不同，所表现的土壤砂黏性质也不同，因而具有不同的肥力特征，适合种植不同生物学特性的花卉植物。土壤质地常分为砂土、黏土、壤土三个基本类型，见表4-2。

表4-2　不同土壤质地的土壤肥力特征及其在花卉栽培中的应用

土壤质地类型	主要肥力特征	生产特性	应用
砂土	土粒间隙大，排水透气性强，保水性差；养分含量低，有机物分解快，保肥性差；土温变化快，昼夜温差大	土性燥；易耕作；抗旱性差；肥效快而短，发小苗不发老苗	常用于改良黏土和培养土配制，也适用于扦插繁殖、栽培幼苗及栽培耐旱性强、生育期短及具有变态根茎的花卉植物
黏土	土粒间隙小，排水透气性差，保水性强；养分含量丰富，保肥性好；土温变化缓慢，昼夜温差小，养分转化慢	土性偏冷；耕作阻力大，耕性差；孔隙间毛管作用发达，抗旱耐涝性差；保肥性强，肥效缓而长，发老苗不发小苗；易积累还原性较强的有毒物质	常用于配制营养土；适于栽培少数喜黏质土壤的花卉植物，对大多数花卉植物生长发育不利，尤其是早春土温上升慢，不利于幼苗的生长
壤土	土粒大小适中，排水透气性好；有机物丰富，保水保肥性强；土温较稳定	土性适中；耕性好；抗旱耐涝性强；肥力强劲而持久。但粉砂粒比例高时灌水后易淀浆板结	适于栽培绝大多数花卉植物，是比较理想的土壤质地

（二）各类花卉对土壤条件的要求

1. 露地花卉

多数露地花卉在壤土上栽培时生长最好。砂土和黏土只适合少数花卉或某一生长发育阶段的花卉栽培，二者只有经过改良后，才能满足各种花卉的栽培需求。

（1）一、二年生花卉　最适宜的土壤是表土深厚、地下水位较高、干湿适中、富含有机质的土壤。在排水良好的砂质壤土、壤土及黏质壤土上均可生长良好，而在黏土和砂土上常常表现出生长不良。

（2）宿根花卉　由于该类花卉根系强大，入土较深，故要求土层厚度40～50cm。通常幼苗期喜富含腐殖质的砂质壤土；而一年生以上的植株，则以排水性好、表土富含腐殖质的黏质壤土为宜。

（3）球根花卉　球根花卉对栽培土壤的要求十分严格。多数种类以表土深厚肥沃、排水性能好的砂质壤土或壤土最为适宜。而水仙花、风信子、百合、晚香玉、郁金香等具有鳞茎的花卉植

物，则喜黏质壤土。

2. 盆栽花卉

盆栽花卉的花盆容量有限，根系伸展空间较小，对水、肥等的缓冲能力较差，因此，为满足盆栽花卉生长发育的肥力要求，盆栽用土需要使用特制的培养土。好的盆栽用土，应具备腐殖质含量丰富，排水、透气性能好，保水保肥、酸碱度适宜、资源丰富等特点。近年来，商品花卉的发展又提出了一个新的课题，即盆土的质量要轻，以便于盆花的搬移、运输与管理。

二、土壤化学性状对花卉生长发育的影响

土壤化学性状主要包括土壤酸碱度、土壤养分的吸收与释放、土壤营养物质的溶解与沉淀等。它们与花卉的营养状况有着密切的关系。其中土壤酸碱度、土壤有机质对花卉生长发育的影响最大。

1. 土壤酸碱度

（1）土壤酸碱度的含义　土壤酸碱度，一般指土壤溶液中 H^+ 的浓度，用 pH 表示。它分为酸性（pH<7）、中性（pH=7）、碱性（pH>7）三种。土壤 pH 多在 4～9 之间。

影响土壤 pH 值的主要因素是降雨量，因为土壤中的钙和镁能中和酸度，提高 pH 值。降雨量越大，从土壤中淋洗掉的钙和镁就越多，土壤就越酸。我国南方雨水多，土壤偏酸，而北方少雨，土壤则偏碱。

（2）土壤酸碱度对花卉的影响　土壤酸碱度与土壤理化性质及微生物的活动有关，它影响着土壤有机质与矿物质的转化与分解，从而影响土壤养分的有效性。土壤中多数养分在中性附近（pH6.5 左右）时呈可利用状态，即有效性高，所以，大多数花卉在 pH5.5～7.5 的土壤中生长良好。

不同花卉植物对土壤酸碱度的要求不同。一般而言，多数露地花卉要求中性土壤，而几乎所有的温室盆栽花卉都要求酸性或微酸性，只有少数花卉能适应强酸（pH4.5～5.5）或强碱（pH7.5～8.0），如表4-3所示。

表4-3　部分花卉植物最适宜土壤酸碱度（pH值）一览表

酸碱度	花卉名称	适宜土壤pH值	酸碱度	花卉名称	适宜土壤pH值
强酸性	鸭跖草	4.0～4.5	微酸性	紫罗兰	6.0～6.5
	紫鸭趾草	4.0～5.0		非洲菊	6.0～6.5
	彩叶草	4.5～5.5		茉莉花	6.0～6.5
	山茶	4.5～6.0		马蹄莲	6.0～6.5
	八仙花	4.0～4.5		蔷薇	6.0～7.0
	凤梨科	4.0～5.0		香石竹	6.0～7.0
	兰科	4.5～5.0		三色堇	6.0～7.0
	蕨类	4.5～5.5		朱顶红	6.0～7.0
酸性	百合	5.0～6.0		一品红	6.0～7.0
	大岩桐	5.0～6.5		盾叶天竺葵	5.5～7.0
	秋海棠	5.0～6.5		蒲苞花	6.0～6.5
	米兰	5.0～6.5		仙客来	6.0～6.5
	棕榈科	5.0～6.3		龙船花	6.0～6.5
	藿香蓟	5.0～6.0		金鱼草	6.0～7.0
	杜鹃花	5.0～6.0 （5.5～6.5）		吊钟海棠	6.0～7.0
	仙人掌科	5.0～6.0		美人蕉	6.0～7.0
	樱草	5.0～6.0		文竹	6.0～7.0
	栀子	5.5～6.0		君子兰	6.0～7.0
	唐菖蒲	5.5～6.5		四季报春	6.5～7.0
				雏菊	5.5～7.0
微酸～微碱	水仙花	6.5～7.5	中性偏微碱	月季	6.9～7.2
	瓜叶菊	6.5～7.5		白兰花	6.9～7.2
	金盏菊	6.5～7.5		风信子	6.9～7.2
	天竺葵	6.0～7.5		晚香玉	6.9～7.2
	矮牵牛	6.0～7.5		天门冬	7.0～7.5
	香豌豆	6.5～7.5		夹竹桃	7.3～8.0
				仙人掌类	7.0～8.0
				郁金香	6.5～7.5
强酸～强碱	代代花	5.5～8.0		牡丹	6.9～7.2
				贴梗海棠	6.9～7.2
				桂花	6.9～7.2
				菊花	7.0～7.5
				香堇	7.0～8.0
				石竹	7.0～8.0

土壤酸碱度对某些花卉的花色也有重要影响。如八仙花的花色可以随栽培土壤酸碱度的变化而变化，土壤呈酸性反应时（pH4～6）呈蓝色，土壤呈中性或碱性反应时（pH≥7）呈红色。若所栽培的八仙花为粉红色品种，应注意合理调节土壤pH值，以防止花色变为蓝色或紫色。

2. 土壤有机质

（1）土壤有机质的概念及其组成　土壤有机质是指土壤中有机物质和小部分生物有机体的总和，是生命体不同分解阶段各种产物和合成产物的统称。主要来源于植物、动物及微生物的残体和施入的有机肥料。

土壤有机质的主要成分是腐殖质，是有机质由微生物分解后再合成的一类高分子含氮有机聚合物，约占土壤有机质总量的85%～90%；其次是非腐殖质，包括新鲜有机物和半分解有机物。

（2）土壤有机质的作用　土壤有机质在土壤中的含量虽然很少（表4-4），但作用却很大。首先，土壤有机质是土壤养分的重要来源，在土壤微生物的作用下，分解释放花卉生长所需要的各种养分；其次，有机质含量高的土壤，不仅肥力充分，而且物理性质也好，即土壤黏性、砂性、松散性低，通透性强、耕性好；第三，腐殖质可提高土壤的保水、保肥性和缓冲性；第四，腐殖质能刺激植物生长，提高植物产量与品质。因此，绝大多数花卉喜欢富含腐殖质的土壤，尤其是盆栽花卉。

土壤有机质是土壤肥力的中心，是评定土壤肥力水平的重要指标。

表4-4　土壤有机质含量与肥力水平［引自《花卉园艺工》（中级）］

肥力水平	瘦	一般	中等	好	最好
土壤有机质/%	<0.5	0.5～1.0	1.0～1.2	1.2～1.5	>1.5

（3）提高土壤有机质的方法

① 增施有机肥料或种植绿肥。增加有机质的基本方法是对育苗地和瘠薄的园林绿化用地等增施有机肥或种植绿肥。常用的有机肥有堆肥、粪肥、沤肥、厩肥和泥炭等。

② 保留树木凋落物和植物残体。园林绿地中树木的枯枝落叶、落花落果和修剪下来的草坪叶等，是林地土壤有机质的主要来源之一，如果能将其收集起来并采取有效措施加以利用，不但可以增加土壤有机质和植物营养，还具有改善土壤物理性能、使土壤松软透气等优点。

③ 调节土壤C/N比。有机物本身的成分是影响其分解的重要因素之一。有机物含碳素总量和氮素总量的比例，称做C/N。C/N对有机质分解速率有一定的影响，C/N在25∶1时，有机质的分解速率比较适宜；当C/N＞25∶1时，有机质分解速率降低；当C/N＜25∶1时，有机质分解速率增大。因此，可通过向土壤中施入氮肥来调解土壤有机质的分解速率。

第五节　营　养

一、营养元素对花卉生长发育的作用

1. 大量元素及其作用

维持花卉生长发育的大量元素，一般是指占花卉植物干物质含量0.1%以上的元素，为生长所必需的元素，共有9种，为碳（C）、氢（H）、氧（O）、氮（N）、磷（P）、钾（K）、钙（Ca）、镁（Mg）、硫（S）。其中H、O、C从H_2O和CO_2中获得。有机物元素为4种，为C、H、O、N。矿质元素（灰分）5种，为P、K、Ca、Mg、S。

（1）氮　氮肥俗称"叶肥"。氮是植物细胞合成蛋白质的主要元素之一，蛋白质又是细胞原生质的主要成分；氮还是叶绿素和植物体内其他有机物的重要组分，所以氮肥是植物生长的主要肥料。施足氮肥能使花卉生长良好而健壮，如果氮肥过多，会阻碍花芽的形成，枝叶徒长，对病虫害缺乏抵抗能力；过少则会使花株生长不良，枝弱叶小，叶色变浅、发黄，开花不良。

不同类别花卉及同一花卉的不同生育期对氮肥的需求量不同。一年生花卉在幼苗时期对氮肥的需要量较少，随着植株生长而逐渐增多。二年生和宿根花卉，在春季生长初期即要求大量的氮肥。观叶花卉在整个生长期中，都需要较多的氮肥，以使植株长期保持美丽的叶丛；对观花花卉来说，只是在营养生长阶段需要较多的氮肥，进入生殖阶段以后，应该控制使用，否则将延迟开花。

（2）磷　磷是构成原生质的主要元素，细胞质、细胞核中均含有磷。磷是很多酶的组成成分，对植物的细胞分裂、呼吸作用、光合作用、糖分解与运输等均有促进作用。磷能促进植物成熟，有助于花芽分化及开花良好；还能强化根系，促进茎枝坚韧，增强抗寒、抗旱、抗倒伏及抗病虫害的能力。在寒冷地区适当多施磷肥，促其成熟，可增强植物的越冬能力。

磷肥俗称"花肥"。缺磷时，会影响开花，即使能开花，也会出现花小、色淡等现象。缺磷还会抑制植物生长，尤其根部的生长，表现为枝短、叶小、发芽力减弱的现象。

花卉在营养生长阶段需要适量磷肥，进入开花期以后，磷肥需要量更多。

（3）钾　钾肥俗称"茎肥"。钾是构成植物灰分的主要元素之一。它可促进叶绿素的形成和光合作用的进行，蓄积体内碳水化合物，使花卉枝干坚韧、生长强健、不易倒伏，因此，在冬季温室中，当光线不足时应适当多施钾肥以增强其越冬力；钾还可促进根系发育，尤其对球根花卉作用明显；此外，钾还使花色鲜艳，提高花卉抗寒、抗旱及抗病虫能力。

钾过多，会导致植物体内缺乏钙、镁元素，阻碍花卉生长发育，使植株低矮，节间缩短，叶子变黄，继而变成褐色并皱缩，严重时可使植物在短时间内枯萎。

钾在植物体内有高度移动性，缺钾症状首先从老叶开始并最为严重。缺钾时除叶片有形态变化外，还会导致根系发育不良，茎生长量减小，茎干变弱和抗病性降低。

（4）钙　钙有助于细胞壁、原生质及蛋白质的形成。钙可被植物根系直接吸收，促进根的发育，使植物组织坚固。钙可以降低土壤酸度，在我国南方酸性土地区亦为重要肥料之一。钙还能改进土壤的物理性质，黏土施用石灰后可以变得疏松，砂质土施用钾肥后，可以变得紧密。钙在植物体内不能移动，所以缺钙症状首先出现于新叶。

（5）镁　镁是叶绿素形成不可缺少的元素，是许多重要酶类的活化剂，同时还对磷素的可利用性有很大影响。因此，虽然植物对镁的需要量较少，但却有重要的作用。

（6）硫　硫为蛋白质的成分之一，能促进根系生长，并与叶绿素的形成有关。硫可以促进土壤中微生物的活动，如豆科根瘤菌的增殖，增加土壤中氮的含量。植物缺硫症状通常从幼叶开始，且程度较轻。

2. 微量元素及其作用

微量元素，一般是指占花卉植物干物质含量0.1%以下的元素，是植物生长的必需元素，共有7种，为铁（Fe）、锰（Mn）、铜（Cu）、锌（Zn）、钴（Mo）、硼（B）、氯（Cl）。它们的含量分别为：Fe 0.099%，Mn 0.005%，Zn 0.002%，Cu 0.0006%，Be 0.002%，Cl 0.01%，Mo 0.00001%。另外还有超微量元素，如镭（Ra）、钍（Th）、铀（U）、锕（Ac）等。

（1）铁　铁在叶绿素形成中起着重要的作用，缺铁时，叶绿素不能形成，碳水化合物不能制造。一般情况下，不会发生缺铁现象；但在石灰质土或碱土中，由于铁与氢氧根离子形成沉淀而转变为不可给态，虽然土壤中有大量铁存在，但仍能发生缺铁现象。

（2）硼　硼与植物的生殖过程有密切关系，能促进着花与坐果；硼能改善氧的供给，促进扦插生根和豆科根瘤的形成；提高抗寒越冬能力。

（3）锰　锰直接参与光合作用，而且还是许多酶的活化剂，对糖类的积累转运有重要作用。对于种子发芽、幼苗生长以及结实均有良好影响。

（4）锌　锌主要是作为一些酶的组成成分和活化剂，这些酶对植物体内的物质水解和氧化还原过程以及蛋白质合成起重要作用。锌还参与生长素的前身吲哚乙酸的合成过程。缺锌时，植物生长缓慢，节间缩短，植株矮化；叶片变小，呈"簇生"状；中下部叶片脉间失绿，主脉两侧有不规则棕色斑点。

（5）硼　硼与植物的生殖过程有密切关系，能促进着花与坐果；能改善氧的供给，促进扦插生根和豆科植物根瘤的形成；提高抗寒越冬能力。

二、花卉栽培常用的肥料

（一）有机肥

1. 有机肥的含义

凡是营养元素以有机化合物形式存在的肥料，均称为有机肥料，因含有多种元素，故又称为完全性肥料。它是各种动物体和植物体经过腐烂发酵后形成的肥料。

特点：种类多，来源广，养分完全，即不仅含有氮、磷、钾三大营养元素，而且，还含有其他微量元素和生长激素等；它能改善土壤的理化性质，肥效释放缓慢而持久，故又称迟效性肥料。但有机肥肥素含量低，且不太稳定。

2. 有机肥的种类

人们通常把有机肥分为两种，即植物性有机肥和动物性有机肥。植物性有机肥，是由豆饼、花生饼、菜籽饼、杂草、绿肥、酒糟、中草药渣等组成，性质较为柔和。动物性有机肥，则是由人粪尿、禽畜粪、骨粉、羽毛、蹄角、鱼肉蛋类等生活垃圾组成的。一般来说，动物性肥料中的氮、磷、钾含量高于植物性肥料，而且肥效也长。

（1）饼肥　是各种植物性含油质的果实榨油后的剩余物。含氮量较高，容易被植物吸收。既可作基肥，也可作追肥。作追肥时，应加10倍水经2～3个月发酵腐熟后，再取肥液按一定比例兑水稀释成稀薄液肥施用。

（2）人粪尿　是一种完全肥料，pH为中性。含有80%左右的水分、5%～10%的有机质，另外还含有氮0.5%～0.8%、磷0.2%～0.4%、钾0.2%～0.3%、可溶性盐0.5%。优点是肥效快，易分解。缺点是易挥发和流失，带有病菌且不卫生，不宜直接用于家庭盆栽花卉。

（3）家禽粪　指鸡、鸭、鹅、鸽等家禽的粪便。其性质和养分含量与家畜粪尿有所不同，家禽粪中氮、磷、钾的含量比各种家畜的粪、尿都高。其中鸡、鸽粪养分含量最高，而鹅、鸭粪的含量较低。家禽粪一般多作为基肥施用，腐熟良好的也可作为追肥施用。

（4）厩肥　厩肥是指家养牲畜的圈肥，以氮素为主，也含有磷、钾元素。除用作花卉培养土配制外，还作为基肥使用。它是砂质土及温室花卉栽培中常用的肥料。其浸出液也可作为追肥使用，但必须发酵腐熟后方可应用。

（5）骨粉　主要成分是磷肥，肥效较慢，多用作盆栽观叶植物的基肥。若同腐殖土混合使用，还可以促进分解，增加肥效。

（6）草木灰　是植物秸秆、柴草、枯枝落叶等经燃烧后残留的灰分。富含K元素，也含有较多的P、Ca、Mg、Fe、Na、Cu等元素，不含氮素和有机物。它能中和基质的有机酸，促进有益微生物的活动。因草木灰呈碱性，故不能与硫酸铵、硝酸铵等铵态氮肥混存、混用，也不能与人粪尿、家畜粪尿混存，否则会引起氮素的迅速挥发而失效。可用作配制培养土、拌和苗床土。

（二）无机肥

1. 无机肥的含义

无机肥又称矿质肥，它所含的N、P、K等营养元素，都以无机化合物状态存在，大多数要经过化学工业的生产，因而又称为化学肥料。

特点：多为白色结晶体，少数如过磷酸钙呈粉状；养分单一，不含有机物；含量高、肥效快；易溶于水，施用方便；清洁卫生，无腐臭。但长期使用，会使土壤板结，最好与有机肥配合施用。

2. 无机肥的种类

（1）大量元素肥料

① 硫酸铵 $[(NH_4)_2SO_4]$，简称"硫铵"，含氮量为20%～21%。多用作追肥。用1%～2%浓度的水溶液施入土中，或用0.3%～0.5%浓度的水溶液喷于叶面。

② 尿素 $[CO(NH_2)_2]$，含氮量达45%～46%。尿素适用于各种植物，可作基肥、面肥与追肥，一般不作种肥，因该肥对种子发芽不利。一般用0.5%～1%的水溶液施入土中，或用0.1%～0.3%的水溶液进行根外追施（叶施）。施肥最好在傍晚进行，以免烧伤叶片。

③ 硝酸铵 (NH_4NO_3)，简称"硝铵"。含氮量为33%～35%，易潮解，能助燃，易爆炸和燃烧，严禁与有机肥混合放置。一般用作追肥，可用1%的水溶液施入土中。

④ 过磷酸钙 $[CaH_4(PO_4)_2]$，简称"普钙"。是目前常用的一种磷肥。含磷（P_2O_5）为16%～18%，易吸湿结块，不宜久放。一般作基肥效果好，即在上盆或翻盆时施用，用量为盆土的1%～5%；也可用1%～2%的水溶液施于土中；或用0.5%～1%的溶液进行根外追肥，喷洒于叶子上，这种方法在植物后期根系吸收磷的能力变弱时采用，有良好的增产效果。

⑤ 磷酸二氢钾（KH_2PO_4），是磷钾复合肥料，又称综合肥料。含磷53%、钾34%，易溶于水，速效，呈酸性反应，常用0.1%左右的溶液作根外追肥。如果在花蕾形成前喷施，可促进开花，促使花大、色彩鲜艳、美丽多姿。

⑥ 磷酸铵，简称"磷铵"，为磷酸二氢铵（$NH_4H_2PO_4$）和磷酸一氢铵〔$(NH_4)_2HPO_4$〕的混合物。是氮磷复合肥，含氮12%～18%，含磷46%～52%。是高浓度速效肥，适合各种植物，可作基肥和追肥，但不能与碱性肥料混合使用，以防磷的沉淀失效和氨的挥发损失。

⑦ 氯化钾（KCl），含钾（K_2O）50%～60%，为生理酸性肥料。作追肥和基肥效果好，用量为1%～2%。但球茎和块根类花卉忌用。

⑧ 硫酸钾（K_2SO_4），含钾（K_2O）48%～52%。适用于球茎、块茎、块根花卉，作基肥效果好，也可用1%～2%的水溶液施于土中作追肥。

⑨ 硝酸钾（KNO_3），含钾45%～46%。适用于球根花卉，可作基肥和追肥。常用1%～2%水溶液施于土中，也可用0.3%～0.5%水溶液作根外追肥。

（2）微量元素肥料

① 硫酸亚铁（$FeSO_4$），又称绿矾，含Fe^{2+} 20%，呈蓝绿色结晶。用0.1%～0.5%的水溶液和0.05%的柠檬酸水溶液一起喷于黄化的植株上，可防治花卉缺铁性黄化症。也可把饼肥、硫酸亚铁和水按1∶5∶200比例配制发酵后（称"矾肥水"）浇灌于山茶、杜鹃、栀子等喜酸花卉的盆土中，既可起到增肥作用，又可防止叶片黄化现象的发生。

② 硼肥，主要有含硼17.5%的硼酸（H_3BO_3）和含硼11.3%的硼砂（$Na_2B_4O_7 \cdot H_2O$）。二者可作基肥、种肥和追肥，撒施、喷施均可。硼有促进开花结实的作用，孕蕾期用0.05%～0.25%的硼砂水溶液或0.025%～0.1%的硼酸水溶液，喷施观花或观果花卉叶面，可使花色鲜艳，提高着花率和坐果率。

③ 锌肥，主要有含锌40.5%的硫酸锌（$ZnSO_4$）和含锌48%的氯化锌（$ZnCl_2$）。可作基肥、种肥。硫酸锌还可作根外追肥，喷施浓度为0.02%～0.2%。

三、花卉营养缺乏症的诊断

当花卉植株缺少某种元素时，会在外部形态上呈现一定的病状。但不同元素缺少时所表现的病状，常依花卉种类与环境条件的不同而有一定的差异。为便于诊断，现将主要元素缺乏症检索表列出，以供参考。

1. 病症通常发生于全株或下部较老叶子上。

2. 病症经常出现于全株，但常是老叶黄化而死亡。

3. 叶淡绿色，生长受阻，茎细弱并有破裂，叶小，下部叶比上部叶的黄色淡，叶黄化而干枯，成淡褐色，少有
脱落 ·· 缺氮

3. 叶暗绿色，生长延缓，下部叶的叶脉间黄化，而常带紫色，特别是在叶柄上，叶早落 ············· 缺磷

2. 病症常发生于较老、较下部的叶上。

3. 下部叶有病斑，在叶尖及叶缘常出现枯死部分。黄化部分从边缘向中部扩展，以后边缘部分变褐色而向下皱缩，
叶片卷曲，最后下叶和老叶脱落 ·· 缺钾

3. 下部叶缺绿黄化，在晚期常出现枯斑，黄化出现于叶脉间，叶脉仍为绿色，叶缘向上或向下反曲，而形成皱缩，
在叶脉间常在一日之间出现枯斑 ··· 缺镁

1. 病症发生于新叶。

2. 顶芽存活。

3. 叶脉间黄化，叶脉保持绿色。

4. 病斑不常出现。严重时叶缘及叶尖干枯，有时向内扩展，形成较大面积，仅有较大叶脉保持绿色 ········· 缺铁

4. 病斑常出现，且分布于全叶面，极细叶脉仍保持为绿色，形成细网状，花小而花色不良 ············ 缺锰

3. 叶淡绿色，叶脉色泽浅于叶脉相邻部分。有时发生病斑，老叶少有干枯 ······························ 缺硫

2. 顶芽通常死亡。

3. 幼叶的尖端和边缘腐败坏死，幼叶的叶尖常形成钩状，根系在上述病症出现以前已经死亡 ············ 缺钙

3. 嫩叶基部腐败，叶片暗绿、肥厚、皱缩，茎与叶柄脆而易开裂，根系死亡，特别是生长部 ············ 缺硼

第六节 空 气

一、必需气体

空气中的各种气体组分，在花卉生长发育过程中所起的作用不同。有的气体为花卉生长所必需，有的气体则有害。在生产应用中，可根据实际情况采取有效措施，对空气或土壤中的气体组分加以调节和控制，使其维持在合理的浓度范围，以避免对花卉植株的生长发育造成危害。

1. 氧气（O_2）

O_2是植物呼吸作用的重要原料。植物呼吸时，吸入O_2，放出CO_2，同时伴随能量的产生，以维持花卉的各种生命活动。

空气中氧气的含量约为21%，可以满足花卉正常生长发育的需要。但土壤中的氧气含量较少，通常只有10%～12%。当氧气含量大于10%时，易发生新根，低于5%时不发根。特别是质地黏重、表土板结，排水透气性差、含水量高的土壤，因气体交换不畅，导致氧气含量不足，使植株根系不发达，甚至地上部分生长不正常，出现茎叶老化、叶片下垂等现象，严重时会产生大量乙醇等有毒物质，使植株中毒甚至死亡。

根系缺氧的情况常发生于花卉盆栽时。所以，花卉盆栽要注意花盆和盆土的选用。花盆以选用透气性强的瓦盆为最好；而盆土，则要根据不同种类和不同发育期花卉对肥力的需求情况来配制。一般情况下，盆栽花卉的根系在盆壁与盆土接触处生长最为旺盛。在花卉栽培中进行的排水、松土、翻盆及清除花盆外的泥土、青苔等工作，都有改善土壤通气条件的意义。

2. 二氧化碳（CO_2）

二氧化碳是植物光合作用的主要原料之一，对植物光合作用强度有直接的影响。空气中CO_2的浓度约为0.03%（300ppm），一般低于光合作用饱和点。若在一定范围内适当增施CO_2，可提高光合作用效率。试验证明，当空气中二氧化碳的含量比一般含量高出10～20倍0.3%～0.6%（3000～6000ppm）时，光合作用则有效地增加。但花卉种类繁多，设施条件多种多样，CO_2具体施用浓度很难确定，一般施用量以阴天0.05%～0.08%（500～800ppm），晴天0.13%～0.2%（1300～2000ppm）为宜。并应根据气温高低、植物生长期等的不同而有所区别，温度较高时，CO_2浓度可稍高；花卉在开花期、幼果膨大期对CO_2需求量最多。

但CO_2浓度也不可过大，当CO_2浓度增加到2%～5%以上时，即对光合作用产生抑制效应。同时，CO_2浓度过高还会危及生命，人体对CO_2的安全极限为0.5%（5000ppm），人工施用时，绝不能近于此浓度。通常温室内CO_2的浓度维持在0.1%～0.2%（1000～2000ppm）较为适宜。可采用CO_2钢瓶或CO_2发生器施用；也可施用固体干冰，在光照充足的温室中，用量为每天$10g/m^3$。

一般，在温室或温床中施过量厩肥，会使土壤中CO_2含量增至1%～2%，若持续时间较长，将发生病害现象。给以高温和松土，可防止这一危害的发生。

二、有害气体

1. 二氧化硫（SO_2）

SO_2是工厂燃料燃烧产生的有害气体，浓度为0.001%～0.002%（10～20ppm）时可使花卉受害。SO_2从气孔、皮孔、水孔进入叶部组织，使叶绿体破坏，组织脱水并坏死，表现症状是叶脉间出现许多褪绿斑点，严重时叶片变成黄褐色或白色，甚至脱落。

各种花卉对SO_2的抗性不同，抗性较强的花卉有紫茉莉、鸡冠花、凤仙花、地肤、石竹、金鱼草、金盏菊、蜀葵、玉簪、菊花、酢浆草、龟背竹、美人蕉、大丽花、唐菖蒲、山茶花、扶桑、月季、石榴、鱼尾葵等。

对SO_2敏感、可起指示作用的花卉有：矮牵牛、波斯菊、向日葵、紫花苜蓿、蛇目菊等。

2. 氟化氢（HF）

HF主要来源于炼铝厂、磷肥厂、搪瓷厂等，是氟化物中毒性最强、排放量最大的一种。HF从气孔或表皮入侵细胞，转化为有机氟化物后危害酶的合成。它首先危害植株幼芽或幼叶，使叶尖和叶缘出现环带状褐色病斑，然后向内扩展，并逐渐出现萎蔫现象。氟化氢还能导致植株矮化，早期落叶、落花和不结实。

对氟化氢抗性较强的花卉主要有：一串红、紫茉莉、万寿菊、半支莲、矮牵牛、牵牛、菊花、秋海棠、葱兰、美人蕉、大丽花、倒挂金钟、一品红、凤尾兰等。抗性中等的有桂花、水仙、杂种香水月季、天竺葵、山茶花、醉蝶花等。对HF敏感、起指示作用的花卉有：郁金香、唐菖蒲、万年青、杜鹃花等。

3. 氨气（NH_3）

在保护地栽培花卉时，大量施用含氨有机肥或无机肥，就会导致空气中NH_3含量过多。当含量达到0.1%～0.6%时，叶缘会发生烧伤现象；含量达到4%时，经过24小时，大部分植株即会中毒死亡。

4. 其他有害气体

在污染较重的城市或工厂中，常含有其他有害气体，如乙烯、乙炔、丙烯、硫化氢、氯化氢、氧化硫、一氧化碳、氯气、氰化氢等，它们多从工厂的烟囱或排放的废水中散发出来，即使空气中含量极为稀薄，也可使花卉植物受到严重危害。因此，在工厂附近，应选择抗性强的花草树木及草坪地被植物来栽植。

第五章 花卉栽培的设施条件

花卉栽培的设施条件是指人为建造的适宜或保护不同类型花卉正常生长发育的各种建筑及设备，包括温室、塑料大棚、冷床与温床、荫棚、风障及机械化、自动化设备，各种机具和容器用具等。由这些设施条件创造的栽培环境，称为保护地。在保护地栽培花卉，称"保护地栽培"或"设施栽培"。

采用各种设施栽培花卉，可以打破地区与季节的限制，使花卉的异地栽培、反季栽培、花期调控成为可能。通过设施的保护，还可使花卉植物免受不良环境的危害，提高花卉产品的品质，实现花卉的周年生产和集约化生产，满足日益增长的市场需求。

第一节 温 室

一、温室的概念及作用

1. 温室的概念

温室是用透光材料覆盖房顶屋面，并附有防寒、加温设备的建筑设施。在各种栽培设施中，温室对各个环境因子的调节和控制能力最强，也最完善，因而成为花卉生产中应用最广泛、最重要的栽培设施。

2. 温室的作用

花卉种类不同，需要的生长发育、越冬和越夏的环境条件也不同。利用温室，可以在不适合花卉生态要求的地区与季节，创造适于花卉生长发育的环境条件。主要用于以下几个方面。

① 异地引种，即进行"南花北养"或"北花南养"，或集世界奇花异卉于一地，满足南北花卉市场需求，丰富各地园林花卉品种。

② 提早播种，使花卉早开花、早上市；或在温室中进行周年扦插等营养繁殖，以提高其成活率和繁殖速率，扩大繁殖系数。

③ 调节花期，使其提前或延后开花，满足节日用花需要。

④ 保护不耐寒或不耐热花卉越冬或越夏，达到花卉的周年生产、周年上市。

⑤ 进行高密度规模化切花生产，达到产量高、质量优、经济效益显著的目的。

二、温室的类型

1. 根据屋面形式分类

（1）单屋面温室 东西延长，只有向南倾斜的前屋面覆有透光材料，后屋面为不透明的保温屋顶，北、东、西三面是墙体。面积较小，单栋，一般跨度为 5.5～8m。我国温室以此种类型为主。优点是节能保温、投资小；缺点是光照不均匀，室内盆花需要经常转盆。又分为立窗式单屋面温室、一面坡式单屋面温室、二折式单屋面温室、三折式单屋面温室及半拱圆单屋面温室［图5-1（a）～（e）和图5-2］。

（2）双屋面温室 分为等屋面温室和不等屋面温室。

① 等屋面温室：常为南北延长，偶有东西延长。东西屋顶有2个相等的采光屋面，倾斜角为 28°～35°，室内从日出到日落都能受到光照。优点是室内受光均匀；缺点是保温较差，需要有完善的通风和加温设备。这种温室面积较大，一般都具有采暖、通风、灌溉等设施，有的还有降温及人工补光等设备，因此环境调节能力较强，可周年应用［图5-1（f）］。

② 不等屋面温室：为东西延长，南北两侧有2个宽度不等的采光屋面，南北宽度比为3∶1。温室面积较小，一般跨度为5～8m。优点是提高了光照强度，通风较好；缺点是光照不均，保温性能一般［图5-1（g）］。

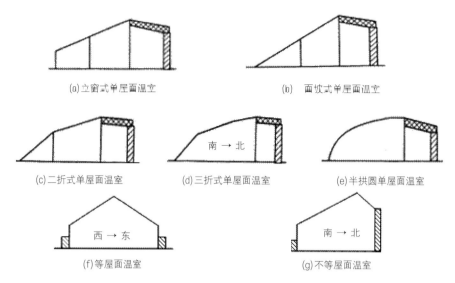

(a)立窗式单屋面温室　　　　　　　　(b)　屋坡式单屋面温室

(c)二折式单屋面温室　　(d)三折式单屋面温室　　(e)半拱圆单屋面温室

(f)等屋面温室　　　　　　　　　(g)不等屋面温室

图5-1　不同屋面形式温室示意图
（引自王文和《花卉栽培与管理》）

（3）拱圆屋面温室　屋面为拱圆形，屋面的坡度使温室内能获得较高的、均匀的光照，并且还可以减少内表面产生的结露，图5-3中的连栋温室屋面即由拱圆型屋面温室组成。

2. 根据栋数分类

（1）单栋温室　即一块土地只建造独立的一栋温室。形式有单屋面温室、双屋面温室及拱圆屋面温室多种（图5-2）。

（2）连栋温室　由相同形式和结构的2栋或2栋以上的温室连接而成。主要采用等屋面或拱圆屋面连接而成，由东向西排列成行（图5-3）。这种温室最大的优点是集中供热，便于经营管理和机械化生产；其缺点是光照和通风不如单栋温室好，温室负重能力有限。

现代化温室即是一种大型的连栋温室。除结构骨架外，所有屋面与墙体都是透明材料，称为全光温室（图5-4）。其覆盖面积大（1000m² 以上），内环境基本上不受自然气候的影响，由计算机自动化调控，能周年全天候进行园艺生产，故又俗称为智能温室。

图5-2　半拱圆单屋面加温温室　　图5-3　拱圆屋面连栋塑料温室　　图5-4　现代化温室

现代化温室主要有两种类型，一种是屋脊型屋面连栋玻璃温室，如荷兰型温室，其骨架由钢架和铝合金构成，透明材料为4mm厚的平板玻璃，分为多脊连栋式［图5-5（a）］和单脊连栋式［图5-5（b）］。多脊连栋式温室单间跨度为3.2m、6.4m、8.0m、9.6m或12.0m、12.8m；单脊连栋式单间跨度为6.40m、8.00m、9.60m、12.80m。另一种是拱圆型屋面连栋塑料温室（图5-3、图5-6），如华北型连栋温室，其骨架由热浸镀锌钢管及型钢构成，透明材料为双层充气塑料薄膜，单间跨度为8.0m。

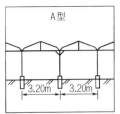
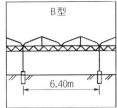
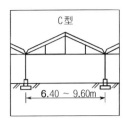

A型 B型 C型

3.20m 3.20m   6.40m   6.40～9.60m

（a）多脊连栋　　　　　　　　　　（b）单脊连栋

图5-5　不同类型的现代化玻璃温室
（引自劳动和社会保障部《花卉园艺工》）

3. 根据能源分类

（1）日光温室　是以太阳辐射能为唯一热量来源，适合我国北方应用的南向采光温室。由透光的前屋面、不透光的保温后屋面和东、西、北三面围护墙体三部分组成。其雏型是单坡面玻璃温室的前坡面透光覆盖材料用塑料膜代替玻璃演化而成。白天前屋面只覆盖塑料膜采光，当室外光照减弱时，及时用活动保温被覆盖塑料膜，以加强温室的保温。特点是保温好、投资低、节约能源。

节能型日光温室的透光率一般在60%～80%以上，室内外气温差可保持在21～25℃以上。常见的优型结构日光温室有辽沈Ⅰ型日光温室，它由沈阳农业大学设计，是无柱式节能日光温室（图5-7），在北纬40°以南地区，冬季基本不加温可进行育苗和生产喜温植物。改进冀优Ⅱ型日光温室（西北型）（图5-8），结构性能优良，使用方便，在华北地区正常年份，温室内最低温度一般可保持在10℃以上。

图5-6　拱圆型塑料连栋温室

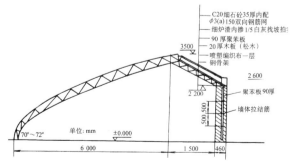

C20细石砼35厚内配
ϕ3(a)150双向钢筋网
细炉渣内掺1/5白灰找坡拍实
90厚聚苯板
20厚木板（松木）
喷塑编织布一层
钢骨架
聚苯板90厚
墙体拉结筋

3500
2 600
2 200
500 500
70°～72°
单位：mm
±0.000
6 000　1 500　460

图5-7　辽沈Ⅰ型日光温室
（引自劳动和社会保障部《花卉园艺工》）

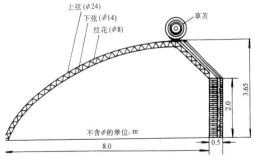

上弦（ϕ24）
下弦（ϕ14）
拉花（ϕ8）
草苫

3.65
2.0

不含ϕ的单位：m
8.0　0.5

图5-8　改进冀优Ⅱ型日光温室（西北型）
（引自劳动和社会保障部《花卉园艺工》）

（2）加温温室 除了利用太阳能外，还有烟道、热水、蒸汽、电热等人为加温的方法来提高温室温度。用于热带、亚热带花卉越冬，也可用于一些花卉的栽培、催花及播种、扦插等。常见类型如半拱圆加温温室、二折式加温温室、三折式加温温室、双屋面单栋温室及双屋面连栋温室[图5-1（c）、（d）、（f）；图5-3～图5-6]。

4. 根据温度分类

（1）高温温室 室内温度保持在18～32℃。主要栽培和养护热带花卉，也可用于花卉的促成栽培、切花生产以及花卉的繁殖等，如栽培热带兰、热带棕榈、变叶木、叶子花等。

（2）中温温室 室内温度控制在12～25℃。一般栽培和养护亚热带和热带高原花卉，也可用于一、二年生草花早春提前播种，如栽培天南星科、凤梨科、热带蕨类、秋海棠类、倒挂金钟、大岩桐和多浆植物等。

（3）低温温室 室内温度保持在5～20℃。供栽培大部分温带的常绿花卉越冬使用，也可放置冬春季开花而又畏寒花卉，如山茶、杜鹃、报春花、瓜叶菊、温带蕨类等。

（4）冷室 室内温度为0～15℃。用以保护稍耐寒的盆花以及宿根类和球根类花卉越冬，如盆栽月季、石榴、夹竹桃、菊花、美人蕉和大丽花种球等。

5. 根据用途分类

（1）生产性温室 其建筑形式以适于栽培需要和经济实用为原则，一般造型和结构都较简单，室内地面利用甚为经济，包括盆花温室、切花温室、繁殖温室和促成栽培温室。

（2）观赏性温室 也称展览温室、陈列温室，多建在公园、植物园、植物研究所或其他公共场所，展览各种花卉、盆景，供观赏、科研、教学和科普使用。温室建筑形式要求具有一定的艺术性，室内宽敞，如上海植物园的高架展览温室、美国宾夕法尼亚州的Longwood花园等。

（3）试验研究温室 也称人工气候室，用于精度要求较高的试验研究。温室在建筑和设备上都要求很高，室内需装有自动调节温度、湿度、光照、通风及土壤水肥等栽培环境条件的一系列装置。

此外，还可根据透明覆盖材料不同分为玻璃温室、塑料温室和硬质材料温室；根据建筑材料不同分为土温室、砖木结构温室、水泥骨架温室、复合材料温室、钢结构温室和铝合金结构温室等。

三、温室的设计与建造

1. 类型的选择

温室的类型主要依据当地的自然气候条件、种植的花卉种类、生产方式（切花、盆栽、育苗等）、生产规模及资金等情况而定。在北方地区宜选用保温性能好，能充分利用太阳辐射热的温室，如单屋面或不等屋面的中小型温室，可进行小盆花和草花的生产；南方地区宜选用具备良好通风、降温和遮荫设施的温室，如双屋面中大型温室等，可进行大规模的切花生产、观叶植物生产或名贵花卉如热带兰、花烛、鹤望兰等的生产。

2. 地点的选择

温室设置的地点，要求一次建造，多年使用。应选择：向阳避风，地势高燥，排水良好，无污染，水源充足，交通方便，供电正常，便于管理和运输的场所。

3. 场地的规划

设计规模较大的温室群时，对温室的排列和荫棚、温床、冷床等附属设备的设置及道路，应有全面合理的规划布局。

（1）温室的排列 首先要考虑不可相互遮光，使温室应尽可能地集中，便于管理，降低成本，而且还能提高温室防风、保温能力。

（2）温室的合理间距 取决于温室设置地的纬度和温室高度，如北京地区纬度是40°，东西走向温室的前后排间距以保持前排高度（从最高点向下铅垂点算起）的2倍为宜。南北走向的温室间距，由于中午前后无彼此遮光的现象，在管理方便和有利通风的前提下，以不小于温室跨度、不大于温室跨度2倍为宜。

（3）工作室及锅炉房 设置在温室北面或东西两侧。若要求温室内部设施完善，可采用连栋式温室，内部可分成独立单元，分别栽培不同的花卉。

4. 屋面角度的确定

温室屋面角度的确定是能否充分利用太阳辐射能和衡量温室性能优劣的重要条件，温室利用太阳能主要是通过南向倾斜的屋面取得的。当太阳光线与玻璃屋面的交角为90°时，温室内获得的能量最大，约为太阳辐射能的86.48%，可见吸收太阳辐射能的多少，取决于太阳高度角（太阳光线与水平面的夹角）和南向玻璃屋面的倾斜度。

太阳高度角在一年之中是不断变化的。在北半球，冬季以冬至时太阳高度角最小，并且日照也最短，是一年中北半球获得太阳辐射能最小的一天，所以通常以冬至中午的太阳高度角为依据，来计算东西走向温室玻璃屋面的倾斜度（表5-1）。以北京地区为例，地处北纬40°，冬至中午的太阳高度角为26.6°，投射角若为90°，玻璃屋面的倾斜度应为63.4°。但这在温室结构上不易处理，在设计温室时，一般以投射角不小于60°为宜，即南向玻璃屋面的倾斜度应不小于33.4°。其他纬度地区可据此做相应的处理。

表5-1　我国境内各纬度地区冬至中午的太阳高度角

纬度（北纬）	15°	20°	25°	30°	35°	40°	45°
冬至中午的太阳高度角	51.6°	46.6°	41.6°	36.6°	31.6°	26.6°	21.6°

南北走向的温室，不论屋面倾斜角度多大，都和太阳光线投射于水平面相同，这正是南北走向的温室中午温度比东西走向的温室相对偏低的原因。但是，为了上下午尽可能多地接受太阳的辐射热，屋面倾斜度不宜小于30°。

5. 温室建造材料的选择

（1）建筑材料　日光温室的建筑材料包括墙体材料、前屋面骨架材料和后屋面的建筑材料。连栋式温室大多工厂化配套生产，组装构成，施工简单。生产栽培温室一般就地取材，尽量降低造价，以最少的投资，取得最大的效益。

① 筑墙材料　墙内侧常用石头、红砖或空心砖堆砌，外侧培土或堆积秸秆、柴草等。也可采用"异质复合墙体"，即"红砖＋炉渣、珍珠岩、聚苯泡沫板等＋红砖"形成的夹心墙结构（图5-9）。选择筑墙材料，除了考虑墙体的强度及耐久性外，更重要的是保温性能，墙体必须有一定的厚度，江淮平原、华北南部以0.8～1.0m为宜，华北平原、辽宁南部1.0～1.5m为宜。若用夹心墙，总厚度0.5～0.6m即可，要因地制宜。

② 后屋面材料　后屋面可用钢筋混凝土预制件，铺一层保温材料，如秸秆、草泥、稻草、玉米皮及稻壳组成的异质复合材料，外抹草泥，总厚度约为40～70cm，保温性能好，又坚固耐用，能承受管理人员和保温材料覆盖的重量。

③ 前屋面骨架材料　前屋面骨架可用钢材（钢筋或钢圆管），材料强度大，无立柱，便于操作管理和充分利用空间。也可用竹木支柱架横梁，用竹竿做拱杆，构成骨架。前屋面必须有足够的强度，以承受防寒覆盖物、室内植物垂吊的重量及重大的风雪。

图5-9　异质复合墙体

（2）覆盖材料　覆盖材料包括前屋面透明覆盖物和屋顶或外墙壁的不透光保温覆盖物。

① 前屋面透明覆盖物　常用塑料或玻璃覆盖。塑料材料包括塑料薄膜和塑料板材。

a. 塑料材料

塑料薄膜：透光率在80%以上，热导率小，使用寿命1～4年，价格便宜；缺点是易燃、老化和易污染，一般使用的有聚乙烯（PE）普通薄膜、聚氯乙烯（PVC）普通薄膜、聚氯乙烯（PVC）无滴膜、聚乙烯（PE）长寿薄膜等。

塑料板材：有丙烯树脂加玻璃纤维塑料板和聚氯乙烯加玻璃纤维塑料板，这种材料的特点是透光率高，平行光和散射光都可透过，新材料透光率可达90%以上，陈旧材料透光率仍可达50%。优点是重量轻，不易破碎，可任意切割，可生产大规格的板片；缺点是耐热性差，易老化和灰尘污染，材料价格较贵。

b. 玻璃覆盖材料　玻璃屋面温室以3～5mm厚的玻璃为屋面覆盖材料，为了防雹也有使用钢化玻璃的，玻璃的透光度大，使用年限长。

② 不透光保温覆盖物　不透光保温覆盖物是覆盖于屋顶或外墙壁，以减少设施散热、防止设施内气温下降，对温室起保温作用的材料，又称保温材料。常用的有草帘、棉被、纸被等。

草帘多用稻草、麦草或蒲草编制而成，一般宽1.5～1.8m，厚5～8cm，长度应超过前屋面1m以上。其优点是材料来源方便，价格低廉，保温性较好；缺点是寿命短，易吸水潮湿，降低保温性能，并增大重量，卷放难度大。

纸被是用多层牛皮纸缝制成的保温覆盖材料，可加盖在草帘下方，弥补严寒季节草帘保温能力的不足。

棉被是用棉布（或包装用布）和棉絮缝制而成，保温性能高于草帘、纸被，但造价较高。

近几年来，各地研制出防寒能力强、质地轻、防水的"复合保温被"，又称保温幕。它安装于温室内，能适用于机械卷帘设备，结合控制系统，实现保温作业的机械化和自动化。

第二节　花卉栽培的其他常用设施

一、冷床与温床

1. 冷床

冷床是不需人工加热而只利用太阳辐射热维持某一特定区域温度的栽植床。它是介于温床和露地栽培之间的一种保护设施，又称为"阳畦"。

（1）冷床的结构

① 普通阳畦。普通阳畦由风障、畦框（垒土经夯实而成）、覆盖物（透明覆盖物——玻璃或塑料薄膜；不透明覆盖物——蒲席或草帘等）3部分组成。又可分为槽子畦和抢阳畦两种类型。

a. 槽子畦：南北畦框接近等高，框高而厚，四框做成后近似槽形，故名槽子畦。其北框高40～60cm，南框高40～55cm，畦面宽1.5～1.6m，畦长6～7m，见图5-10(a)。

b. 抢阳畦：北框高于南框，侧框北高南低呈斜坡状，风障向南倾斜，可使畦内在冬季接受更多的阳光，故名抢阳畦。其北框高40～60cm，南框高25～40cm，畦面宽1.5～1.6m，畦长6～7m；风障与铅锤平面夹角为60°～90°，见图5-10(b)。

② 改良阳畦。改良阳畦由土墙（后墙、山墙）、棚架、棚顶、覆盖物等4部分组成。

改良阳畦一般宽度为2～4m，长度视栽培地块而定。改良阳畦与等长度的普通阳畦相比，可栽培面积增加60%，透光率增加约76%，畦内温度增高4～7℃。所以，改良阳畦比普通阳畦的抗低温能力强，防寒保温性能高，见图5-11。

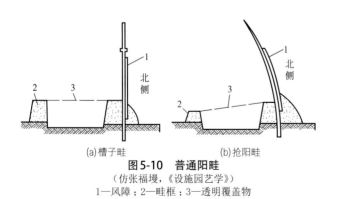

图5-10　普通阳畦
（仿张福墁，《设施园艺学》）
1—风障；2—畦框；3—透明覆盖物

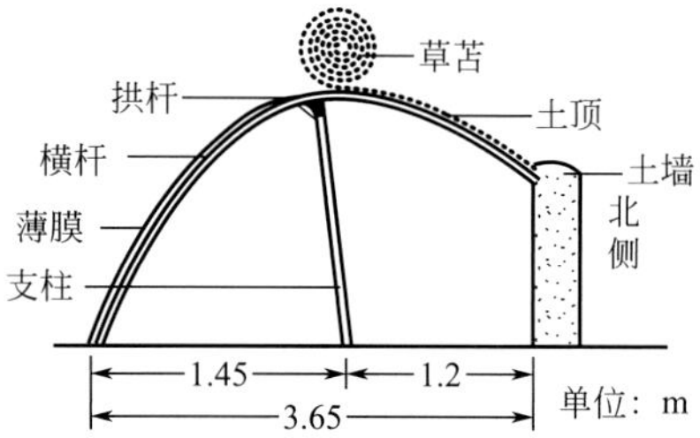

图5-11　改良阳畦（薄膜改良阳畦）
（仿张福墁，《设施园艺学》）

（2）冷床的性能　冷床只以太阳能为热源，温度常随外界气温而变化。普通阳畦床内空间小，缓冲能力差，昼夜温度变化幅度大，且局部受热不均，如普通阳畦夜间温度过低，昼夜温差（10～20℃）和局部温差（6～7℃）过大，常导致花卉生长不良或生长不一致。而改良阳畦防寒保温严密，畦内空间较大，寒冷季节温度下降缓慢，尤其低温（<5℃）持续时间缩短，高温（>10～20℃）持续时间延长，花卉生产的安全性大大提高。与普通阳畦相比，抗低温能力强，防寒保温性能好，因而花卉生长优于普通阳畦。

（3）冷床的作用　冷床在我国冬春季日光资源丰富且多季风的北方地区应用广泛，主要应用于：

① 二年生草本花卉及半耐寒盆花的保护越冬；

② 露地花卉的促成栽培，如一、二年生草本花卉的提前播种和球根花卉如水仙、百合、风信子等的冬春季促成栽培；

③ 部分木本花卉的秋冬季硬枝扦插，如月季。

2．温床

温床是除利用太阳辐射热外，还需要人为加温的栽植床，是在冷床基础上改进的保护地设施。

温床由床框、床坑（穴）、覆盖物、热源组成。

（1）床框　有砖、木、土等结构，以土框结构为主。

（2）床坑　有地下、半地下和地面式三种，以半地下式为主（图5-12）。

（3）覆盖物　分内外两层，内层为透明覆盖物常用玻璃和塑料薄膜，外层为保温覆盖物常用蒲席、草帘等。

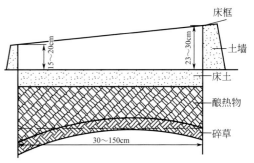

图5-12　半地下式酿热温床剖面示意图

（4）热源　有燃热、蒸汽、酿热物和电热等，其中以酿热物加热为主。酿热物加热是利用微生物分解有机物质所产生的热量来提高温床温度。用作酿热的材料有畜禽粪、垃圾、秸秆、树叶、杂草等。酿热物在填床前要充分拌匀、浇透，使其含水量达75%左右。填床要均匀，并分三层填充，每填一层都要踏实。我国南方填加酿热物厚度多为15～25cm，北方多为20～50cm。填床后盖框发酵，当酿热物升温至50～60℃时，就可在其上铺一层厚10～15cm的基质，如培养土、河沙、蛭石、珍珠岩等。但酿热加温受微生物活动等因素的影响，存在有热效应低、局部温度高低不一致、加热期间前高后低且无法调控等现象。因此，酿热温床主要应用于早春花卉扦插或播种育苗，或秋播草花和盆花越冬。

二、塑料大棚

塑料大棚是用塑料薄膜覆盖而不需人工加温的大型拱棚。它是在风障、阳畦、温床等传统栽培技术的基础上，经过中、小型拱棚阶段逐渐发展而来的一种保护地栽培设施。

塑料大棚与温室相比，具有结构简单、建造和拆卸方便、造价低廉等特点；与中、小型拱棚比，具有坚固耐用，采光性能好且光线分布均匀，便于环境调控，棚体空间大，利于操作和园艺植物生长发育等优点。

1．塑料大棚的结构类型

目前花卉生产上应用的塑料大棚种类繁多，但从其结构和建造材料上分析，应用较多且比较实用的主要有以下三种类型。

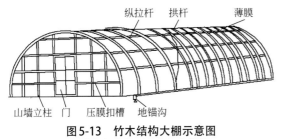

图5-13　竹木结构大棚示意图

（引自宛成刚，《花卉栽培学》）

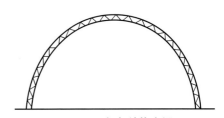

图5-14　钢架结构大棚

（仿张福墁，《设施园艺学》）

（1）竹木结构大棚　由立柱、拱杆（拱架）、拉杆（横梁）、吊柱（悬柱）、棚膜、压杆（压膜线）和地锚等部件组成（图5-13）。跨度为8～12m，长40～60m，高2.4～2.6m，其优点是取材方便，造价较低，建造容易；缺点为棚内柱子多，遮光率高、作业不方便，寿命短，抗风雪荷载性能差。

（2）钢架结构大棚　钢架结构大棚的拱架是用$\phi 12 \sim 16\text{mm}$的钢筋或直径相当的钢管焊接而成。其特点是骨架坚固，无中柱，棚内空间大，透光性好，作业方便等，见图5-14、图5-15。

（3）装配式镀锌钢管大棚　此类大棚多采用热浸镀锌的薄壁钢管为骨架建造而成。其骨架的拱杆、纵向拉杆、端头立柱均为薄壁钢管，并用专用卡具连接形成整体，所有杆件和卡具均采用热镀锌防锈处理，是工厂化生产的工业产品，也是目前最先进的大棚结构形式。优点是建造和拆卸迁移方便；棚内空间大、遮光少、作业方便；有利作物生长；构件抗腐蚀，整体强度高，承受风雪能力强，使用寿命长等，见图5-16。

此外，按照塑料大棚的棚顶形状可分为拱圆形和屋脊形，我国多为拱圆形；按其连接方式分为单栋塑料大棚、双连栋塑料大棚和多联栋大棚，我国连栋大棚的棚顶多为半拱圆形，见图5-17。

2. 塑料大棚的建造

建造塑料大棚应选择地势平坦，背风向阳，四周无高大建筑物或树木遮荫，土壤肥沃，排水良好的场地。其结构要合理，骨架薄膜要牢固可靠。一般大型棚高度为3m，小型棚高为2m，高、宽比例为（1∶4）～（1∶5）。大棚走向应根据实际场地而定，南北向大棚透光量比东西向大棚多5%～7%，光照分布均匀，棚内白天温度变化平缓。南北走向的大棚，应有一定的南偏西角度（15°以内）。东西走向的大棚一般都建设有后墙。

3. 塑料大棚的应用

图5-15　钢架结构塑料大棚

图5-16　装配式镀锌钢管大棚

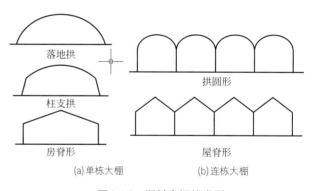

(a)单栋大棚　　　　(b)连栋大棚

图5-17　塑料大棚的类型
（仿张福墁，《设施园艺学》）

在早春低温时，塑料大棚内的温度可比露地高出3～6℃，其在花卉生产栽培中应用极为广泛，作用如下：

① 在鲜切花生产上用于"春提早、秋延后"的保温栽培，春季可提早30～50天，秋季能延后20～25天；

② 用于冷室越冬的花卉，如盆栽茶花、杜鹃、栀子、含笑、朱顶红等植物的越冬保护；

③ 用于二年生草本花卉和部分木本花卉的提早播种与扦插育苗等。

三、荫棚

荫棚是用来蔽荫，防止强烈阳光直射和降低温度的一种栽培设施。具有蔽荫遮阳、降温增湿、减少蒸腾等特点，是花卉栽培中必不可少的设施之一。

荫棚由棚架和遮阳材料等部分组成，建造时应选择在地势高燥、通风排水状况良好的场地。

依据荫棚的建筑用材和用途可将其分为临时性荫棚和永久性荫棚两种。

1. 临时性荫棚

主要用于温室花卉的越夏、鲜切花植物栽培、花卉嫩枝扦插、盆花上盆缓苗及幼苗养护管理等。其棚架多由竹、木构成，遮阳材料主要为苇秆等植物秸秆编织成的草苫。建造时一般采取东西走向，高2.5m，宽6～7m，每隔3m立一支柱，见图5-18。

2. 永久性荫棚

主要用于温室花卉、兰科花卉及喜阴性植物的栽培。其形状、规格与临时性荫棚相同，但棚架是由铁管或水泥柱等材料构成，遮阳材料可用苇帘、草苫、藤本攀缘植物（如葡萄、凌霄等）等材料，也可选用遮阳网棚顶，包括遮阳网、托膜线、压膜线和拉幕系统等，见图5-19。

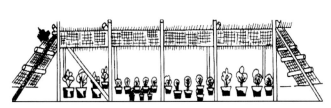

图5-18　临时性荫棚
（仿张福墁，《设施园艺学》）

图5-19　永久性荫棚
（引自中国园林养护网）

四、风障

风障是利用各种高秆植物的茎秆栽成篱笆式的一种简易设施，以阻挡寒风、提高保护地的温度和相对湿度，形成良好的小气候环境，保证花卉安全越冬。

一般风障可使保护地近地层的风速降低10%～15%，而且风速越大，防风效果越显著，通常五、六级的大风在风障前能变为一、二级风；风障前的夜间温度较无风障区域的温度要高2～3℃，白天则高5～6℃，而且，以有风的晴天增温效果最为显著，无风晴天次之，阴天则不显著，且保护地距风障愈近，温度愈高。此外，风障还有减少水分蒸发和提高相对湿度的作用，在气候晴朗多风的地区，起到很好的保湿效果。

风障主要由基梗、篱笆、披风三部分组成（图5-20）。篱笆是风障的主体，高度一般2.5～3.5m，常用的材料有芦苇、高粱秸、玉米秸、细竹等，用哪一种材料可因地制宜。设置时在地面沿东西方向挖30cm深的长沟，将篱笆向南倾斜10°～15°栽入沟中，在距地面1.8m处扎一横杆形成篱状。基梗是在风障北侧基部培起来的土埂，高约20cm，既固定篱笆又能增强保温效果。披风是附着在篱笆北侧的柴草层，常以稻草或玉米秸为材料，用以增强防风、保温效果，高约1.3～1.7m，其基部与篱笆一并埋入沟中，中部用横杆绑缚于篱笆上。气温较低时可设置多个风障，两风障间距离以其高度的2倍为宜。

图5-20　风障

五、中、小拱棚

小拱棚是指以塑料薄膜为透明覆盖材料，用竹竿、毛竹片、荆条、铁筋等弯曲做成拱形支架设置而成的低矮保护地（图5-21）。小拱棚的高度多在1.0～1.5m，跨度1～3m；早春畦床播种覆盖时还可以设置矮至0.5m、跨度1～1.2m的小拱棚，长

图5-21　小拱棚

图5-22　中拱棚

度可根据实际情况而定。其特点是透光性能好，升降温速度快，一般增温能力为3～6℃，最大增温范围可达15～20℃，但阴天、低温和夜间时棚内最低气温只比棚外环境高1～3℃，而且昼夜温差比露地大，内部气温也不均匀，所以，应注意高温和低温时的棚温管理。小拱棚多用于临时性保护措施，在花卉生产中常用于早春提早定植，也可以用于播种覆盖，当气温升高后去除即可。

中拱棚一般跨度为3～6m，高度为1.5～2.3m。骨架材料可用竹竿、钢筋或二者的混合（图5-22）。其性能介于大棚与小拱棚之间。在花卉生产中可用于提早或延后生产栽培，也用于防风、防雨栽培，应用较为广泛。

第三节　花卉栽培设施内常用的设备

一、调温设备

1. 温室升温设备

随着外界气温的下降，需要采用加温设备加温，补充温室内热量，使其维持一定的温度，保证花卉正常生长或安全越冬。

常见的加温方法有电热加温、水暖加温、烟道加温、热风加温等。花卉生产单位可根据加温方式的不同，配备相应的升温设备。

（1）电热加温　是用电热加温床或电暖风加热的一种方式。由于电热加温耗能成本较高，停机后保温性能差，一般只用于小面积的加温或辅助加温，如繁殖床土壤、无土栽培营养液、花架下面等，而目前比普通电热加温节电50%的红外线加温已经成功，并已在科研温室中推广使用。

（2）水暖加温　可根据具体情况，在温室四周矮墙或植物台下设置铸铁的圆翼形散热管或暖气片。这种加温方式虽然升温慢，但温度恒稳，分布均匀，保温性强、使用安全，是寒冷的北方地区应用较多、效果较好的一种加温方式，但一次性投资较高。

（3）烟道加温　北方土温室或大棚经常采用的一种短加温方式。火炉常设置于温室外间入口靠北墙处，挖沟1.3～1.6m，设置炉身及炉炕。烟道设置于温室地面上，或单屋面温室的南墙、双屋面温室的两墙内侧，大面积温室可在中部增设烟道。烟道可用瓦管或砖砌。前者升降温均快，温度稳定性差；后者升温慢，但热力强、温度稳定。烟道长一般为12m。

烟道加温投资小，燃料消耗少，构筑简单易行，但操作费工，烟气泄漏易污染空气，供应量小，温度不均匀且难以调节，空气易干燥，常使花卉生长不良。较大温室不能采用。

（4）热风加温　它是用风机将燃料加热产生的热空气输入温室，使温度升高的加温方式，常用于加温时间较短的南方，适于大棚和小型温室。热风加温装置一般由加热器、风机和送风管组成，在现代化大型温室中主要用于低纬度地区临时使用。热风也可用于水暖加温的补充热源，以确保作物生长所需。

优点是设备简单，可移动、投资少，热效率高，可降低温室湿度；缺点是升温慢，空气易干燥，热量易滞留上部，温度不均。

2. 温室降温设备

我国夏季大部分地区气温偏高，为确保花卉免受高温的不利影响，使其能够正常生长发育，就必须采用一定的方法降低设施内的温度。一般降温措施可从三方面考虑：一是减少进入温室的太阳辐射能；二是增大温室内的热量消耗；三是增大温室通风换气量。由此考虑采取适宜的降温办法，配备相应的降温设施。

（1）自然通风与遮阳降温　自然通风是最简单而传统的降温方法。包括天窗、侧窗或侧墙卷帘等设施。但在外界温度过高、风力不强时，仅依靠自然通风降温效果不显著。遮阳降温是利用遮阳内网或外网、苇帘等覆盖遮荫，通过减弱光照强度达到降温的目的（降温能力详见本节下文"遮阳"有关内容）。

在一些种植对温度要求比较高的植物的温室或现代化的温室中，常安装高效的降温设备进行人工降温。

（2）机械制冷降温　利用冷冻机、空调降温。通常用于温室面积较大，要求的冷负荷高。机械制冷设备和运行费用很高，使用极不经济。

（3）排风扇和水帘降温　现代化温室中采用的一种高效降温系统，一般由排风扇和水帘两部分组成。水帘安装在温室一端山墙或侧墙上（一般为北墙），风机装在相对的另一端山墙或侧墙上（一般为南墙）。当风机启动时，将室内的热空气排出室外，产生负压，迫使室外的空气流经多孔水帘表面，将热量传导给水帘中的水分而进入室内，吸收室内热量后，又被排风机排出室外，从而实现对温室内部空气的加湿与降温。这种通风降温组合系统是最经济有效的温室降温装置。

（4）微雾降温法　当今世界上最新的温室降温技术，主要是利用高压泵产生的压力，将水送入各处的喷头雾化喷出，超细雾水滴在落到植物叶片之前即吸热蒸发，从而达到降温的目的。其降温能力为3～10℃，成本低，效果明显。但应间歇性开机，否则湿度过大易形成大的水滴落下。宜在相对湿度较低的地区和自然通风好的地方使用。

3. 保温设备

保温主要是防止设施内的热量散失到外部使温度降低。为提高温室的保温能力，常采用覆盖方式保温。根据不同的地区和不同的栽培目的，选择覆盖2层或2层以上的保温材料，可使保护地植物在不加温的情况下正常生长，即使需要加温，也能节约燃料达30%。

保温材料可有两类，一是覆盖屋顶或外墙壁的各种覆盖物；二是安装于室内，可机械控制其打开或关闭的保温幕（见本章第一节"温室建造材料的选择"）。

二、调光设备

不同种类的温室花卉和同一花卉的不同生长发育阶段，对光照强度和光照时间长短的需求不同，因此，在花卉生长发育过程中需要进行光照的调控，主要有补光、遮光、遮阳等措施。

1. 补光

补光的目的有二：一是促进或抑制植物花芽分化，使长日照植物提前开花或短日照植物延后开花；二是增强光照强度。据研究，当温室内床面光照日照总量小于100W/m²或光照时数不足4.5h/天时，就应进行人工补光。

目前生产上使用的补光灯管有白炽灯、日光灯、高压水银灯、金属卤化灯、高压钠灯等。

白炽灯和日光灯发光强度低、寿命短，但价格低，安装容易，国内采用较多；金属卤化灯、高压水银灯和高压钠灯发光强度大，体积小，但价格较高，国外常作温室人工补光光源。

灯泡的瓦数（功率）、安装密度和补光时间长短因植物而异。花期调节时常用100W白炽灯补光。

2. 遮光

遮光可达到使短日照植物提前开花、长日照植物延后开花的目的。最常用的方法是采用不透明黑色塑料布或黑色棉布加工的遮光罩进行遮光，并且要注意其连续性，否则达不到提前或延后开花的目的。

3. 遮阳

遮阳的目的是减弱夏季保护地内的光照强度，同时也有降温效果。一般遮光率20%～40%时，可使温度下降2～4℃；遮光35%～70%时，可降温4～8℃。

遮光方法有覆盖遮阳物、玻璃涂白、屋面流水等。近年来多采用遮阳网覆盖遮光，它是一种耐热的化纤织物，有多种颜色、密度及幅宽规格，生产中可依需要选择。在花卉栽培中，黑色和银灰色的遮阳网应用较多。使用寿命一般为3～5年，具有轻便、易操作等优点。有外遮阳和内

(a)不同颜色与规格的遮阳网

(b)外遮阳

(c)内遮阳

图5-23　遮阳网及不同遮阳方式

遮阳两种方法，可根据需求创造出25%～99.9%的蔽荫度（图5-23）。

三、灌溉与空气调湿设备

在设施环境的调控中，土壤水分和空气湿度的调控是最重要的环节之一，因而灌溉与空气调湿设备是花卉栽培设施内必备的设施。

1. 土壤灌溉设备

土壤灌溉的方式有人工手动灌溉，采用的器具有喷壶、水龙头和胶管等；机械灌溉，有滴灌系统、喷灌系统和喷雾设备等。

（1）新型滴灌系统 滴灌系统由首部枢纽、管路和滴头三部分组成。它是将水增压、过滤，再通过低压管道送达滴头，以水滴或微细流的形式，均匀地分配于植物根部土壤。其优点是效率高，不沾湿叶丛，不冲击介质，各盆给水互相分开，不易传染病害。缺点是装置费用高，安装需要劳动力，时常要检查有无堵塞等。主要用于盆栽植物。

（2）喷灌设备 喷灌是利用专门的设备，将具有压力的水通过喷头喷到空中，再散成小水滴落到植物上的一种灌溉方式。喷灌系统一般由动力机、喷灌泵、输水管道及其附件、喷头等部分组成。水源动力机、喷灌泵辅以调压和安全设备构成喷灌泵站。与泵站连接的各级管网及其附件等构成输水系统。喷洒设备由末级管道上的喷头或行走装置组成。按其在喷灌过程中的可移动程度分为三种系统：半固定式喷灌系统、移动式喷灌系统、固定式喷灌系统。

目前生产上广泛采用移动式喷灌系统。它由喷灌主机、轨道、吊臂、跨间转移装置和上水系统组成。移动式喷灌机是一种双臂双轨运行的自走式喷灌机，是工厂化育苗生产，以及草花、盆花生产的有利工具。其灌水均匀、适量、及时、高效的特点是温室生产成功的重要保证，而人工浇水则不具备这些优势。主要缺点是沾湿叶丛，使病害易于蔓延，会使已开的花朵被水打湿。

2. 空气调湿设备

温室内空气调控常与通风和灌溉时使用的设备关系密切。欲降低空气湿度一般采用通风法，即打开所用门窗或用排风扇加环流风扇强制通风。欲提高室内空气湿度，则可以使用温室内的喷水装置，人工喷雾或喷淋。

四、通风设备

温室的通风换气是一项重要的措施，通过通风可以降低室内过高的温度和湿度，排除有害气体，换进新鲜空气，并补充二氧化碳气体。

通风方法有自然通风和强制通风两种。一般中小型温室中多采用天窗和侧窗进行自然通风，大型温室则多采用强制通风。

强制通风就是采用风机强制换气。即在温室的一端高置侧窗，在另一端设置风机，利用风机由室内向室外排风，使室内形成负压，强迫空气通过侧窗进入温室，穿越风机排出室外。常用的有排风机、流风机、环流风机、悬挂式轴流风机。

五、其他设备

1. 栽培床、槽

在各类保护地内通常都要设置栽培床或槽，其中栽培床多用于盆花生产，可购买钢丝床或用砖直接在地面砌床，床多为长方形，长度不限，宽80～100cm，距地面高50～60cm，床内深10～30cm；栽培槽常用于栽植期较长的切花生产。

在现代化的温室里，一般采用移动式栽培床，用于周期较短的盆花和种苗的生产。床底部设有滚轮，使苗床滚动平移，方便操作（图5-24）。移动式栽培床通常只留一条50～80cm宽的通道，使温室可利用面积达86%～88%，从而有效地提高了产量。

栽培床在建造和安装时，床底要有一定的坡度，并设排水孔，便于多余的水及时排走。床宽和床高的设计，应以有利于技术人员操作为准，一般床高不宜超过90cm，床宽不宜超过180cm。

2. 种植台、架

为经济利用空间，种植植物常设置台架，其结构可为木制、钢筋、混凝土或铝合金。观赏温室的台架为固定式，生产温室为活动式（图5-25）。

图5-24　移动式栽培床

图5-25　活动式种植台架

3. 照明设备

在温室内安装照明设备时，所有的供电线路必须用暗线，灯罩为封闭式的灯头，开关要用防水性能好的材料，以防因室内潮湿而漏电。

4. 繁殖床

为在温室内进行扦插、播种和育苗等繁殖工作而修建，采用水泥结构，并配自动控温、自动间歇弥雾装置。

5. 水池

由于井水和自来水都不适于用来直接浇灌花卉，所以，使用井水和自来水作为水源时，应先在水池中贮放几天后再使用。原因是井水和自来水的水温较低，而且自来水中含有氯气，直接浇花后易使花卉受到伤害。贮放后可使水温接近土温，同时也可使氯气挥发。为此，在设施内或靠近设施的地方需要设置贮水池。水池可用水泥制作，大小视用水量而定，也可用大的瓷缸代替水池，搬移较为方便。

第四节　花卉栽培常用的器具

一、花卉栽培常用的容器

（一）花盆

花盆是花卉栽培中广泛使用的栽培容器，其种类很多，通常依质地和应用目的来分类。

1. 依质地划分　可分为以下几种。

（1）瓦盆　又称素烧盆、泥盆，黏土烧制而成，常为圆形，有红色和灰色两种。价格低廉，用途广泛；排水透气性好，适于花卉生长。缺点是质地粗糙，外形不美，规格不全，易碎，不耐长途运输（图5-26）。

（2）陶盆　由陶土烧制而成，质地有紫砂、红砂、乌砂、轻砂等。一般表面无釉，即使有釉也是低温釉。外观与瓦盆相像，有方、圆、菱形、多角或动物等多种形状，外壁可雕刻山水、花鸟和诗词等，古朴清雅。无釉的陶盆排水透气性较好，较适合花卉栽培（图5-27）。

（3）紫砂盆　是用宜兴特产的优质陶土，即紫砂泥烧制而成，多为紫色。内外不施釉，质地细密、坚韧，造型美观，形式多样，规格齐全，价钱较贵。

图5-26　瓦盆　　　　图5-27　陶盆

图5-28　紫砂盆　　　　图5-29　瓷盆

排水透气性较瓷盆好，但不如瓦盆，适宜栽植喜湿润的室内名贵花卉及树桩盆景，也可用作套盆（图5-28）。

（4）瓷盆　由白色高岭土，即特种陶土烧制而成，上涂彩釉，质地致密，外形美观，形状多样，规格齐全。但不透气渗水，不易掌握盆土干湿情况，尤其在冬季休眠时，常因浇水过多而使花木烂根死亡，故一般作套盆或短期观赏用（图5-29）。

图5-30　塑料盆

（5）塑料盆　是塑料材质的花盆。有多种规格和形状，色彩丰富，质轻而坚固耐用。是近年来国内外花卉栽培和流通贸易中最常用的容器。缺点是排水和透气性能差，但如果采用轻松透气的培养土作栽培基质，即能克服此缺点（图5-30）。

图5-31　木桶

（6）木盆（木桶）　常用材质坚硬，不易腐烂的红松、杉木、柏木等加工而成，形状有圆形和方形等。盆（桶）外部刷防腐油漆，内部也要涂防腐材料，盆底设排水孔，外侧有铁质把手，方便搬动。多用于栽培植株高大的花木，如橡皮树、榕树等（图5-31）。

（7）纸盆　是以纸纤维为原料、用纸浆模塑工艺生产的花盆。对于不耐移植的花卉小苗，如虞美人、香豌豆等，定植前可于温室内用纸盆（袋）育苗，再行移栽（图5-32）。

图5-32　纸盆

近两年，花卉市场又相继出现了铁质花盆，模仿自行车、卡通动物乐队等造型，奇特有趣，时尚自然，深受消费者欢迎。浙江一工艺公司利用竹炭具有自动调湿、净化空气、增加盆器透气性等功能开发的竹炭蓄水和水培花盆，有树根系列、仿古系列、流水系列等艺术造型，上市以来，很受欢迎，并已出口到日、韩、美等国。另外，还有以无纺布植树袋衍生的无纺布系列花盆、以植物秸秆为原材料制作的可降解花盆都已投放市场。

2. 依应用目的划分

（1）水养盆　多为陶、瓷盆，外形美观，质量上乘。盆底无排水孔，浅盆可栽植水仙及制作山水盆景等，深盆可栽植荷花、凤眼莲等大型水生花卉。目前水培花卉也常用各种式样和规格的玻璃盆（瓶）（图5-33）。

图5-33　水养盆

图5-34　盆景盆

（a）塑料兰盆

（b）紫砂兰盆

（c）可视兰盆

图5-35　兰盆

（2）盆景盆　有陶盆、瓷盆、紫砂盆、水泥盆、石盆等。形状多样，色彩丰富。树桩盆景盆底有排水孔，而山水盆景盆底无排水孔，多为长方形或椭圆形浅盆（图5-34）。

（3）兰盆　多为紫砂盆及塑料制品，也有用木条做成的"兰筐"，用于栽培气生兰和附生蕨类植物，盆壁有多个空洞，以利通气。近两年，又有一种新型的可视兰盆出现，该盆器内盆由透明材料制成，方便观察盆内水分及兰根的生长情况，从而轻松掌握浇水、施肥及更换植料的时机（图5-35）。

（二）育苗容器

1. 穴盘

用塑料制成的、由同样规格蜂窝状小孔组成的育苗容器。目前常用穴盘规格可分为：

① 美国式，多为PE塑料制品，常用规格为54cm×28cm。

② 荷兰式，规格为60cm×40cm。穴格有不同形状、直径、深浅、容积、颜色等差别，穴格数有30 ～ 800格不等，容积约5 ～ 30m³，约有50种之多。在花卉播种育苗上多采用128格与240格穴盘，还有72格、200格、280格和392格等几种规格（图5-36）。

2. 育苗盘

也叫催芽盘，用塑料或木板制成（图5-37），可方便调节温度、光照和水分，便于种苗贮藏和运输。如仙客来育苗常用育苗盘。

3. 育苗钵

培育小苗用的钵状容器，规格多。外形多为方形和圆形，材料多为塑料和有机质（图5-38）。有机质育苗钵是未来育苗钵的发展方向，它的原料可采用泥炭、锯末、秸秆等制成，质地疏松，透水透气，钵体可在土壤中自然降解，不伤苗根，缓苗期短，尤其适用于各种规格的绿化苗木的育苗。

图5-36　穴盘　　　　　　图5-37　育苗盘　　　　　　图5-38　育苗钵

（三）特殊花器

1. 吊盆

最常见的是塑料制品（图5-39），色彩鲜艳，质量轻，但要注意塑胶盆日久会老化。另一种是铁网、铁架的吊盆，因为空隙很大，要在底层先铺上水苔或椰子纤维，再加上一层塑料布防水，最后再填上培养土种植。

在植物选择方面，吊盆若放在稍高的位置，则适合种植常春藤、矮牵牛等自然垂吊性的植物，居高临下，随风摇摆，别有一番意境。若是放置位置稍低，还可以选择较大型的吊盆，制作成组合盆栽，搭配高矮有致及悬垂性的植物，将更具丰富性。

图5-39　吊盆

2. 壁挂花盆

壁挂花盆是一侧扁平，能挂在墙上的花盆，可以将盆栽植物错落有致的挂在墙上，组成不同高度的组合，较高位置可种植悬垂性植物，再以视觉角度调整种植的种类（图5-40）。材质一般有塑胶盆、陶盆、铁网架等，其中铁网架可以作较多变化，如将容器下半部网架的空隙也种上草花，长满后就可以形成一个半边花球，非常别致。使用的植物以一年生草花为宜，每3 ～ 4个月更换整理一次，可展现不同的风貌。

图 5-40　壁挂花盆　　　　　　　　图 5-41　塑料花槽

3. 阳台花槽

一般是指长形的花盆，呈槽形或箱形（图 5-41），底部有数个排水孔，用以美化装饰阳台及窗台。常见的有塑料槽、木槽或铁架网等。最好附带垫盘，以防止浇水时向下滴水。

二、花卉栽培常用的工具

现代化花卉生产常用的器具有播种机、球根种植机、上盆机、运输盘、收球机、切花去叶去茎机、切花分级机、切花包装机、冷藏运输车、薄膜冲洗机、水处理器、打药机、硫磺熏蒸器等。其他工具还有浇水壶、喷雾器、剪枝剪、配药桶等。

一、名词解释

"三基点"温度 耐寒性花卉 春化作用 有效积温 温度的日周期 花芽分化 光周期 栽培设施 日光温室 现代温室

二、简述题

1. 依据花卉原产地气候条件对温度的要求不同，可将其分为哪几类？
2. 简述不同光照强度花卉类型的特点。
3. 不同光质对花卉生长发育的影响如何？
4. 何谓长日照花卉、短日照花卉和中日照花卉？各类型的特点如何？分别举出5种花卉名称。
5. 不同原产地花卉的特点有何不同？它们对水分的要求如何？浇水时应分别遵循什么样的原则？
6. 水分对花卉的影响体现在哪两个方面？
7. 如何控制花卉不同生长发育阶段对水分的需求？
8. 土壤质地有哪几个基本类型？不同质地的土壤在花卉栽培中各有何应用？
9. 土壤的酸碱度对花卉有哪些影响？当土壤过酸或过碱时应怎样改良？
10. 如何改良营养贫瘠和物理结构差的土壤？
11. 花卉生长发育所需要的主要营养元素有哪些？作用如何？应怎样使用？
12. 分别写出常见的含有氮、磷、钾元素的有机肥料和无机肥料，并说明其使用时的注意事项？
13. 简述不同温度类型温室的特点及应用。
14. 温室内应配备哪些设备？
15. 不同设施内的环境条件应采取哪些措施进行调节？
16. 冷床的性能如何？常应用于哪些方面？
17. 简述常用花盆的优缺点。
18. 常用的育苗容器有哪些？你见过哪些特殊花器？分别应用在哪些场合？

三、论述题

1. 花卉栽培的主要环境因子有哪些？各个环境因子之间的相互关系如何？
2. 花卉生长发育过程对温度的要求如何？怎样防止低温和高温危害？
3. 影响花芽分化的因子有哪些？花卉栽培中如何控制以促进开花？
4. 论述光周期对花卉栽培的意义。
5. 水分对花卉生长发育有哪些影响？
6. 花卉栽培中的施肥方法有哪些？各种施肥方法的作用如何？
7. 栽培设施在花卉生产中有什么重要意义？
8. 我国广大农村常见应用的花卉保护地栽培设施有哪几种？各有何优缺点？
9. 如何因地制宜地设计和建造温室？

实训九　温室内光照、温度和湿度调控措施

一、实训目的

温室内常用设备的认识与应用，熟练掌握光照、温度、湿度的调控方法。

二、实训用具

温室、照度计、温度计、遮阳网、喷壶、记录本、铅笔等。

三、实训方法与内容

1. 参观当地主要温室的类型，对其结构、布局进行记载。
2. 将学生分成若干小组，利用仪器，分别观察测量以下内容，并记录下来：
① 测量温室内外的光照、温度、湿度情况，并比较同一时间的内外差异；
② 测量对比温室内外使用遮阳网区域与未使用遮阳网区域的光照、温度、湿度的差异；
③ 温室内地面或花卉叶面喷水前后气温和土壤内温度的差异。

四、分析与讨论

根据记录、观察、测量的结果，讨论温室的结构与环境条件管理，即光照、温度、湿度调控的相关性；总结出温室内部光照、温度、湿度变化的相互关系，说明光照、温度、湿度调控在生产中的重要意义。

五、实训作业

根据观测结果，说明温室光照、温度、湿度调控的常见方法和有效程度，并将结果归纳整理成实训报告。

实训十　花卉营养缺乏症的认识

一、实训目的

了解花卉植物营养缺乏症尤其大量元素缺乏症的常见症状，掌握其施救的基本措施与防治方法。

二、实训用具

各种花卉材料，化学肥料，喷壶。

三、实训方法与内容

1. 从苗圃或花房中选择营养缺乏症表现明显的花卉植株。
2. 对选择的病株进行分析，确诊所缺乏的元素种类。
3. 采取有效措施，针对性地对病株进行施救。

四、分析与讨论

根据实训结果，分组进行讨论，分析对病株诊断的准确性。

五、实训作业

1. 你所观察的花卉植株，其大量元素缺乏症的（N、P、K）表现症状，哪些是教材没有列出的？

2. 微量元素缺乏症（Mg、Ca、Fe、S、Mn、Cu、Zn）的常见症状有哪些？你认为它们在花卉栽培中是否经常出现？为什么？

3. 观察对病株缺乏症采取施救措施后的变化情况。

实训十一　当地花卉栽培设施的认识

一、实训目的

1. 了解温室的结构类型、温度类型及功能与特点。
2. 了解花卉栽培简易设施的类型、结构和功能，掌握其具体运用方法。
3. 学习掌握风障、荫棚、小拱棚的搭建方法。

二、实训用具

笔记本、铅笔、绘图纸、卷尺、照相机等。

三、实训方法与内容

1. 实地参观当地苗圃、花卉生产基地的日光温室，在教师和技术人员的指导下，了解其类型、结构及性能。

2. 实地参观当地花卉栽培简易设施，在教师和技术人员的指导下，了解其类型、布局、设置的地点、方位、用材、结构等，并对其进行观察、测量、拍照、记录等。

3. 参加当地花卉生产基地的风障、荫棚、小拱棚等花卉栽培设施的建造工作，了解其类型、结构和性能，学习和掌握它们的设计及搭建方法。

四、实训作业

1. 整理调查结果，分析总结日光温室的结构、类型及其性能，并对当地日光温室结构设计存在的问题提出自己的改进意见或设想。

2. 整理调查结果，总结分析当地花卉栽培简易设施的类型、结构及其在花卉栽培生产中的作用。

3. 结合自己参加风障、荫棚、小拱棚等花卉栽培设施建造工作的实际，总结其搭建的方法步骤。

实训十二　花卉栽培容器的认识与了解

一、实训目的

1. 了解花盆的质地、类型及其性能。
2. 了解花卉栽培常见的器具与材料。

二、实训用具

笔记本、照相机等。

三、实训方法与内容

到当地花卉生产基地或花卉市场进行调查，认识花卉栽培器具的种类、质地、特点，了解它们其对花卉生长发育的影响；认识花卉栽培常见的器具和材料，了解它们在花卉生产栽培中的作用。

四、实训作业

整理调查结果，以栽培器具的种类、材质、特点、功用及适用范围等为内容进行列表分析，写出书面调查报告。

第三单元

花卉的栽培管理技术

单元内容提要

　　本单元共包含五部分内容，即花卉的繁殖技术，花期调控技术和露地花卉、温室花卉及专类花卉的栽培管理技术。该单元是花卉栽培技术课程的核心部分，是本教材的主体内容，是把前述基础理论和基本知识应用于花卉生产和栽培实践的技术实施过程。通过本单元的学习，可以掌握以下技术与技能。

　　1.花卉繁殖技术，包括露地或温室花卉种子的采收、处理、贮藏、整地作畦、播种及播种后发芽期和幼苗期的管理技术；花卉的扦插、分生、嫁接及压条繁殖与管理技术。

　　2.花卉的花期调控技术，包括促成栽培和抑制栽培，即花期提前和延后的调节与控制技术。

　　3.花卉的栽培管理技术，即是在对各类常见露地花卉、温室花卉和专类花卉形态与生态习性等了解和掌握的基础上，重点熟悉和掌握各类常见花卉的繁殖、栽培及管理技术。

　　通过以上内容的学习和实践操作，可以培养学生独立动手、独立分析问题和解决问题的能力，也可培养学生吃苦耐劳、团结协作的精神。

单 元 学 习 目 标

技能目标

1.掌握花卉露地苗床播种和温室容器播种的基本操作技术及管理要点。
2.掌握花卉分株、分球、扦插、嫁接、压条的基本操作技术及管理要点。
3.能熟练识别常见花卉种子，掌握种子品质鉴定的基本方法。
4.了解和掌握种子采集、处理及贮藏的基本操作方法。
5.正确掌握特殊花卉播种前种子的处理方法。
6.结合第二单元内容，了解花期调节中的温控、光控的操作方法，学会如何配制植物激素。
7.熟练认识和区分常见露地与温室一、二年生花卉，宿根花卉，球根花卉及木本观花、观叶花卉。
8.能独立处理和配制适宜不同温室花卉的培养土。
9.能独立进行常见露地与温室花卉的繁殖与栽培管理，能分析和解决栽培过程中出现的问题。
10.熟悉常见温室花卉的整形修剪技术。
11.熟练认识和区分常见的蕨类植物、兰科植物、仙人掌及多汁多浆植物，掌握其基本繁殖方法及栽培要点。

知识目标

1.正确理解和掌握花卉种子繁殖、扦插繁殖、分生繁殖、嫁接繁殖和压条繁殖的含义及特点。
2.了解各种花卉繁殖方法的基本原理及相关知识。
3.熟悉各种繁殖方法在花卉栽培中的应用情况。
4.熟知花卉种子发芽所需的理论条件。
5.了解花期提前和延后的理论方法。
6.了解温室花卉的栽培特点，能正确区分上盆、换盆、翻盆、转盆与倒盆的概念。
7.正确理解和掌握各类花卉的概念与特点，熟悉常见温室花卉的生态习性。
8.掌握常见温室花卉的栽培技术要点。
9.了解常见的蕨类植物、兰科植物、仙人掌及多汁多浆植物的生态习性、识别特征、繁殖栽培要点及园林应用。

重 点

1.各种繁殖方法的基本操作技术及其在花卉栽培中的实际应用情况。
2.促成栽培方式的掌控。
3.常见露地一、二生花卉，球根花卉，温室盆花的栽培与管理技术。

难 点

1.各种繁殖方法在花卉栽培中的正确应用及后期的管理要点。
2.药剂调控花期。
3.蕨类植物、兰科植物、仙人掌及多汁多浆植物的繁殖与栽培要点。
4.常见盆花的繁殖方法与育苗技术，温室花卉的环境调控。

第六章　花卉的繁殖技术

　　繁殖是植物延续后代的一种自然现象。花卉的繁殖方法很多，一般可区分为四类，即有性繁殖、无性繁殖、孢子繁殖和组织培养。其中有性繁殖和无性繁殖是种子植物最基本的繁殖方法；孢子繁殖则是蕨类植物延续后代的特有方式，在花卉栽培中，蕨类植物常采用无性繁殖。而组织培养法，则是随着现代科学技术的进步，逐渐发展起来的一种新的生物繁殖技术，并在近年来广泛引起人们的关注。该法不仅可以获得花卉无病毒幼苗，而且可以极大地提高花卉的增殖率，利于花卉种质资源的保存。这种新技术在各个院校中常设有专门的课程。本章仅重点介绍有性繁殖和无性繁殖两种方法。

第一节　有性繁殖技术

一、有性繁殖的概念

1. 有性繁殖的概念及适用种类

　　（1）有性繁殖的概念　有性繁殖是指利用植物种子播种而产生后代的一种繁殖方法，是种子植物特有的繁殖方式，也称种子繁殖、播种繁殖或实生繁殖。其后代称为播种苗或实生苗。

　　（2）适宜有性繁殖的花卉种类　凡易采得种子的花卉，均可进行种子繁殖。多用于一、二年生草本花卉，部分宿根花卉、球根花卉及木本花卉培育新品种或用作砧木时，如一串红、万寿菊、矮牵牛、三色堇、金盏菊、蜀葵、仙客来、大岩桐、蒲包花、四季海棠等。自花不孕及不易结实的植物不宜用种子繁殖，如菊花、大丽花、芍药等。

2. 有性繁殖的优缺点

　　（1）优点

　　① 种子来源广，繁殖系数高，方法简单，在短时间内可获得大量幼苗。

　　② 种子细小质轻，采收、携带、贮藏和运输方便易行。

　　③ 幼苗根系发达、完整，生长势旺盛，适应性强、寿命长。

　　（2）缺点

　　① 后代易发生变异，出现品种退化，难以保持母本的优良性状。

　　② 生长发育时间长，开花结果迟。

二、种子的采收与贮藏技术

（一）种子的采收

1. 种子的品质

　　种子的品质包括遗传品质和播种品质。遗传品质主要由品种决定，在品种确定的情况下，种子的品质取决于播种品质，即种子纯净度、千粒重、含水量、发芽率及种子生活力。种子品质的优劣是花卉栽培成败的关键，在花卉规模化生产栽培中使用的种子，必须是专业化生产的具有优良性状的 F_1 代种子，需要每年进行制种。优良种子应具备以下品质。

　　（1）品种纯正，种子纯净　品种纯正是指品种正确，且最好是 F_1 代种子，正确的品种可以通过母株、种子的外部形态或种子公司来确认；种子纯净是指经过干燥、脱粒、净种和分级，不含任何杂种杂物。只有种子品种纯正、纯净，播种后才能获得所期望的花卉植株，否则栽培工作失败，同时也达不到商品生产和园林布置的特定要求。

（2）籽粒饱满，发育充实　采收的种子，要成熟、粒大饱满、色泽深，种胚发育健全。这样的种子，内含物充实，易发芽，所得花卉幼苗生长健壮。

（3）发芽率和发芽势高，生活力强　不同花卉的种子，其寿命长短有较大差异，如鸡冠花、凤仙花、万寿菊等花卉的种子，寿命为4～5年；虞美人、金鱼草、三色堇等的种子，寿命为2～3年；而翠菊、福禄考、长春花等的种子，寿命只有1年左右。在花卉种子的寿命年限内，随着存放时间的延长，活力逐渐下降，如果超出了寿命年限，种子会丧失生命力，因此，新采收（当年生）或贮存时间短、贮存条件适宜的花卉种子，比陈旧种子或贮存时间长、贮存条件不适宜的花卉种子发芽率和发芽势高，生活力强。

（4）无病虫害感染，无机械损伤　种子上常带有各种植物病原体和害虫虫卵，花卉幼苗常通过种子或伤口传播而被感染各种病虫害。因此，贮藏前要杀菌消毒、严格进行检疫，剔除霉烂、受损伤的花卉种子。

2．种子的采收

（1）种子成熟度　种子的成熟，包括形态成熟和生理成熟两个方面。形态成熟，是指种子的外部形态及大小不再发生变化，可以从植株上或果实内自行脱落。生理成熟指已具有良好发芽能力的种子，仅以生理特点为标准。生产上多以形态成熟作为种子（果实）成熟的标记来确定采收时间。

种子形态成熟一般具有以下特点：含水量降低，营养物质已转化为难溶于水的物质，种胚休眠，种皮坚硬，色泽由浅转深。生产上把单粒种子而又不开裂的干果均称为种子。

（2）种子的采收时间　花卉种子的采收，一般应在种子形态成熟后进行。如果采收时间过早，种子的贮藏物质尚未充分积累，生理上也未成熟，导致种子的千粒重低，经贮藏后种子容易皱缩、空瘪，使生活力低下，发芽率和发芽势降低；若采收时间过晚，易造成种子散落，或因雨湿造成种子腐烂，发芽力及品质降低。

（3）种子的采收方法　不同花卉种类种子的采收方法，应根据花卉开花结实期的长短、果实的类型、种子的成熟期及种子的着生部位来选择。

一般，对于成熟期较一致而又不易散落的花卉种子，可连同花序或整个植株一同剪切采收，如万寿菊、百日草、千日红、翠菊等；对于陆续成熟且成熟后易散落的花卉种子，应成熟一批采一批，如一串红、紫茉莉、波斯菊、金鸡菊、美女樱等。有些果实成熟时易开裂（包括蒴果、蓇葖果、荚果、角果等）的花卉种子，宜在果实成熟开裂或脱落前的腊熟期提前采收，如半枝莲、凤仙花、三色堇、花菱草等，即应在果实由绿变为黄褐色时及时采下，且最好在清晨空气湿度较大时采收，以防强烈阳光下果实开裂，种子散出。肉质类果实成熟后，为防脱落和腐烂，要及时采收，放置室内数天，使种子充分成熟，然后用清水浸泡，搓洗去果肉或果浆，去除不饱满的种子，洗净干燥后进行贮藏，如君子兰、石榴、冬珊瑚、石楠、无花果等。

采种时还要注意采收的部位，通常在一株上，要选早开花及主干或主枝上的种子。一些晚开花或枝梢的花朵所结的种子，常结实不良、或不能成熟或受精不完全，都不适合作采种用。采种时要求母株生长健壮，性状优良，无病虫害。

3.种子的处理

为了获得适合播种、贮藏的纯净种子，必须对种子进行处理，包括干燥、脱粒，去除杂种杂物和病损种子及分级等一系列工序。同时，还要对其进行登记，即编号（或代号）、注明采收日期、种类或品种名称，尤其要标明种子特性，如花期、花色、花茎长度、株高、每克种子数量、产量等。

（二）种子的贮藏

种子寿命的长短除受遗传因素影响外，还受温度、水分及氧气等多种外界因素的影响，适宜的贮藏条件可以延长种子的寿命。通风、干燥、低温、阴暗、低含氧量应是花卉种子贮藏的理想条件。种子的贮藏方法常有如下两类。

1. 干藏法

干藏法适合于含水量低的花卉种子。

（1）普通干藏法　将充分成熟的种子干燥后（含水量10%～13%），放进布袋、纸袋或纸箱中，置于阴凉、干燥通风的室内。适用于一、二年生草本花卉种子次年播种的短期保藏。此法简便易行，是最经济的贮藏方法。

（2）密闭干藏法　将充分干燥的种子装入玻璃瓶或瓷罐等容器中，放入适量的干燥剂，用蜡密封瓶口，可长期保持种子的低含水量。若置于1～5℃（一般4～10℃即可）的低温条件下贮藏，则效果更好。该法适于较长时间保存种子，是近年来普遍采用的方法。

（3）超干贮藏法　把种子含水量降低到5%以下，密封并真空包装，置室温下贮藏，可长期保持种子的生活力，这是较为经济、简便的种子保存方法，是国内外种子贮藏的一种新技术。

2. 湿藏法

湿藏法适合于含水量高的种子。

（1）沙藏法　适于在干燥条件下易丧失发芽力的花卉种子。方法是将种子与相当种子容积2～3倍、温度0～5℃的湿沙或泥炭、蛭石等基质拌混。也可作"层积法"贮藏，即种子与湿沙交互层状堆积，每层厚度约5cm。堆放于室内、木箱内或埋于排水良好的地下，上覆5cm河沙和10～20cm厚的秸秆等。要求空气相对湿度保持在50%～60%，基质湿度以"手捏成团不滴水"为度。

沙藏法可有效保持种子生命力，并具有催芽作用，如芍药、牡丹、玉兰等的种子，采种后应立即播种，否则需要沙藏。

（2）水藏法　适宜某些水生花卉如睡莲、王莲等的种子，必须贮藏于水中才能保持发芽力。水温一般要求在5℃左右，低于0℃时种子会受到冻害，影响出芽。

三、种子发芽的条件

1. 自身条件

（1）种子发育完全　完整的种子包括种皮、种胚和胚乳，发育完全的种胚又由胚芽、胚轴、子叶和胚根组成。种子萌发时，胚根先突破种皮向下形成主根，不久，胚轴开始生长，向下形成须根、向上将胚芽（及子叶）推出土面形成茎与叶。因此，发育完全的种子是幼苗形成的前提。

（2）通过休眠阶段　种子放在适宜的条件下仍不萌发的现象称为"休眠"。种子休眠时间的长短，因植物种子的特性不同而各有差异，从几周、几个月，到二、三年甚至更长不等。当种子通过休眠阶段后，一旦遇到适宜的温度、湿度和良好的通气条件，就会很快萌发。

（3）种子完好，无霉烂破损。

2. 环境条件

在种子具备了一定的自身条件后，即可于适宜的环境条件下顺利萌发形成幼苗。其中水分、温度、湿度是花卉种子萌发的必需条件；对光照的需求则因种而异，因此，光照是非必需条件。

（1）水分　足够的水分是种子萌发的首要条件。种子萌发时的吸水量，通常可达种子干重的1倍左右或更多。不同花卉种子萌发的需水量差异较大。一般，胚乳含水较多的种子，需水量较少，如文殊兰；蛋白质含量多的种子，需水量多；而含淀粉多的种子，需水量则较少。

种子萌发时，如水分不足，会造成萌发时间延长，出苗率下降，幼苗生长瘦弱；但水分过多，会使种子缺氧腐烂。生产上常利用播种前浸种、播种后覆盖等方法保持水分。

（2）温度　温度直接影响种子的呼吸、酶的活性和水分的吸收、气体的交换等。多数植物种子萌发的温度三基点为：最低温度0～5℃；最高温度35～40℃；最适温度则为20～25℃。一般来说，花卉种子萌发的适温，比其生育适温高3～5℃。花卉种子萌发的适宜温度，依种类及原产地的不同而有差异。通常原产热带的花卉需要的温度较高，亚热带及温带次之，原产温带北部的花卉则需要一定的低温才易萌发。

（3）氧气　种子萌发需要足够的氧气，供氧不足会妨碍种子的萌发。播种过深或土壤积水，都会造成通气条件不良而缺氧，影响种子正常萌发；严重缺氧时会使种子丧失活力。但对水生花卉来说，只需少量的氧气就可供种子萌发。

（4）光照 对于多数花卉的种子，只要有足够的水分、适宜的温度和一定的氧气，有没有光照都可以萌发。有些花卉为好光性种子，即在发芽期必须具备一定的光照才能萌发，如报春花、瓜叶菊、凤仙花、秋海棠、半支莲、毛地黄等；另一些花卉，光照对其种子萌发有抑制作用，有光不能萌发，称为嫌光性种子，如仙客来、雁来红、蒲包花等。

四、播种技术

（一）露地花卉播种技术

1. 露地苗床播种

把圃地整理成苗床后再行播种，又称床播。一般多用于露地花卉的提前育苗，适合耐移植的花卉种类，又叫移栽育苗。

（1）选种 要选择具有优良品质的种子进行播种。在花卉生产栽培中，必须选用专业化生产的优良种子进行育苗，这是花卉成功栽培的前提。

（2）种子处理 一般一、二年生草本花卉的种子播种前可不作任何处理，但对发芽缓慢、种皮坚硬厚实或休眠的种子等，播前需要采用一定的方法进行处理，以达到促进萌发的目的。

① 拌种法 在播种前将种子与种肥（磷肥、草木灰、复合肥等）、基质（沙、园土等）、包衣剂等混合，便于播种均匀和种子发芽。主要适用小粒或微粒花卉种子，如矮牵牛、四季海棠、大岩桐等。

② 浸种法 播种前用水浸泡种子，达到催芽的目的。一般用于发芽缓慢或有纤毛的种子，如文竹、仙客来、君子兰、天门冬、冬珊瑚、千日红等，播前用30～50℃的温水浸泡，浸种水量一般相当于种子体积的5～10倍，通常每12～24小时用清水冲洗1次，浸种温度及时间因种子不同而异。待种子吸水膨胀后或种子露白后，即可播种。有些种子浸种后，需用湿纱布包裹，放入25℃环境中催芽。

③ 破皮法 用机械擦伤种皮，增强种皮通透性，促进种子吸水发芽。主要用于种皮厚而坚硬的花卉种子，如美人蕉、荷花、牡丹等。其方法因花卉种类和播种规模大小不同而异，大粒种子量少时，可在播种前于种皮近脐处，用砂纸或锉磨，也可用锤砸或碾，种皮挫伤后，再用温水浸泡；而大规模的技术处理方法一般是采用机械破皮机破皮。

④ 药剂处理法 用化学药剂如硫酸、溴化钾、对苯二酚等，或激素如赤霉素、萘乙酸、吲哚乙酸、2,4-D等处理种子，可软化种皮，促进种子生理变化，增强各种酶的活性。主要用于一些种皮含油脂、蜡质的种子或种皮厚而坚硬的种子。注意用硫酸等药物浸泡种子时，要防止药物透过种皮伤及胚芽。处理时间因种而异。处理结束后，要用清水洗净再播种。

⑤ 层积处理法 把种子与河沙、泥炭、蛭石等混合或分层放置，在适宜的温度、湿度和通气条件下，使其达到发芽条件的方法，称为层积催芽。层积催芽能解除种子休眠，促进种子内含物的变化，有利于种子完成后熟过程。主要适用于低温及湿润条件下完成休眠的种子，如牡丹、鸢尾等在秋季用层积法来处理，第二年早春播种，发芽整齐迅速。

（3）播种时期 花卉的播种期应根据花卉的生物学特性和当地的气候条件来确定。

① 春播 露地一年生花卉、大部分宿根花卉适宜春播。南方地区约在2月下旬至3月上旬；华中地区约在3月中旬；北方地区约在4月份或5月上旬。

近年来，北方地区常于12月份～翌年2月份在温室中提前播种育苗，使多种草花在"五一"之前开花上市，从而弥补了北方春季园林少花观赏的缺憾。常见的花卉有一串红、万寿菊、孔雀草、矮牵牛等；也可延后于6～7月份播种，使国庆节见花。

② 秋播 露地二年生花卉及少数宿根花卉适宜秋播。南方地区约在9月下旬至10月上旬，华中地区约在9月份，北方地区约在8月中旬，冬季需要移至温床或冷床中越冬。

（4）播种方法 根据种子大小、数量多少、耐移植程度等，可将播种分为撒播、条播、点播三种方法。

① 撒播 将种子均匀地撒在床面上然后覆土的方法［图6-1（a）］。多用于小粒和微粒种子及线形种子数量较大的情况下。其优点是播种速度快，产苗量高，能充分利用土地；缺点是难以播撒均匀，幼苗密度大，不便于管理，通风透光条件差，易徒长。

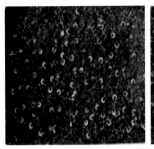
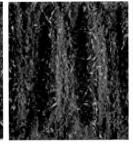
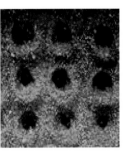

| (a) 撒播（蜀葵） | (b) 条播（万寿菊） | (c) 点播（紫茉莉） |

图6-1　播种方法

② 条播　条播是按一定的行距（常为5～8cm）于苗床上横条开沟，然后将种子均匀的撒播在沟内［图6-1（b）］。注意底沟要平，以免种子播后聚堆。条播多用于中小粒种子及品种多、种量少时。其优点是通风透光条件好，幼苗生长健壮。缺点是幼苗数量较少。

③ 点播　也称穴播，是按一定的株行距挖穴播种［图6-1（c）］；或按一定的行距开沟，再按一定株距播种的方法。一般每穴播种2～4粒。主要用于大粒种子或直根性强的较大粒种子，大粒种子如蜀葵、旱金莲、君子兰、仙客来等的种子，直根性强的种子如紫茉莉、百日草、牵牛花、茑萝等的种子，以便于带土移栽。点播可节约种子，株行距大，通风透光条件好，幼苗生长健壮，便于管理，但土地利用不经济，产苗数量较条播更少。

（5）播种技术环节

① 整地作畦

a. 选地。选择地势平坦、通风向阳、土壤疏松肥沃、排水良好的圃地建床。

b. 翻土去杂。在土壤干湿适宜的情况下，深翻土壤约30cm，打碎土块，清除杂物、石块后，可施入适量草木灰（土质好也可不施），拌匀，以利于起苗［图6-2（a）］。

c. 作床。苗床以南北走向为好，上下午均有光照。一般分为低畦和高畦两种，低畦较适合少雨的北方，高畦则适合多雨的南方。低畦畦面宽100～150cm，畦埂宽一般为40cm，畦面低于畦埂15～20cm；高畦的畦面宽100～120cm，步道宽一般为40cm，畦面高于步道10～15cm（图6-3）。畦长一般可根据圃地大小及播种规模而定。作畦后将床面耙平耙细，并使中央略高于四周，利于排水。由于花卉种子普遍细小，所以上层土壤最好过筛（先孔径1～1.5cm，再0.2～0.5cm）［图6-2（b）、（c）］。

| （a）翻土去杂 | （b）畦床粗作 | （c）畦床细作 | （d）浇底水 |

图6-2　整地作畦

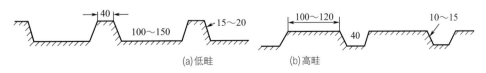

图6-3　畦床横断面（单位：cm）

d. 镇压。苗床作好后，用木板或滚筒适当镇压，使土壤形成毛管水，利于种子吸水发芽。

② 浇底水　于播种的前一天下午或傍晚，用细眼喷壶将苗床浇足底水约10cm深 [图6-2(d)]，第二天播种。注意不能播前现浇水，否则土壤过黏使播种操作不便；也不能播后浇大水，否则易淋出或淋失种子。

③ 播种　根据种子的大小和多少选择撒播、条播或穴播。要求播种均匀，密度适当。

④ 覆土　播种后要立即覆土。一般大粒种子覆土深度为种子直径的2～3倍，小粒种子以不见种子为度。覆土过厚，空气不足，不易发芽，即使出土，也会因嫩茎过长，消耗养分过多，导致幼苗变弱；过薄，种子吸水不足，不利于萌发。条播或穴播后可直接用翻出的床土覆盖（图6-4），撒播的小粒种子则用较细的过筛土均匀覆盖（图6-5）。

大粒种子：如万寿菊、美人蕉、紫茉莉、牡丹、芍药、金盏菊、仙客来、君子兰等的种子。

中粒种子：如一串红、紫罗兰、凤仙花、文竹、天门冬等的种子。

小粒种子：如三色堇、鸡冠花、翠菊、藿香蓟等的种子。

少数微粒种子，为播种均匀、出苗整齐，常拌少量细沙或细土撒播，不覆土而拍打入土，且常播种于花盆或专用播种盆中，如半枝莲、矮牵牛、金鱼草、四季秋海棠、大岩桐、虞美人、蒲包花等的种子。

图6-4　播种（条播、穴播）　　　　　图6-5　覆土（撒播）

⑤ 镇压　播种覆土后立即镇压（图6-6），将床面压实，使种子与土壤密接，便于种子吸水发芽。

⑥ 覆盖　镇压后，若覆盖种子的表土过干，则需要先用细眼喷壶将表土浇透（图6-7），然后在床面覆盖一层塑料薄膜或稻草、苇帘（图6-8），用以保持水分，促进种子萌发。

一般最常用的覆盖材料是塑料薄膜，不仅床面清洁，而且管理方便，保温、保湿性也好。覆盖时可直接覆于床面上 [图6-8(a)]，也可用易弯曲的铁筋、竹片等材料弯成拱形支架，覆盖成40～50cm高的小拱形棚，四周用土压实 [图6-8(b)]。用稻草或苇帘覆盖的以隐约见表土为准，用细眼喷壶将其喷湿并维持湿度。

（6）播后管理

① 发芽前管理　主要是水分管理。发芽前，苗床应始终保持湿润，初期水分要充足，以保证种子吸水膨胀的需要。一般用塑料薄膜覆盖的苗床，因底水充足，在种子发芽前甚至通风前可不

图6-6　镇压　　　　　　　　图6-7　表土浇水

(a) 低畦，地面覆盖　　　　　　　　　　　(b) 高畦，小拱棚覆盖

图6-8　塑料薄膜覆盖

必浇水；用稻草或苇帘覆盖的苗床，发现干燥，及时用细眼喷壶将水直接浇于稻草或苇帘上，使之慢慢渗入土壤，保护种子不被喷淋。浇水要均匀，切记忽干忽湿。

②发芽后管理　种子发芽后，除水分管理外，还要注意及时通风，控制适宜湿度和较低温度，俗称"蹲苗"。光照要充足，这是幼苗能否生长健壮的关键。空气不流通，温度和湿度过高，会使幼苗细弱徒长，且易患病害。

用塑料薄膜覆盖的苗床，当外界光照强烈、气温较高时，应于每天的10：00～16：00掀起薄膜进行通风，初时小量进行，以后逐渐增大通风量，当气温基本稳定后全部揭掉薄膜；用稻草或苇帘覆盖的苗床，根据发芽情况，适时去除覆盖物，使逐渐见光，直至全光照。通风期间，可根据土壤干湿情况适当浇水，一般以土壤湿润为宜。由于早春气温变化无常，所以，要注意低温危害。

③苗期管理　当真叶出土后，要根据苗的稀密程度和真叶生长情况，及时间苗，适时移栽。

间苗时，去掉弱苗、病苗、徒长苗及杂苗，留下壮苗。间苗后需立即浇水，以免留苗因根部松动而死亡。当幼苗长出3～4片真叶时，进行移栽；在实际栽培中，也可根据需要提前于子叶或1～2片真叶时移植。同时，注意经常除草，以减少养分争夺，通风透光，控制病虫害发生。

2. 露地直接播种

对于不耐移植的直根性花卉，如虞美人、茑萝、牵牛、扫帚草、花菱草、香豌豆等，应将其直接播种于圃地或花盆中，从幼苗形成到开花结实都不进行移栽，以免损伤幼苗主根影响生长发育。如需要提早育苗，可播种于穴盘、育苗钵或小花盆中，成苗后尽早带土球定植于露地或花盆中。

（二）温室花卉播种技术

1. 播种时期

温室花卉的播种时间，主要依据花期的需要及种子的特点来确定。某些花卉种子含水量多，生命期短，不耐贮藏，失水后易丧失发芽力，应随采随播，如君子兰、四季秋海棠等；热带和亚热带花卉及部分盆栽花卉的种子，种子随时成熟，温度适合可随时萌发，可周年播种，如中国兰花、热带兰花等；但多数温室花卉以春季1～4月份和秋季6～9月份播种为宜。

2. 播种容器

（1）播种盆　采用专用播种浅盆或浅木箱。浅盆或浅箱深10cm，直径30cm，底部有5～6个排水孔，播种前要洗刷消毒后待用。

（2）普通花盆　可采用瓦盆、陶盆、木盆、塑料盆等，以瓦盆为佳。

（3）穴盘　种类有392穴、288穴、128穴、72穴等规格。利用穴盘育苗，要用轻质的栽培基质，如蛭石、泥炭、珍珠岩等。

3. 播种技术环节

（1）盆土准备　以富含腐殖质的砂质壤土为宜，常采用园土、河沙、腐叶土按一定比例混合。一般细粒种子为腐叶土5：园土2：沙土3；中粒种子腐叶土4：园土4：沙土2；大粒种子为腐叶土5：园土4：沙土1。也可用其他栽培基质如泥炭、水苔、椰糠、木炭、蛭石、珍珠岩、陶粒等单独或混合使用。

使用前要求对培养土及播种容器进行消毒。种子消毒常用0.1%升汞（$HgCl_2$）、0.3% $CuSO_4$ 或1%福尔马林浸种5min。盆土常用5%福尔马林消毒48h，待气体全部挥发后使用。

（2）装土　先用碎盆片凹面朝下把盆底部的排水孔盖上，下部填入粗沙砾或碎盆片，为盆深的1/3，以利排水，上层装入过筛消毒过的播种培养土。盆土填入后，用木条将土面刮平、压实，使土面距盆沿约1.5～2cm。

（3）浇底水　一般花卉种子，可在装土时分层用细眼喷壶浇水，待水全部渗下后，刮平、压实土面，稍晾晒至土表水分干湿适宜时即可播种。微粒种子的盆播给水，常采用盆底浸水法，简称盆浸法。它是将播种盆下部浸入较大的水盆或水池中，下面垫一倒置空盆，入水深度约为盆高的一半，使水从盆底的排水孔进入盆中，待盆土全部湿润后，将盆取出，待过多的水分渗出后，即可拌土撒播。

（4）播种　中、小、微粒种子采用撒播法，注意要播种均匀、密度适当；大粒种子采用点播法。

（5）覆土　播后用细筛视种子大小覆土，用木板或手轻轻压实。

（6）覆盖　覆土后挂上标签，标明花卉品种名称、播种时间等。再用塑料膜或玻璃盖在盆上，以减少水分蒸发；嫌光性种子需再盖上一层报纸。播种盆或箱应置于通风、无阳光直射处，或拉上遮阳网。保持室温10～15℃，喜温类种子应保持15～25℃条件。

4. 播后管理

发芽前始终保持盆土湿润，经常观察盆土的干湿情况，干燥时及时补充水分。但也不能过湿，过湿时要将塑料膜或玻璃一侧掀开或垫起，通风降湿。微粒种子可保持用盆底浸水法给水，当长出1～2片真叶时，用细眼喷壶浇水；出苗后掀去覆盖物，放到通风处，逐渐增强光照；当长出3～4片叶时可分苗移栽。

现代花卉生产中，为提早开花，盆栽花卉幼苗移植时期常提前至1～2片真叶时，有些花卉甚至长出2片子叶时即可分苗，如一串红。

第二节　无性繁殖技术

一、无性繁殖的概念及优缺点

无性繁殖也叫营养繁殖，是利用植物营养器官即根、茎、叶或芽的一部分为繁殖材料，培育新植株的繁殖方法。

优点：① 后代能长期保持母本的优良性状；② 可以缩短幼苗期，使植物提前开花结果。

缺点：根系发育较差，无主根；繁殖材料携带不便，繁殖系数低，寿命短。

无性繁殖是花卉生产与栽培常用的繁殖方法，是园艺技术上的一种极为有利的繁殖手段。它大多数用于雌雄蕊退化、重瓣性强，或虽能结实但种子不能成熟，以及某些珍贵的花卉品种。南花北养时，常由于环境条件的不适宜而不能开花结实，因而也常用无性繁殖。主要包括分生繁殖、扦插繁殖、嫁接繁殖、压条繁殖四种方法。

二、无性繁殖技术

（一）分生繁殖技术

分生繁殖，是指将幼植物体或一部分营养器官与母株分离，另行栽植而成新植株的繁殖方法，见图6-9。突出特点是方法简便，易成活，成苗快，但繁殖系数很低。分生繁殖依植物种类的不同，可以分为分株法与分球法。分株法一般用于宿根花卉及花灌木，分球法则用于球根花卉。

1. 分株

将母株根际发生的萌蘖分离下来，另行栽植，如牡丹、君子兰、菊花、芦荟、景天等；或将成丛母株掘起分成数丛，各自栽植形成新株，如芍药、玉簪、萱草类、一叶兰、吊兰等。

（1）分株时期　一般春季开花的宿根花卉及灌木，在秋季停止生长后进行分株，如芍药、鸢

(a) 分株　　　　　　　　　　　　　　(b) 分球

图6-9　分生繁殖

尾、荷包牡丹、牡丹等；夏秋季开花的宿根花卉，在早春萌动前进行分株，如萱草、玉簪、荷兰菊、蝎子草等。温室多年生花卉一年四季均可，但仍以春季出室时结合换盆进行分株为多。

（2）分株方法　宿根花卉分株时，先将整个株丛从地里掘起或由盆中倒出，抖去泥土，然后顺自然分离处用手劈开或用刀分割，使之分为数丛，每一小丛至少应有2～3芽，且尽量多带根系，以便分栽后能迅速形成株丛，见图6-9(a)。

灌木类花木不必全株掘起，可从根际一侧挖出幼株分离栽植。

其他花卉如虎耳草、吊兰等，常自走茎上产生于空气中自然生根的小植株，将其分离另行栽植，即形成新植株；在多浆植物中，如芦荟、景天、石莲花等，常自根际或叶腋生出莲座状短枝，称吸芽，下部可自然生根，将其分离栽植，即可形成新株；百合类花卉如卷丹，可自叶腋产生黑色珠芽，自然落地即可生根产生新株。

2. 分球

（1）分球的概念　将母球自然增殖的新球或子球从母球上分离或分切下来，另行栽种长成新植株的方法。

（2）分球时期　在植株地上部分枯萎休眠后，将母球与子球从土壤中挖掘出来时即可进行分球。

（3）分球方法

① 鳞茎类和球茎类　该类花卉栽培一年后，常形成1～4个大球（也称新球）及多个小球（也称子球），将其分离下来，大球栽植当年可开花，小球需培养2～3年方可形成大球而开花。鳞茎类如水仙、风信子、郁金香、百合等；球茎类如唐菖蒲、小苍兰等，见图6-9(b)。

② 根茎类　如美人蕉、鸢尾等，可依其肥大根茎上的芽数，用利刀适宜分割为数段后栽植。

③ 块茎类　如大岩桐、仙客来、球根秋海棠，不易自然分生产生子球，分球时可将老球分切成数块，每块带有2～3个顶芽，但如此分球形成的新株，地下茎不完整，影响观赏，故常不用，而多采用播种繁殖；马蹄莲在块茎上可自然产生小球，分离下来栽植即可形成新株。

④ 块根类　如大丽花、花毛茛，因不定芽仅在顶端根颈部发生，所以在分球时，应附有根茎部分，否则不能发芽产生新株。

（二）扦插繁殖技术

1. 扦插繁殖的概念、特点及原理

（1）扦插繁殖的概念与特点　扦插繁殖是剪取花卉的根、茎、叶、芽等营养器官的一部分，插入基质中，在一定条件下培养，待其生根后，再另行栽植成为完整新植株的方法。用于扦插产生新株的根、茎、叶或芽等材料，称为插条或插穗，扦插所得到的苗称为扦插苗。

扦插繁殖的优点是生长快、开花早，短时间内可育成大苗；可进行多次多季育苗；方法简便易行，既适合大量生产，也适合家庭少量繁殖。缺点是管理精细，根系较浅而弱，寿命短。

（2）扦插繁殖成活的原理　扦插繁殖的基本原理，主要是基于植物的营养器官具有再生能力，在根、茎、叶脱离母体时，可以发生不定根和不定芽，从而形成新植株。

2. 扦插基质的选用

由于土壤的颗粒很细，通气不良、排水不利，并含有许多有机物，常常引起杂菌滋生，容易造成插条腐烂。因此，在花卉扦插繁殖时，大都不用土壤来作基质，而选用一些颗粒较大，通气良好，不含有机质的洁净材料来固定插条，这些材料统称为扦插基质。

扦插基质要具备通气良好，易于保湿且排水良好的特点。常用的如泥炭（适于酸性花卉）、河沙与面沙（适于易生根的花卉如菊花、大丽花、一串红、一品红、倒挂金钟等），另有蛭石、珍珠岩（适合多种花卉，单用混用均可）。除此之外，炉渣（洗净）、木屑（腐熟）等均可。腐叶土来源丰富的山区，也可采用消毒处理过的腐叶土；或上层河沙，下层腐叶土；或河沙、蛭石、珍珠岩等与腐叶土的混合。要保证基质清洁无菌，可用 0.1% $KMnO_4$ 对床面消毒，也可开水烫或暴晒。

3. 影响扦插成活的因素

（1）内在因素　内在因素即插条的自身因素或自身条件，包括以下三个方面。

① 插条再生能力的强弱。不同种类甚至品种间的花卉，因受固有遗传特性的影响，其插穗的再生能力即生根难易存在一定差异，如景天科、仙人掌科、秋海棠科等花卉及温室凤仙扦插普遍较易生根；桂花、含笑、腊梅、白兰花、米兰、罗汉松等花卉较难生根；鸡冠花、美人蕉等则极难生根；山茶属的种间反应不一，山茶、茶梅易生根，云南山茶则难生根。

② 插条的质量。即插穗的营养与健康状况。扦插时，一般选择营养良好、发育正常、无病虫害的枝条作插穗。如扦插时，选取带踵的枝条或花后1～2周的枝条，其养分含量高，扦插易成活；早晨剪取的枝条含水量充足，扦插后伤口易愈合，易生根。不能选病弱枝、徒长枝。有花蕾和已结果的枝条，由于营养消耗过多，通常也不能用作插条。

③ 插条的成熟度。不同部位的枝条，其木质化程度即成熟度不同，生根难易也不同。有试验表明，侧枝比主枝易生根，硬枝扦插时取自枝梢基部的插条生根较好，嫩枝扦插以顶梢作插条比用下方部位的生根好。

（2）环境因素

① 温度。扦插时，要求稳定的气温和基质温度。大多数花卉扦插生根的适宜温度为15～25℃。嫩枝扦插的温度宜在20～25℃；原产热带的花卉可在25～30℃。当扦插基质内的温度高于气温3～6℃时，可促进插条生根，成活率高。温度过低，生根慢；温度过高，容易腐烂。

② 湿度。水分是影响扦插生根的重要条件之一。扦插生根前，为保持插穗体内的水分平衡，插床环境应保持较高的空气湿度。一般插床基质内含水量控制在50%～60%左右，插床空气相对湿度为80%～90%左右，生根后湿度应适当降低。

③ 光照。绿枝扦插和嫩枝扦插带有部分叶片，需要一定的光照，有利于进行光合作用，促进碳水化合物的合成，提高生根率。但光照会引起叶面温度增加，加速水分蒸发。因此在扦插初期要适当遮阳，待生根后，逐渐增加光照。

④ 空气。插条生根需要一定的氧气供应。新根发生时呼吸作用增强，应减少浇水量，适当通风以提高基质和空气中氧气含量。湿度过大，往往是导致插条缺氧腐烂死亡的最主要原因。因此，扦插时要注意选用扦插基质，既要保水性能好，又要通气、排水顺畅，同时也不能插得过深。

4. 扦插的种类及方法

根据选取的器官不同，可将扦插分为四类：

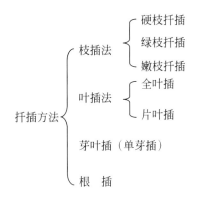

扦插方法
枝插法 — 硬枝扦插 / 绿枝扦插 / 嫩枝扦插
叶插法 — 全叶插 / 片叶插
芽叶插（单芽插）
根插

（1）枝插法　用花卉枝条作插穗的扦插方法，又称茎插法。根据所取部位和枝条成熟度的不同，枝插又分为硬枝扦插、绿枝扦插和嫩枝扦插三种方法。

① 硬枝扦插　选取完全木质化的一、二年生枝条作插穗的扦插方法，又称硬材扦插。多用于落叶花木及苗圃树木育苗，如月季、木槿、紫薇等，见图6-10。

扦插应在秋季落叶后或第二年萌芽前的休眠期进行。扦插基质以壤土或砂壤土为宜。

图6-10　硬枝扦插

具体方法：采集生长健壮、节间短、无病虫害的枝条作插穗，插穗长10～20cm，含3～5个饱满芽，剪去梢端细弱部分及过老的基部。上剪口在芽上0.5cm，于芽的对面向下斜削成马耳形，下端切口斜削或平削，以斜削为佳，而其位置以在节下方0.1～0.3cm处效果较好。扦插深度一般为插条长度的1/3～1/2，插后压实、喷水。

② 绿枝扦插　用半木质化带叶片（当年半成熟）的枝条或新梢作插穗的扦插方法，又叫半软材扦插、半硬枝扦插，见图6-11。多用于常绿木本花卉及多浆植物，如茉莉、一品红、桂花、山茶、杜鹃、夹竹桃等。

扦插应在生长期（花谢后1周）进行。扦插基质以河沙、蛭石或砻糠灰为宜。

图6-11　绿枝扦插

具体方法：选取发育正常、无病害的枝条为插穗，剪成长7～15cm小段，每段留3～4节，上剪口在芽上方约1cm，下剪口在节下部约0.3cm，切口要平滑，去除下部叶片，保留顶端叶片2～3枚，如叶片较大，可只留1片，或剪去1/3～1/2，减少水分蒸腾。先用木棒在基质上插一孔洞，再插入插穗的1/2～2/3，压实，喷水。

③ 嫩枝扦插　采用当年生、未木质化的嫩梢作插穗的扦插方法，又称软材扦插，见图6-12。多用于温室草本花卉如豆瓣绿、四季秋海棠、香石竹、冷水花等，以及某些温室木本花卉如杜鹃、吊钟海棠、含笑、栀子等。为了保持品种特性，某些露地一、二年生及多年生草本花卉也常采用此法，如一串红、矮牵牛、美女樱、菊花、宿根福禄考、五色草、大丽花等。另外，仙人掌及多浆植物如燕子掌、昙花、荷花令箭、仙人掌等也多用嫩枝扦插法繁殖。

扦插时间以生长旺盛期为宜。扦插基质多用河沙、蛭石、珍珠岩、砻糠灰等，也可两种基质混合。

图6-12　嫩枝扦插

具体方法：选取健壮枝梢作插穗，长度依花卉种类、节间长度及组织软硬而异，一般为5～10cm，每穗可留2～3节，在节下0.1～0.3cm处剪下。保留上部叶片1～2片，若叶片过大，可剪去叶片的1/3～1/2。用木棒打洞后插入基质，插深为穗长的1/3～1/2，压实基质，喷水保湿。

（2）叶插法　利用完整的叶片或片段作插穗繁殖新个体的方法。适用于具有粗壮叶柄、叶脉或叶片肥厚，能自叶上产生不定根和不定芽的花卉种类。要求叶片成熟、充实；空气湿润、通气良好。有以下两种方法。

① 全叶插　用完整叶片进行扦插的方法。依据生根部位的不同，又分为平置法和直插法。

a. 平置法：生根部位是在叶缘或叶脉处。方法是去掉叶柄，将叶片平铺于沙面或其他基质表面，用小石子或大小相当的玻璃固定，使叶片背面与沙面密接，见图6-13。如落地生根可在叶缘处产生幼小植株；蟆叶秋海棠可在主要叶脉的刻伤处产生幼小植株。

(a) 落地生根平置法　　　　　　　　　　　　　　　(b) 秋海棠平置法

图6-13　全叶插（叶片平置法）

　　b. 直插法：也称叶柄扦插法（图6-14），可在叶柄基部发生不定根和不定芽，见图6-15。方法是将带有完整叶片的叶柄直插或斜插入沙中，入土约2cm，压实，如大岩桐、燕子掌、长寿花、豆瓣绿、非洲紫罗兰等。如大岩桐直插后，先在叶柄基部形成愈伤组织，并逐渐产生不定根，以后愈伤组织日渐膨大并形成块茎，当块茎直径达到1cm以上时，即在其顶端发生不定芽。

(a) 长寿花叶柄直插　　　　　(b) 大岩桐叶柄直插　　　　　(c) 燕子掌全叶直插

图6-14　全叶插（叶柄直插法）

(a)大岩桐　　　　　　　　　(b)燕子掌　　　　　　　　　(c)长寿花

图6-15　直插法生根、生芽状态

　　② 片叶插　切去叶柄，将叶片分割数段，每段都含有一条主脉，再切去叶缘和上端较薄部分，将下端垂直插入沙中1/3～1/2，可于每段叶片基部形成不定根和不定芽（图6-16）。如虎皮兰、蟆叶秋海棠、豆瓣绿、大岩桐等。值得注意的是，金边虎尾兰片叶插时，新株会失去金边，所以一般采用分株繁殖。

(a) 虎皮兰片叶沙插

(b) 虎皮兰片叶插发根

(c) 虎皮兰片叶插发芽

(d) 虎皮兰片叶插不定根、不定芽着生状态

(e) 叶片的剪切

(f) 叶背主脉

(g) 片叶扦插

图6-16　片叶插

（3）芽叶插　也称单芽插，是枝插的变形，插穗上仅有一叶一芽，芽下带有一盾形茎片或1～2cm的茎段（图6-17）。插入基质时，仅露出芽尖，见图6-18、图6-19。适于茎插不易生根或插穗来源困难的花卉种类，如天竺葵、橡皮树、八仙花、菊花、桂花、茉莉及扶桑等。

图6-17　橡皮树芽叶插盾片与茎段插穗

图6-18　盾片芽叶插

图6-19　茎段芽叶插

图6-20　根插（直插法）
（引自新浪家居网）

（4）根插　用根作插穗的扦插方法。适合能从根上产生不定芽的宿根花卉，如芍药、荷包牡丹、宿根福录考、石碱花、剪秋罗、垂盆草等。于晚秋或早春进行，若在温室或温床内扦插，则自秋至春可随时进行。

① 撒播法　适合细小根的花卉种类。将根剪成长约3～5cm的根段，撒播于床面、浅箱或花盆砂面或土面上，覆以1cm左右的细松土或砂，浇水保持湿润，待产生不定芽之后进行移植。如石碱花、宿根福录考、剪秋罗、垂盆草等。

② 直插法　适合粗大根或肉质根的花卉种类。将粗0.3～1.5cm的根剪成3～8cm长的根段，上口平剪，下口

斜剪，直插于基质中，上端稍露出土面（图6-20），如芍药、荷包牡丹、补血草等。

5. 促进扦插生根的因素

促进插条生根的方法很多，常见的有如下几种。

（1）机械处理　在生长期中，将木本花卉枝条于行将切取的插穗下端进行刻伤、环状剥皮或绞缢，阻止枝条上部的营养物质向下运输，使养分积累于插穗的上端，而后仕此处剪取插穗进行扦插，则易于生根。有的花卉生根困难，可在插穗下端劈开，中间夹以石子等物促进吸水，或在插穗基部裹上泥球后扦插，以促进生根。

（2）物理处理

① 软化处理　主要适用于木本花卉。在插条剪取前，先在枝条基部用黑色塑料布或泥土封裹进行遮光处理，使之变白软化，可促进根原组织形成。待遮光部分变白后，即可自遮光处剪下插穗扦插，有利生根。

② 温水浸泡　用温水浸泡插条，可除去部分抑制生根的物质，促进生根。

（3）化学处理

① 植物生长激素　植物生长激素能有效地促进插条生根，主要用于茎插。常用的植物生长激素有吲哚乙酸、吲哚丁酸、萘乙酸、2,4-D等。另外还有专门的生根促进剂，如ABT生根粉、根宝等。

生长激素的应用方法较多，花卉繁殖中以粉剂处理和液剂处理为多。由于水溶液调制后易失效，宜用前临时配制，所以，二者之中又以粉剂处理最为方便。

此类物质均为强酸性，难溶于水，易溶于乙醇。使用时需先将结晶溶于95%乙醇，约配成20%的乙醇溶液，然后将该溶液徐徐倒入一定量的水中定容，切忌将水倒入乙醇溶液中，否则会重新出现结晶而要重配。稀释的浓度和处理的时间根据插穗的种类、扦插材料而异。吲哚乙酸、吲哚丁酸及萘乙酸使用浓度一般为$500 \sim 2000\mu l/L$，此浓度适用嫩枝扦插和绿枝扦插；对于难于生根的花卉，使用浓度约$10000 \sim 20000\mu l/L$。木本花卉需要激素浓度高，草本花卉需要激素浓度低；一般浓度高的处理时间短，浓度低的处理时间长。如用200mg/L的萘乙酸浸泡杜鹃花10小时，可提早生根。

粉剂处理时，是将定容的药剂加入滑石粉、木炭粉、面粉或豆粉中，调匀、晾干、研成极细粉末，应用时将插穗基部蘸上粉末，再行扦插。在这些粉剂中，以滑石粉应用最多。

② 化学药剂　高锰酸钾、蔗糖、醋酸（乙酸）、磷酸二氢钾等化学药剂，也可促进插条生根，主要用于木本植物。高锰酸钾对多数木本植物效果较好，一般浓度在0.1%～1.0%，浸泡时间为24h；蔗糖对木本和草本植物均有效，处理浓度为2%～10%，一般浸泡的时间为24小时，浸后用清水冲洗后扦插；醋酸的使用浓度一般为5%，硬枝插浸泡12～24小时，嫩枝插浸泡6～12小时；用磷酸二氢钾2%～9.2%的溶液浸泡插穗12～14小时后，生根快，成活率高。

（4）扦插床处理　增加扦插床底温也是非常广泛的应用方法。提高扦插床底温，控制较低气温，可抑制扦插条发芽生长，促进基部生根。为提高扦插成活率，生产中可在扦插床上安装自动加温、通风、遮阳、降温及喷水设备。在实践中人们利用全光照喷雾扦插法、间歇喷雾法、薄膜覆盖保湿法、双层荫棚扦插法（封闭扦插法）等方法，大大提高了扦插成活率。

（三）嫁接繁殖技术

1. 嫁接的概念及成活原理

嫁接是指将一种植物的枝、芽移接到另一植株根、茎上，使之长成新植株的方法。嫁接用的枝或芽叫接穗或接芽，而承接接穗的植株叫砧木或脚木，嫁接而形成的苗叫嫁接苗。

嫁接的优点是培育的苗木可提早开花结果；能保持接穗品种的优良特性；可进行品种复壮，增加抗逆性，提高适应能力；改变原植株的生长株型，提高观赏价值。缺点是繁殖系数低，操作繁琐、技术难度大，较实生苗寿命短。

温室木本花卉中不易用扦插、压条等无性繁殖的花卉，如山茶、桂花、月季、杜鹃花、白兰花、桃花、樱花、梅花等，常采用嫁接进行大量生产；仙人掌科植物中不含叶绿素的黄、红、粉色品种只有嫁接在绿色砧木上才能生存，如绯牡丹、蟹爪兰、仙人指等常用嫁接法进行繁殖；另外菊艺栽培如大立菊、嫁接菊的培育等，也采用嫁接繁殖。

嫁接成活的原理是利用细胞的再生能力，在适宜的环境条件下，将具有较强亲和力的接穗和砧木的形成层紧密地对接到一起，使二者愈合形成一个新的个体。

2. 砧木与接穗的选择

（1）砧木的选择　砧木与接穗的亲和力要强，根系发达，生长健壮，抗性强，砧木与接穗的物候期相同，且形成层要对齐。一般以一、二年生的实生苗作砧木为好。

（2）接穗的选择　应从品种优良、特性强的植株上采取接穗。以选择生长健壮、芽体饱满、组织充实、无病虫的枝条为好。

3.嫁接繁殖的技术方法

嫁接的方法很多，主要有枝接、芽接、根接和髓心接。常用的枝接方法有切接、劈接和靠接。芽接多用"T"字形芽接。髓心接适用于仙人掌类花卉，常用的方法有平接法和插接法。由于嫁接技术在园林苗圃课程中介绍较为详细，所以在此不再赘述。

（四）压条繁殖技术

1. 含义

将母株的部分枝条或茎蔓扭伤、刻伤或环剥，压埋在土中或用水藓、泥炭等保湿基质包裹，使其生根后切离，成为独立新植株的繁殖方法。大多用于木本植物。其最突出的特点是操作技术简便，成活率高，但繁殖系数小。常见压条的方法有普通压条、波状压条、壅土压条和高空压条等。

适合普通压条的花卉有石榴、玫瑰、半支莲等，是选择靠近地面、向外伸展的枝条，弯入土中压实、保湿，使其生根的方法（图6-21）。

波状压条适合于枝条细长而容易弯曲的花卉（图6-22），常见植物有紫藤、锦带、迎春、凌霄、地锦、美女樱等。

壅土压条则适合于丛生性枝条硬直的花卉，可在株丛基部馒头形培土15～20cm，使其生根（图6-23），如贴梗海棠、黄刺梅、八仙花等。

可采用高空压条的花卉为小乔木状枝条硬直的花卉，在环割处用水藓、泥炭等保湿基质包裹，保湿一段时间后即可生根（图6-24），如杜鹃花、山茶、米兰、腊梅等。

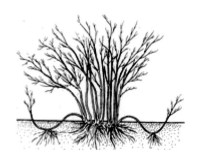

图6-21　普通压条

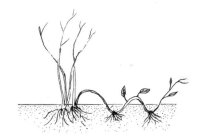

图6-22　波状压条

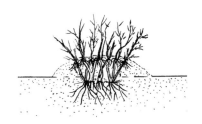

图6-23　壅土压条

图6-24　高空压条

2. 压条时间

木本花卉在休眠期即萌芽前或秋冬落叶后进行，如石榴、木槿、迎春、锦带花、桂花、月季等。草本花卉和常绿花卉在生长季多雨季节进行，美女樱、半支莲、旱金莲等。

第七章 花期调控技术

通过一定的人为手段或技术措施，如改变环境条件、应用药剂或采取特殊栽培方式，来改变花卉的自然花期，使花卉提前或延迟开花的栽培方式，称花期控制，又称花期调控。使花卉提前开花的栽培方式，称为促成栽培；延迟开花的栽培方式称为抑制栽培。

一般而言，各种花卉都有其独特而较为稳定的自然花期，而且每类花卉的花期长短不一，且绝大部分都是在无霜期内开放，因此，在自然条件下，很难见到百花齐放的景象。我国绝大部分地区的冬春季节气温较低，不能在露地生产鲜花，因而难以满足市场和一些重要节日如元旦、春节、情人节、母亲节、"五一"节等对花卉的大量需求。所以，人为调节花期，使其按照人们的意愿提前或延后开花，达到周年供应鲜花的目的，已成为现代花卉生产中重要的栽培方式。近年来，花期调控技术日臻成熟，能周年供应的鲜切花越来越多，而且，在北方寒冷地区的园林中，已基本上实现了三季有花的美好愿望。

第一节 影响花卉开花的因子

各种花卉的花期，除与自身遗传特性有关外，还与原产地的光照、温度、水分等环境条件密切相关。要使花卉提早或延迟开花，就必须了解各类花卉生长发育的基本规律，掌握不同花卉及同一花卉不同生育阶段对环境条件的不同要求，熟悉花芽分化、花芽发育及花蕾开放习性，为人为创造或控制环境条件，达到控制花期的目的奠定理论基础。影响花卉开花的因素有以下几个方面。

一、自身因子

1. 营养生长与营养积累

营养生长是生殖生长的基础，只有营养生长到一定阶段，即达到花前成熟期，花卉植物才会在适宜的环境条件下开始花芽的分化与发育。如果植株体积不够大，或营养不够多，或枝叶数量达不到要求的标准，即使外界条件适宜，花卉也不能开花或即使能开花也开花不良。因而，花卉植物只有经过充实的营养生长，才能进行花期控制。

2. 休眠特性

花卉的休眠特性与自身生长节律及温度、水分有密切关系。植物的休眠有两种，一种是由花卉生理过程引起或遗传性决定的休眠，称自然休眠，花卉进入自然休眠后，需要经过一定时间的低温才能结束，否则即使环境条件适宜也不能萌芽开花。另一种是强迫休眠，当花卉通过自然休眠后，若环境条件不适宜，则仍不能生长开花，一旦条件适宜即会生长。

种子、球根和花芽大都具有休眠习性。不同花卉，解除休眠所需温度不同，有的花卉需要低温打破休眠，如大丽花的球根（0℃处理30～40天）、报春花的花芽（10℃）；有的则需要高温打破休眠，如小苍兰的球根（30℃处理40～60天）；有的花卉则需要变温处理，如牡丹、芍药等的种子（先用25～32℃高温处理1～2个月或更长，后用3～5℃低温处理1～3个月）。一般处于初期和后期的休眠及强迫休眠容易被打破。

3. 开花习性

很多花卉花芽分化与花芽发育所需求的温度和光周期条件不同。有的高温下分化，低温下发育，如郁金香、风信子和一些春花类木本花卉；有的则低温下分化，高温下发育，如八仙花；但大多数花卉花的发生、花芽分化和花芽伸长的最适温度差别不是很大。有的长日照下进行花芽分化，短日照下发育，如翠菊、长寿花；而有的则相反，如瓜叶菊、风铃草。

二、环境因子

1.温度

（1）解除休眠　一定的温度，可以增加种子休眠胚或植物体生长点的活性，解除种子或营养芽的自发休眠，恢复其萌芽生长的活力。

（2）影响花芽分化和发育　不同种类的花卉在花芽分化时，都要求有适宜的温度范围。有的花卉需要在20℃甚至25℃以上的高温下分化，有的需要在小于20℃的低温处理下才能进行花芽分化，即需要经过春化阶段。有些花卉花芽分化后并不继续发育、长大开花，而是进入休眠，经过一定时间的低温处理或温度积累后，才能解除休眠而开花，如杜鹃、君子兰、郁金香、月季等（详见第二单元第四章第一节）。

2.光照

不同花卉或同一花卉的不同生长发育期对光照强度、光照时间的需求均有不同，但影响花卉花期的光照因素主要是光周期。

（1）促进营养生长　花芽分化需要一定的枝叶数量和一定营养物质的积累，适宜的光照强度可以促进花卉植株的营养生长，增加植株体积和枝叶数量，为生殖生长奠定物质基础。根据各类花卉生长时对光照强度要求的不同，将其分为阳性花卉、中性花卉和阴性花卉（详见第二单元第四章第二节）。

（2）促进花芽分化　短日照花卉、长日照花卉和中日照花卉花芽分化所需要的光照长度不同，通过调节不同花卉每日的光照长度，可以使花芽提前分化或延后分化，达到控制花期的目的（详见第二单元第四章第二节）。

3.水分

水分对花芽分化有重要的影响。在生产实践中，当花卉的营养生长成熟时，通过控制对花卉水分的供给，可使营养生长停滞而转向花芽分化，达到提前开花的目的。否则水分过多，则会继续营养生长，使开花延迟。

第二节　花期调控的方法

进行花期控制时，首先根据要求选定植物种类和植株，然后再根据用花时间及地理位置、当地的气候条件与环境因子等确定调控技术措施。正确选择花卉种类或品种，充分了解植株是否进入花前成熟期、营养状态、开花习性及花芽形成的情况等，是成功实现花期调控的关键。如选择不当，尽管采取多种措施，也不一定达到理想的效果。常用于花期调控的方法有如下四种。

一、温度处理法

（一）增温法

主要用于促成栽培。即在花芽分化后，提供花芽继续发育和长大的适宜温度条件，以便提前开花。特别是冬春季节，提高温度，可解除花卉植物的休眠而提早花期。加温的日期根据花卉生长发育至开花所需的天数来推断。

1.打破休眠提前开花

由于冬季温度较低，许多花卉生长迟缓，如二年生花卉的石竹、三色堇、雏菊等；或处于休眠状态，如花木类中的杜鹃、月季、牡丹等。如果人为增加温度（15～25℃），提前给予适宜生长发育的温度条件，加强水肥管理，充分见光，便会加速植株生长或打破休眠提前开花，达到促成栽培的目的。

但加温不可过急，否则只长叶不开花或者开花不整齐，加温期间必须每日在枝干上喷水保持花芽鳞片的潮润，花蕾透色后，宜降温以延长花期。

2.延长花期

有些原产温暖地区的花卉，开花阶段要求的温度较高，只要温度适宜就能不断形成花芽而开花。而我国北方地区的自然条件是入秋后温度逐渐降低，这类花便会停止生长发育，进入休眠或半休眠状态，不能开花。这时可自8月下旬放入温室，人为给予增温处理（18～25℃），便可克服逆境，继续开花，并使花期延长，如茉莉、白兰花、非洲菊、大丽花、美人蕉、君子兰等，可采用此法延长花期。

（二）降温法

降温法既可用于抑制栽培也可用于促成栽培。低温可促进休眠和延缓生长，推迟花期；还可促进花芽分化，使花期提前。

1. 低温推迟花期

（1）延长休眠，推迟花期　通过低温处理，延长花卉的休眠时间，从而推迟花期。凡以花芽越冬休眠及耐寒的花卉均可采用此法。方法是在春季气温回升之前，将春季气温升高后开花的花卉移入1～4℃的冷室或冷库，并控制水分供给，避免过湿。

低温处理时间的长短，可根据不同花卉种类或品种、需要开花的日期及低温结束后生长期的长短来确定。可用于耐寒、耐阴的宿根花卉、球根花卉及某些木本花卉。如杜鹃通常在秋季进行花芽分化，为使杜鹃延迟开花，可让其一直处于低温状态，放在冷室，保温1～3℃。保存时间长时，室内要有灯光。存放时间以到所需开花前15～20天为宜。

（2）减缓生长，推迟花期　通过低温处理，可以使花卉生长迟缓，延长花卉生长发育期与花蕾成熟过程，从而推迟花期。常用于含苞待放和初花期的花卉，如菊花、天竺葵、八仙花、水仙、月季等。当花蕾形成且尚未展开时，放入低温（3～5℃）条件下，可使花蕾展开进程停滞或迟缓，在需要其开花时即可移入正常温度下进行管理，很快就会开花。

2. 低温提前花期

（1）低温促进春化作用，使花芽提前分化　某些一、二年生花卉和部分宿根花卉，在其生长发育的某一阶段，给其一定的低温处理，即可完成春化作用而提前开花，如凤仙花、百日草、万寿菊、月见草、石竹、雏菊、三色堇、芍药、鸢尾等。

（2）低温促进花芽发育，使花蕾提前形成　某些花卉在一定温度下完成花芽分化后，还必须在一定的低温下进行花芽的伸长发育。如郁金香，花芽分化最适温度为20℃，但花芽伸长的适宜温度为9℃；杜鹃花芽分化的适宜温度为18～23℃，而花芽伸长的温度为2～10℃。

（3）低温打破休眠，使开花提前　某些冬季休眠春天开花的花木类，如果提前给其一定的低温处理，可使其提前通过休眠阶段，再给予适宜的温度即可提前开花。如牡丹，提前50天左右给以为期2周0℃以下的低温处理后，再移至生长开花所需要的适宜温度下，即可于国庆节前后开花。

秋植球根花卉完成营养生长形成球根后，经过一段时间的低温处理，可以打破花茎的休眠，促其伸长，形成花芽而开花，如郁金香、风信子、水仙等。

3. 低温延长花期

某些花卉夏季高温条件下不能正常开花，甚至进入休眠和半休眠状态，如仙客来、倒挂金钟等，对于此类花卉，在夏季高温时，将其放置低温凉爽环境下，即可使其正常开花，从而延长花期。

二、光照处理法

1. 调节光照长度

（1）遮光处理　即短日照处理。在日照长的季节里，对短日照花卉进行遮光处理，可促进开花，使花期提前；若对长日照花卉进行遮光处理，则会抑制开花，使花期延后。方法是用遮光材料如黑布或黑塑料膜等，于早晨和傍晚进行遮光，以使白昼变短，黑夜延长。当日照长度小于12小时，即可使短日照花卉在长日照季里提前开花。

如一品红为典型的短日照花卉，当完成营养生长阶段后，每日给予9～10小时的自然光照，每日给予黑暗14～15小时，即可形成花芽。一般单瓣品种经45～50天、重瓣品种经55～60天处理。遮光处理时，要注意遮光的严密性和连续性，否则将达不到预期效果。在夏季炎热季节进行遮光处理时，要注意通风和降温。

（2）补光处理　即长日照处理。在日照短的季节里，对长日照花卉进行补光处理，可促进开花，使花期提前；若对短日照花卉进行补光处理，则会抑制开花，使花期延后。方法是在日落前把灯打开，延长光照5～6小时；或在半夜用辅助灯光照1～2小时，以缩短黑暗长度，达到调控开花期的目的。人工补充光照可用荧光灯悬挂在植株上方20cm或白炽灯（60W间隔2m或100W间隔3～4m）悬挂在植株上方100cm处。

（3）昼夜颠倒　采用白天遮光、夜间照光的方法，可使在晚上开花的花卉于白天开放。如昙花，多夜间开放，若要于白天欣赏到昙花怒放，可选多年生现蕾的大盆昙花，当花蕾先端开始膨大，长约18cm左右时，白天对其进行遮光处理，黑夜给予40W的钨灯照射12～14小时（晚18:00～翌早8:00），3～5天后，即可使昙花在上午9时开花。

2. 调节光照强度

大部分花卉在开花前需要较强的光照，但在开花后用遮阳网适当遮光，或将植株移到光照较弱的地方，同时适当降低温度，可以延长开花时间和保持较好的品质，如月季、香石竹等。

光控处理采用的人工光源，以红光最为有效，波长以630～660nm作用最强，其次是蓝紫光，随波长变短，作用渐强。为能达到预期的处理目的，光照处理法应辅以其他措施，如在养护中根据需要施肥，合理利用修剪、整形，配合温度和药剂处理。

三、药剂处理法

（一）常用的药剂

花卉花期调控常用的药剂是植物生长调节剂。植物生长调节剂有两类，一类是从植物体内提取出来的生理活性物质，称植物激素，因其是在植物体内天然产生的，故又称植物内源激素。另一类是人工合成的具有植物激素作用的化学物质，称类激素物质。植物体内只要有微量的这些物质存在，就能对器官的形成、生长和各种生理过程起到促进或抑制的作用，但浓度过大也会对植物造成伤害。

常用的植物生长调节剂有六大类，即生长素类、赤霉素类、细胞分裂素类、脱落酸类、乙烯和生长延缓剂。生长素类、赤霉素类、细胞分裂素类的作用是促进生长发育，脱落酸则是抑制生长发育，而乙烯主要是促进器官的成熟。

1. 促进植物生长的调节剂

（1）生长素类　吲哚乙酸（IAA）是植物体内普遍存在的生长素。它主要存在于茎尖、根尖等幼嫩组织之中，主要生理功能是促进幼茎和胚芽鞘的伸长。

花卉生产上常用的人工合成的生长素类化合物有吲哚乙酸（IAA）、吲哚丁酸（IBA）、萘乙酸（NAA）、2,4-D等。作用是能明显促进花卉植物的生长，诱导向光生长，维持顶端优势；诱导少数长日照植物开花；诱导单性结实，在与细胞分裂素的共同作用下，促进器官分化。

（2）赤霉素类　赤霉素（简称GA）类物质有几十种，其中常见的是赤霉酸（简称GA_3）。主要产生于幼芽、幼根和未成熟的种子中。人工合成的赤霉素类除GA_3外，还有GA_4、GA_{4+7}、GA_{13}、GA_{14}等。主要生理作用是代替低温处理和长日照处理，打破休眠，促进细胞分裂和伸长，促进枝叶的生长，从而促进茎尖分化花芽，并很快开花等，特别是对一些莲座状花卉作用更强。

（3）细胞分裂素类　细胞分裂素（简称CTK）主要产生于茎尖、根尖、形成层等。其生理功能主要是促进细胞分裂、分化，还能促进侧芽萌发，解除或维持顶端优势，同时能延缓组织衰老，对较多植物有促进成花、开花的作用。

花卉常用的人工合成的细胞分裂素类有玉米素、激动素（KT）、6-苄基嘌呤（6-BA）、多氯苯甲酸（PBA）等。

2. 抑制植物生长的调节剂

（1）脱落酸（ABA）　广泛存在于高等植物体的各种幼嫩和老的器官及组织中，其中在将要脱落或进入休眠的器官或组织中含量更高。ABA的主要生理作用是抑制生长素类、赤霉素类、细胞分裂素类激素的启动过程，从而抑制细胞的分裂和伸长；诱导某些短日照植物如牵牛花在长日照条件下开花。

人工合成的植物生长抑制剂主要有三碘苯甲酸（TIBA）、整形素、马来酰肼（MH）等。主要作用是抑制顶端优势，增加和促进侧枝发生，也有促进成花的作用。

（2）乙烯　广泛存在于各种植物组织中，正在成熟的果实中含量最高。其他器官如花、叶、茎、根、种子都可以产生乙烯。乙烯主要生理作用是抑制细胞伸长生长；促进果实成熟；促进凤梨科花卉、荷兰鸢尾等花卉植物开花；但对其他花卉种类或品种的开花，有表现促进的，也有表现抑制的，如杜鹃花。乙烯在常温下是气体，不宜使用。

生产上应用的是人工合成的乙烯利，它是一种酸性液体，喷洒后酸性降低，释放乙烯气体，发生作用。乙烯利对观赏植物开花有明显的促进作用，能使提早开花。

3. 延缓植物生长的调节剂

花卉生产上常用的合成生长延缓剂有多效唑（PP$_{333}$）、矮壮素（CCC）、嘧啶醇、丁酰肼（也称琥珀酚胺酸或比久，简写B$_9$）、缩节胺（Pix）等。它们是抗赤霉素作用的化合物，具有矮化作用，能限制茎的伸长，抑制植株顶端生长优势，促进侧枝形成及花芽分化和开花，且对植物没有损伤。

（二）药控技术措施

在花卉生产上最常用的植物生长调节剂有赤霉素、2,4-D、萘乙酸（NAA）、乙烯利、矮壮素等。使用药剂处理可以调控花期，提高产量和品质。但必须使用得当，特别是要注意使用的浓度、方法和时期等。植物生长调节剂的使用方法有根际施用、叶面喷施、局部涂抹。

1. 打破休眠

最常应用的是赤霉素，它可以代替低温，有助于打破休眠，促进提早开花。

如用0.05%～0.1%（500～1000ppm）的赤霉素涂在牡丹、芍药的休眠芽上，几天就能使芽萌发生长；用0.01%～0.02%（100～200ppm）的赤霉素浸泡晚香玉休眠的球形块茎，也可使其提早发芽；用0.1%的赤霉素浸泡百合鳞茎，也能有效打破休眠。用乙烯气体对郁金香鳞茎进行熏蒸，浓度为0.5μl/鳞茎，连续处理3天，对打破其休眠极其有效；唐菖蒲的球根，在休眠期用0.001%～0.005%（10～50ppm）的6-BA溶液浸泡24小时，可促进顶芽的萌发。

2. 促进开花

赤霉素、乙烯利、矮壮素、B$_9$等具有代替低温和长日照刺激的作用，可诱导花芽分化，促进长日照植物提前开花。

如用200～300ml/kg赤霉素药液喷洒生育期75天以上的满天星植株叶面，每隔3天喷洒1次，连续3次，夏季可提早开花15天以上，冬季提早45天以上；用0.8%～1.2%的赤霉素溶液注射到山茶花芽基部，可使其在2～3月份开花，而且花朵大，花期持久；每天用0.1%的赤霉素溶液滴在水仙花蕾上，也可使其提早开花。

唐菖蒲种植后，用浓度为0.8%的矮壮素浇灌土壤，每3周1次，共3次，可使之产生侧花枝，提前产生花蕾，早开花；金鱼草、金盏花、百日草等草花，幼苗期喷施0.25%～0.5%（2500～5000ppm）的B$_9$（丁酰肼）溶液，不仅能提前开花，还使花朵紧密美观。圣诞花、菊花、杜鹃花等用0.2%～1%的矮壮素（CCC）叶面喷施或浇灌土壤，可使植株健壮，提前开花，增大花冠，促使花色更加鲜艳。在观赏凤梨筒状叶中灌注0.005%～0.01%（50～100ppm）的乙烯利水溶液，可以诱导花的形成，使开花提前。

3. 延迟开花

吲哚乙酸（IAA）、α-萘乙酸（NAA）、2,4-D等对植物体内开花激素的形成有抑制作用，从而能有效地延迟花期。

如欲延迟菊花开花，可在蕾期喷施0.0005%（5ppm）的2,4-D，当未喷施的对照株已盛花时，喷施的花蕾才开始破绽。秋菊在花芽分化之前，以0.005%（50ppm）的NAA喷施，3天1次，共处理50天，可延迟开花10～14天。

四、栽培措施处理法

除了温度处理、光照处理、药剂处理等方法可调控花卉的花期外，在生产实践中，还可以采取分期播种、修剪、摘心和调节水肥等栽培管理措施来调控花期。

1. 分期播种

通过调节播种期即采用分批分期播种来控制花期。如瓜叶菊分别于4、6、9、10月份分批播种，可于11月份～翌年5月份开花不断。

2. 修剪、摘心

（1）修剪　为了在国庆节上市，早菊的晚花品种于7月1～5日、早花品种于7月15～20日修剪。荷兰菊于3月份上盆后，修剪2～3次，最后一次于"十一"前20天修剪完毕，可于国庆节开花。

（2）摘心　一串红分小串红（矮串红）和大串红两个品种，小串红株幅为35 cm左右，大串红株幅可达50 cm。可通过采取不同的播种期，同时配合摘心的方式来调控其花期。

小串红多秋播，供第二年"五一"用花。可于8月下旬播种，冬季温室栽培，不断摘心不使其开花，3月10日进行最后一次摘心，则"五一"繁花盛开。

大串红多春播，供当年"十一"用花。一般2月下旬至3月上旬播到阳畦，4月下旬至5月上旬上盆，不断摘心，直到9月5日进行最后一次摘心，则"十一"繁花盛开。

3. 肥水调节

（1）施肥　适当增施磷钾肥，控制氮肥，促进花芽发育；多施氮肥，则延迟开花。

（2）控制水分　通过控制水分即"扣水"，强制花卉休眠，再于适当时期给予充足水分，解除休眠，可促进花芽提早分化。如玉兰、丁香、牡丹等木本花卉常采用此法调节开花。生产上可采用这种方法，促使某些花卉在"十一"、元旦或春节开花。

在花卉花期调控的过程中，人们常常采用综合性技术措施处理，控制花期的效果更加显著。

第八章　露地花卉的栽培管理技术

在露地自然条件下完成全部生长发育过程的花卉，称为露地花卉。在栽培露地花卉过程中所采取的一系列技术措施，称为露地花卉的栽培管理技术。露地花卉的栽培，一般不需要保护地，但有时为了促成栽培的需要，也利用温室或冷床提前播种育苗，春暖时移栽露地。本章主要讲述露地草本花卉的栽培管理技术，包括一、二年生花卉，宿根花卉，球根花卉。

第一节　露地花卉的栽培管理措施

一、整地作畦

1. 整地

（1）整地的作用　整地是指在露地花卉播种或移植前，对所选圃地进行翻耕、平整的操作过程。其作用有四：一是改善土壤物理结构，增强土壤通透性，有利种子吸水发芽；二是使土壤松软，蓄水保墒，有利于根系伸展；三是促进微生物活动，加快土壤有机质的分解，为幼苗生长提供更多养分；四是促进心土熟化，暴露土壤中的病菌、虫卵和杂草，通过低温、干燥和紫外线等将其杀灭，以减少病虫害的发生。花卉种子细小，要求精细整地。

（2）整地的时间　整地应在土壤干湿适度时进行，常以土壤含水量40%～60%为宜。春季用地，一般以秋季翻地、春季整地效果最好，可以有冬季冻垡和晒垡的过程；其他时间用地，则是结合茬口进行。

（3）整地的深度　一般为30～40cm。但因花卉种类、土壤质地不同而有所变化。一、二年生花卉可适当浅些，为20～30cm；宿根花卉和球根花卉可适当深些，为40～50cm。疏松土宜浅，黏重土宜深，一般按砂土、砂质壤土、壤土、黏土的次序逐步加深。

（4）整地的方法　整地时，应先翻起土壤，然后细碎土块，清除石块、瓦砾、植物残体等杂物。使用多年的土壤，病虫害频发，营养亦严重不足，此时，可结合整地，将表土与深层土翻换，并施入大量有机肥以补充损耗的养分。

2. 作畦

花卉露地育苗的苗床分高畦和低畦两种。我国北方干旱少雨地区，一般以低畦为主，畦面平整，两侧有畦埂，以便灌溉和保持水分。而南方多雨或地势低洼地区，则多采用高畦，即畦面高出地面，两侧有排水沟，以便排除畦内积水，同时还具有扩大床土与空气接触面积，促进其风化的效果（详见第六章）。

二、育苗

1. 繁殖

露地花卉的繁殖方式因花卉种类不同而异。一、二年生草本花卉以播种繁殖为主，少数种类可以扦插繁殖；宿根花卉以分株繁殖为主，部分种类也采用播种与扦插，嫁接和压条只有少数花卉应用，如菊花可以嫁接、丛生福禄考和石碱花可以压条；球根花卉除分球繁殖外，少数花卉也常用扦插繁殖法，如大丽花和百合，而播种繁殖一般仅用于培育新品种。

2. 间苗

拔去播种地过密的苗叫间苗，又称"疏苗"，多应用于直播的花卉种类，苗床育苗种子来源容易时也可间

图8-1　间苗与除草

苗。出苗后，若幼苗出现拥挤，则应疏拔过密苗，扩大株间距离，改善拥挤情况，使通风、透光、增加营养面积，防止病虫害发生，促进幼苗均衡、健康地生长。间苗时，应去弱苗、徒长苗、畸形苗及杂种苗，同时清除杂草（图8-1）。

间苗应分数次进行，第一次间苗常在1～2片真叶时，第二次宜在3～4片真叶时，若幼苗过于拥挤，则在子叶发生后即可间苗。间苗间距以两相邻植株叶片刚好相接为宜。间下的苗若耐移植，且为优质苗或为昂贵及珍稀种子幼苗时则不要弃之，结合移植栽植到盆钵或其他苗床中，以减少种子资源浪费。

间苗时应尽量不牵动或少牵动留下的幼苗，以免损伤其根系，影响生长。间苗一般在雨后或灌溉后进行，间苗后要及时浇水，以利于留苗根系与土壤紧密接触，尽快恢复正常生长。

3. 移植

（1）移植的作用　移植是将苗床或盆钵等容器中所育的播种苗或扦插苗等掘起，栽植到另外畦床或盆钵等容器中的过程（图8-2）。除直播的花卉外，多数露地花卉播种幼苗都要经过1～2次移植，最后定植于花坛或花圃中。移植的作用主要有三个方面：

① 加大株间距离，扩大幼苗的营养面积，增加光照和空气流通，使幼苗生长强健；

② 抑制徒长，使幼苗生长充实，株丛紧密；

③ 切断主根，促使侧根萌发，定植时较容易恢复生长。

（2）移植的时期

① 植株状况。应依据苗株大小、花卉种类或品种特性等因素来确定。露地直播苗和冷床播种苗，一般应在苗株生出3～4片真叶或苗高3～5cm时进行；扦插苗应在充分生根后进行。苗株过大，移栽后不易恢复正常生长；直根性的花卉幼苗，若需移植，应及早进行。

② 天气状况。移植应在水分蒸腾量最低的无风阴天最为理想，雨前移植效果更佳；晴天应于午后或傍晚阳光不过分强烈时进行。要边移栽边浇水，移植后适当遮荫或将盆钵放置庇荫处缓苗。

③ 土壤状况。移植应在土壤湿润状态下进行。过湿，土壤黏团，操作不便；过干，起苗时土壤不易附着根群上，同时易使根系拉伤。当苗床土壤干燥时，应于起苗前1～2天浇1次透水。

（3）移植的方法

① 株行距。土壤肥沃、植株生长快、播种期早、留床时间长，移植株距宜大，反之则宜小。

② 栽植方法。分为沟植法和穴植法。沟植法是依一定的行距开沟栽植；穴植法是依一定的株行距挖穴栽植。移植分为裸根移植和带土移植两种方法，包括"起苗"和"栽植"两个步骤。

a.裸根移植。裸根移植通常用于小苗及一些容易成活的大苗。起苗时，用小手铲等工具将苗带土成块掘起，然后将根群附着的土块轻轻抖落，立即进行栽植，以免因日晒风吹而过度失水，影响成活。起苗后，要对掘苗地立即浇水，以免留苗因根部松动而死亡。裸根栽植时，应将苗株根系舒展于穴中，且勿使其蜷曲，尤忌根尖露在外面，覆土镇压，使根系与土壤紧密接触，埋土深度与原根埋深相

(a) 畦床移植

(b) 盆钵移植

图8-2　移植

同或略深。镇压时，压力要均匀向下，且勿用力挤压茎的基部，以免压伤或压折嫩茎。

b. 带土移植。多用于大苗，少数根系稀少、较难移植的种类一般采用直播的方法，不得已而移植时也可用此法。带土球移植起苗时，先用铲子将苗四周铲开，然后从侧卜力将苗掘出，用手轻握根部附土，使之不脱落以保持完整土球。入穴，填土于土球四周并镇压之，注意切不可压碎土球，影响成活和恢复生长。栽植深度要与移栽前一致，移植后要适度遮荫与及时浇水。

三、定植

定植是指将床苗或移植苗按照一定株行距，移栽至花坛、花境、花台等栽植床的过程（图8-3）。

定植的株行距，应根据花卉品种的高矮、侧枝伸展程度等特性而定。株型高大，侧枝伸展度大者，株行距宜大，反之宜小。定植的方法与移植相同。定植于疏松土壤中的苗株应深栽些，以防干燥；根出叶的苗应栽浅些，以防发芽部位被土掩埋而腐烂。苗株定植后，应及时用细眼喷壶浇透水，并适当遮荫，以利于缓苗成活，带土球的一般不用遮阴。

四、管理措施

（一）浇水

1. 浇花用水

浇花用水，以含矿物质较少（软水）、没有污染、pH5.5～7.0的清水为好。河水、雨水最佳，塘水和湖水次之。不含碱质的井水与泉水也可以用于浇灌花卉。城市常用自来水，但应贮放1～2天，待水中氯挥发后再使用。井水与泉水温度过低，也应贮放1～2天。

2. 浇水方式

露地花卉常有四种浇水方式，即地面灌溉、喷灌、滴灌和地下灌溉。具体浇灌时，可根据地区、生产方式、生产规模及生产设备等的不同，选择不同的灌溉方法。

其中，地面灌溉又分为漫灌和沟灌两种方法。我国北方干旱少雨地区，低畦浇水常采用畦面漫灌方法。此法设备费用低廉、浇水充足，但灌水不均匀，水资源浪费严重，还容易造成土壤板结。现代花卉集约化、规模化生产时，常采用喷灌或滴灌浇水方式。苗床育苗也常采用细眼喷壶人工浇水（图8-4）。

3. 浇水时间

应考虑季节间、水温与土温间的差别。夏季以早、晚浇水较好；春、秋和冬季浇水应在中午前后进行。

4. 浇水量和浇水次数

应根据不同季节和自然降水情况灵活掌握。

（二）施肥

1. 基肥

基肥是在翻耕土地、移植或播种之前施入土壤，以供花卉全生命期生长发育需要的肥料。

基肥以厩肥、堆肥、粪干和绿肥等有机肥料为主，适当配以无机肥、饼肥、骨粉、过磷酸钙等。也可用颗粒状复合无机肥做基肥。基肥对改进土壤的物理性状有重要的作用。厩肥、堆肥、骨粉和绿肥在翻地前施入土壤，饼肥、粪干和过磷酸钙在播种或移植时沟施或穴施。

基肥的施用量应视肥料、土质、土壤肥力状况和花卉种类而定。砂质、黏质土和厩肥、堆肥宜多施，沃土和饼肥、骨粉、粪干宜少施。宿根花卉、球根花卉要求施用更多的有机肥。有机肥

图8-3 定植

图8-4 细眼喷壶人工浇水

作基肥时，应充分腐熟，否则易烧坏花卉根系。无机化肥作基肥时，应注意氮、磷、钾三种主要成分间的配合施用，且入土不宜过深。

2. 追肥

追肥是指在花卉生长期内施入土壤，用以补充基肥的不足，满足花卉不同生长发育期需要的肥料。根据追肥施用部位的不同，可将其分为土壤追肥和根外追肥两种方法。

（1）土壤追肥　土壤追肥是将肥料直接施入土壤中的方法，包括沟施、穴施、环状施和随水浇灌等方法。追肥既可用腐熟的饼肥水、人粪尿等有机肥，也可用KH_2PO_4、尿素、过磷酸钙等化学肥料。

追肥的原则是"少量多次"，避免一次施肥过多而烧苗。饼肥水的浓度一般为原液（1份饼肥＋10倍水的发酵液）的10倍，人粪尿要稀释5～10倍，化肥的浓度则不能超过1%～3%。

追肥的次数，常因花卉种类不同而异，一般多年生花卉每年追肥3～4次，分别在春季发芽后、花芽分化前、花谢后及秋季叶枯后。露地一、二年生花卉可施追肥5～6次，从幼苗时期即开始施用，以促进茎叶的生长；前期以氮肥为主，随着植株生长，氮肥减少，磷、钾应逐渐增多；但在现蕾后和开花期切忌施肥，以免落花落蕾。追肥时间，以土壤干燥时的晚上施用为宜，施后第二天清晨再浇一次清水，称之为"还水"，有稀释肥料和促进肥料吸收的作用，可以防止根系腐烂。

（2）根外追肥　根外追肥是将液体肥料喷施于叶面及叶背，通过气孔将营养元素吸收于植物体内的方法。多在花卉生长旺盛或缺乏某种元素时进行，尤以土壤过湿、花卉不适于土壤追肥，但又急需追肥时采用最为适宜。其肥水浓度要小，一般为0.1%～0.5%。喷施时间以无风的清晨、傍晚或阴天为宜。喷施量以叶面全部喷湿而不滴水为度，一般施用后3～5天即可见效。常用肥料及浓度见表8-1。

表8-1　叶面施肥常用化肥种类及浓度

化肥种类	有效营养元素	喷施浓度 /%	化肥种类	有效营养元素	喷施浓度 /%
尿素	氮	0.1～0.5	硼酸	硼	0.1
硫酸铵	氮、硫	0.3～0.5	硫酸锌	锌、硫	0.05
磷酸二氢钾	磷、钾	0.2～0.3（与0.1%尿素混合使用效果更好）	钼酸铵	氮、钼	0.02～0.05
过磷酸钙	磷、钙	2～3（取上清液）	硫酸锰	锰、硫	0.05
硫酸亚铁	铁、硫	0.1～0.2	硫酸铜	铜、硫	0.02

（三）中耕锄草

1. 中耕

中耕在幼苗期间或移植后不久即要进行，植株较大或进入生殖期后则停止。中耕可以疏松土壤，减少水分蒸发，有效增加土壤温度和土壤透气性，促进土壤有益微生物的活动，加速有效成分的分解与利用，为花卉根系的生长和营养元素的吸收创造良好的条件。

中耕最好选择在每次浇水或降雨后，土壤半干半湿时进行。中耕的深度应依据花卉根系的深浅及生长时期而定，一般以3～5cm为宜。

2. 除草

除草应在杂草发生之初尽早进行，开花之前必须除尽。除草不仅要清除栽培地上的杂草，还要清除周边环境中的杂草。要连根去除，不留后患。

常见的除草方法有人工除草与化学除草等。人工除草包括结合中耕除草和手工拔除。化学除草是选择适当的化学除草剂来清除田间杂草的方法。常用的有：① 茎叶处理除草剂，如草甘膦、2,4-D丁酯、百草敌、苯达松等，它们是在杂草出苗后直接施用于杂草茎叶部位而杀死杂草的药剂；② 土壤封闭处理剂，如异丙隆、乙草胺、绿麦隆等，它们是将药剂撒布于土壤表层或混入土中，从而建立一个除草封闭层以杀死杂草的除草剂。不同类型的除草剂有不同的使用方法，使用时应慎重选择，否则不仅效果差，而且浪费药剂，甚至会引起药害。

（四）整形修剪

1. 整形

整形是整理花卉全株的外形和骨架，美化造型的一种措施。露地花卉一般以自然形态为主，在栽培上有特殊需要时才结合修剪进行整形。主要形式有三种。

（1）单干式　只留主干，不留侧枝，并摘除全部侧蕾，使养分集中供应顶蕾，使顶端仅开一朵花。多应用于大丽花、菊花之标本菊和某些切花栽培上。

（2）多干式　留主枝数本，每一主枝顶端开花一朵，如大丽花、多头菊等。

（3）丛生式　生长期间进行多次摘心，促使侧枝明发，以形成繁多的花枝和紧凑矮化的株型。适于此法整形的花卉种类较多，如矮牵牛、藿香蓟、波斯菊、一串红、金鱼草、百日草等。艺菊中的大立菊也属此种类型。

此外，还有悬崖式，适用于菊花中的小菊；攀援式，适用于蔓生性花卉，如牵牛、茑萝、旱金莲等；匍匐式，如旱金莲、细叶美女樱等。

2. 修剪

花卉的修剪是对植株的局部或某一器官的一种具体剪理措施。常见措施有以下几种。

（1）摘心　除去枝梢顶芽，称为摘心。它能促使腋芽萌发，枝条增多，形成丛生状，开花繁多；幼苗期及早摘心，还可抑制枝条生长，促使植株矮化，枝条充实，株型紧凑，延长花期。草本花卉一般可摘心1～3次。

适于摘心的花卉有百日草、一串红、翠菊、万寿菊、波斯菊、大丽花等。花穗大而长或自然分枝力强的种类不适宜摘心，如鸡冠花、凤仙花、紫罗兰、麦秆菊等。

（2）除芽（或抹芽）　除去过多的腋芽或脚芽，限制枝数的增加和过多花蕾的发生，使所保留的枝条和花朵养分充实，花大色美，适用的花卉有菊花、大丽花等。

（3）去蕾　通常是指除去侧蕾而保留顶蕾，使顶蕾营养充足而发育优良，花硕而艳美。如菊花、大丽花等均可采用此法。在球根花卉的生产中，为了使球茎肥大，也常用此法。

（五）防寒越冬

对耐寒性较差的露地花卉采取各种防寒措施，以保护其安全越冬，确保其翌年能正常生长发育。由于各地区的气候条件不同，采用的防寒措施亦不同。常见应用的方法主要有以下几种。

1. 覆盖法

即在霜冻到来之前，在畦面幼苗上覆盖秸秆、落叶、马粪、草苫、塑料薄膜等覆盖物，翌年春季晚霜过后再将其清理掉。此法防寒效果较好，应用极为普遍。常用于一、二年生花卉、宿根花卉及部分球根花卉的越冬防护。

2. 培土法

冬季对地上部分已枯萎休眠的宿根花卉，进行壅土压埋或开沟覆土压埋，待来年春季萌芽前，再除去覆土使其正常生长。此法亦适用于进入休眠期的灌木类花卉，但培土之前最好将灌木类花卉捆拢，并用稻草或秸秆等包严，然后在其基部培土约30cm高，防寒效果尤佳。

3. 熏烟法

即在霜冻或寒流来临前，于苗床周围或上风向点燃干草堆，利用遍布畦床上空的水汽和烟雾，减少土壤热量散失，防止土壤温度的降低。同时，烟雾颗粒和水汽也能释放热量，提高气温。此法只有在环境温度不低于-2℃的无风或较易密闭的情况下使用才有效，常用于二年生花卉幼苗越冬保护。

4. 灌水法

冬灌能减少或防止冻害，春灌有保温、增温效果。由于水的热容量较大，灌溉后能有效提高土壤的导热能力，使土壤深层的热量传导到表层，从而提高近地层空气温度，即提高植株周围土壤和空气的温度。此法应在低温来临之前的1～2天进行。

第二节　一、二年生花卉

一、露地一、二年生花卉的范畴及栽培特点

1. 一、二年生花卉的界定

（1）一年生花卉　园艺栽培上，一年生花卉具有相对性，除典型的一年生草本花卉外，还包括部分二年生或多年生花卉，即那些耐寒性较弱、不耐霜害的花卉；当年播种当年就能开花结实

的花卉，如美女樱、藿香蓟、一串红、矮牵牛、金鱼草、矢车菊、紫茉莉等。

（2）二年生花卉

① 与一年生花卉一样，二年生花卉也具有相对性。除典型的二年生花卉外，还包括那些随栽培年限延长而逐渐丧失观赏价值的多年生花卉，如蜀葵、三色堇、四季报春等。

② 一年生花卉与二年生花卉的界限并不十分显著。由于花卉本身的耐热性和耐寒性以及栽培地的气候条件的影响，有些花卉既可作一年生花卉进行春播，亦可作二年生花卉进行秋播，二者只是在植株高矮和花期上有所区别，如蛇目菊、月见草等在北京地区的栽培即是如此；还有些常作二年生栽培的花卉，亦能作一年生栽培，如霞草、香雪球等，只是春播不如秋播生长的好；亦有一些一年生花卉在设施栽培条件下可作二年生栽培，如翠菊、美女樱等。

2. 一、二年生花卉的异同点

一、二年生花卉的异同点见表8-2。

表8-2　一、二年生花卉的异同点

异同点	一年生花卉	二年生花卉
不同点	生命周期为1年 不耐寒，生长发育主要在无霜期进行 春季播种，夏秋季开花 多为短日照植物	生命周期跨2年 较耐寒（需春化）；不耐高温；以幼苗越冬 秋季播种，翌年春夏季开花 多为长日照植物
相同点	种子繁殖为主；繁殖系数大；生长迅速；幼年期与生命周期短；对环境条件要求高，可进行促成或抑制栽培	

3. 一、二年生花卉的栽培与应用特点

① 以播种繁殖为主，也可嫩梢扦插，且繁殖系数大，容易进行促成栽培或抑制栽培。

② 种子容易获得，品种多、来源广，可依栽培目的和经济条件选择自留、自采或购买专业化种子。

③ 播种方式有三种，即苗床播种、容器播种及应用地或观赏地直接播种。

④ 相对于多年生草本花卉、木本花卉的实生苗而言，其花前成熟期短，开花早。

⑤ 生命周期短，耐寒性弱，一年生花卉不能露地越冬，二年生花卉秋播后以幼苗形式保护越冬。

⑥ 草质茎脆弱，根系不够强大，易受机械损伤和逆境伤害，损害后难恢复。

⑦ 多用于露地花坛、花境或花台等地栽观赏；也可盆栽日常装饰街道、广场、门前楼梯或渲染节日气氛。

⑧ 大多枝繁叶茂，花朵繁多，花色艳丽夺目，既能展示个体美也能展示群体美。

⑨ 是城市色彩的主要来源，能体现季相变化，可四季更换不同观赏种类或品种。

二、露地常见的一年生花卉

（一）一串红（*Salvia splendens* Ker-Gawl.）

【别名】撒尔维亚、爆竹红、象牙红、墙下红、西洋红等

【科属】唇形科　鼠尾草属

【识别特征】多年生草本，常作一年生栽培。株高20～90cm，茎直立，光滑，具四棱，基部多木质化，节处紫红色。叶对生，卵形，有长柄，叶缘有锯齿。总状花序顶生，被红色柔毛；小花轮生，花冠二唇形，长筒状，伸出萼外；每花有红色苞片，早落；花萼钟状，宿存，与花瓣同色；花冠色彩艳丽，有红、白、粉、紫等颜色。小坚果，长卵形，黑褐色（图8-5）。花期7～10月份，果熟期8～10月份。

【常见品种】一串红常见栽培变种主要有：一串紫（var. *atropurpura*），花冠及萼片均为

图8-5　一串红

紫色；一串白（var.*alba*），花冠及萼片均为白色；丛生一串红（var.*compacta*），株型矮，花序密；矮一串红（var.*nana*），植株高仅20cm，矮壮，枝叶密集，花冠与萼片均为亮红色。

【生态习性】原产南美巴西。喜温暖湿润的气候，畏霜寒，忌干热。最适生长温度在20～25℃，15℃以下叶逐渐变黄以至脱落，30℃以上则花、叶变小。喜阳光充足，稍耐半阴。喜湿润、排水良好、富含腐殖质的壤土或砂壤土，忌重黏土有苗。短日照植物。

【繁殖方法】以播种为主，也可扦插。一串红播种后5个月开花，可根据供花日期不同选择播种期。露地通常在晚霜后3～4月份苗床播种。若"五一"供花，温暖地区可于8月中旬至9月中旬露地播种，寒冷地区需提前于12月份～翌年1月份温室播种。发芽适温为20～25℃，经过7～10天发芽，低于10℃不能发芽。一串红扦插苗的营养生长期较实生苗短，植株高矮易控制，在15℃的苗床上可周年生产育苗。扦插后，10～20天可生根，4周即可上盆定植。

【栽培要点】一串红在苗期可进行多次摘心，使植株矮化，促其多分枝、多开花。通过摘心，还可控制花期，一般在生长季摘心后25天左右开花。当幼苗长出2～4对真叶时，进行第一次摘心，以后每隔10～15天摘心1次，直至花期前25～30天停止。盆栽一串红经2次摘心后可上盆，上盆后需适当遮荫，缓苗后置阳光地培养。

幼苗定植或上盆后，注意浇水、施肥、松土和除草。幼苗前期生长缓慢，以后逐渐加快。生长旺季每周追施2次液肥，花前增施P、K肥；孕蕾期增施0.2% KH_2PO_4 和1%尿素混合液，每10天喷洒叶面1次。在修剪、摘心期间，每周追施1次腐熟的"矾肥水"。夏季若持续高温（35℃以上），必须进行遮荫或直接叶面喷水降温，以便安全越夏。国庆和元旦用花转入温室或保暖温棚越冬时，温度不低于5℃为宜。

欲使一串红株丛茂密，开花不断，可在6月份开花后，对其进行强修剪，保留植株下部健壮腋芽，加强肥水管理，10月份可再度开花，达到控制花期的目的。

【园林用途】一串红除用于布置花坛、花丛、花境或花台外，还用于花丛和花群的镶边。亦能盆栽观赏或作为插花饰材。

（二）鸡冠花（*Celosia cristata* L.var. *cristata* Kuntze）

【别名】红鸡冠、鸡公花等

【科属】苋科　青葙属

【识别特征】一年生草本，株高25～90cm，少分枝。茎直立，光滑，有棱线，绿色或红紫色。单叶互生，具短柄，叶片卵状披针形至线状披针形，全缘，有红、黄、红绿、黄绿等不同颜色。肉质穗状花序顶生，扁平状，似鸡冠，中部以下集生多数小花，上部花多退化但密被羽状苞片，花有白、黄、橙、红、玫瑰紫等色，亦有复色变种［图8-6(a)］。叶色与花色常有相关性。花期5～10月份。胞果卵形，盖裂。种子黑色，具光泽。

【常见品种】除普通鸡冠花外，常见栽培的还有以下2种。

（1）凤尾鸡冠（f.*plumosa* Hort. 或cv.*pytamidalis*）又名芦花鸡冠、笔鸡冠、火炬鸡冠。株高30～150cm，且多分枝而开展，各枝端着生疏松的火焰状圆锥花序，表面似芦花状细穗。花色富变化，有银白、乳黄、橙红、玫红至暗紫，单色或复色［图8-6(b)］。花期7～10月份。

（2）子母鸡冠　株高30～50cm，多分枝。花序倒圆锥形，皱褶极多，主花序基部着生许多小

图8-6(a)　鸡冠花　　　图8-6(b)　凤尾鸡冠　　　图8-6(c)　子母鸡冠

花序，侧枝顶部亦能开花，花呈鲜橘红色，有时略带黄色。叶绿色，略带暗红色晕[图8-6(c)]。

【生态习性】原产印度和亚洲热带地区。喜光、喜干热，属强阳性长日照花卉。不耐贫瘠，忌湿涝。适宜栽培于富含腐殖质、通透性良好砂质壤土中。能自播繁衍。高茎品种单株栽植易倒伏。异花授粉，品种间易杂交退化。

【繁殖方法】播种繁殖。鸡冠花从播种至开花需要80～100天，应根据品种特性和供花时间合理选择播种时间，3～7月份均可播种。北方地区露地播种宜在4月中下旬进行，早春需在温室或阳畦播种。白天温度在22～24℃，夜间温度不低于17℃，7～10天出苗。

【栽培要点】幼苗2～3枚真叶时分苗，4～6枚真叶时定植。鸡冠花为直根系，起苗时应带土坨，否则不易成活。整个苗期确保光照充足和基质湿润，以免影响植株生长和花芽分化。苗期视生长状况追施尿素和磷酸二氢钾2～3次。注意合理密植，密度过大易徒长且有病害发生。生长期肥水不宜过勤，否则易徒长。鸡冠花生长适温为20～25℃，低于5℃就会受冻害，超过35℃植株生长不良。

多数鸡冠花品种均不必摘心，但少数品种因栽培要求不同可以选择打顶或不打顶，如羽状类型的部分品种和头状鸡冠的"红顶"。鸡冠花摘心宜在3～4对真叶前及时进行。

【园林用途】矮型及中型鸡冠花适宜花坛及盆栽观赏，高型鸡冠花适作花境及切花，子母鸡冠及凤尾鸡冠适合于花境、花丛、花群和鲜切花。

（三）万寿菊（*Tagetes erecta* L.）

【别名】臭芙蓉、万寿灯、蜂窝菊、臭菊花、蝎子菊

【科属】菊科　万寿菊属

【识别特征】一年生草本，株高60～80cm。茎光滑，多分枝，有细棱；单叶对生或互生，羽状全裂，裂片披针形，叶缘背面具油腺点，有强臭味；头状花序顶生，具长柄，上部膨大中空。花色有黄、白、橘黄及复色等，总苞钟状，舌状花有长爪，花型有单瓣、重瓣、托桂、绣球等变化[图8-7(a)]。瘦果，种子黑色，有白色冠毛；果熟期7～10月份。

【常见品种】万寿菊园艺品种、杂交种较多。近年来，园林中大多应用的是利用雄性不育系培育出的矮型、大花、早开的各类优良品种。高型种在园林中已少见应用。同属常见观赏栽培种为孔雀草（*T. patula*）：一年生草本，株高20～40cm，茎细长多分枝，略带紫色；头状花序，径3～5cm，舌状花黄色、橙黄色、黄红色，基部或边缘为红褐色。单瓣、重瓣或半重瓣[图8-7(b)]。花期6～10月份。

图8-7(a)　万寿菊

【生态习性】原产墨西哥及美洲，世界各地习见栽培。喜温暖和阳光，耐微荫，耐干旱和早霜，对土壤适应性强。生长适温15～20℃，10℃以下生长减慢。冬季不得低于5℃，夏季30℃以上高温，易徒长且花少。

【繁殖方法】种子繁殖为主，亦可扦插。

【栽培要点】万寿菊幼苗健壮，生长迅速，应多次摘心促其分枝。对肥水要求不严，但耐肥，肥多花大，土壤干燥时适当浇水，及时中耕除草。高茎种易倒伏，夏秋植株过高时，可重剪以促其基部重新萌发侧枝和开花，花后及时摘除残花或疏叶修枝。种子成熟时，剪下枯萎花序，晾干脱粒。

图8-7(b)　孔雀草

【园林用途】万寿菊适应性强，株型紧凑丰满，叶翠花艳且花期长。在园林应用上常作花坛、花丛、花境栽植，也是盆栽和鲜切花的良好花材。

（四）矮牵牛（*Pctunia hybrida* Vilm.）

【别名】碧冬茄、草牡丹、杂种撞羽朝颜等

图8-8 矮牵牛

【科属】茄科 碧冬茄（矮牵牛）属

【识别特征】一年生或多年生草本，常作一、二年生栽培。株高10～40cm，全株被腺毛，茎直立或匍匐。单叶互生，上部叶近对生，卵形、全缘，近无柄。花单生叶腋或顶生，花冠漏斗状，有单瓣、重瓣、半重瓣、瓣边有波皱等；花色有白、红、粉、紫及各种斑纹或镶边品种等（图8-8）。花期5～10月份。果实尖卵形，二瓣裂。种子极细小，颗粒状，褐色。

【常见品种】常见的栽培变种和品种有：① 矮生种，株高约20cm，花小，单瓣。② 大花种，花径10cm以上，花瓣边缘波状或卷曲状。其中花坛种株高30～40cm，花瓣边缘波状，单瓣；重瓣种雄蕊瓣化，雌蕊畸形，花型有大有小。③ 杂交种，多数品种为F$_1$代杂种，重瓣（图8-8左下）。

【生态习性】原产南美洲，现世界各地广泛栽培。喜温和光照充足，不耐寒。忌雨涝，喜疏松、排水良好的微酸性砂质壤土。最适宜的生长昼温为25～28℃，夜间温度为15～17℃，最低温度以不低于10℃为宜，干热的夏季开花繁茂。营养生长期因品种不同而不同，单瓣品种为80～120天，重瓣品种为110～150天。

【繁殖方法】播种、扦插及组织培养。冷地4～5月份春播，暖地可秋播保护越冬。目前北方园林多于"五一"见花，需提前于12月份～翌年1月份温室播种育苗。矮牵牛种子细小，拌细土盆内撒播，不覆土，以盆浸法浇水。20～25℃条件下4～5天可发芽，出苗后维持温度18～20℃，忌长日照。不易结实的大花或重瓣品种扦插繁殖，一年四季均可进行，但春、秋两季20℃左右时扦插生根快，成活率高，2周即可生根。

【栽培要点】苗高4～6cm，具3～4对真叶时可上盆定植。幼苗移栽带土坨易成活，露地定植须在晚霜后进行。矮牵牛定植后浇透水，并遮荫3～5天以缓苗。

施肥要重视早期营养，促使其分枝、壮苗。初花期要适度蹲苗，增施磷钾肥促使花芽分化和开花整齐。盛花期尤其夏季高温季节注意及时补水，但不可使水浇到花上，以免引起花谢萎烂。矮牵牛生长后期茎叶易老化，可通过整枝修剪促使侧芽萌发，达到控制株型和促其再度开花的目的。牵牛花花瓣对农药较敏感，在使用化学农药防治病虫害时，可与整枝修剪同步进行。

【园林用途】矮牵牛花大且花色丰富艳丽，花期长，适于花坛和露地绿化栽植。大花及重瓣品种亦常盆栽观赏。蔓生型还可垂吊观赏。

（五）翠菊 [*Callistephus chinensis*（Linn.）Nees]

【别名】江西腊、蓝菊、五月菊、七月菊等

【科属】菊科 翠菊属

【识别特征】一年生草本花卉。株高25～90cm，全株疏生短毛。茎直立，上部多分枝。单叶互生，叶片卵形或椭圆形，具粗钝锯齿。头状花序单生于枝顶，花管状和舌状，花色丰富，有蓝紫、紫红、粉红、白、乳白、绯红、橙红、粉红、桃红等多种（图8-9）。春播花期7～10月份，

图8-9 翠菊

秋播花期5～6月份。瘦果楔形，乳白色。

【常见品种】园艺上常依据其形态、花型、花期等进行分类。① 按株高分，有矮型（15～30cm）、中型（30～50cm）、高型（50～100cm）；② 按花型分，有单瓣型、平盘型、菊花型、桂瓣类、托桂型、球桂型、放射型和星芒型等；③ 按花期分，有早花型（播后2～3个月开花）、中花型（播后3～4个月开花）、晚花型（春或初夏播种，秋季开花）。

【生态习性】原产我国。喜光和通风。不耐寒，不耐水涝，忌高温高湿。长日照下植株低矮，开花早；否则植株较高，开花延迟。喜肥沃、湿润和排水良好土壤，忌连作。花期因品种和播种期不同而异，自5月份至10月份均可开花，但单株盛花期较短。

【繁殖方法】播种繁殖。一般暖地秋播，冷床越冬，最低越冬温度2～3℃；冷地可温室提前播种，或4～5月份露地播种。翠菊可采用穴盘播种和冷床撒播育苗。18～21℃温度下，5～7天发芽。

【栽培要点】翠菊高、中型品种要尽早移植，否则生长缓慢，开花质量低。苗高15cm时定植，园林栽培时，矮、中、高型品种的定植株行距分别为15～18cm、20～25cm、30～35cm。翠菊自然分枝力强，一般不用摘心，但高型品种应摘心疏枝，控制徒长，每株留5～7个侧枝为宜。生长期注意除草、施肥。高型种注意设支架，防止倒伏。翠菊兼行自花授粉与异花授粉，单瓣品种杂交率较高，易退化，留种时应注意隔离种植。头状花序上的舌状花冠枯槁，开始散落并露冠毛时，及时采种。

【园林用途】翠菊矮生品种适于布置花坛和盆栽。高秆品种常用作切花或花境栽植，如用紫蓝色翠菊瓶插可装饰窗台。以黄色翠菊和石斛为主花，配以丝石竹、肾蕨等材料制作的插化，则素中带艳，充满现代气息。

（六）凤仙花（*Impatiens balsamina* L.）

图8-10　凤仙花

【别名】指甲草、小桃红等

【科属】凤仙花科　凤仙花属

【识别特征】一年生草本，高60～80cm。茎肉质中空，直立，圆柱形，上部分枝，下部节常膨大，紫红色；单叶互生，叶柄两侧有腺体，披针形，边缘有细锯齿；花单生或簇生于叶腋；花色有红、桃红、大红、白、紫或雪青等颜色，有单瓣和重瓣之分（图8-10）；蒴果密生茸毛，纺锤形，成熟时易裂。种子卵扁圆形或卵圆形，灰褐色或棕褐色。花期6～9月份，果熟期9～10月份。

【常见品种】凤仙花种质资源丰富，品种较多。按花型分有单瓣型、玫瑰型、山茶型和顶花型等；按植株高度可分为矮、中、高三种类型。

【生态习性】原产印度、中国南部和马来西亚。现世界各地广为栽培。凤仙花适应性强，喜暖畏寒，喜阳光充足、长日照环境，适宜土层深厚潮润、疏松肥沃、排水良好的砂质土壤。自播繁殖。

【繁殖方法】播种繁殖。温室播种或露地苗床播种均可，发芽适温21～25℃，5～7天出苗。播种到开花7～8周，花期40～50天。

【栽培要点】苗高10cm时进行除草、间苗和移植，苗高15cm左右时中耕1次。凤仙花因较易自然分枝，且茎粗壮中空，所以一般不摘心。凤仙花植物体所含水分较多，不耐干旱和空气干燥，幼苗期要保持土壤湿润，花期不可缺水，否则易落花落雷，高温多雨季节应注意及时排水防涝。适时浇施稀粪水，肥水过浓易引起根茎腐烂。开花前在植株旁开沟追施腐熟的厩肥1次。要求种植地通风良好，否则易染白粉病。种子成熟易弹出，故应在果实发白时即提前采收。

【园林用途】凤仙花适栽植花坛、花境和花篱，重瓣矮生种亦可盆栽观赏。

（七）千日红（*Gomphrena globosa* L.）

【别名】火球花、千日草等

【科属】苋科 千日红属

【识别特征】一年生草本，株高30～60cm，全株密被白色细毛。茎直立，多分枝。单叶对生，叶长椭圆形至卵形，具缘毛。圆球形头状花序生于枝端，花小而密生，每朵小花具膜质苞片2枚，是主要观赏部位，苞片颜色有紫红色、粉红色和白色（图8-11）；花期6～10月份，花干后不脱落、不褪色。球形胞果。种子肾形，棕色，密被纤毛。

【常见品种】园艺栽培中常见的品种还有千日白、千日粉等，也有淡黄和浅红色的变种。

【生态习性】原产印度。喜阳光充足、炎热干燥的气候，耐旱，怕湿涝，不耐荫蔽，忌寒冷霜冻。要求疏松肥沃的土壤。生育期适温15～30℃。千日红属于长日照植物，花期长，自初夏至中秋开花不绝。

【繁殖方法】播种繁殖为主，亦可扦插繁殖。千日红种子有纤毛，不易浸透水，播种前需将种子用冷水浸1～2天或温水浸

图8-11 千日红

半天以催芽，捞出淋干后拌少量细土撒播于苗床，覆土后适当镇压，保持20～25℃，2周后出苗。扦插育苗宜在6～7月份进行，插后1周即可生根。

【栽培要点】苗期生长迟缓，待幼苗生出2～3枚真叶时分苗，苗株高10cm时带土坨定植于露地或上盆，定植前5～7天注意降温炼苗。定植地地势要高燥，以防止立枯病的发生。

除定植时用腐熟鸡粪作为基肥外，生长旺盛阶段还应每隔半月追施1次富含磷、钾的稀薄肥液。千日红喜微潮、偏干的土壤环境，较耐旱，当小苗新叶开始生长后，适当控制浇水。花芽分化后适当增加浇水量，以利花朵生长发育。花期要保持土壤处于潮湿状态，注意不要往花朵上喷水。

千日红喜阳光充足的环境，每天不得少于4小时的直射光照，否则生长缓慢、花色暗淡。苗高15cm时摘心1次，以后可根据生长情况决定是否进行第二次摘心。整形修剪时应注意对植株找圆整形，以提高其观赏价值。当植株成型后，对枝条摘心可有效地控制花期。花后应及时修剪，以便重新抽枝开花。

【园林用途】千日红花期长，花色鲜艳，是花坛、花境的常用材料；由于其花谢后不脱落，且色泽不褪，也是切花、干花、盆景、花篮的优选材料。

（八）百日草（*Zinnia elegans* Jacq.）

【别名】百日菊、步步高、节节高

【科属】菊科 百日草属

【识别特征】一年生草本，株高40～120cm。茎直立，被短毛；叶对生无柄，有明显基出三脉，基部微抱茎，卵圆形至长椭圆形，全缘且被短刚毛；头状花序单生枝端；总苞钟状，舌状花多轮，花瓣倒卵形，花色有白、黄、粉、橙、红、紫等单色或复色，管状花集中在花盘中央，黄橙色。花型有单瓣和重瓣之分（图8-12）。花期6～10月份。瘦果，成熟期8～10月份。

图8-12 百日草

【常见品种】按花型分有大花重瓣型、纽扣型、驼羽型、大丽花型、斑纹型、低矮型等。目前，百日草栽培品种多是按植株高矮分类的。① 高茎类型：株高90～120cm，花大，分枝少；② 中茎类型：株高30～60cm，分枝较多；③ 矮茎类型：株高30cm以下，花小，分枝多，丛生。

【生态习性】原产墨西哥，我国园林广泛栽培。喜温暖、阳光充足环境，耐干旱，怕酷暑，不耐寒，忌连作。根深茎硬不易倒伏。生长期适温20～27℃，气温高于35℃时，长势弱且花少而小。要求肥沃排水良好的土壤。自播种至开花需要80～90天。

【繁殖方法】播种繁殖与扦插繁殖。百日草种子具有嫌光性，播种后需覆土和浇水保湿。播后7～10天发芽，幼苗生出2～3枚真叶时进行分苗或间苗，4～5枚叶时摘心，经2～3次移植后可定植。由于扦插苗生长不整齐，实际应用较少。

【栽培要点】百日草侧根较少，移植后恢复较慢，移植时注意尽量勿伤侧根，且需及早定植或带土坨定植。定植前要施足基肥，花前增施追肥，每周1次，直至盛花期。苗高约10cm时，留2对叶片进行摘心，以促其萌发侧枝。侧枝长到2～3对叶片后进行第二次摘心，如此反复多次，可使其株型丰满，花朵繁多。百日草是枝顶开花，花后及时摘除残花，可诱使其腋芽萌生新梢再度开花。修剪后要勤施肥水，花期可延至霜降。

百日草是异花授粉植物，种子易杂交。留种栽培时，留种母株需隔离种植。当花序周围小花干枯，中央小花已退色时，为采种最佳时期。采种时，将整个花序剪下，风干后脱粒、去杂并保存。

【园林用途】白日草花期长，开花繁盛，适用于花坛、花境、花带栽植。高型品种花梗长，花型整齐，可用于切花。矮生品种常用于盆栽。

（九）半支莲（*Portulaca grandiflora* Hook.）

【别名】龙须牡丹、太阳花、午时花
【科属】马齿苋科　马齿苋属
【识别特征】一年生草本。株高10～20cm，茎肉质、匍匐状，茎色与花色相关。叶互生或散生、肉质，圆柱形。花单生或1～3朵簇生于枝端，单瓣或重瓣，花色有白、黄、橙、红、紫等，单色或复色（图8-13）。花期6～10月份。蒴果，盖裂。种子细小，银灰色，千粒重0.1g。
【生态习性】原产南美巴西、阿根廷等地。喜阳光、温暖而干燥的环境，阴暗潮湿之处生长不良。极耐瘠薄，适宜在透气性良好的砂质壤土中生长。其花在阳光充足的

图8-13　半支莲

晴好天气午间开放，早、晚闭合。光线较弱时，不能充分开放或不开放，故有太阳花之称。能自播繁衍。

【繁殖方法】播种繁殖和扦插繁殖。半支莲在春、夏、秋均可播种，露地栽培多采用春播。拌细土撒播，不覆土或以不见种子为度。发芽适温25℃左右，7～10天可出苗。扦插育苗常用于重瓣品种。

【栽培要点】出苗后撒播园土2～3次，固定幼苗。幼苗经过间苗、移植后上盆或定植园林用地，定植株距15～20cm。生长期结合浇水适当追施几次稀薄氮、磷、钾复合有机肥水，以促其多分枝，多开花。半支莲的花期可通过调整播种期和扦插期来调控。我国北方播种后10周开花，而南方播种8周开花。一般3月中旬播种，6～7月份可以开花，5月初播种，则7～9月份开花。

半支莲是异花授粉植物。留种母株需隔离栽培，品种间有效间隔距离为10～15m。由于果实成熟期不一致，且成熟后又易发生盖裂而将种子散失，故果实饱满变黄后要及时采收。

【园林用途】半支莲是布置花坛、花境边缘的良好材料，也可种植于斜坡地或石砾地点缀假山，或作盆栽观赏。

（十）紫茉莉（*Mirabilis jalapa* Linn.）

【别名】胭脂花、夜晚花、胭粉豆、地雷花等
【科属】紫茉莉科　紫茉莉属
【识别特征】多年生草本，常作一年生栽培。株高50～100cm，主茎直立，节部膨大，多分枝而开展。单叶对生，卵状或卵状三角形，全缘。花数朵簇生于枝顶，花冠漏斗状，边缘呈5浅裂；花萼呈花瓣状，具紫红、粉红、红、黄、白等各种单色或具斑点或条纹的嵌合复色（图8-14）。

瘦果球形，黑色，具纵棱和网状纹理。种子黑色。花期6～9月份。重瓣品种"楼上楼"是紫茉莉的名品。

【生态习性】原产南美洲热带地区。喜温暖、阳光充足环境，耐半阴，不耐寒，怕霜冻。我国北方地区，冬季地上部分枯死，江南地区地下部分可安全越冬而成为宿根草花。不择土壤，但以深厚肥沃的壤土生长良好。花于午后4时至傍晚开放，强光下闭合，夏季疏荫下开花良好，酷暑烈日下有脱叶现象。直根性较强，带土坨移栽成活率高，宜直播，能自播繁殖。

【繁殖方法】多采用种子繁殖，亦可地下块根繁殖和扦插繁殖。

【栽培要点】紫茉莉生性强健，适应性强，养护管理较粗放。夏季高温酷暑注意浇水抗旱。生长期间每周追施稀薄肥水1～2次，少施或不施氮肥。紫茉莉是风媒授粉，品种间极易杂交，留种母株应隔离栽培。种子成熟期不一致，易脱落，注意及时采收。

【园林用途】紫茉莉花色丰富，株型高且花期长。适合花坛、花篱丛植。亦可利用其块根多年生特性，作树桩状露根式盆栽。

图8-14　紫茉莉

（十一）藿香蓟（*Ageratum conyzoides* L.）

【别名】胜红蓟、咸暇花等

【科属】菊科　藿香蓟属

【识别特征】一、二年生或多年生草本。植株高30～60cm，基部多分枝，全株被毛。叶对生，卵圆形。头状花序，聚伞状生于枝顶，小花全部为管状花，花色有淡蓝色、蓝色粉色、白色等（图8-15）。瘦果。花期7月份至降霜。

【生态习性】原产美洲热带。性喜温暖和阳光充足环境，高温酷暑或土壤过湿则生长不良。适应性强，在各种土壤均能生长，但以中等肥力土壤为宜，肥沃或氮肥过多时，开花较少。

【繁殖方法】播种繁殖和扦插繁殖。早春3～4月份室内温床育苗，发芽适温24～25℃，7～10天发芽。5～6月份嫩枝扦插，15天左右生根，约20天即可定植。

图8-15　藿香蓟

【栽培要点】幼苗3～4cm高时移栽1次，7～8cm高时定植或上盆。露地定植株距为30cm。

生长期适宜温度15～18℃，用适量的复合肥或鸡粪干作追肥，切记施肥后立刻灌水，否则易烧伤叶面或根系。开花期增施磷肥1～2次。6～7片叶摘心，促使多分枝。花谢后随时修剪，以诱发新枝和二度开花。当室外气温降到10℃时，应及时搬入室内有光照处，翌年2月份可现蕾、开花。

【园林用途】藿香蓟株丛繁茂，花色淡雅、奇特，开花整齐，花期较长，是花坛、花境和地被的优质材料。亦可用于庭院、路边、岩石旁点缀。矮生种可盆栽观赏，高茎种用于切花插瓶或制作花篮。

（十二）石竹（*Dianthus chinensis* L.）

【别名】中国石竹、洛阳花等

【科属】石竹科　石竹属

【识别特征】石竹是宿根性不强的多年生草本花卉，作一、二年生栽培。株高15～70cm，茎簇生，多分枝，节部膨大；单叶对生，条形或线状披针形，被有白粉，基部抱茎。聚伞花序，花微具香气，单朵或数朵簇生于茎顶，花色有紫红、大红、粉红、纯白、杂色等，单瓣或重瓣［图8-16（a）］。花期4～10月份，集中于4～5月份。蒴果矩圆形或长圆形，种子扁圆形，黑褐色。

【常见品种】石竹花种类较多，常见的园艺栽培品种有：①三寸石竹，株高约10cm，花径约3cm［图8-16（b）］；②五寸石竹，株高约15～20cm，花径约4cm；③须苞石竹，别名美国石竹、

(a) 中国石竹

(b) 三寸石竹

(c) 须苞石竹

图8-16　石竹

五彩石竹，株高30～60cm，花小而多，有短梗，密集成头状聚伞花序，小苞片长渐尖呈须状［图8-16(c)］；④"杂交石竹"，由中国石竹与美国石竹（须苞石竹）杂交选育而成，花大如中国石竹，叶宽似美国石竹，可盆栽观赏，亦可用于鲜切花生产。

【生态习性】原产中国及东南亚等地。喜阳光充足、高燥，通风及凉爽湿润气候。耐寒，不耐酷暑。耐旱，忌水涝。夏季多生长不良或枯萎。适合肥沃、疏松、排水良好及含石灰质的微碱性壤土或砂质壤土。其花昼开夜合。花期长。

【繁殖方法】以播种繁殖为主，亦可扦插或分株繁殖。种子发芽适温为15～20℃，播后保持床土湿润，5天即可萌芽，10天左右出苗。石竹自10月份至翌年3月份均可进行嫩枝插穗，15～20天可生根成活。也可花后利用老株于春、秋两季进行分株繁殖。

【栽培要点】苗期生长适温10～20℃。幼苗经2次移植后定植。浇水"宁干勿湿"，切忌积水。修剪是石竹类栽培管理的重要措施之一，苗高15cm时摘除顶芽，促其分枝，以后注意适当摘除腋芽，以使养分集中，花大色艳，盆栽观赏尤其如此。开花前及时去掉部分叶腋花蕾，保证顶端花蕾开花。每次花谢后要剪除残花，加强肥水管理，秋季还可再次开花。石竹易杂交，留种者需隔离栽植。

【园林用途】园林中多用于花坛、花境、花台或盆栽，也可用于岩石园和草坪边缘点缀。可作大面积景观地被材料，切花也可。能吸收二氧化硫和氯气，可用于化工厂绿化美化栽植。

（十三）波斯菊（*Cosmos bipinnatus* Cav.）

【别名】大波斯菊、秋英等

【科属】菊科　秋英属

【识别特征】一年生草本，株高120～150cm。茎细长多分枝，光滑或具微毛，易倒伏。单叶对生，呈二回羽状全裂，裂片稀疏线形，全缘。头状花序顶生或腋生，径5～10cm，花总梗细长，舌状花多单轮，花色有白、粉、深红等，管状花黄色，有单、重瓣之分［图8-17（a）］。瘦果黑褐色。花期夏、秋季。

图8-17(a)　波斯菊

【常见品种】同属常见栽培的花卉为硫华菊（*C. sulphureus* Cav.），又名黄波斯菊、硫黄菊等。一年生草本，株高100～200cm，多分枝。叶对生，呈二回羽状深裂，裂片呈披针形，较波斯菊宽。头状花序生于枝顶，舌状花单瓣至重瓣，花径3～5cm，花色有纯黄、金黄、橙黄和红色［图8-17（b）］。瘦果总长1.8～2.5cm，棕褐色，坚硬，粗糙有毛，顶端有细长喙。春播花期6～8月份，夏播花期9～10月份。

【生态习性】原产墨西哥及南美等地区。喜凉爽而光线充足的环境，耐贫瘠，忌炎热和积水，不耐寒。喜疏松、排水良好的壤土。属短日照植物，能自播繁殖。

【繁殖方法】种子繁殖或扦插繁殖。波斯菊宜露地直播，亦可4月中旬露地床播，地温在15℃以上即可发芽，发芽适温为20～25℃。种子有嫌光性，覆土约1cm，5～10天出苗。生长期剪

图8-17(b)　硫华菊

取15cm左右的健壮枝梢作插穗，空气相对湿度75%～85%，温度20～30℃，15天左右可生根。

【栽培要点】 苗高5cm进行间苗或移植，7～8枚叶时定植。幼苗期需经短日照处理才能正常开花。幼苗定植株距为30～50cm，生长期进行摘心，以促使分枝和控制株高。生长期不需过多施肥，否则，枝叶易徒长，开花减少。波斯菊最适宜的生长温度为15～30℃。高温季节开花者不易结实。其种子7～8月份成熟，易脱落，自留种宜选择瘦果稍变黑色叶丁清晨采收。

【园林用途】 波斯菊植株较高而纤细，多用作花境背景材料，植于路边、篱边、崖坡、树坛；亦适于布置花丛、花群等；也用于鲜切花栽培。

（十四）雁来红（*Amaranthus tricolor* L.）

【别名】 老来少、老来娇、三色苋

【科属】 苋科　苋属

【识别特征】 一年生草本，株高60～100cm，茎直立，绿色或红色，分枝少；单叶互生，卵形或菱状卵形，有长柄。初秋时上部叶片变色，普通品种变为红、黄、绿三色相间；优良品种则呈鲜黄、白或鲜红色，顶生叶尤为艳丽，是主要观赏部位（图8-18），8～10月份为最佳观赏期。种子细小，亮黑色。

图8-18　雁来红

【常见品种】 主要栽培品种有紫叶雁来红、杂种雁来红。同属常见栽培观赏的有老枪谷（*A. paniculatus* L.），又名尾穗苋，原产伊朗。高1～1.5m，茎粗壮。穗状花序下垂，暗红色，花期8～9月份。常见有紫叶和球花品种。

【生态习性】 原产亚洲热带地区。喜阳光、湿润、通风良好的环境，忌水涝和湿热，耐干旱，不耐寒。喜肥沃而排水良好土壤，耐碱性。

【繁殖方法】 播种繁殖，也可扦插。种子有嫌光性，播种后需覆土遮光，15～20℃ 7天可以出苗。生长期剪取10～15cm中上部枝条扦插，用0.1%的ABT生根剂浸泡插穗1～2小时，遮荫保湿，10～15天生根。

【栽培要点】 雁来红属直根性，若需移植，以幼苗具5～6枚真叶时带土坨移植为宜。延迟播种可以控制植株高度。实生苗高10～15cm时定植，株距30～60cm。生长期内注意通风透光和维持20～35℃的适宜温度，并结合除草进行壅土固秆防止倒伏。整个生长期施肥2～3次，氮、磷、钾配合施用，但肥水不宜过多，否则会导致叶色暗淡和徒长。适时进行摘心，以促进分枝。

【园林用途】 雁来红是优良的观叶植物，可作花坛背景、篱垣或在路边丛植；也可大片种植于草坪之中，与各色花草组成绚丽的图案；亦可盆栽、切花之用。

（十五）麦秆菊（*Helichrysum bracteatum* Andr.）

【别名】 贝细工、蜡菊等

【科属】 菊科　蜡菊属

【识别特征】 多年生草本，常作一、二年生栽培。株高50～10cm，茎直立，多分枝，全株具微毛。叶互生，长椭圆状或披针形，全缘、具短柄。头状花序生于枝顶，总苞苞片多层，覆瓦状呈膜质，干燥具光泽，形似花瓣，有白、粉、橙、红、黄等色，管状花位于花盘中心，黄色（图8-19）。瘦果。种子略呈四棱形。花期7～9月份。

【生态习性】原产澳大利亚，在东南亚和欧美广泛栽培，我国近几年也有引种栽培，新疆有野生种。喜温暖和阳光充足的环境。不耐旱，忌酷热。阳光不足及高温酷暑时，生长不良或停止生长。喜湿润肥沃而排水良好的微酸性或中性黏质壤土。

图8-19　麦秆菊

【繁殖方法】播种繁殖。一般3～4月份播种于温室。温暖地区可秋播。从播种至开花约需3个月。发芽适温15～20℃，约7天出苗。

【栽培要点】3～4片真叶时分苗，7～8片真叶时定植，株距30～40cm。麦秆菊定植成活后摘心1次，以促使其分枝。生长适温为15～20℃，整个生长期肥水不宜多，过湿则徒长，且易倒伏。采种需选择花色深的花头，清晨采摘。

【园林用途】麦秆菊可布置花坛，或在林缘自然丛植；可作干花材料，色彩干后不退色。

（十六）醉蝶花（*Cleome spinosa* L.）

【别名】凤蝶草、蜘蛛花等
【科属】白花菜科　白花菜属
【识别特征】一年生草本，株高90～120cm，全株被黏质腺毛，具强烈气味。掌状复叶互生，全缘，小叶5～7枚，长椭圆状披针形，有叶柄，托叶演变成钩刺。总状花序顶生，微芳香，花色由白或淡红到淡紫色（图8-20）。花期6～10月份。蒴果细圆柱形，浅褐色。易自播繁殖。

图8-20　醉蝶花

【生态习性】原产南美热带地区。喜温暖通风、日照充足的环境，耐干燥炎热，不耐寒，略耐半阴。生长适温为20～30℃。适宜疏松、肥沃、排水良好的砂质土壤。

【繁殖方法】播种繁殖。4月中旬将种子播于露地苗床，幼苗生长较慢。

【栽培要点】幼苗2～3枚真叶时间苗或移植，6月份定植或盆栽。生长期每半月施肥1次，施肥过多易徒长，影响株态和开花，一般春播者秋季开花，秋播者冬、春在室内观花。种子易散落，需及时采种。

【园林用途】醉蝶花轻盈飘逸，似彩蝶飞舞，十分美观。常用于庭园、花坛背景、盆花和切花。

（十七）地肤 ［*Kochia scoparia*（*linn.*）Schrad.］

【别名】扫帚苗、扫帚菜等
【科属】藜科　地肤属
【识别特征】一年生草本，株高50～150cm。茎直立，多斜上分枝呈扫帚状，淡绿色或带紫红色，幼枝被柔毛。叶线形或披针形，全缘，无柄，幼叶边缘有白色长纤毛（图8-21）。两性花，无梗，单生或2朵生于叶腋。胞果扁球形。种子横生，扁圆形。花期6～7月份。

【生态习性】原产欧洲及亚洲，全国各地广泛分布。适应性强，喜温、喜光、耐干旱和炎热，不耐寒，耐瘠薄和盐碱，较适宜疏松、肥沃、含腐殖质的壤土。易自播繁殖。

【繁殖方法】播种繁殖。露地直播或苗床育苗。于4月上旬进行露地直播，播种前要施足底肥，穴播、条播、撒播均可。保护地育苗于3月上旬到中旬播种覆土为种子直径的3～4倍，6～7天出苗。

图8-21　地肤

【栽培要点】直播苗高15～20cm时，结合采收幼苗，按株行距70cm×100cm定苗。苗床育苗，株高6～10cm时定植。因其是直根性，定植要及时，否则植株长势难以恢复。定植前施足底肥。生长期内保持田间湿润，每隔7～10天浇水1次。种子于8～9月份成熟，应及时收获、脱粒，干燥后保存备用。

【园林用途】地肤植株整齐，体态匀称，常被人们用作坡地草坪栽植、花坛中心或镶边材料；或成行栽植为短期草本绿篱。在城市园林中成片栽植，也别具情趣。

（十八）银边翠（*Euphorbia marginata* Pursh.）

【别名】高山积雪、象牙白

【科属】大戟科 大戟属

【识别特征】一年生草本，株高50～80cm，具白色乳液。茎自立、多分枝，全株具柔毛。叶卵形至长圆形或矩圆状披针形，全缘，无柄，叶片互生或轮生；夏季枝梢叶片边缘或大部分为银白色（图8-22）。杯状花序着生于分枝上部的叶腋处，花小，单性，无花被。花期6～9月份。蒴果扁圆形，果熟期7～10月份，种子有种瘤突起。

图8-22 银边翠

【生态习性】原产北美南部草原。喜温暖阳光充足的环境，不耐寒，耐干旱，忌湿涝。喜肥沃而排水良好的疏松砂质壤土。直根性，不耐移植，宜直播。易自播。

【繁殖方法】播种或扦插繁殖。

【栽培要点】露地直播幼苗需进行2～3次间苗，按株距40cm定苗。银边翠为直根性，幼苗移植或定植应尽早进行。定植前施足基肥。生长季节温度维持在20～35℃之间，并追液肥2～3次。定植成活后，苗高15cm左右时摘心1次。摘心后叶片会变色，可喷施1次0.015%的多效唑。

【园林用途】银边翠顶叶银白色，与下部绿叶相映，犹如青山积雪。适宜花坛、花境、花丛栽植，亦可作林缘地被、盆栽观赏和插花配叶。

（十九）香雪球 [*Lobularia maritima* (L.) Desv.]

【别名】小白花、庭荠

【科属】十字花科 香雪球属

【识别特征】多年生草本，常作一二年生栽培。茎多分枝而匍生，株高15～30cm。叶互生，披针形。总状花序顶生，小花密集成球状，有白、淡紫、深紫、紫红等色，微香（图8-23）。短角果，近圆形。种子扁平，短椭圆形，黄色。花期5～10月份。

图8-23 香雪球

【生态习性】原产欧洲地中海地区。喜冷凉而阳光充足的环境，耐半阴及干旱瘠薄，忌湿热。适宜肥沃、排水良好的土壤栽植。能自播繁殖。

【繁殖方法】播种繁殖和扦插繁殖。春秋两季均可播种，秋播生长较佳。北方一般是3月份在温室播种，南方9～10月份盆播或苗床播。发芽适温为20℃，5～10天出苗。生长季嫩枝扦插7～10天可生根。

【栽培要点】待小苗2～3cm高时，可按株行距6～8cm 栽于阳畦培养。3～4片真叶时定植或上盆。香雪球在炎热夏季生长不良，开花很少，甚至因湿热而枯死。此时若注意保持通风凉爽、及时剪除衰败茎叶、加强肥水管理等，老株越夏后可再发新枝，秋凉时开花更盛。南方地区的秋播苗，冷床保护地越冬，翌年3月份上盆或定植，4月份开花。

【园林用途】香雪球株矮而多分枝，花白色，具清香，耐贫瘠与干旱，是布置岩石园的优良花卉；也是花坛、花境的优良镶边材料；也能盆栽观赏。

（二十）五色草

【别名】红绿草、锦绣苋、五色苋等

图8-24(a) 小叶绿

图8-24(b) 小叶红

图8-24(c) 佛甲草

【识别特征】五色草是苋科的"小叶绿、小叶红、大叶红、黑草"与景天科的"佛甲草"的总称。为多年生草本，在温带地区常作一年生栽培。茎直立或斜生；叶对生或轮生，全缘，叶色因品种而异，有绿、褐红及具各色斑纹等；头状花序簇生叶腋（图8-24）。

苋科四种植物分别为：① 小叶绿（*A. bettzickiana* var.*aurea* Hort.），叶黄绿色，窄匙形，有光泽［图8-24（a）］；② 小叶红（*A. bettzickiana* var. *tricolor* Hort.），叶褐紫色，具各色斑纹，形态与小叶绿相似［图8-24（b）］；③ 大叶红，叶褐红色，卵圆形；④ 黑草，叶褐紫色，卵圆形或倒卵形，叶形与大叶红相似，叶色稍深。

佛甲草（*Sedum lineare Thunb*），又名白草，是景天科肉质多浆植物，茎丛生横卧，二叶轮生，线形，长1～2cm，灰绿色［图8-24（c）］。

【生态习性】原产热带、亚热带地区。喜温暖而畏寒，宜阳光充足，略耐阴，不耐干旱和水涝。冬季需放置15～20℃温室越冬。佛甲草在一定干燥条件下耐寒力强。喜高燥的砂质土壤。

【繁殖方法】多采用扦插繁殖。扦插适宜温度为20～25℃，相对湿度为70%～80%，7～10天可生根。

【栽培要点】五色草夏季喜凉爽的环境，高温高湿则生长不良。冬季管理注意阳光充足，适当通风，节制水分，越冬温度不宜低于15℃。生长季节气温达20℃以上时，生长加速，可进行多次摘心或修剪，使之保持半圆形的矮壮、密集的枝丛。注意及时除草，剪除枯枝干叶，保持清洁美观。

【园林用途】五色草耐修剪、发枝旺、叶色艳丽。适合作为毛毡花坛的装饰材料。亦可盆栽观赏。

（二十一）霞草（*Gypsophila elegans* Bieb.）

【别名】满天星、丝石竹、六月雪等

【科属】石竹科　丝石竹属

【识别特征】一、二年生草本植物，株高30～45cm，全株光滑，被白粉。茎纤细，多分枝。叶对生，披针形。花小，倒卵形，纯白色或粉红色；栽培品种有单瓣型和重瓣型之分。花梗细长，聚伞花序圆锥状（图8-25）。蒴果卵圆形。花期6～8月份，果熟期7～9月份。

【生态习性】原产小亚细亚及高加索一带，欧洲、亚洲和北非均有栽培。典型的长日照植物。喜阳光充足而凉爽的环境，耐寒、耐旱、耐贫瘠，忌炎热多雨。生长适温为22～30℃，冬季室温应不低于5℃。适宜疏松肥沃、排水良好、富含腐殖质的微碱性砂壤土栽植。

【繁殖方法】播种为主，亦可扦插繁殖。冷地宜春播，暖地可秋播。霞草须根少，直播生长良好。利用基部萌生的枝条进行扦插育苗，春秋两季皆宜。

【栽培要点】霞草为常见的切花花卉。幼苗带土坨可移植。定植后及时浇水，并用70%遮光网覆盖3～5天，以提高成活率。植株长至8节左右及时摘心，侧芽长至5～10cm时抹芽，去弱留强。生长期注意勤施肥水，花芽开始形成时适当控水。霞草生长适温白天22～28℃、夜间15～20℃。温度超过32℃，植株生长不良，叶片变小，节间变短，

图8-25 霞草

花芽转变成营养芽或畸形花芽，即莲座化。

【园林用途】霞草的枝、叶纤细，分枝极多，小花如繁星密布，轻盈飘逸，适于布置花坛、花境或花丛，也是制作插花和干花的理想花材。

（二十二）长春花(*Catharanthus roseus* G.Don.)

【别名】日日草、山矾花、春不老、四时春、五瓣梅

【科属】夹竹桃科　长春花属

【识别特征】多年生草本或半灌木花卉，常作一年生草本栽培。茎直立，多分枝。株高30～50cm。叶对生，全缘或微波状，倒卵状矩圆形，具短尖头；翠绿光滑，有光泽；长3～4cm，宽1.5～2.5cm；叶柄短，主脉白色明显。聚伞花序顶生或腋生，花白、粉红、紫红或玫瑰红色；花冠高脚蝶形，瓣5裂，平展；花心色深，有洞眼；花径3～4cm（图8-26）。花期6～10月份。蓇葖果2，圆柱形，长2～3cm。

图8-26　长春花

【栽培品种】较著名的品种系列有"冷色"、"热浪"、"太平洋"等。颜色有红斑白色、红芯粉红、黄斑玫红、草莓色、玫瑰色、椰子色、红色、杏色、蓝色、白色、混色等多种颜色。各系列植株高度一般都在20～30cm之间。

【生态习性】原产热带非洲东部，现广为栽培。喜温暖、稍干燥和阳光充足环境。生长适温3～7月份为18～24℃，9月份至翌年3月份为13～18℃，冬季温度不低于10℃。忌湿怕涝，盆土浇水不宜过多，尤其室内过冬植株。喜排水良好富含腐殖质的疏松土壤。

【繁殖方法】多采用播种繁殖，4月初播于露地苗床，发芽整齐。目前用于商品化生产的长春花，几乎全部用种子繁殖。也可于春季取越冬老株上的嫩枝进行扦插繁殖。

【栽培管理】幼苗早期生长缓慢，小苗3～4片真叶时分苗移栽，6～8对真叶时定植。5月份定植花坛，3～5天浇1次水，适当追施磷、钾肥。雨季注意及时排水，以免受涝造成整片死亡。蓇葖果成熟时易自行开裂散落种子，果实发黄时应及时采种。盆栽时，苗高10cm摘心，上3寸盆，逐步翻到7寸盆。从定植至8月中旬应进行2～3次摘心，以促进分枝，使花繁叶茂。病虫害较少，容易管理。

【园林用途】长春花花期长，姿态、花色优美，是布置模纹花坛、岩石园及花境的优良材料。也可盆栽，全年均能开花。

（二十三）茑萝［*Quamoclit pennata*（Desr.）Bojer.］

【别名】茑萝松、游龙草、羽叶茑萝

【科属】旋花科　茑萝属

【识别特征】一年生蔓性草本。茎光滑。单叶互生，羽状细裂，裂片条形，托叶大，与叶片同形。聚伞花序腋生。花冠喇叭状，多为红色，少有粉色、白色［图8-27(a)］。通常早晨开花，中午烈日后凋谢。花期8月份至霜降。蒴果，卵圆形，果熟期9～11月份。种子黑色，有棕色细毛。

【常见品种】同属观赏栽培的主要种类如下。

图8-27(a)　茑萝

图8-27(b)　槭叶茑萝

（1）槭叶茑萝（*Q. sloteri* House） 花冠高脚碟状。叶深裂，F_1 代杂交种呈羽状裂，普通园艺种呈掌状裂。花红色，具白色眼点。花冠五浅裂，呈五角星形 [图8-27(b)]。

（2）圆叶茑萝（*Q. coccinea* Moench） 叶卵圆状心形，全缘。聚伞花序腋生，花冠漏斗状。

（3）裂叶茑萝（*Q. lobata* House） 别名鱼花茑萝。多年生草本，叶心形，3裂。花冠深红而转为乳黄色。

【生态习性】原产墨西哥等地，我国广泛栽培。喜阳光充足及温暖环境，适宜在排水良好的肥沃腐殖质土壤上栽植。易自播繁殖。

【繁殖方法】播种繁殖。直根性，3～4月份直播或苗床育苗。播后控制地温20～25℃，4～7天出苗。

【栽培要点】育苗时应及早移植，移植多在具3～5片真叶时进行。茑萝幼苗非常怕旱，育苗时应特别注意。育苗中后期要适当控制土壤水分，整个苗期应给予充分见光。由于其生长量大，定植前应施足底肥，生长期每半月施水肥1次。生长前期可人工辅助引蔓到棚架、篱笆或其他支架上；中后期除作造型外，任其攀援缠绕。自留种栽培时，品种间应隔离种植。

【园林用途】茑萝是装饰篱墙和棚架栏杆的良好材料，亦可使其缠绕在各种造型的架子上，营造各种景观，还可以作地被栽植观赏。

（二十四）牵牛花（*Pharbitis* Choisy）

【别名】喇叭花、朝颜花（日本）

【科属】旋花科 牵牛花属

【识别特征】为一年生蔓性缠绕草本，少数在原产地为多年生灌木状。茎细长，全株多密被短刚毛。单叶互生。花大，喇叭状或漏斗状（图8-28），早晨开放午后凋谢，有重瓣种。蒴果球形，成熟后胞背开裂；种子黑色或黄白色。花期6～10月份。

【常见品种】园林常见观赏栽培的牵牛花属花卉主要有以下几种。

（1）裂叶牵牛（*P. hederacea* Choisy） 别名喇叭花。原产南美。多年生常作一、二年生栽培。叶常三裂，深达叶片中部，裂片先端渐尖或短尾尖。花1～3朵生于枝顶或叶腋，无梗或具短梗，萼片线形，长至花冠筒一半，先端外展。花色有紫红、桃红、纯白及鲜红或桃红具白斑纹、淡蓝具浓红色脉纹等 [图8-28(a)]。短日照植物。花期7～9月份。

（2）圆叶牵牛（*P. purpurea* Voigt.） 原产热带美洲。一年生草本。叶圆心形或宽卵状心形。花1～5朵腋生，总梗与叶柄等长，萼片短。花色有紫红色、红色或白色等 [图8-28(b)]。

（3）大花牵牛（*P. nil* Choisy） 别名牵牛、裂叶牵牛等。原产亚洲和非洲热带。一年生或多年生草本。茎长3m，左旋。叶三裂，中裂片最大，两侧裂片常又三浅裂，裂片先端短渐尖。花1～3朵腋生，总梗短于叶柄，萼狭片，不开展 [图8-23(b)]。园艺品种众多，有平瓣、皱瓣、裂瓣、重瓣等类型；有白、红、蓝、紫、红褐、灰等色及带色纹和镶白边的品种 [图8-28(c)]；有早花品种和不具缠绕茎的矮生盆栽品种等。

(a)裂叶牵牛　　　　　　(b)圆叶牵牛　　　　　　(c)大花牵牛

图8-28　牵牛花

【生态习性】喜温暖、阳光充足的环境，耐贫瘠和干旱，忌水涝，适宜湿润、肥沃、排水良好的中性土壤。属于深根性短日照植物。

【繁殖方法】播种繁殖。春季播种，播后覆土约1cm，保持土温20～25℃，5～10天发芽。

【栽培要点】真叶刚萌发时进行移植。幼苗长出2～3片真叶后定植，定植前施足底肥。幼苗开始生蔓时进行第一次摘心，促生枝蔓。枝蔓具有3～4片叶时，结合整形再次摘心。每次摘心后应追肥1次。枝蔓叶腋生出花苞后，将花苞的托叶摘掉，以利花苞发展；或摘除部分花苞，培育独朵花。牵牛花生长期适温为22～34℃。种子成熟期不一，应注意随时采种。

【园林用途】牵牛花为夏秋常见蔓性草花，花朵迎朝阳而开放，适宜栽植于晨练之所。亦可用于庭院、篱垣、棚架的美化、绿化种植。有时也作地被植物。

（二十五）旱金莲（*Tropaeolum majus* L.）

【别名】金莲花、旱莲花

【科属】金莲花科　金莲花属

【识别特征】一年生或多年生蔓性草本，常作一、二年生栽培。茎细长，半蔓性。叶互生，圆盾形，叶柄细长，多汁。花腋生，左右对称，花瓣5枚，有爪，下面3枚花瓣基部成羽状细裂；萼片5枚，其中1枚延伸成距；花色有白、浅黄、橙黄、橘红、红棕及深紫等单色（图8-29），或具深色网纹等复色。夏季开花，花期7～9月份。

图8-29　旱金莲

【常见品种】旱金莲栽培品种较为丰富。常见同属观赏栽培种为小旱金莲（*T. minus* L.），植株矮小，茎直立或匍地，叶圆状肾形，花黄、红色，夏季开花（图8-29右）。原产南美洲。

【生态习性】原产中、南美洲的墨西哥、秘鲁、智利等地。生长期适温为18～24℃，冬季温度不低于10℃。其叶、花有向光性。喜温暖、湿润，忌夏季高温酷热，不耐涝。适宜疏松、中等肥力和排水良好的微酸性砂质壤土。易自播繁殖。

【繁殖方法】播种繁殖。也可扦插和组织培养。种子大，繁殖容易。播后覆土1cm，发芽适温16～18℃，7～14天发芽。播种期的早晚可用于花期调控，2～3月份间温床播种，可供5～6月份花坛栽植；5月份播种，可供秋季观花；9月份温室播种，可供11月份至翌年春夏赏花。扦插常用于重瓣花品种，4～6月份为宜。

【栽培要点】幼苗在主茎抽蔓前移植。旱金莲顶端生长势强，幼苗具有3～4片真叶时摘心。株高15～20cm时须设立支架固定。茎叶过于茂盛，应适当摘除，以利于通风和花芽形成。花后及时剪去老枝，以促发新枝。当气温达10℃以上时，从基部剪去衰老植株的上部枝叶，增施基肥，并将其置于7℃左右的温室内，促使重新发枝，形成新株丛。生长期每月施肥1次，并及时松土，以利根系发展。生长期土壤水分保持50%左右，浇水要小水勤浇。开花期控制浇水，防止枝条徒长。盆栽种春秋季节，应放在阳光充足处培养，夏季适当遮荫。

【园林用途】旱金莲茎叶优美，花艳丽而形状奇特，花期长，适宜布置花境、岩石园等。

三、露地常见的二年生花卉

（一）金盏菊（*Calendula officinalis* L.）

【别名】金盏花、常春花等

【科属】菊科　金盏菊属

【识别特征】一、二年生草花，全珠具毛，叶互生，长圆形至长圆状倒卵形，或长匙形，被白粉，灰绿色，全缘或有不明显锯齿，基部微抱茎。头状花序单生茎顶。花径5～10cm，有黄、橙、橙红、紫等花色，分重瓣型、卷瓣型等（图8-30）。瘦果，弯月形，坚硬。种子暗黑色。花期12～翌年6月份，盛花期3～6月份。

【生态习性】原产欧洲南部加那列群岛至伊朗一带地中海沿岸。喜光，能耐−9℃低温，忌炎热。适应性强，但以疏松、肥沃、微酸性土壤最好。

【繁殖方法】播种繁殖。种子发芽适温20～22℃，秋播或早春温室播种。

【栽培要点】幼苗3片真叶时移苗1次，5～6片真叶时定植。定植后7～10天摘心，以促使分枝，增加开花数量。苗高25～30cm出现少量分枝时，从垄沟取土培于植株基部，以促发不定根，防止倒伏。生长期注意保持土壤湿润，勤施肥水，否则，花朵小而多单瓣，易退化。金盏菊春化期需要较长的低温阶段，春播植株与秋播植株相比，生长弱，花朵小。金盏菊多为自花授粉，应选择花大色艳、品种纯正的植株进行留种。

金盏菊的花期可通过以下几种栽培措施进行调节：①早春初花凋谢后，及时剪除残花，促使其重发新枝开花；加强水肥管理，9～10月份可再次开花；②8月下旬盆内秋播苗，霜降后移至8～10℃环境中，加强肥水管理，冬季亦能开花不断；③将种子放在0℃冰箱内数日进行低温处理，然后于8月上旬播种于露地，9月下旬可开花。

图8-30　金盏菊

【园林用途】金盏菊植株密集，花色有淡黄、橙红、黄色等，鲜艳夺目，是早春园林中常见的草本花卉，适用于中心广场、花坛、花带布置，也可作为草坪镶边或盆栽观赏。长梗大花品种可用于切花。

（二）三色堇（*Viola tricolor* L.）

【别名】猫脸花、蝴蝶花

【科属】堇菜科　堇菜属

【识别特征】多年生草本，常作二年生栽培。株高15～25cm，多分枝。单叶互生，基生叶卵形，茎生叶阔披针形。花腋生下垂，花梗细长，花萼宿存，花色多为蓝紫、黄、白三色，花型如蝴蝶，其中两枚花瓣上有圆形紫斑，色似猫脸[图8-31(a)]。花期3～6月份。种子倒卵形，5～7月份成熟。

同属常见观赏栽培种为角堇（*V. cornuta* L.），株高10～30cm，茎短而少直立，花多为紫色，也有复色、白色、黄色的变种［图8-31(b)］。

【生态习性】原产欧洲西南部，我国北方普遍栽培。喜凉爽的气候条件，较耐寒和半阴，炎热多雨时常发育不良，且结籽困难。要求肥沃湿润的砂壤土，土壤瘠薄时，生长不良，且品种退化严重。

【繁殖方法】播种繁殖。8月中旬秋播露地苗床、育苗盘或盆中。温度18～25℃，10天左右出苗。从播种到开花约90～100天。

图8-31(a)　三色堇

【栽培要点】幼苗2～3片真叶时以株行距6cm移植1次。6～7片真叶时带土定植园地或上盆。定植前要施足基肥，定植株行距为30cm×35cm。移栽后，加强温度、光照及肥水的常规管理。三色堇在昼温15～25℃、夜温3～5℃的条件下发育良好。秋冬季节需要充足的阳光，并注意防止低温冻害。

开花期最适温度为20℃左右，并要有一定的湿度。生殖生长期需增施磷、钾肥，少施氮肥。浇水实行基部浇施的方式，不要直接喷淋。4月份开的花可以结籽。花授粉后30～40天果实成熟。前期成熟的果实中种子质量好，待果实呈黄色时应及时采收。

【园林用途】花盛开时异常美观。常用盆栽美化花台、花坛。花坛或庭园布置宜群植。

图8-31(b)　角堇

（三）美女樱（*Verbena hybrida* Voss.）

【别名】草五色梅、美人樱等

【科属】马鞭草科　马鞭草属

【识别特征】多年生草本，常作一、二年生栽培。茎四棱、横展、匍匐状。叶对生，具短柄，长圆形、卵圆形或披针状三角形。穗状花序顶生，基部小花密集排列呈伞房状。花萼细长筒状，花冠漏斗状，花色丰富，有白、粉红、深红、紫、蓝等不同颜色，略具芬芳［图8-32(a)］。花期长，6月份至霜降前均可开花。蒴果，果熟期9～10月份。

图8-32(a)　美女樱　　　　　　　图8-32(b)　细叶美女樱

【常见品种】同属常见观赏栽培种为细叶美女樱（*V. tenera* Spreng.），多年生，基部木质化。茎丛生，高20～40cm。叶二回深裂或全裂，裂片狭线形。穗状花序，花蓝紫色［图8-32(b)］。原产巴西。

【生态习性】原产巴西、秘鲁、乌拉圭等地，现世界各地广泛栽培。喜温暖阳光充足且湿润气候，较耐寒，不耐阴，不耐旱。适宜在疏松、肥沃的中性土壤上栽培。

【繁殖方法】播种、扦插繁殖为主，亦可压条、分株繁殖。以春播为主。早春需在温室内播种。秋播需进入低温温室越冬。

【栽培要点】幼苗经移植后，长到7～8cm高时定植。美女樱根系较浅，夏季应注意浇水，以防干旱。每半月需施薄肥1次。生长期应及时中耕除草和防涝排渍。若水分过多，则造成茎枝徒长，开花甚少；若缺少肥水，植株生长发育不良，有提早结籽现象。露地定植的苗株不宜过大，以免侧枝横生和落叶。用于花坛栽植者，宜早定植，花后及时剪除残花，可延长花期。

【园林用途】美女樱是配置花坛、花境的理想材料，亦作树坛边缘绿化和水边地被栽植。亦可盆栽观赏。

（四）紫罗兰（*Matthiola incana* R. Br.）

【别名】草桂花等

【科属】十字花科　紫罗兰属

【识别特征】多年生草本，常作一、二年生栽培。株高30～60cm，茎直立，基部稍木质化。叶互生，长椭圆形或倒披针形，被白粉。总状花序顶生和腋生，花色有紫红、淡红、淡黄、白色等（图8-33）。单瓣花能结籽，果实为圆柱形长角果，种子有翅。花期3～5月份，具香气。果熟期6～7月份。

【常见品种】紫罗兰花型有单瓣和重瓣两种品系。按植株高矮分为高、中、矮三类；依花期不同分夏、秋及冬紫罗兰等品种；依栽培习性不同分一年生及二年生类型。

【生态习性】原产欧洲地中海沿岸，我国南部地区广泛栽培。喜光和冷凉气候，耐寒，不耐阴，怕

图8-33　紫罗兰

渍水，忌燥热。适宜地势高、耕层厚、肥沃湿润、通风、排水良好的壤土。施肥过多，则不利于开花。光照不足、通风不良、多雨湿热时，易患病虫害。

【繁殖方法】播种繁殖。二年生品种露地播种多于8～9月份进行。发芽适温20～26℃，10～15天发芽。

【栽培要点】紫罗兰移植时应带根土进行。幼苗6～7片时定植。定植株行距为12cm×12cm（无分枝性系）或18cm×18cm（分枝性系）。其生长适温为白天15～18℃，夜间10℃左右，花芽分化时需5～8℃的低温周期。移植成活后，二年生品种均需维约3周15℃以下的低温，以确保花芽分化。分枝性系品种生长旺盛时，可保留6～7枚真叶进行摘心，侧枝生出后，留上部3～4枝，其余及早摘除。生长期内可根据品种特性和栽培目的合理实施肥水管理，花坛栽培的矮生型品种应适时中耕保墒，控制浇水，以使其株丛低矮紧凑；鲜切花栽培的品种则应肥水充足。

多数紫罗兰品种，花后约90天种子发育成熟，果荚变黄时即可采收。留种植株与其他十字花科的花卉要隔离种植，以防止种间杂交。

【园林用途】紫罗兰花朵丰盛，香浓色艳，花期长，是春季花坛栽植的重要花材，可用于布置花境、花带等。亦可盆栽和切花观赏。

（五）雏菊（*Bellis perennis* L.）

【别名】春菊、延命菊

【科属】菊科　雏菊属

【识别特征】多年生草本，常作二年生栽培。株高8～15cm。全株被毛。基生叶匙形或倒卵形。花葶自叶丛抽出，头状花序，单生，舌状花有白、粉、紫、洒金等色，筒状花黄色（图8-34）。花期从12月份到翌年5月份。瘦果扁平，果熟期5～7月份。

【生态习性】原产欧洲至西亚，各地园林广泛栽培。喜凉爽、湿润、阳光充足环境。较耐寒，能耐-4℃低温。忌炎热和积水。适宜肥沃、富含腐殖质且排水良好的砂质壤土栽植。

【繁殖方法】常用播种繁殖。9月份秋播，发芽适温为18～20℃，播后10～15天发芽。播种至开花需85～100天。用扦插和分株繁殖的种苗生长势不如实生苗，很少采用。

【栽培要点】幼苗2～3片真叶时可移栽1次，促使其多发根。4～5片真叶时定植或上盆。生长期每半月施肥1次，若肥水充足，开花茂盛，花期延长。夏季气温高，生长势及开花渐衰。花后种子陆续成熟，要选优留种。

【园林用途】雏菊植株矮小，叶色翠绿，花朵小巧玲珑，整齐美观，适用于早春城市花坛、广场群体布置。亦可盆栽观赏。

图8-34　雏菊

（六）羽衣甘蓝（*Brassica oleracea* var. *acephala. f. tricolor* Hort.）

【别名】叶牡丹、花菜、牡丹菜

【科属】十字花科　甘蓝属

【识别特征】一、二年生草本。叶期具短缩茎，株高30～40cm。茎生叶倒卵圆形，宽大，边缘稍带波浪纹或有皱褶，叶片层层重叠着生于短茎上；叶面光滑有白粉，外部叶片粉蓝绿色，心叶叶色丰富，有紫红、淡紫红、雪青、乳白、淡黄或黄色（图8-35）。总状花序顶生，花小，黄白色。异花授粉，花期4月份。长角果。

【生态习性】原产地中海至小亚细亚一带。喜光，耐寒，经锻炼的幼苗能耐-12℃的短时间低温。我国北方地区冬季露地栽培时，能经受短时几十次霜冻而不枯萎。喜疏松、肥沃的砂质壤土，耐盐碱。

图8-35　羽衣甘蓝

【繁殖方法】播种繁殖。长江流域多在早春1～2月份进行保护地育苗，发芽适温为18～25℃。黄淮流域及以北地区，多在7～8月份露地撒播育苗，播种过早，生长后期老叶黄化衰老。夏季育苗需遮荫降温。

【栽培要点】2～3片真叶时分苗。苗龄30～40天、具5～6片真叶时，选择适宜的栽培地定植，株行距为35cm×60cm。前期控制浇水，使土壤见干见湿。生长中后期供水应充足，以"干透浇透"为原则。施肥应"薄肥勤施"，幼苗期多施氮肥；叶丛冠径长至20cm后，少施氮肥，增施磷钾肥，否则，会影响叶片变色的速度和质量。植株生长适温20～25℃，能在35℃高温中生长。自留种子时，留种母株在2～10℃温度下30天以上才能通过春化抽薹开花。

【园林用途】羽衣甘蓝品种不同，叶色丰富多变，叶形也不尽相同，多用于盆栽观赏和春季花坛种植，目前欧美及日本将部分观赏品种用于鲜切花销售。

（七）福禄考（*Phlox drummondii* Hook.）

【别名】草夹竹桃、桔梗石竹、洋梅花

【科属】花葱科（花葱科） 福禄考属（天蓝绣球属）

【识别特征】一、二年生草本，株高15～40cm。茎直立，多分枝，有腺毛。叶无柄，阔卵形、长圆形至披针形，基部叶对生，茎生叶互生。聚伞花序多顶生，花冠高脚碟状。原种花红色，园艺品种花色有白、粉、红、玫瑰红、蓝紫、蓝、紫等单色或双色（图8-36）。花期5～7月份。蒴果。种子矩圆形，棕色。

【常见品种】园艺品种类型很多，依花色分单色、二色和三色等类型；依瓣型分圆瓣种、星瓣种、须瓣种、放射种等。观赏栽培的还有两个变种：星花福

图8-36　福禄考

禄考（*P. drummondii* var. *stellaris* Voss.），花瓣锯齿形；圆花福禄考（*P. drummondii* var. *rotundata* Voss.），大花，花瓣宽，全花近圆形。

【生态习性】原产北美南部，世界各国广为栽培。喜阳光充足、凉爽的环境，耐寒性弱，忌高温，畏涝，畏旱。适宜疏松、肥沃、富含腐殖质、排水良好的中性土壤，忌碱性土。

【繁殖方法】播种繁殖，亦可扦插、分株繁殖。播种以秋播为主，9月份初播于露地苗床，发芽适温15～20℃。春季育苗北方地区可以在2月份初温室播种，幼苗生长缓慢。4～5月份取新茎扦插，生根容易。

【栽培要点】秋播苗经1次移植，10月上旬移入冷床越冬，移植时切忌伤及根系。4月中下旬株高10cm左右定植。定植距离为20～30cm。栽培期间，及时中耕除草，并施1～2次肥。灌溉时注意避免玷污叶面，以防枝叶腐烂。越冬幼苗翌春第一批花后，进行摘心，以促使萌发新芽和再度开花。果实成熟后，易自行开裂，因此，留种应在大部分蒴果发黄时采收。

【园林用途】福禄考植株矮小，花色丰富，适宜布置花坛、花境。亦可盆栽和鲜切花栽培。

（八）金鱼草（*Antirrhinum majus* L.）

【别名】龙头花、龙口花等

【科属】玄参科 金鱼草属

【识别特征】多年生草本，常作一、二年生花卉栽培。株高20～70cm，茎基部木质化。叶对生或互生，叶片长圆状披针形，全缘，光滑。总状花序，花冠筒状唇形，基部膨大成囊状，有白、粉红、深红、深黄等色（图8-37）。花期5～7月份。蒴果，果熟期7～8月份。

【常见品种】园艺品种繁多，单瓣或重瓣；按株高分高、中、矮三种类型；按花型有金鱼型、花蝴蝶型、杜鹃花型和钟型。此外还有杂交品种。

图8-37　金鱼草

【生态习性】原产欧洲南部地中海沿岸及北非等地，我国园林习见栽培。耐寒不耐热，喜光，耐半阴，喜湿润而不耐积水。生长适温9月份至翌年3月份为7～10℃；3～9月份为13～16℃。幼苗在5℃时通过春化阶段，开花适温为15～16℃，某些品种温度超过15℃，则生长不良。适宜肥沃、疏松、排水良好的微酸性砂质壤土栽培。

【繁殖方法】播种、扦插、组织培养等。8月下旬至9月中旬播种，发芽适温为21℃，约7天发芽。幼苗生长温度为10℃。扦插繁殖适用于不易结实的重瓣品种和某些优良品种。

【栽培要点】幼苗3～4片真叶时进行移植，5～6片真叶定植或上盆。定植株距一般在25～50cm之间。留种母株可略大，花坛布置可略小。栽植后浅锄保墒，并注意肥、水管理。浇水"见干见湿"。施肥应少施或不施氮肥，适量施磷、钾肥。孕蕾期增施磷、钾为主的稀薄液肥，有利于花色鲜艳。用1%～2%磷酸二氢钾溶液喷洒更佳。幼苗长至10cm左右进行摘心，切花品种不摘心，但需要抹除侧芽，以促主枝生长发育。

金鱼草较易异花授粉和自播繁殖。留种母株需隔离种植，以免品种间杂交；果实成熟后应及时采收。

【园林用途】优良的花坛和花境材料，高型品种可作切花和背景材料；矮型品种可盆栽观赏和作花坛镶边。

（九）虞美人（*Papaver rhoeas* L.）

【别名】丽春花、赛牡丹
【科属】罂粟科　罂粟属
【识别特征】一、二年生直根性草本。株高40～60cm，分枝细弱，有乳汁。叶片呈羽状深裂或全裂，裂片披针形。花单生，具长梗，未开放时下垂，花色有大红、桃红、橙红、粉红、深黄至白色，有复色、间色、重瓣和复瓣等品种（图8-38）。花冠近圆形，具暗斑。蒴果杯形，成熟时顶孔开裂。种子肾形，花期5～8月份。

图8-38　虞美人

【生态习性】原产欧、亚大陆温带，世界各地多有栽培。喜阳光，耐寒，怕暑热，夏季全株枯萎死亡。喜疏松肥沃、排水良好的砂质壤土。不耐移栽，易自播繁殖。单花2～3天凋谢，重瓣种更快。

【繁殖方法】播种繁殖。直根性花卉，移植成活率低，宜露地直播。播种期一般在9月上旬，亦可春播。秋播苗距为20～30cm，春播者15～25cm。发芽适温为15～20℃。播后约1周出苗。若需移植，应及早带土坨进行。

【栽培要点】生殖生长期间不浇或少浇水，但应保持土壤湿润，过于干旱会推迟开花并影响品质。施肥不能过多，否则易徒长和倒伏。播前深翻土地，施足基肥。孕蕾开花前可施一两次稀薄的饼肥水，花期忌施肥。幼苗越冬少加或不加覆盖物，早春解冻后撤去覆盖物，并在根部培土，以防倒伏。

【园林用途】虞美人花色艳丽，姿态轻盈动人，是春季美化花坛、花境以及庭院的优良草花，也可作盆花或切花观赏。

（十）花菱草（*Eschscholtzia californica* Cham.）

【别名】金英花、人参花
【科属】罂粟科　花菱草属
【识别特征】多年生草本，常作一、二年生栽培。株高30～60cm。茎直立或开展倾卧状。叶互生，多回三出羽状，深裂至全裂，裂片线形至长圆形。单花顶生，具长梗，花色有乳白、淡黄、杏黄、金黄、橙红、橘红、猩红、浅粉等色（图8-39），有半重瓣和重瓣品种。蒴果。种子椭球状。花期春季至夏初。

【生态习性】原产美国加利福尼亚州，我国也有栽培。喜冷凉干燥气候，耐寒，畏湿热，夏季处于半休眠状态或枯死，秋后再萌发。宜疏松肥沃、排水良好、土层深厚的砂质壤土。

【繁殖方法】播种繁殖。宜直播。冬季土壤不冻结的地区秋播（撒播或条播）。北方地区一般10月下旬露地条播，11月上旬设风障，露地越冬，春季移植。亦可春季在花坛解冻土中多粒穴播，株行距15cm×20cm。

【栽培要点】花菱草是直根性，越冬苗移植宜早不宜晚。幼苗期应保持充分的水分和养分供应，每次浇水不宜过大，施肥宜适量。春播苗应适时间苗和中耕除草。夏季开花，花后30天蒴果成熟，宜适时于清晨采收，否则种子易散失。

【园林用途】花菱草茎叶嫩绿带灰色，花色鲜艳夺目，是良好的花带、花境和盆栽材料，也可用于草坪丛植。

图8-39　花菱草

（十一）毛地黄（*Digitalis purpurea* L.）

【别名】自由钟、洋地黄、吊钟花

【科属】玄参科　毛地黄属

【识别特征】二年生或多年生草本，株高90～120cm。茎直立，分枝少，全株被短柔毛和腺毛。叶片卵圆形或卵状披针形，叶粗糙皱缩，基生叶呈莲座状，叶柄具狭翅；茎生叶柄短或无。总状花序顶生，花冠钟状，紫红色，筒内有浅白斑点［图8-40(a)］。蒴果卵形，花期6～8月份，果熟期8～10月份。

【常见品种】有白、粉和深红色等栽培品种。常见有三个变种：①白花毛地黄（*D. purpurea* var. *alba* Hort.），花白色；②大花毛地黄（*D. purpurea* var. *gloxiniiflora* Hort.），花序长，花大而有深色斑点［图8-40(b)］；③重瓣毛地黄（*D. purpurea* var. *monstrosa* Hort.），花部分重瓣，植株最高可达2m。

目前栽培品种中有一F₁代杂交新品种"卡米洛特"，株高100～150cm，花箭强壮，花朵大，深色斑点密布于花心，当年可开花，花期为4月中下旬至7月中下旬。

【生态习性】原产欧洲西部，我国园林习见。耐寒、耐旱、耐贫瘠，喜阳且耐阴，适宜湿润、排水良好的壤土。

【繁殖方法】播种繁殖或分株繁殖。毛地黄种子具好光性，发芽适温15～21℃。春、夏季播种，7～10天发芽，第二年开花；若7月份以后播种，翌年常不能开花。

图8-40(a)　毛地黄

【栽培要点】幼苗长至10cm左右移植。夏季育苗需要创造通风、湿润、凉爽的环境，秋凉后生长迅速，冬季冷床保护越冬，翌年春暖时定植于露地。生长期增加光照时数，能延长营养生长时间和延长花梗长度。冷凉条件下植株生长健壮，且有利于促进侧枝开花。生长期内应合理施肥和适当控制浇水，使土壤介于中等湿润到潮湿之间。夜间生长适温为8～12℃。短日照和低温有利于促进花芽分化。

【园林用途】毛地黄植株高大，花序挺拔，花色明亮优美，适宜布置花境背景，或作为大型花坛的中心材料栽植，若丛植则更为壮观。盆栽观赏多见于促成栽培。

其他较常见的一、二年生花卉见表8-3。

图8-40(b)　大花毛地黄

表8-3 其他常见的一、二年生花卉

中文名	学名	科别	株高/cm	花期（月份）	花色	主要形态特征	主要习性	繁殖	应用
含羞草	Mimosa pudica L.	豆科	30~60	7~10	淡红色	茎蔓生，羽状叶片，触之即闭合下垂	喜光、喜温暖湿润、耐半阴	播种	盆栽或地被栽植
勿忘草	Myosotis sylvatica Hoffm.	紫草科	25~60	春夏	总状花序蓝色	叶互生、有或无柄，叶长披针形或倒披针形	耐寒、喜凉爽和半阴	播种、分株、扦插	篱垣、棚架、地被
夏堇	Torenia fournieri Linden.	玄参科	20~30	6~9	总状花序，蓝紫、粉红色	叶对生，长心形	喜高温耐炎热、喜光、耐阴、不耐寒	播种、分株、扦插	花境、花缘、林缘、岩石园、盆栽、切花等
蛇目菊	Coreopsis tinctoria L.	菊科	60~80	6~8	舌状花黄色或红褐色，管状花紫褐色	茎多分枝；叶对生，无柄或具有柄	喜光且凉爽环境、耐寒、耐旱、耐瘠薄	播种、扦插	花境、地被、切花等
天人菊	Gaillardia pulchella L.	菊科	30~50	7~10	舌状花黄、褐色，管状花紫色	茎多分枝；叶互生，披针形或匙形	喜光、耐热、耐旱、耐半阴	播种	花坛、花丛、花境、切花等
红叶甜菜	Beta vulgaris L. var. eicla L.	藜科	30~40	5~7	红色	叶丛生于根颈处，卵圆形，肥厚具光泽，深红或红褐色	喜光、喜温凉、耐寒、喜肥	播种	花坛、花境、盆栽等
黄葵	Abelmoschus moschatus Medicus	锦葵科	100~200	7~8	黄色	茎多分枝，被硬毛；叶具钝锯齿	喜光、不耐寒；喜排水良好的土壤	播种	园林背景材料
风铃草	Campanula medium L.	桔梗科	20~50	4~6	白、蓝、紫及淡桃红色	莲座叶卵形，叶柄具翅，茎生叶小而无柄	夏秋凉爽、冬需温暖	播种	花坛、花境、盆栽等
长春花	Catharanthus roseus (L.) G. Don	夹竹桃科	40~60	7~11	玫瑰红、黄或白色等	茎直立，多分枝；叶对生，长椭圆形至倒卵形	喜温暖、干燥、喜光、耐瘠薄、忌偏碱	播种、扦插	花坛、花境、盆栽等
飞燕草	Delphinium ajacis L.	毛茛科	50~90	5~6	蓝、白、粉红色等	叶片掌状深裂或全裂	喜光、喜凉爽、耐寒、耐旱、忌积水	播种	盆栽、切花等
桂竹香	Cheiranthus cheiri L.	十字花科	35~50	4~6	橙黄、黄褐色或两混杂，有香气	茎基部半木质化；叶互生，披针形	耐寒、喜劳总忌热；喜阳和排水良好土壤	播种、扦插	花坛、花境、可作盆花
锦葵	Malva sylvestris L.	锦葵科	60~90	5~6	淡紫红色，有紫色条纹	叶互生，心状圆形或肾形，缘有顿齿，脉掌状	耐寒、适应性强，不择土壤	能自播	庭院隙地、花境、背景材料
五色椒	Capsicum frutescens var. cerasiforme	茄科	30~50	6~7	白色	茎木质化，多分枝；叶卵圆形至长椭圆	喜光、耐热、不耐寒	播种	多盆栽
高雪轮	Silene armeria L.	石竹科	30~60	5~6	白、粉红色、花小而多	叶对生，卵状披针形	喜温暖、忌高温多湿、耐寒、耐旱	播种	花坛、花境、岩石园、地被、盆栽、切花
月见草	Oenothera erythrosepala Borb.	柳叶菜科	100~150	6~8	淡黄色	叶互生，倒披针形至卵圆形	喜光照、耐瘠薄、耐旱、忌积涝	播种	丛植或成花境；假山石隙点缀或小路边缘栽植

第三节 宿根花卉

一、露地宿根花卉栽培特点

1. 露地宿根花卉的类型

露地宿根花卉是指植株根系形态正常，且能宿存于土壤中而渡过不良环境的多年生草本花卉。即不良环境（如严冬、酷暑等）来临时，或停止生长，或地上茎叶枯萎，而地下部分则宿存，环境适宜时再度萌发生长、开花结籽的花卉。如菊花、芍药、蜀葵等。

露地宿根花卉大多属于寒冷地区的生态型。可分为以下两大类。

（1）耐寒性宿根花卉　原产于温带和寒带，耐旱性强，冬季地上茎、叶全部枯萎死亡，地下根系则进入休眠状态，可以露地越冬，又称为露地宿根花卉。如菊花、鸢尾、萱草等。

（2）不耐寒宿根花卉　多数原产于热带、亚热带或温带暖地，冬季茎、叶绿色，温度较低时则停止生长呈半休眠状态。此类花卉耐寒性弱，在北方寒冷地区不能露地越冬，需要在温室中栽培，常将其归为温室花卉。如君子兰、鹤望兰、非洲菊等。

露地宿根花卉种类繁多，适应性强，栽培管理简便，是城镇绿化、美化的优良材料。

2. 露地宿根花卉的栽培特点

① 适应性强，一次栽植，可连续观赏多年。

② 种类繁多，形态、习性差异性大，适用于各类环境、各种应用形式栽植。

③ 以分株繁殖为主，也可扦插和播种，部分种类和品种亦可嫁接和压条。

④ 寿命长，根系强大。栽植前要深耕土壤和施足基肥，栽植深度要与根颈相齐。

⑤ 春季新芽萌动前，或秋末枝叶枯萎后，绕根部沟施有机肥1次；生长季节根据生长状况适时进行追肥。

⑥ 秋末枝叶枯萎后，自根际处剪去地上部分，以防病虫害发生或蔓延。

⑦ 露地越冬时，根据需要及时进行培土或覆盖；植株生长出现衰退或开花不良时，应结合繁殖进行更新，剪除老根、烂根，重新分株栽植；生长快，萌发力强的种类要适时分株。

⑧ 可根据栽培需要，通过移栽、摘心、抹芽、调节温度与光照等措施，进行促成或抑制栽培，实现周年生产，尤其是鲜切花类花卉。

二、常见的露地宿根花卉

（一）菊 花 [*Dendranthema morifolium (Ramat.)* Tzvel. 或 *Chrysanthemum morifolium* Ramat.]

【别名】秋菊、黄花、节华等

【科属】菊科　菊属

【识别特征】多年生宿根草本。株高20～200cm。茎直立，分枝状，基部半木质化。单叶互生，卵圆至长圆形，托叶有或无。头状花序顶生或腋生，一朵或数朵簇生。舌状花为雌花，筒状花为两性花。花色有红、黄、白、紫、绿、粉红等单色或复色（图8-41）。瘦果，褐色。花期有夏季、冬季及四季开花等不同生态类型，一般在10～12月份。生态类型不同，果熟期亦不同。

【常见品种】菊花品种繁多，全世界菊花品种已逾万种。其园艺分类方法有以下几种。

（1）依自然花期和生态类型分类

① 春菊：花期4月下旬～5月下旬。

② 夏菊：花期5月下旬～9月份。

③ 秋菊：花期10月中旬～11月下旬。

④ 冬菊：花期12月上旬～翌年1月份。

（2）依瓣形、花型分类

① 平瓣类：包括宽带型、荷花型、芍药型等6个花型 [图8-41（a）]。

② 匙瓣类：包括匙荷型、蜂窝型、莲座型等6个花型 [图8-41（b）]。

③ 管瓣类：包括单管型、翅管型、管盘型、松针型、疏管型等11个花型［图8-41（c）］。
④ 桂瓣类：包括平桂瓣、匙桂瓣、管桂瓣、全桂瓣4个花型。
⑤ 畸瓣类：包括龙爪型、毛刺型等3个花型。

(a)平瓣类　　　　　　　　　　　　(b)匙瓣类　　　　　　　　　　　　(c)管瓣类

图8-41　菊花

（3）依整枝方式或应用日的分类
① 独本菊：又称标本菊，即1株1花。
② 立菊（盆菊）：一株数花。
③ 大立菊：一株有数百多乃至数千朵花。
④ 悬崖菊：小菊整枝成悬崖状。
⑤ 嫁接菊：一株上嫁接多种花色的菊花。
⑥ 案头菊：株高20cm左右，花朵硕大，能表现出品种特性。
⑦ 菊艺盆景：由菊花制作的盆景、活用菊石相配成的盆景。

（4）依菊花花径大小分类
① 大菊：花径在18cm以上。
② 中菊：花径在9～18cm。
③ 小菊：花径在9cm以下。

园艺栽培的菊花品种属于高度杂交种，其主要亲本有小红菊［*D. chanetii*（Lévl.）Shih］、野菊［*D. indicum*（Linn.）Des Moul.］和紫花野菊［*D. zawadskii*（Herb.）Tzvel］等。

【生态习性】原产我国，世界各地广泛栽培，为世界四大切花之一。喜凉爽，耐寒、耐旱，忌积涝。生长适温18～21℃，花期夜间温度要求13～17℃，地下根茎耐低温极限为-10℃。喜土层深厚、富含腐殖质、疏松肥沃、排水良好的土壤。在微酸至微碱性土壤中皆能生长。但以pH6.2～6.7最好。忌连作。属典型短日照植物。14.5小时的长日照条件下进行营养生长；12h以上的黑暗与10℃的夜温条件，则有利于花芽发育。

【繁殖方法】扦插、分株繁殖为主，也可嫁接和压条。

（1）扦插繁殖　分芽插和枝插两种。
① 芽插：利用母株根旁萌发的脚芽作为插穗，在其叶片尚未展开时扦插，极易生根成活，由此法获得的苗生命力强，不易退化。
② 枝插：4～5月份从菊花母株上剪取带有5～7枚叶片的嫩枝作插穗，除上部的2～3枚叶片外，其余的全部摘除，削平下端，插入苗床土壤中。扦插深度为插穗长度的三分之一或者一半。插后浇透水，在15～20℃的条件下，15～20天生根成活。幼苗具3～5枚叶片时，可移栽至苗圃。

（2）嫁接繁殖　通常采用根系发达，生命力强的青蒿、白蒿、黄蒿为砧木，把需要繁殖的菊花株苗作接穗，用劈接法嫁接。视砧木粗细来确定嫁接接穗的数目，一般每株砧木接1～8个接穗。接好后适当遮荫，以防接穗萎蔫。待接穗成活、切口全部愈合后，取掉绑扎带并抹去砧木上生长的小枝叶。

（3）分株繁殖　3月份将菊花植株的根部全部挖出，按其萌发的蘖芽多少，根据需要以1～3

个芽为一丛分栽。用此法繁殖的株苗，植株健壮，发育快，不变异。

【栽培要点】菊花的露地栽培管理简单、粗放。在整个生长期除了要注意科学合理地灌溉、施肥外，还要注意"管"字。"管"，即打顶芽、抹腋芽、整型和保护叶片等。打顶芽就是在定植苗高15～20cm时，摘去顶端嫩梢，让其多发侧芽，多长枝，多生蕾，多开花。一般打顶2～3次。第一次在5月份进行，第二次在6月下旬进行，第三次在7月份进行。分枝点之间的距离根据株型来定，一般是10～15cm，以3～5片叶子最好。为了使花朵硕大，在其生长中后期，特别是后期要进行抹腋芽和摘除部分花蕾，以保证所留花蕾的营养供应充足。控制株型，除修整枝芽外，还可通过针刺、捏枝等方法来抑制或延缓其生长。亦可用矮化素类的药物使之矮化。此外，在菊花栽培管理过程中，还要注意保护好叶片，特别是下部茎基上的叶片。

促成栽培和抑制栽培：长日照季节，每天17时至次晨9时进行遮光，只日照10小时，直至花蕾显色时停止，促使提前开花。短日照季节，每天补充光照至14小时，控制花芽分化，延迟花期。

【园林用途】菊花作为我国十大名花之一，品种繁多，花型、花色丰富多彩。广泛用于花坛、地被、盆花和切花等。早花品种及岩菊还可以用于布置岩石园。

（二）芍药［*Paeonia lactiflora* Pall.（*P.albiflora* Pall.）］

【别名】将离、没骨花、白术等

【科属】芍药科　芍药属

【识别特征】多年生宿根草本，具肉质根。茎丛生，株高60～100cm。二回三出羽状复叶，椭圆形至披针形，全缘，先端长渐尖，绿色，嫩叶红色，茎基部常有鳞片状变形叶。花1至数朵生于花枝顶端，芳香，花瓣白、粉、红或紫红色（图8-42）。蓇葖果，种子黑色，球形。花期4～6月份，果熟期7～8月份。

【常见品种】芍药品种繁多，花色、花型多变。园艺上常见分类方法如下

（1）依据色系分类　有白色系、黄色系、粉色系。

（2）依据花期分类

① 早花品种　花期5月10～18日。

② 中花品种　花期5月18～25日。

③ 晚花品种　花期5月25～30日。

（3）依花型及瓣形分类

(a) 单瓣类

(b) 千层类

(c) 楼子类(金环型)　　　(d) 台阁类

图8-42　芍药

① 单瓣类：花瓣1～3轮，雌雄蕊发育正常，结实力强。如紫玉奴、粉绒莲等［图8-42(a)］。

② 千层类：花瓣多轮，内外瓣区分不明显。包括：a. 荷花型——花瓣4轮以上，花瓣宽大，雌雄蕊发育正常；b. 菊花型——花瓣6轮以上，花瓣由外向内渐小；c. 蔷薇型——花瓣层次极多，由外向内显著变小，雌雄蕊全部瓣化［图8-42(b)］。

③ 楼子类：外轮大型花瓣1～3轮，内部瓣化花瓣无层次，逐渐突起于外轮花瓣之上。雄蕊部分瓣化或全部瓣化，雌蕊正常或部分瓣化。如：a. 金蕊型——雄蕊的花药、花丝增大变粗，花心呈鲜明的金黄色；b. 托桂型——雄蕊瓣化成细长的花瓣，雌蕊正常；c. 金环型——雄蕊在近花心的部分瓣化，上下花瓣之间残留一环黄色的正常雄蕊［图8-42(c)］。

④ 台阁类：全花分上、下两部分，在上、下花之间着生有雌蕊瓣化瓣或退化雌蕊，有时也出现正常雄蕊或退化雄蕊［图8-42(d)］。

【生态习性】原产中国北部、日本及西伯利亚等地，各地园林习见栽培。芍药是我国十大名花之一。性耐寒，在我国北方能露地越冬。喜阳光充足、湿润的环境，稍耐阴，不耐积水和盐碱，

喜肥，适宜土层深厚、疏松、肥沃、排水良好的砂质壤土或壤土栽植。

【繁殖方法】以分株繁殖为主，亦可根插。播种繁殖多用于杂交育种，宜随采随播，否则应沙藏。

（1）分株繁殖　于9月下旬至10月上旬分株。分株时，将全株掘起，震落根部附土，用刀切开，使每个根丛具3～5个芽，然后将分株根丛栽植到已准备好的圃地。分株根丛较大（具3～5芽）者，第二年可开花，但花朵较小。根丛较小（具2～3芽）者，第二年生长不良或不开花，一般要培养2～5年才能开花。

（2）根插繁殖　秋季分株时，将断根切分成5～10cm的小段作插穗，插入苗床内并浇透水。45～60天生根，并产生休眠芽。

【栽培要点】芍药根系较深，栽培前土地需深耕并施足基肥后筑畦。栽植的株行距因用途不同而异，布置花坛时为70cm×90cm，苗圃栽植时为45cm×60cm。栽植时，注意根系舒展，覆土应适当压实。花前保持土壤湿润可使花大而妍丽；花期土壤干燥，花朵易凋萎。春季开花前后各施1～3次追肥。开花前除去所有侧蕾，花后及时剪除残枝、残花。开花时易倒伏的品种需设支柱支撑。

【园林用途】园林上常布置为专类花坛或配植花境，可成片栽植，亦可带状栽植。还可以盆栽观赏和用作切花。

（三）荷包牡丹 [*Dicentra spectabilis* (L.) Lem.]

【别名】荷包花、蒲包花、兔儿牡丹等

【科属】罂粟科（或紫堇科）　荷包牡丹属

【识别特征】多年生草本，株高30～60cm。具肉质根状茎。叶对生，二回三出羽状复叶，状似牡丹叶，叶具白粉，有长柄，裂片倒卵状。总状花序顶生呈拱状。花下垂，白色或鲜桃红色，花瓣外面2枚基部联合呈囊状，内部2枚近白色，形似荷包（图8-43）。蒴果。种子细小有冠毛。花期4～5月份。

【生态习性】原产我国和日本，各地园林习见栽培。喜光，但忌阳光直射，喜湿润，耐半阴。耐寒性强，宿根在我国北方可露地越冬，夏季高温时休眠。不耐干旱。适宜肥沃、湿润、富含有机质的壤土，砂土及黏土栽植时，明显表现生长不良。

【繁殖方法】以分株繁殖为主，亦能扦插和播种繁殖。

（1）分株繁殖　秋季挖出地下根状茎，剪除老根、腐根，将根茎按自然段顺势分开，分别栽植。3年左右可分株1次。

（2）扦插繁殖　将根状茎截成带有芽眼小段后，插于沙中，待生根后栽植。

图8-43　荷包牡丹

（3）种子繁殖　秋播或将种子层积处理后春播，实生苗培育3年才能开花。

【栽培要点】秋后至春季发芽前均可进行栽植。荷包牡丹忌强日光直射，应栽植在疏荫下或有一侧遮荫的地方，也可于花开中后期布施遮阳网。露地栽培的株行距为(30～50)cm×(70～80)cm。栽后浇透水，平时应保持根土潮湿，雨季要排水防涝，入冬后浇1次封冬水，稍加覆盖或自然越冬。早春萌芽后施1～2次饼肥水。夏季茎叶枯黄进入休眠期，可将枯枝剪去。

【园林用途】荷包牡丹在园林中可丛植、行植或布置花境、花坛。亦可疏林下作地被栽植，也适宜盆栽和切花栽培，

（四）鸢尾（ *Iris tectorum* Maxim. ）

【别名】蓝蝴蝶、扁竹花等

【科属】鸢尾科　鸢尾属

【识别特征】宿根草本。根状茎淡黄色。株高30～40cm，叶剑形，淡绿色，全缘，交互排列

成两行，基部抱茎，侧扁，中肋明显，叶脉平行。花茎稍高于叶丛，花单生，蝶形，蓝紫色，花被片6，两轮排列，下部连合，外轮3片大，倒卵形，外弯或下垂，称垂瓣；中肋中央有一行鸡冠状白色带紫纹突起；内轮3片较小，向上直立或呈内拱形，称旗瓣[图8-44(a)]。花柱分枝成3片，花瓣样扁平，常与花被同色，外展覆盖雄蕊[图8-44(b)]。蒴果，长圆形。花期4～5月份，果熟期6～10月份。

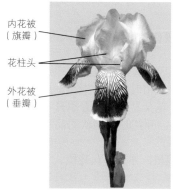

内花被（旗瓣）
花柱头
外花被（垂瓣）

图8-44(a)　鸢尾花部构造　　图8-44(b)　鸢尾　　　　图8-44(c)　马蔺

【常见品种】同属常见栽培的种类如下。

（1）马蔺 [*I. lactea* Pall. var. *chinensis* (Fisch.) Koidz.]　原产中国和朝鲜。根茎粗短。叶丛生，狭线形，质地坚硬。花茎稍短于叶长，花小，堇蓝色[图8-44(c)]。花期5月份。适应性强，是作地被或镶边的极好材料。

（2）蝴蝶花（*I. japonica* Thunb.）　原产我国长江流域。根茎细小。叶深绿色，有光泽。花较小，淡紫或蓝紫色。

（3）黄菖蒲（*I. pseudacorus* L.）　原产欧洲。根茎肥短，植株高大而健壮，叶长剑形，中肋明显。花茎与叶等长。大型花，黄色或白色。花期5～6月份。

（4）德国鸢尾（*I. gerinanica* L.）　原产欧洲。根茎粗壮，株高60～90cm，叶剑形，绿色略带白粉。花有纯白、白黄、姜黄、桃红、淡紫、深紫等色。花期5～6月份。

【生态习性】原产我国，各地均有栽培。耐寒性强，露地栽培时，我国大部分地区均可安全越冬。喜光，喜适度湿润环境，稍耐阴，耐干燥。夏季花后地下茎有一短暂的休眠期，霜后地上部分枯黄。适宜排水良好、微酸性至弱碱性的壤土栽植。

【繁殖方法】多采用分株繁殖，亦可用播种繁殖。2～4年分株1次，春、秋两季或花后进行。种子成熟后立即播种，2～3年可开花。

【栽培要点】选择适宜的环境和土壤进行栽植。分根栽植要及时，花后分株要避开雨季，分株太小，则会影响翌年开花。分株时，应将植株上部叶片剪去，留20cm左右为宜。栽植宜浅不宜深，植前要施足基肥，植后要及时浇水。

【园林用途】鸢尾叶丛美观，花色艳丽。园林上常用于布置花坛、花境及岩石园。

（五）荷兰菊（*Aster novibelgii* L.）

【别名】柳叶菊、纽约紫菀
【科属】菊科　紫菀属
【识别特征】多年生宿根草本。有地下走茎，茎丛生，多分枝，株高25～100cm。叶长圆形至线状披针形，近全缘，基部微抱茎，暗绿色，幼嫩时微呈紫色。头状花序单生呈伞房状排列。花色有粉色、白色、蓝紫色等（图8-45）。花期8～10月份。
【生态习性】原产北美。耐寒性强，可

图8-45　荷兰菊

露地越冬。喜温暖、湿润、阳光充足、通风良好的环境。耐炎热。对土壤要求不严。

【繁殖方法】常用播种、扦插和分株繁殖。4月份春播，播后12～14天发芽，但品种特性易退化；春、夏季剪取嫩茎扦插，插后18℃左右，18～20天生根；分株繁殖在春、秋季均可进行，一般每3年分株1次。

【栽培要点】欲使株型丰满、花繁色艳，应注意栽种前施足基肥，生长期每2周追施1次稀薄饼肥，并及时浇水，同时合理密植。夏季适时摘心和修剪，促使花朵繁密；冬季地上部枯萎后，适当培土保苗。

【园林用途】荷兰菊适合布置花坛、花境等；更适合作切花材料。亦能盆栽观赏。

（六）玉簪（*Hosta plantaginea* Aschers）

【别名】玉春棒、白鹤花等

【科属】百合科 玉簪属

【识别特征】宿根草本，株高30～50cm。叶基生成丛，卵形至心状卵形，叶柄有翼槽，叶脉呈弧状，平行。总状花序顶生，高于叶丛。花为白色，管状漏斗形，浓香[图8-46(a)]。花期6～8月份。

【常见品种】园艺栽培的多为杂交品种，其叶片有浅蓝、蓝绿、灰绿、黄绿等颜色。变种有重瓣玉簪[*H. plantaginea*（*Lam.*）*Aschers. var. plena* Hort.]。同属常见栽培观赏的种类如下。

（1）紫萼[*H. ventricosa*（Salisb.）Stearn] 叶长椭圆形至披针形。总状花序顶生，花为白色或紫色，管状漏头形，浓香[图8-46(b)]。有花叶变种。花期6～8月份。

（2）波叶玉簪[*H. undulata* Bailey.] 叶长椭圆形，叶面有乳黄或白色纵纹。花小，淡紫色[图8-46(c)]。

图8-46(a) 玉簪　　　　图8-46(b) 紫萼　　　　图8-46(c) 波叶玉簪

【生态习性】原产中国、日本。喜阴湿，耐寒冷，忌强光照射。适宜土层深厚、肥沃、湿润且排水良好的砂质壤土栽培。

【繁殖方法】以分株繁殖为主，亦可播种繁殖。春季3～4月份或秋季10～11月份均可进行分株。

【栽培要点】玉簪适应性强，栽培管理简便。栽植前要施足基肥，生长期内每半月施肥水1次，忌浓肥水。适宜阴湿环境，忌水涝和阳光直射，否则叶片失绿变薄，甚至枯死。冬季严寒地区，地上茎叶枯萎后，需培土保护越冬。

【园林用途】玉簪花轻盈纤秀，叶丛茂密，耐阴性强，可成片种植在林下或其他蔽荫处，也可盆栽观赏。

（七）大花萱草（*Hemerocallis middendorffii* Trautv. et Mey.）

【别名】黄花菜、金针菜

【科属】百合科 萱草属

【识别特征】宿根草本。具短粗根状茎和纺锤形肉质根。叶基生，宽线形，拱形弯曲。相对排成两列，鲜绿色，中脉两侧略对折，横断面呈"V"字形。花葶细长坚挺，着花6～10朵。聚伞花序顶生。花大，漏斗形，花被裂片长圆形，下部合成花被筒，上部开展而反卷，边缘波状，鲜黄色或橘红色[图8-47(a)]。蒴果，背裂。种子黑色。花期6～7月份。

【常见品种】近年来园林中常见栽培的同属植物为金娃娃萱草[*H. fulva*(L.)L.]，原产美国，20世纪经中科院引至北京，现广泛栽培。具有植株低矮、花期长、抗逆性强、花色鲜艳的特点。株高30～40cm，叶条形，丛生，宽约1cm。圆锥花序，花漏斗形，金黄色，花径约7～8cm，数朵生于花茎顶端[图8-47(b)]，花期4～10月份。

【生态习性】原产我国，各地园林习见栽培。喜阳光充足、湿润的环境。耐旱且耐寒性强，其宿根在华北可露地越冬。耐贫瘠与盐碱。对土壤选择性不强，但以富含腐殖质，排水良好的湿润土壤为宜。

【繁殖方法】以分株繁殖为主，亦可扦插和播种繁殖。春、秋季均可分株，若春季分株，夏季可开花，通常3～5年分株1次。

【栽培要点】大花萱草适应性强，管理简单粗放。栽植前施足基肥。定植株行距一般为35cm×45cm，定植后每3周追肥1次，并保持土壤湿润。其蒴果成熟不一致，留种时注意分批采收。多倍体品种可人工辅助授粉，以提高其结实率。

【园林用途】花色鲜艳，栽培容易，且春季萌发早，绿叶成丛极为美观。园林中多丛植或于花境、花坛、林缘栽植。

图8-47(a)　大花萱草

图8-47(b)　金娃娃萱草

（八）大花金鸡菊（*Coreopsis grandiflora* Hogg.）

【别名】剑叶波斯菊

【科属】菊科　金鸡菊属

【识别特征】宿根草本，株高30～60cm。茎直立，多分枝。基生叶和部分茎下部叶披针形或匙形；茎生叶具深裂，裂片披针形或条形。头状花序，有细长花梗，边缘一轮舌状花，黄色，其他为管状花（图8-48）。瘦果，圆形，黑褐色，具膜质翅。花期6～8月份。

【常见品种】园林栽培的大花金鸡菊分单瓣品种和重瓣品种。

【生态习性】原产美国，各地园林习见栽培。喜肥沃、湿润、排水良好的砂质壤土。耐干旱与贫瘠，亦耐寒。能自播繁殖。

【繁殖方法】播种繁殖，重瓣品种分株繁殖。

【栽培要点】大花金鸡菊适应性强，栽培管理简单。长日照或充足光照条件下，自播种至开花仅需11～12周，可作一年生花卉栽培。定植株行距一般为20cm×40cm。栽培过程中，肥水不宜过大，否则易徒长。入冬前需剪去地上部分并浇越冬水。

【园林用途】大花金鸡菊花大而艳丽，可用于布置花境，在草地边缘、坡地、草坪中成片栽植及用作地被，也可作切花。

图8-48　大花金鸡菊

（九）宿根福禄考（*Phlox paniculata* L.）

【别名】天蓝绣球、锥花福禄考

【科属】花荵科（花葱科）　天蓝绣球属（福禄考属）

【识别特征】宿根草本，茎直立，株高60～120cm。叶长椭圆形或披针形，十字形对生或轮生。圆锥花序顶生，花冠高脚碟状，花有白、粉红、深红、蓝等单色或复色[图8-49(a)]。花期6～9月份。

【常见品种】园艺品种较多。同属常见栽培观赏的宿根草本为丛生福禄考（*P. subulata* L.），原产北美。常绿，耐寒。茎匍地生长，老茎半木质化，株高8～10cm。叶革质，钻形，簇生，花呈高脚杯形，有深粉红、玫瑰紫、白、淡红及黄色等[图8-49(b)]，花期3～5月份。

【生态习性】原产北美，广泛栽培。耐寒性强。喜阳光充足的环境，适宜排水良好的石灰质壤土栽植。

【繁殖方法】用分株、扦插、播种法均可。分株繁殖在春季萌发时进行，3～4年分株1次。扦插繁殖用茎、根作插穗，根插在春季分株时进行，先将地下根掘起切成段，撒播于沟中，稍覆土即可出苗；茎插则在生长期内剪取5～8cm长茎段，扦入土中，注意保湿，约10天可生根，当年就能开花。实生苗易变异，应用较少。

【栽培要点】露地栽培株距以30～35cm为宜，生长期要经常浇水，保持土壤湿润，并追施2～3次液肥。注意中耕除草，花后及时剪去残花，以促其分枝茁壮成长。雨季及时排水防涝。秋末加强肥水养护，摘除残花枯枝，以促其生长。入冬前及时剪除植株地上部分，并浇防冻水。

【园林用途】可用于布置花坛、花境，亦可点缀草坪，还可用作盆栽或切花。

图8-49(a)　宿根福禄考

图8-49(b)　丛生福禄考

（十）八宝景天（*Sedum spectabile* Boreau）

【别名】蝎子草、大叶景天、长药景天等

【科属】景天科　景天属

【识别特征】多年生肉质草本，株高30～50cm。地下茎肥厚，地上茎簇生，冬季枯萎。叶轮生或对生，倒卵形，肉质，具波状齿。伞房花序。花小，粉红、白、紫红、玫红色等［图8-50(a)］。蓇葖果。花期7～9月份。

【常见品种】同属常见栽培观赏的多年生肉质草本植物除佛甲草（前述）外，还有如下几种。

（1）德国景天（*S. hybridum* Immergrunchell）株高15～20cm，叶椭圆形，对生或轮生，聚伞花序，花黄色密集［图8-50(b)］。喜光，稍耐阴，耐寒，耐旱，不择土壤，忌湿涝。适宜布置花境、花坛。

（2）垂盆草（*S. sarmentosum* Bunge）又名卧茎景天，高9～18cm，茎横卧或上部直立。叶3片轮生，全缘，倒披针形至长圆形。聚伞花序，花瓣5，淡黄色，无梗［图8-50(c)］。花期5～6月份，果期7～8月份。用于岩石园、地被或立体花坛。

（3）费菜（*S. kamtschaticum* Fisch.）高10～40cm，茎斜伸，叶互生或对生，倒披针形至狭匙形，基部渐狭，先端宽钝有钝齿，长2.5～5cm，聚伞花序，橙黄色，花期6月份。适于丛植、花坛、花境和岩石园，也可盆栽。

（4）三七景天（*S. aizoon* L.）单叶互生，广卵形至倒披针形，上缘有粗齿，基部楔形，近无柄，聚伞花序密集，黄色至红色。适于花坛、花境和岩石园，也可做切花。

图8-50(a)　八宝景天

【生态习性】原产中国中部及东北地区。喜强光、干燥、通风良好的环境，能耐-20℃的低温。耐贫瘠和干旱，忌雨涝积水。适宜排水良好的土壤栽植。

【繁殖方法】以扦插繁殖为主，亦可分株繁殖。

【栽培要点】注意选择适宜栽培环境。少浇水，且要及时排出积水，否则会引起烂根。生长期适温为15～18℃，白天为24～26℃。生长季节施以有机氮肥为主的低浓度肥水1～2次。春季或秋季花后将老化枯黄的地上部分茎叶剪除，但切勿将新生的幼芽剪掉。此外，园艺栽培上，经常通过保持高水平光照、适度水分胁迫和适当间距来控制其长势。

图8-50(b)　德国景天

【园林用途】八宝景天植株整齐，生长健壮，花开时似一片粉烟，群体效果极佳，是布置花坛、花境和点缀草坪、岩石园的好材料，亦可用于盆栽观赏。

图8-50(c)　垂盆草

（十一）黑心菊（*Rudbeckia serotina* Nutt.）

【**别名**】毛叶金光菊、黑眼松果菊

【**科属**】菊科　金光菊属

【**识别特征**】多年生宿根草本，株高60～100cm，枝叶粗糙，全株被粗糙刚毛。近根出叶，匙形，叶柄有翼；上部叶互生，长椭圆形或阔披针形，全缘，无柄。头状花序，花径8～15cm。舌状花单轮，金黄色或花瓣基部紫褐色；管状花从紫黑色变为深褐，圆锥或半球形突起（图8-51）。瘦果黑色，细柱状。花期7～10月份。

【**常见品种**】观赏栽培的品种有：边花花色为栗色、铜棕色等单色或双色的变种；亦有重瓣型、半重瓣型的品种。

【**生态习性**】原产北美。喜向阳通风环境，耐寒、耐旱，适应性强。适宜疏松、肥沃、排水良好的壤土栽植。能自播繁殖。

【**繁殖方法**】播种繁殖与分株繁殖。春、夏、秋气温在21～30℃时均可播种。选疏松肥沃、排水良好的土壤做苗床，播种后稍覆土，10～15天发芽，幼苗具2～4片真叶时移植。

【**栽培要点**】幼苗8～10片叶时定植，成活后适当施肥、浇水。生长适温为10～30℃，开花期或炎热夏季应适当遮阴，以利生长和保持花色艳丽。花谢后及时剪除残花，可促进新的花蕾产生。雨季注意防止水涝。

图8-51　黑心菊

【**园林用途**】多用于庭园布置，可作花坛、花境材料，或布置草地边缘，亦可作切花。

（十二）石碱花（*Saponaria officinalis* L.）

图8-52　石碱花

【**别名**】肥皂草

【**科属**】石竹科　肥皂草属

【**生态习性**】原产欧洲，世界各广泛栽培。耐寒、耐旱，适应性强，一般土壤均能生长。地下茎发达，易自播繁殖。

【**识别特征**】多年生宿根草本。株高30～90cm，叶椭圆状披针形，对生近无柄，基出三脉明显。聚伞花序顶生，花白色，有红、淡红、粉红色品种，也有重瓣、单瓣之分（图8-52）。花期6～8月份。

【**繁殖方法**】播种、分株繁殖。3～4月份播种，发芽适温为18～20℃，10～12天发芽。若将种子浸泡，并放于2～5℃条件下，处理1～2周，可以提高发芽率，春播后当年可开花。分株繁殖春、秋季均可，但多在秋季进行，2～3年进行1次，可使老株得到更新复壮。

【**栽培要点**】早春植株萌发前要及时浇水，生长季节注意松土除草。除保证足量的氮肥外，同时配合磷、钾肥的使用，以促使花蕾分化，使花硕大艳丽，花期延长。花谢后应及时进行修剪，并追施2次稀薄腐熟的有机肥，秋季可第二次开花；入冬前应清除枯枝落叶，并施足基肥和水，以便安全越冬。

【**园林用途**】石碱花广泛应用于园林绿化中，作花坛、花境背景，可丛植于林地、篱旁。

（十三）蜀葵（*Althaea rosea* Cav.）

【**别名**】胡葵、端午锦等

【**科属**】锦葵科　蜀葵属

【**识别特征**】多年生宿根草本，可作二年生栽培。茎直立，少分枝。株高达1.5～2.5m，也有矮生种。叶互生，心脏形。花单生于叶腋或总状花序顶生，花有紫、粉、红、白等色，单瓣或重瓣（图8-53）。分裂果，种子扁圆肾形。花期6～8月份。

【**生态习性**】原产中国，各地园林习见栽培。喜光，耐半阴，忌水涝。地下部分耐寒，黄淮及以北地区可露地越冬。不择土壤，但在疏松肥沃的土壤中生长良好。

【繁殖方法】以播种繁殖为主，亦可分株与扦插繁殖。北方多春播，南方可秋播，发芽整齐。常秋季分株。重瓣品种多用基部抽生的侧枝扦插。

【栽培要点】蜀葵栽培管理简便、粗放。幼苗移植后适时浇水，生长期施2～3次氮肥为主的液肥。当形成花芽后至开花前，结合中耕除草施磷、钾肥为主的追肥1～2次，以利于植株健壮和延长花期。花后及时将地上部分剪掉，翌年还可萌发新芽。蜀葵栽植3～4年后，植株易衰老，应及时更新。

蜀葵种子成熟后易散落，应及时采收。此外，蜀葵易杂交，为保持品种纯度，不同品种应隔离种植。

【园林用途】蜀葵花色丰富，花大而妍丽，适合列植和丛植，是布置花境如墙基、路边及拐角等的好材料，亦可用作篱边绿化。

图8-53　蜀葵

（十四）金光菊（*Rudbeckia laciniata* L.）

【别名】臭菊

【科属】菊科　金光菊属

【识别特征】宿根草本。株高可达60～250cm，无毛或稍具短粗毛。基部叶羽状，5～7裂，茎生叶3～5裂，边缘具稀锯齿。头状花序生于长梗上，舌状花单轮，倒披针形下垂。花黄色或金黄色，管状花黄绿色（图8-54）。有重瓣金光菊、矮生金光菊等品种。花期7～9月份。

【生态习性】原产加拿大和美国，世界各地广泛栽培。喜阳光充足，通风良好的环境。耐寒、耐热、耐旱，但忌水湿。茎坚硬不易倒伏。适宜疏松、排水良好的砂质土壤栽植。

图8-54　金光菊

【繁殖方法】分株繁殖或播种繁殖。春、秋季均可进行繁殖。

【栽培要点】金光菊开花繁盛，株型扩展快，花期养分消耗大，因此在生长季节，尤其是花前花后要及时施肥供水，保持土壤湿润。花前多施磷、钾肥，则可使花色艳丽，株型丰满。浇水适当控制，可使植株低矮健壮。当植株长高1m以上时，需及时设支架进行绑扎，以免倒伏和折断。为了促使侧枝生长，延长花期，当第一次花谢后要及时剪去残花。

【园林用途】金光菊株型较大，盛花期花朵繁多，光彩夺目，且花期长，适合布置花坛，花境及草坪边缘。亦是切花、盆栽的好材料。

（十五）宿根天人菊（*Gaillardia aristata* Pursh.）

【别名】虎皮菊、车轮菊等

【科属】菊科　天人菊属

【识别特征】多年生草本。株高50～90cm。叶互生，倒披针形至线状披针形，有柄或无柄；头状花序单生于茎顶，舌状花黄色，基部紫色，有基部红色品种，管状花黄色或紫色（图8-55）。瘦果，倒圆锥形，有硬冠毛。花期6～11月份。果熟期8～10月份。

同属常见观赏栽培的还有一年生草本天人菊（*G. pulchella* Foug.），株高约20～60cm。叶互生，披针形、矩圆形至匙形，全缘或有疏齿。舌状花先端黄色，基部褐紫色[图8-55(a)]。花期夏、秋季。

【生态习性】原产北美，世界各国多有栽培。适应性强，抗寒、耐热、耐旱、耐瘠薄，喜阳光充足、通风良好的环境，适宜排水良

(a)　　　　　　　　(b)

图8-55　宿根天人菊

好的砂壤土、壤土栽植。

【繁殖方法】播种繁殖。4月上旬于温室苗盘撒播。播后喷水，并置于温度为20～22℃的环境中催芽，种子露白后进行苗期管理。2～3年分株1次。

【栽培要点】宿根天人菊的栽培管理较为粗放。子叶完全展开后进行移植，移植后要适时浇水与施肥，幼苗具2～3对真叶时定植。生长适温为12～20℃，生长7～8周进入花芽分化阶段。在12～15℃的条件会延迟花期，但株形会更紧凑。花期要保持土壤湿润，缺水会使花期缩短。花后及时剪除残花，以便再次开花。入冬前地上部分枯萎变黄时，剪除枯萎的茎叶并浇冻水。

【园林用途】可用于布置花坛、花境、花丛等，亦可成丛、成片地植于林缘和草地中。矮生品种可作地被栽植。株型高大者可作切花。

（十六）假龙头（*Physostegia virginiana* Benth.）

图8-56　假龙头

【别名】随意草、芝麻花

【科属】唇形科　假龙头花属

【识别特征】多年生宿根草本。茎四棱，丛生，株高30～80cm。单叶对生，披针形，有锯齿。穗状花序顶生，唇形花，花色有白色、紫粉色、复色三种（图8-56）。花朵在花序上的排列近呈羽状，酷似芝麻，故名芝麻花。花期7～9月份。

【生态习性】原产北美。喜温暖、阳光充足的环境，耐寒，耐肥，耐半阴，忌干旱。适宜疏松、肥沃、排水良好的砂质壤土或壤土栽植。地下匍匐根茎发达，花后植株衰老枯萎，地下根茎会蘖萌许多新芽形成新植株。

【繁殖方法】分株或种子繁殖。早春或花后进行分株繁殖，一般1～2年分株1次。4～5月份进行播种。种子发芽的适温为18～20℃，8月份就能开花。

【栽培要点】生长季节注意及时浇水，保持土壤湿润。每半月施1次氮、磷、钾复合肥，以壮苗和促使花朵繁盛。适当摘心1～2次，促其腋芽萌生成枝，以使植株矮化和株型丰满。入冬前，剪去当年生花后的枝条，并浇冬水。

【园林用途】假龙头枝茎挺直，叶片整齐，花色秀丽，适合丛植和片植，适宜布置花坛、花境，亦适宜盆栽与切花栽植。

其他常见的宿根花卉见表8-4。

表8-4　其他常见宿根花卉

中文名	学名	科别	株高/cm	花期（月份）	花色	主要形态特征	主要习性	繁殖	应用
常夏石竹	*Dianthus plumarius* L.	石竹科	20～40	5～10	紫、粉红白等	茎蔓状簇生；叶灰绿色，长线形	阳性，喜通风，耐半阴，耐寒	播种、分株、扦插	丛植、花坛、地被
火炬花	*Kniphofia uvaria* Hook.	百合科	80～120	6～7	总状花序；小花橘红	茎直立，叶线形	喜光、耐半阴；喜温暖湿润	播种、分株	丛植、花境、切花
桔梗	*Platycodon grandiflorum*（Jacq.） A. DC.	桔梗科	30～80	5～10	淡紫色	叶卵形，边缘具锯齿	喜光、喜凉爽湿润；耐微阴	播种、分株	花境、岩石园
东方罂粟	*Papaver oriental* L.	罂粟科	60～100	5～6	深红、橙红、灰白等	基生叶羽裂，密被白色柔毛	耐寒，忌炎热和水涝，喜阳	播种	花境、丛植
射干	*Belamcanda chinensis*（L.）DC.	鸢尾科	60～130	7～9	红色	叶剑形，排列在一个平面上	喜光和温暖，耐旱，耐寒	播种、分株	花坛、花境、切花
草芙蓉	*Hibiscus moscheutos*	锦葵科	60～200	6～9	白、粉、红、紫等色	叶广卵形，叶柄、叶背密生灰色星状毛	喜温暖湿润，略耐阴，忌干旱	播种、扦插、分株	花坛、花境、丛植

第四节　球根花卉

一、露地球根花卉栽培特点概述

1. 球根花卉的生态习性

（1）光照条件　除百合科的部分种类以外，如山百合、山丹等，大多数球根花卉要求日照充足。除唐菖蒲、麝香百合等少数种类为长日照花卉外，多数种类为中日照花卉。日照时数影响球根花卉地下器官的发育。

（2）土壤条件　多数球根类花卉喜中性至微碱性肥沃、疏松、保水排水性良好的砂质壤土或壤土。

（3）水分条件　球根花卉不耐积水，尤其是在休眠期，否则会造成地下器官腐烂，但在旺盛生长期则需要有充分的水分供应。栽培床低洼积水时，应设排水管；土壤黏重或排水性差的可采用高畦栽植。

2. 球根花卉的繁殖

（1）分球　应用普遍，如百合类、唐菖蒲、晚香玉、大丽花、美人蕉、郁金香等。

（2）分栽珠芽　卷丹除分球外，还可分栽叶腋着生的黑紫色珠芽。

（3）扦插　百合常用肉质鳞叶扦插；大丽花用地上茎扦插。

（4）播种　除中国水仙外，一般球根花卉均可播种繁殖，但异花授粉的球根花卉播种繁殖时，常发生变异或分离。

3. 露地球根花卉的栽培管理

（1）栽植深度　球根花卉的栽植深度因土质、栽培目的及种类不同而异。黏重土壤栽培应略浅，疏松土壤可略深；留作母株繁殖子球或每年掘起采收者，宜浅植。用于观赏栽培者，宜深植。

球根栽植深度，大多数为球高的 $2 \sim 3$ 倍。而多数百合类花卉要求栽植深度为球高的4倍以上；晚香玉以球根顶部与地面相平为宜，朱顶红应将球根 $1/4 \sim 1/3$ 露于土面之上。

（2）株行距　应视植株大小而定，如大丽花约 $60 \sim 100$ cm；风信子、水仙约 $20 \sim 30$ cm；葱兰、番红花等为 $5 \sim 8$ cm。

（3）移植定植　球根花卉的多数种类根少而脆，生长期忌移植。球根花卉大多叶片甚少或有定数，栽培中应注意保护，避免损伤。

（4）切花与修剪　切花栽培者在保证切花长度的前提下，应尽量多保留植株茎叶。花后及时剪除残花，以防结实而过多消耗养分。以生产球根为目的的球根花卉，花蕾始现时应立即将其除去，并适当多施磷钾肥，以使球根肥大充实。

（5）施肥管理　球根花卉喜磷肥，对钾肥需求量中等，对氮肥要求则较少，追肥时应注意营养元素间的比例要适宜，以免造成徒长和花期延迟。施用有机肥必须充分腐熟，否则会导致球根腐烂。

4. 球根花卉的采收与贮藏

（1）采收时期　球根花卉休眠后，叶片呈现萎黄时，即可采收球根并贮藏。一般叶 $1/2 \sim 2/3$ 变黄时为适宜采收期。采收过早，球根不充实；过迟，地上部分枯落，不易确定土中球根的位置。

（2）贮藏方法　球根贮藏方法因种类不同而异，对于通风要求不高，需保持适度湿润的种类，如美人蕉、大丽花等多混入湿润沙土堆藏；对要求通风干燥贮藏的种类，如唐菖蒲、郁金香、风信子等，可在室内设架贮藏。春植球根冬季贮藏应保持在5℃左右，不可低于0℃或高于10℃；秋植球根夏季贮藏时，要保持贮藏环境的干燥与凉爽，防止病虫及鼠类危害。

5. 球根花卉的应用

球根花卉种类丰富，花色艳丽，花期长，易栽培。是园林布置较理想的植物材料之一。球根花卉常用于花坛、花境、岩石园、地被和点缀草坪等。同时球根花卉又是重要的切花花卉，如唐菖蒲、郁金香、百合等。此外，部分球根花卉还可提取香精、食用和药用。

二、常见的露地球根花卉

（一）大丽花（*Dahlia pinnata* Cav.）

图8-57(a)　大丽花　　图8-57(b)　小丽花

【别名】大丽菊、天竺牡丹、地瓜花等

【科属】菊科　大丽花属

【识别特征】多年生草本，地下具粗大纺锤状块根，形似地瓜，故名地瓜花。茎高40～150cm。叶对生，1～2回羽状深裂，裂片卵形或椭圆形，缘有粗钝锯齿，叶总柄微有翼。头状花序，管状花两性，黄色；舌状花单性，紫红、淡红、白色或彩色[图8-57(a)]。瘦果，长椭圆形。花期5～10月份。

【常见品种】园艺品种繁多，多由种间或种与品种间长期杂交、选育而成，有各种花型、花色。同属常见栽培的还有小丽花（*D. pinnate* cv.），又名小丽菊、小理花，多年生宿根花卉，常作一、二年生栽培；株高20～60cm；花径5～7cm，单瓣或重瓣，花色丰富[图8-57(b)]，花期长达4～5个月；可布置花坛、花境，还可盆栽观赏或做切花使用。

【生态习性】原产墨西哥高原地带。喜温暖、湿润和阳光充足的环境，忌干旱与高温，畏水涝与霜冻。喜排水、保水性好的腐叶土或砂质壤土。

【繁殖方法】以分株、扦插为主，也可播种繁殖。分株繁殖在3～4月份进行。发芽前将贮藏块根分割，因大丽花的芽点分布于根颈部位，故分割时每个块根均需带有根颈部分，否则不能形成新植株。大量繁殖时常采用扦插法，早春至夏秋均可，以3～4月份在温室内扦插成活率最高。2～3月份将块根栽于腐叶土中，顶芽露出土面，室温维持在15～22℃，顶芽长至8～9cm时，留基部叶1对剪取插穗，插于沙床中，15～20天可生根，30天后移栽定植。可反复扦插至5月份为止。也可在生长期剪取带腋芽的茎节，插入沙床，插后15～25天生根。

【栽培要点】露地栽培在晚霜后进行，栽植密度因品种而异。大丽花茎高且柔嫩，需设立支柱，以防风折。定植成活后叶面喷洒0.05%～0.1%矮壮素1～2次，可有效控制植株高度。浇水遵循干透才浇的原则，夏季高温应及时喷水降温，以免叶片被阳光灼伤和枯黄。现蕾后每隔10天施1次液肥，直到花蕾透色为止，但不宜多施氮肥。生长期间注意除去枯叶和多余的枝芽，并及时除去侧蕾。

霜冻前留10～15cm根颈，剪去枝叶，掘起块根，晾晒至表皮干燥后，埋于木箱或瓦盆的干沙中贮藏，保持室温3～5℃，空气相对湿度50%。量多时也可以贮藏于地窖。

【园林用途】大丽菊应用范围广，尤其适用于夏秋季园林花境或庭前丛植，矮生、单瓣品种适合盆栽或花坛栽植。株型高大、花朵丰满的品种适用于切花栽培。

（二）大花美人蕉（*Canna generalis* Bailey.）

【别名】红艳蕉、昙华、蓝蕉等

【科属】美人蕉科　美人蕉属

【识别特征】多年生草本。株高100～150cm，根茎肥大。茎叶具白粉，叶大，阔椭圆形，长约40cm，宽约20cm。先端渐尖，羽状脉。总状花序顶生，花大，径约10cm；每花具3枚萼片，小呈绿色，雄蕊5枚，变成花瓣状，是主要的观赏部位，有乳白、淡黄、橙黄、粉红、大红至紫红等色[图8-58(a)]，有的还具各种斑纹和斑点，雌蕊1枚，扁平直立。花期7～10月份（我国北方）。蒴果球形，种子黑色。

【常见品种】大花美人蕉是多种源杂交培育成的杂交种，特点是花大，花瓣直立不反卷，易结实。有矮生型和不同叶色的品种。主要栽培的园艺品种有如下几种。

图8-58(a)　大花美人蕉　　　图8-58(b)　美人蕉　　　图8-58(c)　黄花美人蕉　　图8-58(d)　二乔美人蕉

（1）美人蕉（*C. indica* L.）　别名小花美人蕉等。原产美洲热带。株高100～130cm，茎叶绿而光滑。总状花序，花小而稀疏，单生或2朵簇生，红色，是大花美人蕉的原种之一［图8-58(b)］。

（2）黄花美人蕉（*C. flaccida* Salisb.）　别名柔瓣美人蕉，株高120～150cm，茎绿色，叶长圆状至披针形，花序单生，着花少，花大而柔软，向下反曲呈筒状，淡黄色［图8-58(c)］。

（3）紫叶美人蕉（*C. warscewiczii* Dretr.）　别名红叶美人蕉。原产哥斯达黎加和巴西。株高100～120cm，茎叶均为紫色，被白粉，花紫红色。主要观叶。另有二乔美人蕉，绿色叶上有紫色条纹，花序红黄两色［图8-58(d)］。

【生态习性】原产印度及南美洲热带等地，我国各地广为栽培。喜温暖、湿润、阳光充足的环境，稍耐寒，可耐短期水涝，不择土壤。原产地周年开花，寒冷地区根茎不能露地越冬。

【繁殖方法】以分株繁殖为主，较少应用播种繁殖。4～5月份芽始萌动时进行分株，将越冬贮藏的根茎分割成段栽植，每段带2～3个芽。

【栽培要点】生长适温为22～25℃，5～10℃生长停止，低于0℃出现冻害。我国长江以北地区，霜降前后，应剪掉地上茎叶，掘起根茎，晾2～3天后平铺于室内，覆以河沙或细泥，于8℃以上室温条件下贮藏，翌年终霜后催芽分割种植。催芽在2月份以后进行，催芽适温为20～25℃。移栽前应深翻土壤，并于穴底施足基肥（适量豆饼和过磷酸钙的腐熟堆肥）。根茎植入穴后覆土10～20cm，浇透水。发芽后保持土壤湿润。植株生出3片叶时，进入花芽分化期，此时追肥以磷肥为主，以促其花芽分化和提高开花质量。温暖地区冬季可不必采收，2～3年后重新栽植1次即可。

【园林用途】大花美人蕉茎叶茂盛，花大色艳，花期长，适合丛植和行植。亦可用于花坛中心和花境背景栽植，矮化品种可盆栽观赏。该花能吸收SO_2、HCl、CO_2等有害物质并且反应敏感，是绿化、美化、净化环境的理想花卉，也常用作监测有害气体的指示性植物。

（三）唐菖蒲（*Gladiolua hybridus* Hort.）

【别名】菖兰、剑兰等

【科属】鸢尾科　唐菖蒲属

【识别特征】多年生草本。株高90～150cm，茎直立，无或少有分枝，球茎扁圆形。叶剑形，嵌叠状排列。穗状花序，花侧向一边，排成二列，花冠筒呈漏斗形，花色有红、黄、白、紫、蓝等单色或复色（图8-59）。花期夏、秋季。蒴果。种子扁平有翅。

【常见品种】园艺栽培的唐菖蒲为多种源于多世代杂交种，尚无统一种名。其分类方法很多，以花期可分为春花类、夏花类；以花朵排列形式可分为规整类、不规整类；按花大小可分为巨花类、中花类、小花类；按花型可分为号角型、荷花型、飞燕型；依花

图8-59　唐菖蒲

色大致可分为10个色系，即白色系、粉色系、黄色系、橙色系、红色系、浅紫色系、蓝色系、紫色系、烟色系及复色系。

【生态习性】原产非洲热带与地中海地区。喜凉爽、阳光充足环境，畏酷暑和严寒，不耐水涝。适宜肥沃、疏松、湿润、排水良好的砂质壤土。长日照花卉。

【繁殖方法】以分球繁殖为主，亦可进行切球、播种、组织培养繁殖。秋季将母球上自然产生的新球和子球割取下来，充分晾干后，按大小分级贮藏，翌年春季另行种植。新球栽植当年可开花。小子球需培养1～2年后开花。

【栽培要点】春季分球时，用多菌灵1000倍液与克菌丹1500倍液混合浸泡30min，然后置于20～25℃环境催芽1周，进行畦栽或沟栽，种球栽深5～10cm。植株抽生第2片叶时进入花芽分化期，此时若遇低温和弱光，则"盲花"（现蕾后，花蕾逐渐变小，不能开放）数量增多。栽植前施足基肥，整个生长期需追肥3次，即在抽生2～3片叶时，花序从叶中抽出时和开花15天后各追肥1次。

促成栽培时，首先用35℃高温处理15～20天，再用2～3℃的低温处理20天打破种球休眠，然后以15cm×15cm或25cm×7cm的株行距定植。定植后白天气温应保持20～25℃，夜间10～15℃。从定植到开花，需历时100～120天。若要求1～2月份供花，则需在10～11月份定植。若要求3～5月份供花，则需在12月份定植。延后栽培时，种球收获后贮藏于3～5℃干燥冷库中，翌年7～8月份于温室种植。管理工作与促成栽培相同。

【园林用途】唐菖蒲品种繁多，花茎挺拔修长，花色艳丽，花期长，花姿极富装饰性。尤适于切花栽培，还适于布置花坛、花境和盆栽观赏。

（四）郁金香（*Tulipa gesneriana* L.）

图8-60　郁金香

【别名】洋荷花、旱荷花等

【科属】百合科　郁金香属

【识别特征】多年生草本。株高20～40cm，鳞茎扁圆锥形或扁卵圆形，被淡黄色至棕褐色皮膜。基部叶3～5枚，较大，披针形至卵状披针形，边缘波状，光滑具白粉。花单生茎顶，杯状，花茎高15～20cm，花瓣6枚，离生，有白、粉红、洋红、紫、褐、黄、橙等单色或复色；基部具黄色条纹和蓝紫色斑点（图8-60）。花期3～5月份，蒴果。

【常见品种】郁金香品种繁多。依据花期早晚可将其分为早花种和晚花种；按花型可分为杯型、球型、钟型、漏斗型、百合花型等；亦可分为单瓣型和重瓣型；按花色可分为白色系、红色系和黄色系等。

【生态习性】原产地中海沿岸及中亚细亚或伊朗、土耳其、中国的东北等地，世界各地广泛栽培。喜向阳、避风、冬季温暖湿润、夏季凉爽干燥气候。耐寒性强，鳞茎冬季可耐-35℃低温，冬季8℃时可生长，但生长适温为15～20℃，花芽分化适温20～23℃。极耐旱，畏酷暑。适宜肥沃、疏松、排水性好、富含腐殖质的微酸性砂质壤土。忌碱土和连作。长日照花卉。

【繁殖方法】分球繁殖，大量繁殖和育种栽培时可播种繁殖。6月上旬将休眠鳞茎挖起，去泥，置于干燥、通风、温度为20～23℃的环境中贮藏，以利于鳞茎花芽分化。秋季9～11月份筑畦或开沟栽植。

【栽培要点】露地栽培时，首先选择适宜的栽植用地，整地作畦，施足基肥。栽植前用托布津或高锰酸钾溶液浸泡种球15min消毒。鳞茎定植株行距一般为9cm×10cm。鳞茎发根后进入自然低温阶段，此期间注意保持土壤湿润。北方严寒地区，冬季应适当加覆盖物，并在早春解冻前及时除去。翌年2月茎叶出土后，及时除草。生出2片叶后追施稀薄液肥或复合肥1～2次，待5月下旬花后再追施1～2次磷酸二氢钾或复合肥，以利于地下种球发育。3～4月份盛花期应控制肥水，并通过遮雨、遮荫等措施延长花期。

6～8月份叶基本枯黄后，择干燥晴天，小心挖出鳞茎，去除残叶，按大小分级，置于荫凉干燥处充分晾干，并妥善贮藏。在温暖地区种植郁金香时，若土温高且又过早种植，或种植较深，夜晚土温难以冷却，花芽发育受阻，将会导致出现盲花或畸形花。

促成栽培：8月上旬将种球冷藏处理，即在13～15℃条件下预冷2～3周，再置于2～5℃条件下冷藏8周左右。5℃冷藏适合多数品种，有些品种可用9℃湿冷技术处理，即在9℃条件下冷藏12～16周，其中最后6周需要将种球种植于木箱内、浇水后再冷藏，以促使其发根、抽芽。之后，将栽植箱移至温室，并加强温度、湿度、光照等环境因素的管理。一般情况下，5℃促成栽培，自栽植到开花约50～60天。9℃箱式栽培的温室时间仅为25天左右。在温暖地区，2月份以后采用温床覆盖栽培，可以促使郁金香提早开花。

【园林用途】郁金香品种多，花期早，花色明快而艳丽，宜作切花、花境、花坛栽植或草坪边缘自然丛植。中矮品种亦可盆栽观赏。

（五）百合（*Lilium brownii* F.E.Brownvar *viridulum* Baker.）

【别名】野百合、紫背百合等

【科属】百合科　百合属

【识别特征】多年生草本，株高60～130cm。地下具鳞茎，由多数阔卵形或披针形的无皮肉质鳞片抱合成球形，白色或淡黄色，直径由6～8cm。地上茎直立，单叶互生，无柄，抱茎，披针形至椭圆状披针形，叶脉弧形。总状花序生于茎顶，花簇生或单生，花较大，呈漏斗形喇叭状，花被片6枚，平展或翻卷。花色因品种而异，多为黄色、白色、粉红、橙红或复色（图8-61），有的具紫色或黑色斑点，极美丽。蒴果，长卵圆形，具钝棱。花期5～8月份。

图8-61(a)　亚洲百合

【常见品种】百合的原种、杂种和园艺品种很多，目前观赏栽培的主要是三个杂种系：亚洲百合系、东方百合系和麝香百合系。习见栽培的种类如下。

（1）亚洲百合（*L. asiatic* Hybrids）　是由卷丹、垂花百合、川百合、朝鲜百合等种和杂种群中选育出来的栽培杂种系。花朵密集，花心常有斑点[图8-61(a)]。花型姿态分为3类：a. 花朵向上开放；b. 花朵向外开放；c. 花朵下垂，花瓣外卷。广植于园林绿地，也可盆栽。花期4～5月份。

（2）东方百合　是由天香百合、鹿子百合、日本百合、红花百合等种与湖北百合的杂种中选育出来的栽培杂种系[图8-61(b)]。花朵在花茎上分布较亚洲百合分散。花色丰富，花型可分为4组：a. 喇叭花型；b. 碗花型；c. 平花型；d. 外弯花瓣花型。花期春、夏季。

图8-61(b)　东方百合

（3）麝香百合（*L. longiflorum* Thunb.）　别名铁炮百合等，原产我国台湾省和日本琉球群岛。　株高50～100cm，鳞茎扁球形。地上茎直立。叶散生，窄披针形。花大，数朵顶生，具淡绿色长花筒，喇叭状，乳白色，具浓香[图8-61(c)]。花期6～7月份。是世界现代切花的主要种类之一。

图8-61(c)　麝香百合

（4）卷丹（*L. lancifolium* Thunb.）　株高50～150cm，鳞茎白色，广卵状球形。地上茎直立，褐色或带紫色，被白色绵毛。单叶互生，狭披针形。中上部叶腋着生紫黑色珠芽。花橙红色，花口向下，花被反卷，内面具紫黑色斑点，花药暗紫红色[图8-61(d)]。花期7～8月份。耐寒性强，北方鳞茎可露地越冬。

【生态习性】原产我国南部及西南部各省，河南、山东、河北、湖南、四川等省亦有分布。喜温暖而湿润环境，耐干旱、怕炎热和水涝，忌干冷与强光直射，对土壤适应性强。生长适温白天为

图8-61(d)　卷丹

25～28℃，夜间18～20℃，12℃以下生长差，气温高于28℃生长受抑制且盲花率高。8月上中旬地上茎叶进入枯萎期，鳞茎成熟。

【繁殖方法】繁殖方法较多，有分球、分珠芽、鳞片扦插和种子繁殖。其中以分球法和鳞片扦插法应用较为普遍。花后挖出鳞茎，阴干数日，自茎盘剥下鳞片，于荫蔽冷凉处扦插。鳞片基部向下斜插入沙箱中，鳞片顶端微露。地温20℃左右，50天则能培育出直径1cm的小种球。若秋季扦插，冬季置于15～20℃的室内培养，春季鳞片基部生出小鳞茎时，即可进行分栽。

【栽培要点】露地栽培时，选择适宜的土壤，深翻并施足腐熟有机肥、腐叶土和粗沙，使其疏松透气。栽植时间一般在9月下旬至10月中旬，高寒地区或不耐寒品种可在早春3月中下旬进行。栽植方法多用穴栽，根据鳞茎大小，决定栽植深度，大鳞茎栽植深度15～20cm为宜（鳞茎高度的4倍），小鳞茎覆土5cm较好。冬季注意越冬防护。春季萌芽后，追施1次饼肥水，现蕾时再追施1次液肥。春季天气干旱需浇2～3次水，浇水后及时除草和培土。雨季注意排水防涝。

【园林用途】百合花色鲜艳，花姿雅致，花期长，有色有香，是著名的球根花卉，适宜大面积丛植。可用于布置花坛、花境及岩石园等。亦是优良的鲜切花，还可盆栽观赏。

（六）晚香玉（*Polianthes tuberosa* L.）

图8-62　晚香玉

【别名】夜来香、月下香等

【科属】石蒜科　晚香玉属

【识别特征】多年生草本，株高40～90cm。球根鳞块茎状（上半部呈鳞茎状，下半部呈块茎状），圆锥状。叶基生，披针形。总状花序，花对生，白色，漏斗状（图8-62），花瓣肉质，有芳香，夜晚更浓，故名夜来香。蒴果，种子黑色，扁锥形。花期7～11月份。

【常见品种】栽培品种有白花和淡紫色两类。白花品种多为单瓣，香味较浓；淡紫花品种多为重瓣。

【生态习性】原产墨西哥及南美，我国各地均有栽培。原产地为常绿草本，可四季开花，但以夏季最盛。我国因大部分地区冬季严寒，只能作春植球根花卉。自花授粉，但自然结实率很低。晚香玉性喜温暖湿润、阳光充足的环境，生长适温25～30℃。花芽分化于春末夏初进行，此时期要求最低气温20℃左右。适宜肥沃、潮湿而不积水的黏质壤土。

【繁殖方法】主要是分球繁殖，培育新品种时亦可播种。春季进行分球，母球自然增值率很高，每个母球可分生10～25个子球，当年未开过花的母球分生子球少些。子球11g以上者，栽培当年能开花，否则需培养2～3年才能开花。值得注意的是当年开过花的老球，即"残球"，已不能再开花，只能作为繁殖子球的种球栽培。

【栽培要点】栽植时，将大、小鳞块茎分别种植，大球栽植株行距为20～30cm、小球栽植株行距为10～20cm。栽植深度，一般大球以芽顶稍露出地面为宜，小球和"残球"的芽顶应低于或与土面齐平。通常"深长球、浅抽葶"，即深栽有利于球体的生长和膨大，浅栽则有利于开花。

晚香玉出苗缓慢，但出苗后生长较快。自子球栽植至花茎抽出前，应少浇水；在花茎抽生至开花前期，则需充分灌水并保持土壤湿润。土壤干旱时，叶边上卷，花蕾皱缩，难以开放。雨季注意排水，以防花茎倒伏。晚香玉喜肥，应经常施追肥。

秋末霜冻前将球根挖出，晾晒至干，置于温暖干燥处越冬贮藏。有条件者，在子球越冬期间可通过烘熏的方式使其充分干燥，强迫其完全休眠，以利于次春栽植后的生长和花芽分化。

【园林用途】晚香玉花香浓郁，适于布置花坛和岩石园。高大品种可作鲜切花，矮生品种可盆栽。

（七）水仙（*Naricissus tazeta* var. *chinensis* Roem.）

【别名】凌波仙子、雅蒜等

【科属】石蒜科　水仙属

【识别特征】地下鳞茎肥大似洋葱，卵形至广卵状球形，外被棕褐色皮膜。叶狭长带状，二列状着生。花葶中空，扁筒状。花单生或数朵呈伞房花序着生于花葶端部，花白色（图8-63），具芳香，花期1～2月份。

图8-63 水仙

【常见品种】中国水仙的主要有两品系。①单瓣型：花单瓣，白色，花中心有一金黄色环状副冠，故称"金盏银台"；副冠呈白色者称"银盏玉台"。②重瓣型：花重瓣，白色，花形、香气均不如单瓣品种，是水仙的变种。除中国水仙外，园艺上常见栽培的水仙属植物如下。

（1）喇叭水仙（*Narcissus pseudo-narcissus* L.） 花单生，黄色或淡黄色，微香，副冠与花被等长或稍长，钟形至喇叭状，花期3～4月份。

（2）丁香水仙（*Narcissus jonquilla* L.） 鳞茎较小，叶狭线形，花茎与叶等长，花顶生，鲜黄色，副花冠亦鲜黄色，花芳香，花期3月下旬～4月中旬。

（3）红口水仙（*N. poeticus* L.） 叶略带白粉，花茎2棱状，副花冠浅杯状，橙红色。

【生态习性】水仙原分布在中欧、地中海沿岸和北非等地区。中国水仙是多花水仙的一个变种，喜温暖、凉爽、充足阳光的环境。适宜疏松、富含腐殖质而保水保肥性好的土质。

【繁殖方法】以分球繁殖为主，亦可侧芽繁殖、播种繁殖和组织培养。分球繁殖时，将母球两侧自然分生的小鳞茎（俗称脚芽）掰下另行栽植即可。经2～3年可培育成能开花的大球。

【栽培要点】选择茎盘坚实，形状端正的鳞茎于9月下旬栽种。用温水浸泡鳞茎5～10min，然后进行"刀刻"。其方法是从茎盘处将两侧的侧芽由里向外斜挖，把内部侧芽一起挖出，伤口要平整，切忌伤及主芽。其目的是集中营养供应母球，使之充分生长。刀刻后，置于冷凉处1～2天，待黏液干燥后，以株行距15cm×25cm或20cm×40cm进行沟植，沟深10cm左右，栽后覆土，浇液肥，肥干后灌溉保湿。

生长期间，1～2年生球，10～15天施肥1次；3年生球，每周施追肥1次。水仙喜水，应保证其水分供应。2～3年生球，冬季主芽往往会开花，应及时剪除花枝以减少营养消耗。翌年6月份，水仙鳞茎成熟进入休眠时，挖出鳞茎，将能开花的鳞茎茎盘下须根切除，用黏泥封住两侧脚芽，保持不与主球分离，以作观赏栽培种球进行栽培。

【园林用途】可点缀室内案头、窗台，布置花坛、花境，也可疏林下、草坪上成丛成片种植。水仙花也是良好的切花材料。

其他常见球根花卉见表8-5。

表8-5 其他常见球根花卉

中文名	学名	科别	株高/cm	花期（月份）	花色	主要形态特征	主要习性	繁殖	应用
文殊兰	*Crinum asiaticum* L. var. *sinicum* Bak.	石蒜科	50～100	5～8	伞形花序，白色	鳞茎圆柱形；叶舌状披针形或带状披针形	不耐寒，夏季怕日晒；耐盐碱土壤	播种、分株	丛植、花境、盆栽等
风信子	*Hyacinthus orientalis*	百合科	15～30	3～4	紫、白、红、黄、粉、蓝等色	鳞茎卵形，有膜质外皮；叶肉质，狭披针形	喜光、喜温暖湿润及凉爽；忌积水	分球、播种	花坛、花境、切花、盆栽等
石蒜	*Lycoris radiata*	石蒜科	15～30	9～10	鲜红色或具白色边缘	鳞茎广椭圆形，被紫红色膜；叶线形	喜阴湿、耐寒；喜肥沃砂质壤土及石灰质土壤	鳞茎	园艺栽培较少
花毛茛	*Ranunculus asiaticus*	毛茛科	20～40	4～5	大红、玫瑰红、粉红、黄、白等色	茎单生少分枝；叶二回三出羽状浅裂或深裂，具柄或无	喜凉爽及半阴，忌炎热；喜中性或偏碱性土壤	分株	丛植、切花、盆栽
韭兰	*Zephyranthes grandiflora*	石蒜科	15～30	4～9	粉红色	叶片线形	喜光照；宜肥沃砂质壤土	分株	花坛盆栽

第五节　水生花卉

一、水生花卉的栽培特点概述

1. 水生花卉的分类及应用

水生花卉泛指生长于水中、沼泽地或湿地上的观赏植物，其明显的特点是对水分的要求和依赖性远高于其他植物，包括一年生花卉、宿根花卉、球根花卉。水生花卉是水生景观的主要材料，常栽植于公园、湖岸等各种水体中，作为主景或配景供人们观赏，是公园景观、小区绿化、河道美化、大型盆栽及污水处理的理想植物。近几年，随着各地城市绿化、水景开发及生态治理工程的进展，水生植物的应用越来越多，并逐渐成为苗木产业中一个新兴行业。根据生长习性可将水生花卉分为以下几类。

（1）挺水类　此类花卉植株高大，花色艳丽，是水生花卉中最主要的观赏类型之一。根扎于泥中，茎叶挺出水面，花开时离出水面。如荷花、千屈菜、香蒲、水葱、水生鸢尾、风车草等。

（2）浮水类　此类花卉无明显地上茎或茎细弱，不能直立，根、茎生于泥中，叶片漂浮水面或略高出水面，叶色多变。花大色艳，花开时近水面。主要有睡莲、萍蓬、芡实、王莲、荇菜等。

（3）漂浮类　此类根系漂于水中，叶完全浮于水面，可随水漂移，在水面的位置不易控制。主要有凤眼莲、大漂、水鳖、浮萍、菱角等。

（4）沉水类　此类花卉无根或根扎于泥中，茎叶沉于水中，叶多为狭长或丝状，是净化水质或布置水夏景色的素材。主要有玻璃藻、黑藻、苦菜、眼子菜、水苋等。

2. 水生花卉的繁殖

一般以分株方式进行，也可扦插和播种。分株一般在春季萌芽前进行。播种可随采随播，或将种子贮藏在水中待播。除荷花、香蒲及水生鸢尾等少数水生花卉种类可干贮外，其余均采用湿贮，否则种子易丧失发芽能力。

3. 水生花卉的栽培管理

栽培水生花卉可采用池栽和盆（缸）栽两种方式。盆栽要选用含腐殖质丰富的土壤作为基质，初栽时浅水，随着生长逐渐加满水，冬季放在室内或无冰冻处。栽池应注意以下几点。

（1）水质　要清洁，且要求流动水。

（2）水位　随着生长发育，水位逐渐加深。

（3）土壤和养分　池底要有丰富的腐殖质，新开种植池要大量施有机肥。

（4）越冬管理　不耐寒种类在北方要室内越冬。

（5）防止鱼食　鱼与植物之间要用防护网隔开。

（6）其他管理　及时去残花枯叶。

二、常见的水生花卉

（一）荷花（*Nelumbo nucifera* Gaertn.）

【别名】莲花、水芙蓉等

【科属】睡莲科　莲属

【识别特征】多年生挺水花卉。地下茎膨大横生于泥中，称藕。其断面有许多孔道，是为适应水下生活长期进化形成的气腔，这种腔一直连通到花梗及叶柄。藕分节，节周围环生不定根，抽生叶、花，同时萌发侧芽。叶基生，盾状圆形，全缘，具长柄。叶面深绿色，披蜡质白粉，叶背淡绿，光滑。从顶芽产生的叶小柄细，浮于水面，称为钱叶；最早从藕节处产生的叶稍大，浮于水面，称为浮叶；后从节上长出的叶较大，立于水面，称为立叶（图8-64）。花单生，两性，花瓣多少不一，色彩各异，盛花期6～8月份。单花花期3～4天。

图8-64　荷花

【生态习性】原产中国。水深一般以0.3～1.2m为宜，过深时不见立叶，不能正常生长。喜热喜光，生长季节需温度15℃以上，最适温度为20～30℃，在41℃高温下依然能正常生长，低于0℃时种藕易受冻。在强光下生长发育快，开花、凋谢均早，弱光下开花、凋谢均迟。对土壤要求不严，喜肥沃富含有机质的黏土，pH值以6.5左右为宜，对P、K肥要求多。

【繁殖方法】荷花可播种繁殖或分株繁殖。播种繁殖主要用于培育新品种。分生繁殖在春季藕顶芽萌发时最为适宜。于清明前后选择生长健壮的根茎，每2～3节切成一段作为种藕，并带有顶芽和尾节。将藕尖向下，斜插入土10cm左右即可。

【栽培要点】春季栽植，池栽前先放干池水，耕翻池土，并施入基肥，然后灌水。最初灌水要浅，浮叶长出后逐渐加水，随生长逐渐提高水位，之后保持水位稳定，池栽不超过1.5m，盆栽30cm左右。栽后每2～3年重新分栽1次。盆栽每年发芽前翻盆再栽种。

荷花为长日照植物，生长期应保持充足的阳光。水位保持稳定。初时浅水，生长旺盛期满水。荷花喜肥，生长初期底肥不足需施肥，花莲花期还应追施稀薄磷钾肥。

【园林用途】荷花是我国著名的传统花卉之一，深受文人墨客及大众的喜爱。可装点水面景观，也可盆栽或缸栽布置庭院，还可做荷花专类园。此外，荷花也是插花的好材料。

（二）睡莲（ *Nymphaea tetragona* Georgi ）

【别名】子午莲、水芹花
【科属】睡莲科　睡莲属
【识别特征】多年生浮水植物。地下具肥厚的根状茎，生于泥中。叶丛生并浮于水面，具细长叶柄，近圆形或卵状椭圆形，纸质或革质，全缘，叶面浓绿，背面暗紫色。花单生于细长花梗顶端，花色有红、蓝、紫、黄、白、粉等40多种（图8-65）。不同种开花时间不

图8-65　睡莲

同，多数为上午开花、下午闭合，也有中午开花、傍晚闭合以及夜间开花、白天闭合的。花期6～9月份。

【生态习性】原产中国及亚洲，中国南北各省区沼泽自生，是泰国和一些阿拉伯国家的国花。喜强光、通风良好、水质清洁的环境。耐寒性极强，在我国大部分地区能安全越冬。对土壤要求不严，喜富含腐殖质的黏土，pH6～8。最适水深25～30cm，最深不得超过80cm。

【繁殖方法】一般用分株繁殖，也可播种繁殖。分株在春季3～4月份进行。睡莲种子成熟时易散落，因此在花后需用布袋套头以收集种子，并进行水藏，3月底播种，播前用20～30℃的温水浸种，控制土壤温度25～30℃，10～20天可发芽，第二年即可开花。

【栽培要点】用于大型水面绿化时，可直接栽于池底的种植槽内，并在池内施基肥，种下后灌水20～30cm深，边生长边提高水位，最深不超过1m。用于小型水面绿化时可直接栽于盆、缸中，再放入池内，便于管理。睡莲10℃以上开花，池栽可每2～3年挖出分株1次，盆栽可于每年夏天分盆。生育期应保持阳光充足和通风良好，减少病虫危害。肥料随时可施，以腐烂的鱼、虾、蟹为好。冬季对不耐寒种类应移入室内越冬。

【园林用途】睡莲花型小巧，花姿秀丽，花色丰富，体态可人，深受人们喜爱。可用于美化平静的水面，也可盆栽观赏或作为切花材料。

（三）凤眼莲［ *Eichhornia crassipes* (Mart.) Solms-Laub. ］

【别名】水葫芦、假水仙等
【科属】雨久花科　凤眼莲属
【识别特征】多年生漂浮植物。高10～50cm。茎极短缩，匍匐枝生新株。叶簇生，直立，卵形或圆形，光滑，全缘，顶端微凹；叶柄长，基部有鞘状苞片，中部以下膨大呈葫芦状海绵质气囊，故称水葫芦。花茎单生，高20～30cm，中部亦具鞘状苞片，穗状花序，小花蓝紫色；花呈多棱喇叭状，上方的花瓣较大，花瓣中心生有一明显的鲜黄色斑点，形如凤眼，故又称凤眼莲

（图8-66）。蒴果。

【生态习性】原产南美洲。适应性强，喜向阳、平静的水面，或潮湿肥沃的边坡生长。有一定耐寒性。适宜水温18～23℃，生长适温20～30℃，低于10℃停止生长，越冬室温10℃以上。

【繁殖方法】常采取分株繁殖。春季将母株丛分离或将母株侧生小芽连根切下，入水即可生根。

【栽培要点】春季放养于池塘或盆中。栽培管理简单，生长期稍施肥料即可促使花繁叶茂。凤眼莲喜生长在浅水而土质肥沃的池塘里，水深以30cm左右为宜。

【园林用途】凤眼莲叶柄奇特，花色清丽，可片植或丛植于浅水池中，或进行盆栽、缸养，观花、观叶两相宜。

图8-66　凤眼莲

其他常见水生花卉的生物学特性和栽培要点见表8-6。

表8-6　其他常见水生花卉的生物学特性和栽培要点

中文名	学　名	科　别	类　型	主要形态特征	花期(月份)	花　色	主要习性	繁殖方法
王莲	*Victoria amazonica*	睡莲科	浮水类	叶圆形，直径1～2.5m，上绿下紫，网脉，叶缘向上直立	夏秋季	初白色，翌日淡红至深红	喜光，最适水温21～24℃；水深30～40cm	播种
芡实	*Euryale ferox*	睡莲科	浮水类	叶圆形，皱缩，上绿下紫，网脉隆起	7～8	蓝紫色	全光照；适温15～32℃；水深60～100cm	播种或自播
萍蓬莲	*Nupahar pumilum*	睡莲科	浮水类	叶背紫红色，密被柔毛；叶柄长，上部三棱形，基部半圆形	5～7	金黄色	喜光；喜温暖；喜流动水，水深30～60cm	播种或分株
千屈菜	*Lythrum salicaria*	千屈菜科	挺水类	茎4棱，叶对生或轮生，全缘，无柄。花顶生，小而多	6～10	玫瑰红或蓝紫色	喜温暖，喜光，较耐寒。宜浅水	扦插、分株或播种
水葱	*Scirpus tabernaemontani*	莎草科	挺水类	茎圆柱形，中空，粉绿色；叶基生，线性，具鞘	6～8	褐色	喜光又耐阴，耐寒，生长适温15～30℃	分株
香蒲	*Typha oangustata*	香蒲科	挺水类	茎圆柱形，质硬而中实；叶扁平长带形	5～7	浅褐色	喜光，耐寒，肥沃深厚的塘泥	分株或播种
慈菇	*Sagittaria sagittifolia*	泽泻科	挺水类	叶片载形，顶端叶片三角状披针形，基部具二长裂片	夏、秋季	白色	喜光，喜肥沃土壤；宜浅水	分球或播种
菖蒲	*Acorus calamus*	天南星科	挺水类	叶二列基生，线形，基部鞘状，抱茎，中脉明显，两侧隆起	7～9	黄绿色	有一定的耐寒性，宜浅水	播种或分株
荇菜	*Nymphoides peltatum*	龙胆科	漂浮类	叶基心脏形，上绿下紫，叶柄长，花大，花冠漏斗状	6～10	杏黄色	喜光，耐寒，适温15～30℃。喜静水或缓流	分株或扦插
泽泻	*Alisma orientale Juzepcz.*	泽泻科	沼生草本	叶基生，基部鞘状；叶椭圆，顶端渐尖，基部心形，弧形脉	6～10	白色	喜温暖，不耐寒；喜光	分株
水生美人蕉	*Canna generalis*	美人蕉科	湿地草本	叶片大，阔椭圆形，为黄绿相间的花叶及紫色叶	6～10	红、黄、粉色等	喜光，怕强风；宜在潮湿及浅水处生长	分球
花叶芦竹	*Arundo donax var. versicolor*	禾本科	湿地草本	茎高大近木质，有间节，似竹；叶互生，具条纹，颜色多变	9～11	初花时带红色，后转乳白	喜光。喜温暖湿润，稍耐寒	分株、扦插或播种

第九章　温室花卉的栽培管理技术

第一节　温室花卉的栽培管理措施

温室花卉是指当地常年或一段时间内在温室中栽培的观赏植物。温室花卉的栽培方式有温室盆栽和温室地栽两种。前者应用普遍，多数原产热带、亚热带及暖温带的花卉在北方采用此种方式生产。后者主要用于大面积的冬春季切花生产，如非洲菊、马蹄莲、香石竹等；节日花卉的促成栽培，如一串红；以及需要在温室中地栽观赏的花卉，如棕榈类的一些大型品种。本章主要介绍前者，即温室盆花的栽培技术。

一、温室花卉的盆栽特点

① 盆栽花卉所需环境条件大都需人工控制，同时花卉经盆栽后，根系局限于有限的盆内，盆土及营养面积有限。故盆栽花卉更需要细致栽培，精心养护，人为配制培养土。
② 盆栽花卉便于搬移，可随时进行室内外花卉装饰。
③ 盆栽花卉易于调控花期，有利于促成栽培和抑制栽培，满足市场周年需求。
④ 部分盆栽花卉可多年栽培，多年观赏。
⑤ 花卉盆栽能及时调节市场，多方调用。

二、培养土的配制

培养土又叫营养土，是人工配制的专供盆花栽培应用的一种特制土壤。由于盆栽花卉所需要的水、肥、气、热都是靠有限的盆土来调节和供给，因此，要求培养土必须养分充足，富含腐殖质，疏松肥沃，通气、排水性能好，保水保肥，浇水后不黏稠，干燥时不板结，质量轻，来源广。

（一）配制培养土常用的土壤种类

1. 园土

园土是配制盆土的主要用土之一。多用壤土，最好是菜园土或种过豆科作物的表层砂壤土。因经常施肥耕作，故肥力较高、团粒结构好。但园土不宜单独用作盆土，其干时表层土容易板结，湿时黏结，通气透水性差。北方园土常呈中性，pH7.0～7.5；南方园土常呈酸性，pH5.5～6.5。

2. 腐叶土

腐叶土是配制培养土最广泛的一种材料。其来源有二：一是人工堆积而成；二是取自天然森林，称天然腐叶土。

人工堆积的腐叶土，是于秋季人为将各种树木的落叶收集起来，拌以少量的粪肥和水，与园土层层堆积，待其发酵腐熟后摊开晾干，过筛消毒后即可应用（图9-1）。以落叶阔叶树如山毛榉属、欧石楠属、榆属、槐属等植物的叶子为好，一般要腐熟1年以上才能使用。土质疏松，有机质含量高，通透性强，保水保肥性能好，可直接栽种君子兰、吊兰、菊花和月季等。

天然腐叶土是指天然森林落叶下方的表层土壤，由枯枝落叶常年累积、分解而成，呈褐色，微酸性。富含腐殖质，松软透气，排水、保水性好，是花卉最好的栽培用土，可单

图9-1　腐叶土

独栽培花卉，但非林区难得。

3. 河沙

河沙是配制培养土的基础材料。多取自河滩，可选用一般的建筑用沙。主要用以疏松土壤，利于排水、吸热。可单独用于仙人掌科及其他多浆植物的栽培，也广泛用作扦插基质。一般，用于配制培养土时的沙土粒径为0.5～1mm，作扦插时的粒径为1～2mm。

4. 厩肥土

猪、牛栏粪加园土，在露地堆沤制半年，干燥后翻捣过筛即可。其特点是养分全面，蛋白质、氨基酸、脂肪酸和无机元素含量较高，肥效快且较长。

5. 塘泥、湖泥

即池塘、湖泊中的沉积土，含有丰富的有机质。一般于秋、冬季挖出，经晾晒、冻裂、敲碎成块粒，备用。其结构紧密，虽经常浇水，也不会松散。可直接作盆土栽培多年生草花。

6. 泥炭土

泥炭土是由芦苇等水生植物长期腐烂、炭化和沉积而成，质地松软，通气、透水及保水性能好，是目前世界各园艺发达国家花卉生产中的主要栽培基质（图9-2）。常以其作主要成分，与蛭石、珍珠岩等以一定比例配制营养土。但因其养分不全，栽培中需浇营养液。我国大多数花卉企业主要使用东北泥炭，而欧洲等发达国家多使用加拿大泥炭，是国际公认的好基质。它也是很好的扦插基质。

图9-2　泥炭土　　　　图9-3　珍珠岩　　　　图9-4　蛭石　　　　图9-5　陶粒

7. 苔藓土

由苔藓、厩肥和人粪尿堆积沤制而成。苔藓土是兰科植物栽培培养土的主要原料之一。

8. 砻糠灰与草木灰

砻糠灰是稻、谷壳燃烧后形成的灰；草木灰是水稻、玉米、大豆等作物秸秆燃烧后的灰。二者皆呈碱性，含K量高。加入培养土中，可使之疏松透气，排水良好，还可增加钾肥，杀菌、吸湿。

9. 珍珠岩

珍珠岩是一种工业保温材料，是热处理的泡沫塑料粒，乳白色，疏松质轻，吸水性强，保水通气性能好（图9-3）。可用于扦插、配制培养土。

10. 蛭石

蛭石是一种新兴工业材料。块状或片状多孔棕色云母，富含氮、磷、钾、铝、铁、镁、硅酸盐等成分（图9-4）。质轻，吸热保温，能吸收大量的水分，保水持肥，可使用3～5年。可用于扦插、配制培养土。

11. 陶粒

陶粒是用黏土经煅烧而成的大小均匀的颗粒，一般分为大号和小号，大号直径约为1.5cm，小号直径大约为0.5cm（图9-5）。可铺于花盆底部，提高培养土透气性，也可做无土栽培的固定基质，效果极佳。

（二）培养土的处理

1. 过筛

多数种类的培养土，如园土、河沙、堆肥土、腐叶土等，采集或经过发酵腐熟后，都要将其打碎过筛，去除杂物、石砾等。

2. 消毒

为了保证盆花的健壮生长，必须对盆栽基质进行消毒，以杀死土壤中的病菌、虫卵、杂种等。消毒的方法有两种。

（1）化学消毒法

① 福尔马林消毒法。在1m³的栽培用土中，均匀喷撒40%福尔马林50～100倍液（或5%液体）400～500ml，翻拌均匀，堆积成堆，盖以塑料薄膜闷48小时后，揭去薄膜，摊开土堆，来回翻动，待福尔马林全部挥发后备用。切忌喷药后马上用土，以免对人及花卉造成药害。

② 氯化苦消毒法。氯化苦是一种剧毒熏蒸剂，既灭菌，又杀虫。消毒时将基质分层堆放，每层厚20～30cm，按50ml/m³分层均匀撒布氯化苦，堆3～4层，堆好后用塑料薄膜严密覆盖。20℃以上气温下保持10天，揭膜反复翻动多次，氯化苦充分散尽后即可应用。

③ 高锰酸钾消毒法。培养土若土量较多，可用加水1500倍左右的乐果、加水1000倍左右的高锰酸钾喷洒消毒，上下翻倒均匀，再以塑料薄膜密封24小时，待药味散尽后即可应用。

对花卉播种扦插的苗床土，在翻土做床整地后，用0.1%～0.5%高锰酸钾溶液浇透，用薄膜盖闷土2～3天，揭膜后稍疏水后再播种或扦插，可杀死土中的病菌，防止腐烂病、立枯病。在花卉生长期用400～600倍液高锰酸钾浇根，不仅能供给钾、锰营养，也可防治病害，促进生长健壮，开花艳丽。

（2）物理消毒法 物理消毒的方式主要有蒸汽消毒和日光消毒两种方式。

① 高温蒸汽消毒法。把基质放在水泥地坪上，将高温蒸汽通入，再用塑料薄膜覆盖进行消毒。多数病原微生物在一定程度上60℃时经30分钟死亡，如在80℃时只需10分钟就死亡。故一般基质在95～100℃下消毒10分钟即可完成。

② 日光消毒法。将基质摊开在干净的水泥地上或塑料上，于烈日下曝晒2～3天，杀死病菌。

（三）培养土的酸碱测试与调节

多数花卉在pH5.5～7.5的范围内生育良好，在此范围内，营养元素都呈可吸收状态。超出此范围，常易引起某些花卉发生营养缺乏症。因此，培养土使用前需要对其测定pH值，根据测定结果，对酸碱度不适宜的培养土，需采取一定措施加以调整，才能适合花卉的生长。

1. pH测定方法

测定培养土酸碱度最简便的方法是用石蕊试纸。测定时，取少量的培养土放于干净的玻璃杯中，按土∶水为1∶2的比例加入凉开水，经充分搅拌沉淀后，将石蕊试纸放入溶液内，约1～2秒取出试纸与标准比色板比较，找到颜色与之相近似的色板号，即为这种培养土的pH值。

2. pH调节方法

（1）碱性土调节

① 施硫黄粉。硫黄粉施用后不能溶于水，需经微生物分解后，才能被利用，故该法效果较慢，但较持久。硫黄粉的施用量见表9-1所示。

表9-1 硫黄粉的施用量

pH值界限（→下降）	每10m²施用量/kg	pH值界限（→下降）	每10m²施用量/kg
8.0→6.5	3.0	7.5→5.5	5.0
8.0→6.0	4.0	7.5→5.0	6.5
8.0→5.5	5.0	7.0→6.0	2.0
8.0→5.0	7.0	7.0→5.5	3.5
7.5→6.5	2.0	7.0→5.0	5.0
7.5→6.0	3.5	6.5→5.0	4.0

② 施硫酸铝。该法常用于栽培杜鹃花、栀子花、茶花、八仙花等花卉的土壤改良。当灌溉水为碱性时，应隔一段时间施用1次硫酸铝。若要把盆土的pH值从7.0降至6.0，施用量是每10m²施0.5kg，但要注意发生缺磷现象。也可施硫酸亚铁使土壤变为弱酸性，同时还可增加植物对铁的需

要，其用量为0.5kg/10m²（一般盆栽花卉土施时浓度为0.4%液，喷施为0.2%液）或180倍液，但必须经常施用，一般每隔7～10天施1次。

③ 浇灌矾肥水。北方栽培喜酸性花卉时常用的调节方法，既能中和酸性，也具有良好的肥效。矾肥水的配制方法见表9-2所示。

表9-2　矾肥水的配制方法

配　方	质量/kg	配制方法
黑矾（硫酸亚铁） 油粕或豆饼 人粪尿 水	2～3 5～6 10～15 200～250	置于缸中充分搅拌，在日光下曝晒20天，曝晒期间不搅拌，全部腐熟后，取上清液稀释施用

（2）酸性土调节　当土壤酸性过高时，可在盆土中加少量石灰粉或草木灰调节酸性。

（四）培养土的配制比例与配制方法

温室盆花种类繁多，原产地不同，对盆土的要求也不尽相同。要据各类花卉的要求，应将所需材料按一定比例进行混合配制。一般盆花常规培养土的配制主要有三类，其配制比例如下。

① 疏松培养土：园土2份，腐叶土6份，河沙2份。
② 中性培养土：园土4份，腐叶土4份，河沙2份。
③ 黏性培养土：园土6份，腐叶土2份，河沙2份。

以上各类培养土，可根据不同花卉种类的要求进行选用。一般幼苗移栽、肉质多浆类花卉宜选用疏松培养土，宿根、球根类花卉宜选用中性培养土，木本类花卉、桩景宜选用黏性培养土。

仙人掌及多浆花卉也可用下列配方。

① 多浆花卉：腐叶土2份，园土1份，河沙1份；或腐叶土3份，园土2份，河沙4份，有机肥1份加少量骨粉或过磷酸钙。
② 附生仙人掌类（三棱柱、令箭荷花、昙花等）：腐叶土1份，河沙1份，有机肥1份。
③ 旱生仙人掌类（球、柱、掌类）：腐叶土3份，园土2份，河沙3份，碎盆片颗粒1份，石灰石末1份。

在配制培养土时，还应考虑施入一定数量腐熟的有机肥作基肥，基肥的用量应根据花卉种类、植株大小而定。基肥应在使用前1个月与培养土混合。

三、温室花卉栽培管理的技术措施

（一）上盆、换盆与翻盆

1. 上盆

将实生苗、扦插苗、嫁接苗等定植到花盆中的过程，叫上盆。上盆时，首先应注意选盆，盆的大小、深浅要与花株相称，不可过大、过深。同时还要根据盆花对水分的需求性，选择不同排水透气性能的花盆。旧花盆使用前应刮洗干净，晾干再用，以恢复透水透气性；若用新盆，需要在水中浸泡1～2天后才能使用，目的是淋溶盐类，防止花盆倒吸盆土和根系中的水分，造成植株萎蔫的。

上盆的方法是：先用瓦片凹面朝下或尼龙丝袋片盖住盆底排水孔，填入粗培养土2～3cm，再加入部分培养土，放入植株，向根的四周填加培养土，埋住根系后，轻提植株使根系舒展，并轻压根系四周培养土，使根系与土壤密接，然后继续加培养土至盆口2～1.5cm处，俗称"水口"。用喷壶浇水2～3遍，直至浇匀浇透，庇荫4～5天后，移至阳光下正常管理。

2. 换盆与翻盆

（1）换盆与翻盆的含义

① 换盆。随着植株的不断长大，原来的花盆已经容纳不下长大的植株，需将小盆逐渐换成与

植株相称的大盆，这个过程称为换盆，是既换盆又增土的工作。

②翻盆。当花卉盆栽时间过长时，盆土的物理性状变劣、养分减少，植株根系也部分腐烂老化，此时，需换掉大部分旧的培养土，适当修整根系，然后仍用原盆重新栽入植株，称为翻盆，是只换土不换盆的工作。

（2）换盆与翻盆的方法　换盆或翻盆前1～2天要先浇水1次，然后适当控水，使盆土不干不湿。换盆时，用一只手托住盆土和茎干基部，将花盆倒置或侧倒，用另一只手轻拍盆周或盆沿，也可按压排水孔处盆土，反复操作几次即可轻松脱盆。植株脱盆后，去除肩部20%～50%的旧土，保留根系基部中央的护根土。剪去烂根和部分老根，重新栽入花盆中，待完全恢复生长后，即转入正常养护。换盆或翻盆时，可在盆底适量加施基肥。

（3）换盆和翻盆的次数　由小盆换大盆的次数，应按植株生长发育的状况逐渐进行，切不可将植株一下子换入过大的盆内。因为这样不仅会使盆花栽培的成本费提高，而且还会因水分调节不易，使盆苗根系生长不良，花蕾形成较少，着花质量较差。

一、二年生草本花卉因生长发育迅速，故从生长到开花，一般要换盆2～3次，只有这样才能使植株生长充实、强健，使植株紧凑，高度较低，同时使花期推迟。多年生宿根花卉一般每年换盆或翻盆1次。木本花卉2～3年换盆或翻盆1次。

（4）换盆和翻盆的时间　多数花卉以春季开始生长前换盆或翻盆为宜。宿根花卉和木本花卉也可在植物休眠后的秋冬季进行；常绿观叶花卉可以在雨季进行。观花花卉花期不宜换盆，其他时间均可。生长迅速、冠幅变化较大的花卉，可以根据生长状况以及需要随时进行换盆或翻盆。

（二）倒盆与转盆

1. 倒盆

由于各种原因调换盆花在栽培地摆放位置的工作，称为倒盆。

由于盆花在温室中放置的位置不同，光照、温度、湿度、通风等都会有所差异，使生产的盆花规格大小有较大差异。为了使盆花产品生长均匀一致，就要经常倒盆，将生长旺盛的植株移到环境条件较差的地方，而将生长发育较差的盆花移到环境条件较好的地方，调整其生长。

除以上两种原因外，还要根据盆花在不同生长发育阶段对温度、光照、水分的不同要求进行倒盆。

2. 转盆

在单屋面和不等屋面温室中，光线一般都是从南面一侧射入，盆花放置一段时间后，由于植株的趋光性，会使植株朝向光线一侧生长，造成盆花倾斜。为防止植株偏向一方生长，破坏匀称圆整的株形，应每隔一段时间就转一次花盆的搁置方向，使植株均匀的生长。

（三）浇水

1. 盆花的科学浇水

能否做到适时适量浇水，是养花成败的关键。总体上应避免过干过湿。过干会出现萎蔫、黄叶甚至死亡；过湿也会出现徒长、烂根、死亡，因而必须适当浇水。

不同种类的盆花浇水原则不同，一般原则为"干透浇透，干湿相间"。即盆土见干才浇水，浇水就应浇透，一般是到花盆底部刚刚流出水为止，避免只湿及表层盆土，形成"半截水"。多次浇水不足，会使下部根系缺乏水分，影响植株的正常生长。湿生花卉应掌握"宁湿勿干"的浇水原则，而旱生花卉浇水时应"宁干勿湿"。

盆花浇水时，除应根据不同花卉种类掌握不同的浇水原则外，还要依据不同天气、不同季节、不同生育时期、温室的具体环境条件、花盆和植株大小、培养土成分、放置地点等各项因素，科学地确定浇水次数、浇水时间和浇水量。

2. 盆花用水

若花圃设于郊区，则多采用无污染的河水、湖水或塘水浇灌盆花；若在城市中，则多采用自来水。用自来水浇花时，应贮放至少24小时，使氯气挥发、水温与气温相近后再用。

3. 盆花的浇水方法

小规模盆花栽培可用喷壶、塑料桶、胶管等工具人工浇水；大规模栽培也可采用滴灌、喷灌等。既可盆土浇灌，也可叶面喷浇。叶面喷浇，不仅可以降温增湿，而且还可以冲洗掉叶片上的尘土，有利于光合作用的进行。但注意有些盆花不适宜喷水，如大岩桐、非洲紫罗兰、蒲包花等，叶面有茸毛，喷水后容易腐烂；仙客来的花芽、非洲菊的叶芽，水湿太久易腐烂芽。

（四）施肥

盆花施肥与露地花卉施肥的精细程度和方法有所不同。但也有基肥和追肥之分。

1. 基肥

基肥是在盆花上盆、换盆或翻盆时施入培养土中的肥料。方法是将肥料粉末按一定量与土拌和，若是饼肥、蹄甲则用量不超过盆土的10%，骨粉、过磷酸钙则不超过1%；也可取少量固体肥料埋入距盆边2cm、深2～3cm处，或少量垫入盆底。

2. 追肥

（1）土施追肥　即将肥料施于盆土中的方法，又称根施。一般用速效肥料，以氮肥为主，在花卉生育后期追肥则以磷、钾为主。常用的追肥方法有两种。

① 干施法：即将腐熟的饼肥或尿素、磷酸二氢钾等化学肥料晶体，撒施于盆土表面，扦松土壤，使肥料与盆土混合或上覆一层土壤，肥料可随浇水而逐渐被吸收。

② 浇灌法：即将肥料配制成一定浓度的液体浇灌于盆土中。盆花除可用"矾肥水"浇施外，还可用其他各种肥料，其浓度见表9-3。

追肥种类和用肥量，应根据花卉种类、植株大小、生育时期及土壤温度不同而有所区别。盆花追肥的原则是"薄肥勤施"。在花卉幼苗期，宜施含钾较多的肥料；旺盛生长期间，宜施含氮较多的肥料；开花结实期间，宜施含磷较多的肥料。

表9-3　盆土液施时的各种肥料浓度

有机肥	稀释倍数	无机肥	稀释倍数
饼肥	100	尿素	0.1%～0.5%
自沤肥料	20～40	过磷酸钙	1%～3%
		硫酸亚铁	0.2%～0.5%
		磷酸二氢钾	0.2%～0.4%

盆花是否需要施肥，可视叶色加以判断。凡叶子浓绿，质厚而皱缩者为过肥，应停施；叶色发黄且质薄者为缺肥，宜补肥。休眠期和花期应停止施肥。

（2）根外追肥　根外追肥也是盆花追肥的常见形式。与露地花卉的施用方法相同。其中最为常见的是用0.1%～0.5%尿素喷施促进枝叶生长；用0.1%～0.2% $FeSO_4$ 喷施喜酸性花卉，可防止叶片黄化，如杜鹃、山茶等；孕蕾期喷施0.2%～0.3% KH_2PO_4，可使花大色艳。其他肥料喷施浓度见第八章。

（五）整形与修剪

为了促使盆花生长发育，保持良好的形态，促进花芽分化，提高盆花的观赏价值和商品价值，应根据各种盆花的生长发育规律和栽培目的，及时对盆花进行整形修剪。这是盆花养护管理中的一项重要的技术措施。

整形可通过支缚、绑扎、诱引等方法，塑成一定形状，使植株枝叶匀称、舒张。既有利于盆花的生长发育，又能增加盆花的观赏性，从而提高盆花作为商品的经济价值。修剪可采用摘心、剪梢、摘叶、摘花、摘果、除芽、剥蕾、去蘖、疏枝、短截等方法，节省养分，培养合理株形，提高通风透光能力，提高开花质量。

（六）温室盆花的出入季节

1. 盆花出室

温室盆花除热带花卉外，多数花卉夏季因室内温度过高、通风不良而需移出室外。长江中下游于4月中、下旬，北方一般在4月末到5月初，气温趋于稳定时陆续出室。

出室前5～7天，白天可将温室门窗打开，加强通风，降低室内温度，减少水分供应，增强抗性。当日最低温度上升到8℃左右时，御寒力较强的四季报春、凤尾蕨等盆花，首先自室内移至室外荫棚场地，即首批出房；随着气温的上升，苏铁、金橘、吊兰等盆花方可出房。

但有些花卉夏季仍需留在温室中养护，如凤梨科、天南星科等需要高温高湿生长环境的花卉，有些需要高温但又不耐烈日直射的肉质多浆花卉，如仙人掌科、大戟科等花卉。但要经常开启门窗，通风换气，屋面应覆盖帘子适度遮荫。

2. 盆花入室

在长江中下游地区，10月中下旬气温明显下降，在荫棚场地养护的盆花应移入温室内。一般当日最低温度降至12℃左右时，就须着手盆花的入室事宜。

首先，将温室清扫干净并进行消毒。消毒可采用硫磺加入干燥的木屑等燃料在室内燃烧、熏蒸，使二氧化硫充满室内各个部位，密闭2～3天，再通风2～3天，即可将盆花入室；也可用50倍甲醛液在温室内喷洒消毒，经密闭通风后，再将盆花移入温室中。盆花入室时，对花卉也要进行全面检查，清除病虫植株、剪去病虫枝，以防病虫蔓延、扩散。

（七）温室花卉的环境调控

温室气候生态的主要特征是其封闭性，同时具有可控性。花卉生产中，人们可根据花卉各个生长期的需要，以及市场需求，通过人工或相关环境控制设备对温室内微环境进行相应的调控，以达到最佳环境条件。

1. 温度调控

应根据不同花卉的特点调整温室内温度，保证花卉的正常生长。在夏季高温时段，应采取湿帘降温、遮阳网遮阳降温等措施，降低温室内温度；冬季则可用煤、天然气等燃料燃烧产生的热水、蒸汽或电能热加热温室，有条件的还可选择背风向阳地块建造温室，改进温室的结构和类型，加强温室的透光保温性能等。一般情况下，白天应保持相对较高的温度，以利于花卉进行光合作用；夜间则保持稍低温度，促进代谢产物的运输并抑制呼吸。

2. 光照调控

光照是植物生长不可或缺的因子之一。当温室内光照不能满足花木生长所需时，必须进行人工补光，以延长光照时间，提高光照度。补光措施主要用于长日照花卉，如蒲包花、小苍兰等，通过补光处理可使其提早开花。另外，冬季雨雪天光照不足，可采用人工补光促使花卉正常生长和开花。

夏季往往光照时间过长，造成室温过高，光度过强，对喜阴开花植物生长不利，需用遮阳网来调节光照度，以达到最适状态。许多短日照花卉如菊花、一品红等，应用遮光的方法来缩短光照，达到提前开花的目的。遮光处理时间一般根据花卉种类而定。

3. 湿度调控

温室内湿度往往较外界高，因此要格外注意，以减少病害发生。在浇水上应掌握"见干见湿"的原则，适当减少浇灌的次数，还要注意降低室内水分蒸发，改善通风条件，增加门窗的开启时间，保持室内的相对干燥。

4. 气体调控

最适宜植物进行光合作用的二氧化碳浓度为空气中正常浓度的3～5倍。温室内补充二氧化碳，除了开窗通风，从大气中得到外，还可施用干冰或压缩二氧化碳。

四、温室花卉的常见病害及其防治

温室内常由于光照较弱，通风透光条件较差，而导致各种病害的发生。现将温室盆花常见病害及其防治方法简单介绍如表9-4。

表9-4 温室盆花常见病害及其防治方法

病害名称	病害部位	症状	防治方法
白粉病	叶片、叶柄、嫩枝	真菌性病害。受害部位呈白色粉状物，边缘有不清晰的大片白色粉斑，白色粉层可变成灰白色或灰褐色粉层	加强通风，降低湿度，控制氮肥施用。可用25%粉锈宁可湿性粉剂2000～3000倍液喷洒，或用70%甲基托布津可湿性粉剂1000～2000倍液喷洒，也可用25%多菌灵可湿性粉剂500倍液喷洒
叶斑病	叶片	真菌性病害。呈圆形或椭圆形褐色病斑，中央变灰褐色至灰白色，上面散生黑色小点，或呈黑色病斑	加强通风、透光。可用80%代森锰锌可湿性粉剂400～600倍液，或用50%克菌丹可湿性粉剂600～1000倍液喷雾。另外，波尔多液或75%百菌清液也可防治
枯茎病	由下部叶片向上至全株	真菌性病害。小苗发病整株突然枯萎。成株基部叶片先变黄，枯萎，由下向上逐渐发展，枯株基部横切面可见维管束变褐色	实行轮作或加强基质消毒。用50%多菌灵或敌克松500倍液浇灌根基土壤
花叶病	叶片	病毒性病害。叶片出现黄绿色相间的症状，或绿色等局部黄化的病状	喷洒防治蚜虫的杀虫剂
幼苗猝倒病	幼苗根颈处	真菌性病害。病部先呈水渍状斑，后变褐色并凹陷，茎基腐烂，小苗倒伏死亡	加强育苗措施，尤其是基质的消毒，控制水湿，增强通风。可用50%多菌灵可湿性粉剂500倍或75%百菌清可湿性粉剂600倍液喷洒
锈病	芽、叶片、叶柄花托、花柄、嫩枝	病叶初期正面为淡黄色不规则病斑，叶背为黄色孢子堆，后变为黑色；严重时黄色布满叶面，孢子堆覆盖整个叶背，被害叶片焦枯，提早脱落	及时摘除病芽，在病芽展开时喷洒800～1000倍15%三唑酮可湿性粉剂，每隔10天可喷洒75%百菌清可湿性粉剂800倍液
灰霉病	地上各部分	真菌性病害。病部先出现水渍状斑，病部逐渐扩大，发软腐败。叶梗被害后导致倒伏	注意通风，降低湿度。进行土壤消毒。可喷洒50%多菌灵1000倍，或75%百菌清可湿性粉剂600～800倍液进行防治

第二节 温室一、二年生花卉

一、温室一、二年生花卉的栽培特点概述

温室一、二年生花卉大多原产于热带、亚热带及温带温暖地区，喜光、不耐寒冷，保温防寒是其冬季养护的重点工作。

温室一、二年生花卉冬春季处于生长开花期，需肥水较多，应视天气、花卉种类及植株大小不同，适度浇水、施肥。

温室一、二年生花卉多采用播种繁殖，主要采用温室容器育苗法。可根据环境条件、用花时期决定具体播种时间；根据不同花卉种子的特性选择播种方法、播种密度和覆土厚度。

二、常见的温室一、二年生花卉

（一）瓜叶菊（*Senecio cruentus* DC.）

【别名】千日莲、瓜叶莲

【科属】菊科 瓜叶菊属

【识别特征】多年生草本，通常作一、二年生栽培。植株高矮不一，一般为20～90cm。头状花序成单瓣状或重瓣状。多数聚成伞房花序。花色有白、桃红、红紫、蓝等（图9-6）。花期春季。

【生态习性】原产非洲北部的加那列岛。性喜温暖、湿润及通风良好的环境。不耐高温，怕霜冻。常于低温温室栽培，适温为10～15℃。喜阳光充足，但不能过分强烈，否则，会引起叶片卷曲。

【繁殖方法】以播种繁殖为主，也可扦插繁殖。4～10月份

图9-6 瓜叶菊

均可播种，可根据上市时间来确定播种时间。种子细小，播种床土要过细筛。种子发芽适温为21～24℃，保持湿度80%以上，10～14天出苗，出苗后需在18～21℃条件下生长。夏季炎热地区需适当遮荫，喷水降温，并及时喷洒杀菌剂防治病害。重瓣品种以扦插为主，选取新萌蘖的强壮枝条，插于粗沙中。

【栽培管理】待播种苗长到3～4片真叶时，即可移入浅盆，7～8片真叶时移入7cm小盆，10月中旬定植于花盆中。定植后，每半月追施1次氮素液肥，花蕾出现后，停止或减少使用氮肥，增施1～2次磷肥。此时室温不宜过高，尽量控制浇水，注意盆间距离和通风透光，并定期转盆。花期要适当遮阳，不宜过湿，室温要低，有利延长花期。

【园林用途】瓜叶菊花色鲜艳，色彩丰富，品种繁多，且栽培成本较低，花期长，是北方冬季草花的首推品种，可用于元旦、春节、"五一"及冬春其他庆典活动，也可作公园早春花坛布置。

（二）彩叶草（*Coleus blumei* Bench.）

【别名】锦紫苏、五色草
【科属】唇形科 锦紫苏属
【识别特征】多年生草本，多作一、二年生栽培。株高20～60cm，基部木质化。茎四棱，叶对生，卵圆形，先端尖，叶缘有齿，叶色有黄、红、白、紫、褐、绿等，以及多色镶嵌成图案的复色（图9-7）。总状花序顶生，花冠二唇，上唇白色，下唇蓝色，二强雄蕊。

图9-7　彩叶草

【栽培品种】依据叶型变化，可分四个园艺品种：① 大叶品种，植株高大，分枝少，叶为大型卵圆形，叶面凹凸不平；② 小叶品种，叶小型，长椭圆形，叶面平滑，叶色丰富；③ 皱叶品种，叶缘裂而具波状皱纹；④ 低矮性品种，植株矮小，基部多分枝，株型紧密，叶狭长，适合作吊盆种植。

【生态习性】原产印度尼西亚。喜温暖湿润、阳光充足和通风良好环境，生长适温为20～25℃，最低越冬温度不可低于10℃，否则叶片变黄脱落，5℃以下则枯萎死亡；喜疏松、肥沃以及排水良好的砂质土壤。

【繁殖方法】以播种繁殖为主，亦可扦插繁殖。四季均可播种与扦插。播种用土为草炭土1份和细沙1份的混合土，撒播，好光性，播后不需覆土，适温20～25℃，8～10天发芽。基质插、水插均可，20℃左右2周可生根。

【栽培管理】1对真叶时上盆，盆土为草炭土、壤土、河沙按2：1：1比例配合。施足基肥，温度保持在20℃以上。根据培养目的决定摘心与否。生长期要保证充足的日照以使叶片亮丽，但夏季高温时给予适当遮荫。彩叶草叶大而薄，应保证水分供应，夏季应保证盆土湿润，同时应经常向地面和叶面喷水，以提高空气湿度。冬季控制浇水，保持见干见湿。对肥料要求不高，生长季节每月施1～2次以氮肥为主的稀薄液肥。

花序出现后，若不采种则应及时摘去，以免消耗营养。若要采种则待花序由青变黄时收割。

【园林用途】彩叶草叶色娇艳多变，是目前常见的室内观叶植物。盆栽彩叶草不仅是窗台、室内绿化的佳品，也是配置露地花坛的理想材料。

（三）四季报春（*Primula obconica* Hance）

【别名】鄂报春、仙鹤莲、樱草、四季樱草
【科属】报春科 报春花属
【识别特征】多年生草本，常作二年生栽培。根状茎呈褐色，叶基生，椭圆或近圆形。株高约30cm，花茎高15～20cm，伞形花序，通常一轮，由15～25朵小花组成，花径约2.5cm。花冠高脚蝶状，裂片倒心形，顶端深裂，花色有白、淡红至深红色，有单瓣和重瓣之分（图9-8）。花期1～5月份。蒴果，种子细小，深褐色。

【栽培品种】报春花属植物约550种，多分布于北半球，我国约250种以上。栽培品种有：大花类型，花大，有纯白、深蓝、红、粉、紫红和肉红等色；巨花类型，由四季报春与

P. megaseaefolia 杂交育成，花更大、株矮，适盆栽，花色丰富；多倍体类型，已育出4倍体品种。常见栽培种如下。

（1）臧报春（*P. sinensis* Lindl.）又称大樱草。原产我国。高15～30cm，全株密被腺毛。叶卵圆形，浅裂，缘具缺刻状锯齿，基部心形，伞形花序1～3轮，花径约3cm。花色有粉红、深红、淡蓝、白色等（图9-8左上）。花期冬春。

（2）欧洲报春（*P. vulgalis* Huds.）原产欧洲。株高8～15cm。叶片长椭圆形或倒卵状椭圆形，先端顿，叶面皱。花葶多数，低于叶面或与叶面等高，单花顶生，芳香，花径约4cm，栽培种花色丰富（图9-8右上）。花期春季。

（3）报春花（*P. malacoides* Franch.）也称中华樱草、小种樱草、小樱草。株高约45cm，叶片卵圆形，基部心形，边缘有锯齿，叶柄长。花梗高于叶面。花色白、淡紫、粉红至深红色。花小，径1.3cm左右，伞形花序3～10轮。有香气。

图9-8　四季报春

【**生态习性**】喜冷凉湿润，忌烈日曝晒，忌高温干燥，耐肥，不耐寒。生长适温为13～18℃，喜含适量钙质和铁质的砂壤土。可自播繁衍。

【**繁殖方法**】播种繁殖为主。春、秋均可进行。欲使其在夏季开花，可于2～3月份播种；若要在春季开花，则需于头年8月份播种。由于种子细小，寿命短，随采随播。种子贮藏时间不超过半年。播种用土一般用腐叶土5份、堆肥土4份、河沙1份混匀调制。在15～20℃，10天左右可以发芽。

【**栽培管理**】2片真叶时进行分苗，3片真叶时移栽，6片叶时定植大盆中。幼苗期间保持水分充足，缓苗后减少浇水，保持盆土湿润即可；白天温度保持在18～20℃，夜间保持在15℃。夏季苗期适当遮荫并注意通风，如欲使冬天开花，可夜间补光3小时；每7天追施充分腐熟的稀薄液肥1次。

【**园林用途**】四季报春花期长，花色多而亮丽，有紫色、蓝色、红色及粉色深浅不一，是冬春季节重要的温室盆花。作为盆栽的同属植物，常见的还有藏报春、报春花、多花报春、欧洲报春、丘园报春等。温暖地方还可布置花坛、岩石园等。

（四）蒲包花（*Calceolaria herbeohybrida* Voss.）

图9-9　蒲包花

【**别名**】荷包花

【**科属**】玄参科　蒲包花属

【**识别特征**】为多年生草本，常作一、二年生栽培。茎叶被细茸毛。叶对生，卵形，有皱纹，常呈黄绿色。花具二唇，下唇发达，形似荷包，花色丰富，有乳白、淡黄、深黄、淡红、鲜红、橙红等色（图9-9），常嵌有紫红色、深褐色或橙红色小斑点。花期2～5月份。

【**生态习性**】原产于墨西哥、秘鲁、澳大利亚等地，现世界各地都有栽培，我国大多作温室花卉栽培。喜温暖、凉爽、湿润而又通风环境。怕高温，属长日照花卉，喜肥沃、疏松和排水良好的砂质壤土。

【**繁殖方法**】以播种繁殖为主。种子细小，播后可覆稀薄土或不覆土。8～9月份室内盆播，过早播种，因气温高，容易倒苗；播种过迟影响开花。发芽适温为18～21℃，播后7～10天发芽。

【**栽培管理**】出苗20天，苗高2.5cm时带土移植1次。移苗后30天，苗高5cm时定植在10～15cm盆中。室温以10～12℃为好，开花后控制在5～8℃，可延长观赏期。如促成栽培，每天延长光照6～8小时，可提早开花。每半月施肥1次。氮肥不能过量，否则易引起茎叶徒长和严重皱缩。当抽出花枝时，增施1～2次磷钾肥。同时，应及时摘除叶腋侧芽，促进主花枝发育，使株形圆整，提高商品价值。浇水要见干见湿，且防止水聚集在叶面及芽上，否则易烂心、烂叶。要经常注意通风，并保持相对湿度80%以上。

【园林用途】蒲包花正值春节应市，奇特的花形，惹人喜爱，适于作室内盆栽。也是很好的礼仪花卉，送上一盆鲜红的蒲包花，使节日的气氛更为浓厚。可用于点缀窗台、阳台、客厅、商厦橱窗、宾馆茶室、机场贵宾室等。

第三节　温室宿根花卉

一、温室宿根花卉的栽培特点概述

　　温室宿根花卉是指植株越冬温度在 5℃或10℃以上，在我国长江流域以北地区需温室栽培的宿根花卉。这类花卉在华南地区可露地栽培，如秋海棠、网纹草、文竹、君子兰、蔓性紫鹅绒等。

　　温室宿根花卉是在人工创造的生长环境中进行栽培的花卉。为了达到优质高产、周年供应和降低成本等目的，必须进行科学地栽培管理。温室宿根花卉的栽培管理措施包括上盆与换盆、转盆与倒盆以及浇水、施肥等，其详细内容如前所述。

　　温室宿根花卉多原产热带和亚热带，由于不适应北方强烈的阳光，春天移至室外栽培需搭设荫棚。根据需要，遮光率一般控制在40%～60%。

　　温室宿根花卉的繁殖方法，可根据花卉种类不同采用有性繁殖或无性繁殖。但在温室条件下，许多环境因了可控，故其繁殖随时都可进行。

二、常见的观花类温室宿根花卉

（一）大花君子兰（*Clivia miniata* Regel）

【别名】君子兰、剑叶石蒜

【科属】石蒜科　君子兰属

【识别特征】多年生常绿草本。茎短缩，假鳞茎状，长约10cm。根黄白色，肉质、粗壮。叶深绿色，带状，全缘，两列迭生，基部抱合，排列整齐，质厚而有光泽，先端钝圆或微尖，平行脉，长15～80cm，宽5～14cm。总花梗粗壮、扁平，自叶丛中抽出，高30～50cm。伞形花序顶生，着花5～40朵，小花有柄，柄长2～2.5cm。花漏斗状，花被片6枚，橘红色，基部黄色［图9-10(a)］。有总苞，苞片花后干枯脱落。雄蕊6枚，雌蕊1枚较长，稍伸出花被。浆果球形，紫红色，内含不规则形种子2～3粒。花期1～5月份。

【栽培品种】大花君子兰依品种不同，大致可分为凸显脉型、平显脉型和隐显脉型三种类型。通过人工杂交，选育出不少名贵品种。

　　20世纪40年代，中国有胜利、和尚、染厂和油匠等品种；80年代，有花脸和尚、圆头、春城短叶、黄技师等品种；近年来又有膜膜君子兰、芳叶和金丝兰等新品种问世。

　　君子兰的栽培品种根据其株型大小、叶片长短、长宽比例、叶尖形状、叶脉隐显和花色、果型等区分。总的来说，叶片以短而宽、厚而硬、挺拔而整齐、叶面鲜艳而有光泽、叶端浑圆、脉纹凸起为良种，花朵大而呈黄色为精品。

　　在日本，君子兰的观叶种比观花种更受重视，选育出了有白色斑纹和黄色斑纹的斑叶君子兰；而美国、欧洲则着重于花色的改良，选育出了22个不同黄色的君子兰品种，价格昂贵，每棵小苗250～350美元。

　　同属常见观赏的种类还有垂笑君子兰（*C. nohilis* Lindl.），与大花君子兰的区别是：叶片狭长，花茎稍短于叶，花开放时下垂，呈桶状［图9-10(b)］。

【生态习性】原产非洲南部的林下。喜温暖、湿润、凉爽及半阴环境，怕酷暑和强光直射，不耐寒，生长适温为15～25℃，5℃以下、30℃以上，生长均受抑制。要求排水良好、疏松透气、富含腐殖质的微酸性土壤，尤以泥炭土为最佳，忌盐碱。

【繁殖方法】播种或分株繁殖。大量繁殖多采用播种繁殖，为加速繁殖，也可组织培养。

　　（1）播种繁殖　随采随播。种子的获得需异花人工辅助授粉，雌蕊柱头有黏液分泌时授粉最好，上午9～10时或下午1～3时授粉，第二天再重复授粉1次。种子成熟时将花梗连同果实剪下，于阴凉通风处放置10天左右，剥出种子，晾晒2天后点播。采用洁净河沙，以1cm的距离将种胚朝下摆好，覆沙1～1.5cm，浇透水，最好盖上一块玻璃，保持湿润，20～25℃温度下约15～30天生根，50天左右即可长出第一片叶了，3个月幼苗可移栽上盆，一般4～5年长至12～14片叶以上时可开花。

图9-10(a)　大花君子兰

（2）分株繁殖　只要温度保持在20℃以上，一年四季均可分株，但以无花无果的春、秋两季为好。分株时把君子兰假鳞茎和根部连接处发出的15cm以上的脚芽（小苗）切离，另行栽植。若切离的脚芽没有幼根，则应在其伤口处涂上木炭粉防腐，插入沙中，约经1个月左右生根后上盆。

【栽培管理】盆栽用土以腐叶土加20%～30%河沙；或泥炭土70%～80%，河沙20%～30%；或腐殖土70%，河沙20%、饼肥10%。南方一些地方可用塘泥、山泥、碎砖块加木炭作盆土，效果较好。且应1～2年换盆土1次，以保持植株旺盛生长。

君子兰喜肥，但施肥过量会造成烂根。一般应于换盆时施足底肥，春、秋、冬每月施1次固体肥（油料种子碾碎或腐熟饼肥），每半月施1次液体肥（碎骨、豆类、芝麻、河虾等沤制而成，上清液兑水稀释20～40倍施用），抽花茎前加施磷、钾肥1次，施肥时注意不要沾污叶片。此外，还可用0.1%的磷酸二氢钾或0.5%的过磷酸钙进行四季根外追肥。

图9-10(b)　垂笑君子兰

在栽培中要注意水分的控制，土壤的相对湿度宜在20%～40%。积水容易烂根，造成死亡，经验认为盆土半干时就应浇水，原则是"浇透不浇漏"。在干旱季节，要经常向叶面喷水，以免空气过于干燥，使叶缘干枯。

君子兰在冬季常有"夹箭"现象，其主要原因：一是出现花葶时，温度低于20℃或高于25℃，或昼夜温差达不到8～12℃；二是土壤板结，导致缺氧和营养不良；三是花期缺磷、钾肥等。栽培时应注意调节。为使君子兰两列叶子生长对称而均匀，应每隔8～10天转盆1次。

【园林用途】大花君子兰是我国重要的温室花卉，现各地栽培极为普遍，尤其东北地区。其终年翠绿，叶、花、果兼美，极适应室内散射光环境，是布置会场、厅堂，美化家庭环境的名贵花卉。同时，还能吸收有害气体、减低噪声、杀灭细菌，创造出舒适的家居环境。

（二）非洲菊（*Gerbera jamesonii* Bolus）

【别名】扶郎花

【科属】菊科　大丁草属

【识别特征】多年生常绿草本植物，株高30～60cm，全株被细毛。叶基生，具长柄，叶矩圆状匙形，基部渐狭，叶片长15～25cm，宽5～8cm，羽状浅裂或深裂，顶裂片大，裂片边缘具疏齿，圆钝或尖，叶背被白色绒毛。头状花序顶生，花梗长，高出叶丛；舌状花1～2轮或多轮，倒披针形或带形，端部3齿裂，有白、黄、橙红、淡红、玫瑰红和红等色；筒状花较小，与舌状花同色与异色，端部两唇状（图9-11）。周年开花，但以5～6月份和9～10月份为盛花期。

【栽培品种】非洲菊有露地和温室栽培的周年开花的切花品种，也有适于花坛栽植的品种，还有适于盆中的品种。在华南地区可作露地宿根花卉栽培；在华东地区需覆盖越冬或温室作切花栽培。

常见同属观赏种有重瓣非洲菊（*G. jamesonii var plena*），花重瓣，具几个辐射状排列的舌状花。

【生态习性】非洲菊原产南非，喜温暖、阳光充足和空气流通的环境。生长适温20～25℃，冬季适温12～15℃，低于10℃时则停止生长，属半耐寒性花卉，可忍受短期的0℃低温。喜肥沃疏松、排

图9-11　非洲菊

水良好、富含腐殖质的砂质壤土，忌黏重土壤，宜微酸性土壤。在碱性土壤中叶片易缺铁。

【繁殖方法】以分株繁殖为主，规模化切花生产时则以组培繁殖为主，也可扦插和播种。

（1）分株繁殖　每年3～5月份进行分株，分株时先托出母株，把地下茎分切成若干子株，每株需带新根和新芽，盆栽不宜过深，根芽必须露出土面。每株可分5～6个新株。

（2）组织培养　可培养脱毒苗，提高切花的产量和品质。目前荷兰、美国、日本、德国等国采用叶片、未受精胚珠、花芽、茎顶、根茎等材料作外植体。

（3）扦插繁殖　将健壮植株挖出，截取根部粗壮部分，去除叶片，切去生长点，保留根颈部种在泥炭中，保持室温22～24℃，相对湿度70%～80%，从根颈部会长出叶芽和不定芽，形成插穗。一株母株可反复剪取插穗3～4次，可采插穗10～20个。插入沙床中，约3～4周生根，插后当年能开花。

（4）播种繁殖　非洲菊为异花授粉植物，其播种后代易发生变异，播种繁殖常用于培育新品种。

【栽培管理】人工培养土栽培可明显提高切花产量和质量，土壤配方可参考如下：腐殖质5份、珍珠岩2份、泥炭3份混合的培养土，但此法生产成本相对较高。也可进行大田栽植，应选择至少具有25cm以上深厚土层，定植前应施足基肥，所有肥料要和定植床的土壤充分混匀翻耕，做成一垄一沟形式，垄宽40cm，沟宽30cm，植株定植于垄上，双行交错栽植。株距25cm。栽植时应注意将根茎部位略显露于土壤，防止根基腐烂。定植后在沟内灌水。

（1）地栽管理

① 温度。我国除华南地区外均不能露地越冬，需进行温室栽培，长江流域以外可用不加温的大棚栽培。夏季，棚顶需覆盖遮荫网，并掀开大棚两侧塑料薄膜降温。冬季外界夜温接近0℃时，封紧塑料薄膜，棚内需增盖塑料薄膜。遇晴暖天气，中午揭开大棚南端薄膜通风约1小时。

② 光照。非洲菊为喜光花卉，冬季需全光照，但夏季应注意适当遮荫，并加强通风，以降低温度，防止高温引起休眠。

③ 灌水。定植后苗期应保持适当湿润并蹲苗，促进根系发育，迅速成苗。生长旺盛期应保持供水充足，夏季每3～4天浇1次，冬季约半个月1次。花期灌水要注意不要使叶丛中心沾水，防止花芽腐烂。露地栽培要注意防涝。灌水时可结合施肥。

④ 追肥。对肥料需求大，施肥氮、磷、钾的比例为15：18：25。追肥时应特别注意补充钾肥，尤其每次采摘切花后要追1次大肥。一般苗株长大后，晚冬早春之交可大量施肥，每（666.7m²）施硝酸钾2.5kg，硝酸铵或磷酸铵1.2kg，春秋季每5～6天1次，冬夏季每10天1次。若高温或偏低温引起植株半休眠状态，则停止施肥。

⑤ 清除残叶。非洲菊基生叶丛下部叶片易枯黄衰老，应及时清除，既有利于新叶与新花芽的萌生，又有利于通风，增强植株长势。要常撒布硫黄粉，以防止霉病发生。

（2）盆栽管理　非洲菊盆栽常采用播种繁殖。根系发达，盆栽需用肥沃、疏松和排水好的腐叶土或泥炭土。生长期应多浇水，保持盆土湿润，但不能积水，否则易发生烂根现象。每半月施肥1次，花芽形成至开花前增施1～2次磷钾肥。非洲菊是喜光性植物，盆栽必须放置光线充足处。冬季大棚或日光温室盆栽，注意保温和通风，随时启盖草帘。浇水时应注意叶丛中心不能着水，否则易使花芽腐烂。

【园林用途】非洲菊花大色艳，为重要切花。也宜盆栽观赏，用以装饰厅堂、花池，布置窗台、案头。在温暖地区，可作宿根花卉应用，丛植于庭院，配置于花坛，或装饰于草坪边缘，观赏效果极佳。

（三）四季秋海棠（ *Begonia semperflorens* Link et Otto ）

【别名】瓜子海棠

【科属】秋海棠科　秋海棠属

【识别特征】多年生常绿草本花卉。茎直立，多分枝，稍多汁，肉质，高15～30cm，有发达的须根。叶卵圆形至广卵圆形，基部斜生，缘有齿及毛，有绿叶系和铜叶系，托叶大，膜质。花单性，雌雄同株，花朵簇生成聚伞状花序，雄花大，具4枚花被，雄蕊多数；雌花小，花被5，花柱3裂，花梗出自叶腋，花色艳丽，花型多姿。花色有红、白、粉红及中间型。叶有绿、紫红和深褐等

图9-12(a)　四季秋海棠

图9-12(b)　铁十字秋海棠

图9-12(c)　竹节秋海棠

色［图9-12(a)］。硕果具翅，果内含有大量细小的种子。

【栽培品种】栽培品种繁多，株型有高种和矮种，花有小花和大花、单瓣和重瓣等。同属常见栽培种如下。

(1) 铁十字秋海棠（*B.masoniana var.maculata*）　多年生草本，根茎内质，横卧。叶面皱，有刺毛，在黄绿色叶面中部，沿叶面中心有一定不规则的近"十"字形紫褐斑纹［图9-12(b)］。花小，黄绿色，不显著。忌强光直射，主要观叶。

(2) 竹节秋海棠（*B.maculata*）　多年生常绿亚灌木，株高50～100cm。茎直立或披散，基部红褐色木质化，茎肥厚光滑，节部膨大呈竹节状；叶长椭圆形，叶面绿色有红晕，基部心脏形偏斜，有多数银白色小斑点，叶背面红褐色，叶柄圆形肉质［图9-12(c)］。花序聚伞形，腋生，大而下垂，花鲜红色。温暖地区可常年观花，通常4～11月份为盛花期。多扦插繁殖。

【生态习性】原产南美巴西。喜温暖、湿润和阳光充足环境。也耐半阴，忌强光直射。生长适温18～20℃。冬季温度不低于5℃，否则生长缓慢，易受冻害。夏季温度超过32℃，茎叶生长较差。但某些耐热品种在高温下仍能正常生长。喜肥沃、疏松和排水良好的腐叶土或泥炭土，pH5.5～6.5为宜。

【繁殖方法】可用播种、扦插、分株和组织培养繁殖。播种繁殖以春、秋季为宜，隔年种子发芽率显著下降，宜用当年采收的新鲜种子。种子细小，播后不覆土，压平即可，发芽适温为20～22℃，约7～10天发芽秋播，温室越冬，翌年春天3～4月份开花。一般播种后130～150天开花。也可扦插和分株，采用常规方法即可。

【栽培管理】2片真叶时及时间苗，4片真叶时可移入小盆。常用10cm盆盆栽。苗高10cm时应摘心，压低株型，促使萌发新枝。同时，摘心后10～15天，喷0.05%～0.1% B₉约2～3次，可控制植株高度在10～15cm。一般四季秋海棠作二年生栽培。2年后需进行更新。根系发达，生长快，每年春季需换盆，加入肥沃疏松的腐叶土。生长期保持盆土湿润，每半月施肥1次。花芽形成期，增施1～2次磷钾肥。光线不足，花色显得暗淡，缺乏光彩，茎叶易徒长、柔弱。

【园林用途】适宜小型盆栽观赏，点缀家庭书桌、茶几、案头和商店橱窗、会议条桌、餐厅台桌。可布置城市中心广场、花坛、花槽，组成景点。也可加工成立体花柱、花伞及吊盆悬挂。

（四）温室凤仙类（*Impatients*）

【科属】凤仙花科　凤仙花属

【识别特征】多年生常绿草本植物，常作以二年生栽培。茎平滑，脆而多汁，节部膨大，无托叶，一般互生、对生，上部叶片常轮生。花两性，花瓣5，左右对称，单生于叶腋或稍簇生。花萼3枚，中萼片向后延伸形成距。花色有红、粉红、紫、白色等，有单瓣、重瓣之分。蒴果，纺锤形。

【栽培品种】温室凤仙花常见的种类如下。

(1) 何氏凤仙（*I.holsti* Engler et Warb.）　半灌木，株高20～100cm不等，叶绿色、古铜色，互生，卵形至卵状披针形，叶柄长，叶缘有圆齿，齿间有1刚毛。花单生或2朵簇生于叶腋间，花瓣5，翼瓣2深裂，矩细长弯曲。园艺品种很多，有绯红、洋红、桃红、白、紫、橙红以及红白镶嵌的品种等［图9-13(a)］。还有矮生品种，多用于花坛布置。

(2) 苏丹凤仙（*I.sultanii* Hook.f.）　又称苏氏凤仙、玻璃翠，与何氏凤仙的区别是：茎绿色肉质，半透明；花径4cm；叶绿色，基部楔形，先端短渐尖[图9-13(b)]。有资料将何氏凤仙、苏丹凤仙都归并为非洲凤仙(*I.walleriana* Hook. f.)，或何氏凤仙与苏丹凤仙同为一种，二者互为别名，分类较为混乱。

（3）非洲凤仙(*I.walleriana* Hook. f.)，也称洋凤仙，多年生草本，株高30～60cm。茎叶含水量较高，呈透明状。叶互生，叶片卵状圆形，绿色，叶缘有钝锯齿，各齿间有一刚毛[图9-13(c)]。花色丰富，四季花开不断。

（4）新几内亚凤仙(*I.hawkeri* Bull.)，茎干粗壮，比非洲凤仙高大。茎稍棱形，有时带红晕。4片以上的叶密集生于节上，类似簇生，叶片长椭圆形，叶表有光泽，叶脉清晰。叶背绿色或具有紫红色晕[图9-13(d)]。

【生态习性】原产于非洲山地，性喜温暖、湿润日照充足的环境，忌炎热，不耐寒冷，生长适温为15～25℃，夏季要求凉爽并适当遮荫。喜疏松肥沃排水良好的砂质土壤。

【繁殖方法】播种和扦插繁殖皆可。播种四季都能进行，可以撒播或点播，播种适温为20℃左右，约1周出苗，并要保证每天8小时以上的光照，促进发芽。扦插也可全年进行，保持温度20℃，约20天生根；夏季水插亦容易生根。

【栽培管理】盆栽用土为草炭土2份、蛭石或河沙1份、炉渣1份混合，并加入适量底肥。苗高5cm时移植于8cm的营养钵中，12cm左右时定植于15cm的盆中，对于分枝性不强的个别种及品种，如新几内亚凤仙，苗期应适当摘心。越夏时要保持环境凉爽通风，并适当遮荫，冬春季节需充足的光照。生长期间保证水分的供应。整个生长季节保持一定的空气湿度，夏季可向叶面和地面喷水，以增加空气湿度，但注意通风，如果嫩尖在潮湿环境中4小时以上，会导致脱落，甚至死亡。每10天浇施1次薄肥，为控制株高和株形，除前期多施氮肥外，开花前后应控制氮肥的施用。

【园林用途】凤仙花四季开花，花繁多，花色艳丽，可以布置家庭及会场等，也可以作露天花坛。

图9-13(a)　何氏凤仙

图9-13(b)　苏丹凤仙

图9-13(c)　非洲凤仙

图9-13(d)　新几内亚凤仙

（五）非洲紫罗兰 (*Saintpaulia ionantha* Wendl)

【别名】非洲堇、非洲苦苣苔
【科属】苦苣苔科　非洲紫苣苔属
【形态特征】多年生草本植物，无茎，全株被毛。叶基生，稍肉质，叶片圆形或卵圆形，背面带紫色，叶柄长，粗壮肉质。聚伞花序，有长柄，花淡紫色，1～6朵簇生；花冠2唇，有短筒，裂片不相等（图9-14）。蒴果，种子极细小。花期春～秋。

【栽培品种】原有蓝色花朵24种，变异品种繁多，已登记的栽培品种超过9000种，并且每年都会有200种以上的新品种出现。有大花、单瓣、半重瓣、重瓣、斑叶等，花色有白、蓝、黄、橙、紫、淡紫、粉和双色等。

图9-14　非洲紫罗兰

【生态习性】原产东非热带地区。喜温暖、湿润和半阴环境，但冬季需要充足光照，雨雪天也需加辅助光。不耐寒，忌夏季高温。喜肥沃、疏松和排水良好的腐叶土或泥炭土。空气相对湿度以40%～70%为宜，过湿，容易烂根，但空气干燥，叶片缺乏光泽。

【繁殖方法】常用播种、扦插和组培法繁殖。温室栽培以9～10月播种为好，种子细小，播后不覆土，压平即行。扦插繁殖用叶片、腋芽、花芽作插穗均可，居家栽培以花后带2cm长的叶柄进行叶插最为简单和普及，3周后生根，2～3个月产生幼苗，4～6个月开花。组织培养法应用普遍，美国、荷兰、以色列等国均有非洲紫罗兰试管苗生产。

【栽培管理】播种适温18～24℃，播后15～20天发芽，2～3个月分苗定植。叶插小苗2～3个月后长出4～6片叶时，用小刀片将小苗与母叶分离，定植于较大的花盆里，置明亮的散射光条件下养护。

幼苗期注意盆土不宜过湿，一般7～10天浇1次水，夏天可多浇些，因叶片有毛，浇水时注意不要浇到叶片上，以免造成烂叶或产生"水斑"。生长期每半月左右施1次腐熟的稀薄液肥或复合化肥，肥料中氮肥含量不能太多，否则叶茂花少，进入花期应施磷钾肥，氮、磷、钾以1：1：1的比例为好。从播种至开花，绿叶品种约需8～12个月，斑叶品种约需12个月以上。

【园林用途】非洲紫罗兰是国际上著名的盆栽花卉，在欧美栽培特别盛行。其植株小巧玲珑，花色斑斓，四季均能开花，是室内优良的观赏花卉。

（六）鹤望兰（*Strelitza reginae* Banks）

【别名】极乐鸟之花、天堂鸟

【科属】旅人蕉科　鹤望兰属

【识别特征】多年生草本植物。株高1～2m，肉质根粗壮，茎不明显。叶基生，对生两侧排列，革质，长圆状披针形式，长约40cm，宽约15cm。花茎顶生或生于叶腋间，花梗与叶近等长；总苞舟形，横生，深绿色，基部与上缘红色，内着花6～8朵，顺次开放；花被片共6枚，外花被3枚，橙黄色；内花被3枚，舌状，天蓝色（图9-15）。花期从9月份至翌年6月份。

【生态习性】原产南非，世界各地常见栽培。性喜阳光充足、温暖湿润的环境，但夏季怕阳光曝晒，冬季则需阳光充足。生长适温18～24℃，不耐寒，较耐旱，但要求空气湿度高。喜土层深厚、排水良好、富含有机质的砂质壤土，pH值为5.5～6.5。

图9-15　鹤望兰

【繁殖方法】常用播种法和分株法繁殖。需人工授粉，经80～100天种子才能成熟。目前我国自育自产的种子极少，多从美国和日本进口种子。鹤望兰播种需用新鲜种子。播后3～5年具有9～10枚叶片时开花。分株法繁殖一般在春季4～5月份进行，每株需保留2～3个分蘖，每1分蘖上至少保留2条须根，同时修去部分老叶。

【栽培管理】出苗后经1～2个月的生长，在2～3片叶时进行移苗。作切花生产，一般栽植在塑料大棚内。定植前土壤要消毒，深耕使土壤疏松，并施入腐熟的有机堆肥或磷钾肥，作成高畦。在大棚内，3～11月份都可栽植，株行距80～120cm，每公顷（hm²）栽9000～13500株。也可先密植，3～4个月后再移栽。定植苗多采用2年生健康的实生苗或分株苗，定植前先将苗在水中浸泡1小时以提高成活率。定植已开花的植株，植坑直径为60～100cm，栽植不宜过深，以植株基部的芽齐土面为好，以利于新芽萌发。

定植后浇足定根水，第一周每天浇水1次，以后应保持土壤微湿，不宜过分干燥。夏季生长期和秋冬开花期需要充足的水分，开花后可适当减少浇水量。生长期每半个月施1次腐熟饼肥，当形成花茎至盛花期，施用2～3次过磷酸钙。光照和温度对鹤望兰的生长和开花影响很大，光照越强越有利于生长开花，但在烈日曝晒下叶片易黄，在夏季应注意遮荫降温和通风透气。秋、春两季是开花高峰，一般每天光照时间不得少于12小时。花期应掌握在15～24℃之间。低于5℃时植株将停止发育，冬季盖膜防冻。及时排水，摘除病叶，抽取清洁的水灌溉均可减少或避免病害感染。

盆栽，春秋季可置于全光照下，冬季需搬进温室中并提供足够的光照。生长期间，每半月施腐熟肥1次，花期施2～3次过磷酸钙。成年鹤望兰2年换1次盆。盆栽后管理及病虫害防治均和棚植相似。

【园林用途】鹤望兰是珍贵大型观花观叶植物。宜布置于厅堂、门侧、会议室等光线较充足处。鹤望兰又是名贵切花，水养期可达15～20天。在我国华南地区，用以布置庭院、配置花坛、花境。

（七）花烛（*Anthrium andraeanum* Lindl.）

图9-16(a)　花烛

【别名】哥伦比亚安祖花、红掌、红鹤芋

【科属】天南星科　花烛属

【识别特征】多年生附生常绿草本。茎短缩，直立。叶片椭圆状心脏形，鲜绿色，革质光滑。叶柄细长挺直。花梗细长，50cm余，红色从茎端抽出，佛焰苞片心脏形，鲜红、暗红、粉红、橙红、紫、白、绿及混合色，全缘，表面波状，蜡质光滑。肉穗花序6cm，圆柱形直立，黄色［图9-16(a)］。花期夏季，若栽培管理得当，一年四季都可开花。

【栽培品种】商业栽培的红鹤芋品种繁多，有切花和盆栽品种之分。盆栽品种又分为观叶和观花两类。同属常见栽培种为：猪尾花烛（*A. scherzerianum* Schott），又称安祖花、火鹤。与花烛的区别是：① 叶窄，披针形，暗绿色；② 花梗短，25～30cm；③ 佛焰苞长圆形，下垂，火焰红色，无光泽；④ 肉穗花序常螺旋状扭曲，朱红色［图9-16(b)］。

图9-16(b)　猪尾花烛

【生态习性】喜温暖多湿及半阴环境，切忌强光直射，不耐寒。最适生长温度为20～25℃，温度稍高，植株停止生长。越冬室温宜保持在16℃以上。宜选择疏松肥沃和排水、通气良好的培养土。

【繁殖方法】可采用分株、扦插、播种或组培法繁殖，多采用分株法。分株繁殖一般结合春季换盆进行。应注意每一株丛都要带有芽和根系，含3个以上叶片，以利成活。

【栽培管理】红鹤芋通常在保护地（温室、塑料大棚、荫棚）内进行栽培。寒流来临时，温度低于15℃，应采取防寒措施，并于低温期减水停肥。每天需向叶面喷雾或向叶面及场地四周洒水，保持较高的空气湿度，有利于叶片生长。排水不良或盆土过湿易烂根，生长旺季注意保持盆土有充足的水分。浇水宜干湿相间，可用pH4～4.5的偏酸水或用雨水浇灌，或定期施用0.1%～0.5%的硫酸亚铁。立秋后逐渐减少浇水，入室后至早春出室前应控制浇水，保持盆土偏干。栽培红鹤芋理想的相对湿度为80%～85%，幼苗移植时应控制在85%～90%。

冬季需要充足阳光。红鹤芋所需的光照以15000～20000lx为宜。为使红鹤芋花叶俱佳，应让其不受强光直射而又多接受光照。盆栽夏季宜放在北窗附近养护，其他季节宜放在向阳阳台等处。露天或温室栽培，夏季早晚可给予阳光照射，中午前后应遮去50%左右阳光；其他季节可不遮光。5～9月份生长旺盛，每半月施肥1次。追肥以腐熟有机质液肥为主，并配合施用磷、钾肥或复合肥，间而喷洒一些叶面肥。

盆栽时，宜用2份腐叶土或泥炭土、1份珍珠岩或粗沙配成培养土，或用腐叶土（或泥炭土）、园土和木炭等量配合，再加少量过磷酸钙或骨粉配成培养土。约2～3年换1次盆。

在栽培过程中，要注意剪除残花败叶，确保通风良好，促进叶色更为鲜艳。

【园林用途】红鹤芋是著名的室内盆花、切花种类，深受广大消费者青睐。

三、常见的观叶类温室宿根花卉

（一）一叶兰（*Aspidistra elatior* Blume）

【别名】蜘蛛抱蛋、一叶青

【科属】百合科　蜘蛛抱蛋属

【识别特征】多年生常绿宿根草本。根状茎粗短横生于土表，叶基生于根状茎，单生直立，一叶一柄；叶长椭圆形，半革质，深绿而有光泽。花单生，花葶自根茎生出，紧附地面，两性，褐紫色（图9-17）。花期4～5月份。秋末种子成熟，果实似蜘蛛卵。

【栽培品种】主要栽培变种有：① 条斑一叶兰（var. *variegata* Hort.），叶片上有纵向的黄色或白色的条斑；② 金点一叶兰（var. *punctata*），叶片上有或稀或密的黄色或白色斑点。

图9-17 一叶兰

【生态习性】原产我国海南岛和台湾，现栽培广泛。性喜温暖湿润、半阴环境，耐阴性强，较耐寒。生长适温为10～25℃，而能够生长温度范围为7～30℃，越冬温度为0～3℃，喜肥沃疏松的腐殖土，不耐盐碱。

【繁殖方法】主要采用分株繁殖。可在春季气温回升、新芽尚未萌发之前结合换盆进行分株。将地下根茎连同叶片分切为数丛，使每丛带3～5片叶，栽种置于半阴环境下养护。

【栽培管理】盆栽时可用腐叶土、泥炭土和园土等量混合或疏松肥沃山泥作基质。生长季要充分浇水，保持盆土湿润，并经常向叶面喷水增湿，以利萌芽抽长新叶；秋末后可适当减少浇水量。春夏季生长旺盛期每月施液肥1～2次，以保证叶片清秀明亮。越冬温度5℃以上。可常年在明亮的室内栽培，不宜阳光直射，短时间的阳光曝晒可造成叶片灼伤。极耐阴，在阴暗室内也可观赏数月之久，但长期过于阴暗不利于新叶的萌发和生长。斑叶类品种，多施磷钾肥，少施氮肥。

【园林用途】一叶兰是室内绿化装饰的优良喜阴观叶植物，适于家庭及办公室摆放。还是现代插花极佳的配叶材料。

（二）吊兰（*hlorophytum comosum* Baker）

【别名】盆草、钩兰、挂兰、折鹤兰等

【科属】百合科 吊兰属

【识别特征】多年生宿根常绿草本，具簇生圆柱状肉质根和短的根状茎。叶基生，条形至长披针形，长20～40cm，宽约3mm，全缘或稍波状，花葶称"走茎"，自叶腋抽出，弯垂形成新的葡匐枝。总状花序，花小，白色[图9-18(a)]，花期春、夏，冬季室内也可开花。

【栽培品种】吊兰常见变种有：① 金边吊兰（var.*marginatum* Hort.），叶缘金黄色；② 银心吊兰（var.*mediopictum* Hort.），叶片沿主脉有银色纵纹。

图9-18（a） 吊兰　　图9-18（b） 金心宽叶吊兰

同属常见园艺种类为宽叶吊兰（*C.elatum* R.Br.），叶片绿色，长约30cm，宽1～1.5cm。其变种常有三种：① 金边宽叶吊兰（var.*medio-pictum* Hort.），叶缘黄白色；② 金心宽叶吊兰（var.*variegatum* Voss.），叶片沿主脉中心具黄白色宽纵纹[图9-18（b）]；③ 银边宽叶吊兰（var.*marginata* Hort.），叶缘为白色。

【生态习性】原产非洲南部，在世界各地广为栽培。喜温暖湿润通风环境，不耐寒，宜半阴处生长，夏季忌阳光直射，在15～25℃下生长迅速，越冬温度不低于5℃。喜疏松肥沃砂质培养土。

【繁殖方法】主要采用分株繁殖。除冬季外，其他季节均可进行。盆栽2～3年的植株结合换盆进行分枝，也可将走茎上的小植株分离下来直接栽植。

【栽培管理】盆栽土最好用保水力强的酸性腐叶土，可用腐叶土3份、园土4份、沙土3份混合的培养土。浇水应以盆土经常保持湿润为原则。盆土过干，则叶尖发黄；盆土长期过湿，易造成烂根脱叶。吊兰喜空气湿润，在空气干燥地区一年四季都需要经常用清水喷洒叶面，以保持叶面干净及增加周围空气湿度；空气干燥，易造成叶尖干枯。生长旺季约每7～10天施1次以氮肥为主的稀薄花肥或饼肥水，施肥宜淡不宜浓。斑叶类多施磷钾肥。每年应换盆1次，去除干枯腐烂及多余根系。低温期减水停肥。

吊兰也可水养。将植株从盆中倒出，冲洗干净根部泥土，放入透明容器中固定，每周换水1

次，溶液中可加入少量磷酸二氢钾。

【园林用途】吊兰是最为传统的居室垂挂植物之一。同时吊兰也是良好的室内净化空气的盆栽花卉。近些年水养吊兰比较盛行，既可观叶，又能赏根。

（三）绿萝（*Scindapsus aureus* Engler）

【别名】黄金葛、魔鬼藤、黄金藤

【科属】天南星科　常春芋属

【识别特征】蔓性多年生草本。茎叶肉质，茎节具气生根。叶互生，卵状长椭圆形，呈心形，蜡质，叶深绿色，光亮（图9-19）。有镶嵌着乳白、黄色、金黄不规则条纹或斑点的花叶品种。

【生态习性】原产印度尼西亚群岛，在热带地区常攀援生长在岩石和树干上。性喜高温、多湿、半阴的环境，不耐寒冷，生长适宜温度为20～28℃，15℃以下生长缓慢，越冬温度不低于10℃，夏天忌阳光直射，光照时间以每天8～12小时为宜。喜排水良好且富含腐殖质的肥沃壤土。

图9-19　绿萝

【繁殖方法】扦插法或压条法繁殖。春秋季均可扦插，可采用常规茎插法，采用素沙、蛭石做基质，或直接插植花盆中，25℃以上约3周生根；也可采用带叶柄的健壮叶片，晾至切口稍干后，将叶柄基部插入清洁的水中，每隔3～5天换1次水，约经1个月左右便可生根。压条繁殖可在砂盆内进行，将盆内的绿萝匍匐茎压上土或砂，气生根入土后即能生根，待长出新叶，就可剪断分栽。

【栽培管理】生长期间对水分要求较高，除正常向盆土补充水分外，还要经常向叶面喷水，做柱藤式栽培的还应多喷一些水于棕毛柱子上，使棕毛充分吸水，以供绕茎的气生根吸收。可每2周施1次氮磷钾复合肥或每周喷施0.2%的磷酸二氢钾溶液，使叶片翠绿，斑纹更为鲜艳。光照50%～70%。

【园林用途】可置于橱顶或几架上悬垂供观赏；也常做柱藤式栽培；枝叶还可作插花衬材。

（四）万年青（*Rohdea japonica* Roth）

【科属】百合科　万年青属

【识别特征】多年生宿根常绿草本，高约30cm，根状茎粗短，肉质。叶自根状茎丛生，每丛9～12片，长15～30cm，宽2～6cm；阔带状，横断面呈"V"字形，边缘波状。花葶自叶丛中抽出，穗状花序短于叶丛，花小无柄、密集，花被球状钟形，淡绿白色。花期夏季，浆果球形，橘红色（图9-20）。

图9-20　万年青

【栽培品种】万年青常见变种有金边万年青（*R.* var. Marginata）、银边万年青（*R.* var. variegata）。其他尚有大叶、细叶、矮生及具有黄白色斑纹等变种，日本及我国台湾地区较多。

【生态习性】原产于我国和日本。喜在林下潮湿处或草地中生长。喜半阴、温暖湿润和通风良好环境；忌阳光直射、忌积水。一般园土均可栽培，但以富含腐殖质、疏松透水性好的砂质壤土最好。

【繁殖方法】通常采用分株法繁殖，也可播种繁殖。

【栽培管理】不宜多浇水，否则易引起烂根。除夏季须保持盆土湿润外，春、秋季节浇水不宜过勤。夏季每天早、晚还应向花盆四周地面洒水，以造成湿润的小气候。

生长期间，每隔20天左右施1次腐熟的液肥；初夏生长较旺盛，可10天左右追施1次液肥，追肥中可加兑少量0.5%硫酸铵。在开花旺盛的6～7月份，每隔15天左右施1次0.2%的磷酸二氢水溶液，促进花芽分化，以利于更好地开花结果。

【园林用途】万年青耐阴性强，叶片苍绿，果实红艳，经冬不凋，极适合室内盆栽观赏。

（五）镜面草（*Pilea peperomioides*）

【科属】荨麻科　冷水花属

【识别特征】多浆常绿草本植物。株高35～40cm，茎粗壮，肉质，棕褐色，老茎常木质化，节上有深褐色的托叶和叶痕；叶绿色，近圆形，肉质，有光泽，幼叶稍内卷，渐平展；叶柄呈盾状着生于叶片中央偏上部，形若举着一面面小镜，密集着生茎上，叶柄长短不一，向四周伸展（图9-21）。

【生态习性】原产中国云南西北部海拔2000m左右的悬崖峭壁或岩洞阴处。喜阴，喜凉爽，但在阳光下亦可生长良好。生长适温15℃。要求排水良好的肥沃土壤。

图9-21　镜面草

【繁殖方法】可用分株、扦插和播种法繁殖。在原产地能够结实，可自行播种繁殖。扦插繁殖可采用叶插法，选生长成熟叶片，带一主脉，削成楔形，直或斜插入沙中，保持20℃左右，3周即可生根。

【栽培管理】可用园土、腐叶土、河沙等量混合配制盆栽基质。栽培中要求较高的空气湿度，尤其夏季高温干燥时，可向叶面和四周喷水，以降低温度，提高湿度。生长季节，每2周追施稀薄液肥1次。每年春季换盆。

【园林用途】镜面草是室内小型盆栽观叶植物中的佳品。叶形奇特，株态优美，适宜布置窗台、书案、茶几或花架，也可悬吊观赏。

（六）虎耳草（*Saxifraga stolonifera* Cutt.）

【别名】金钱吊芙蓉、金丝荷叶

【科属】虎耳草科　虎耳草属

【识别特征】多年生宿根常绿草本植物，株高15～40cm，全株被短绒毛，有细长的红紫色匍匐茎，即"走茎"。叶基生，肉质，心状圆形，缘有细锯齿。叶面浓绿色，间有白色网状脉纹，叶背及细长的叶柄均为紫红色。圆锥花序，白色，具紫斑或黄斑，小花不整齐［图9-22（a）］，花期4～5月份。

【栽培品种】常见的栽培变种有花叶虎耳草（*S. stolonifera* cv. Varigata）：叶较小，圆形、肥厚，叶边缘具不整齐的红、白、黄色的斑块［图9-22（b）］。叶形、叶色都很奇特，被视为珍奇的观叶植物。

图9-22(a)　虎耳草

【生态习性】原产亚洲东部，中国秦岭以南均有分布，喜凉爽、半阴和空气湿度高的环境，怕强光直射。生长适温为13～25℃，越冬温度不可低于5℃。较耐寒，不耐高温干燥，在夏秋炎热季节休眠，入秋后恢复生长。喜富含腐殖质的中性至微酸性土壤。

【繁殖方法】多采用分株繁殖。春末或秋初将匍匐茎上的小植株分离下来栽植即可。

图9-22(b)　花叶虎耳草

【栽培管理】春夏开花后的高温期间转入半休眠状态，需放入阴凉通风处，并注意控制水分，保持盆土不干即可，太湿易烂根。秋季天气转凉后恢复生长，生长期间需较高的空气湿度，要逐渐增加浇水次数，使盆土经常保持湿润，但不可出现盆内积水现象。生长季可每半月施加1次稀薄液肥，肥液不可沾污叶片，以免叶片受损而影响植株生长和观赏效果。

【园林用途】虎耳草植株小巧，叶形美观，可盆吊观赏。暖地也于岩石园、墙垣及野趣园中栽植。

（七）吊竹梅 [*Zebrina pendula* Sch.（*Tradescantia zebrine* Hart.）]

【别名】吊竹草、甲由草

【科属】鸭跖草科　吊竹梅属

【识别特征】多年生常绿蔓生草本，茎匍匐，茎节处生根；茎有粗毛，茎与叶稍肉质。叶互生，基部鞘状，卵圆形或长椭圆形；叶面银白色，中部及边缘为紫色，叶背紫色（图9-23）。花小，紫红色。

图9-23　吊竹梅

【生态习性】原产南美洲，现各地均有分布。喜温暖湿润，不耐寒，越冬温度需高于10℃。喜光，也较耐阴，但过阴处常使茎叶徒长，叶色变淡。要求土壤为肥沃、疏松的腐殖质土。

【繁殖方法】以扦插及分株繁殖为主。扦插时间除炎夏及冬季外均可进行，极易生根，成活率较高。吊竹梅的茎接触土壤就可生根，将已生根的茎节切下即可上盆。水插也易生根。

【栽培管理】常用等量泥炭土、腐叶土、粗沙混合作基质，保持土壤湿润和较高的空气湿度，每2周施肥1次，氮肥不可过多，否则易失去斑纹。夏季可摆放于无直射光的窗口，冬季应置于向阳处。生长季及时摘心可使株形丰满。

【园林用途】吊竹梅一般可作小型盆栽和吊盆栽植；也是良好的地被植物和花架垂吊观赏花卉。

（八）旱伞草（*Cyperus alternifolius* L.）

【别名】伞草、水棕竹、风车草、水竹草

【科属】莎草科　莎草属

【识别特征】多年生常绿宿根草本。株高40～160cm，茎单一，丛生，多呈三棱形，叶生于茎之基部，有时退化成鞘状。茎顶集生多数叶状总苞片，苞片线状，伞状扩展（图9-24）。穗状花序，扁平，多数聚生成大形复伞形花序，花小，淡紫色。花期5～8月份，果期7～10月份。

【生态习性】原产于非洲马达加斯加。性喜温暖、阴湿及通风良好的环境。生长适温为15～25℃，不耐寒冷，冬季室温应保持5～10℃。适应性强，对土壤要求不严格，以保水性强的肥沃土壤最适宜。沼泽地及长期积水地也能生长良好。

图9-24　旱伞草

【繁殖方法】以分株、扦插繁殖为主，也可播种。分株结合换盆进行。扦插繁殖四季均可进行，在总苞片以下3～5cm处剪下，剪去总苞片1/2～2/3长度，将茎基插于水中或沙中，总苞片要紧贴沙面或水面，适温20～25℃，3～4周后在总苞片间发出许多小型伞状苞叶丛和根，将其分离栽植即可。

【栽培管理】栽培管理简单，可盆栽或水栽。盆栽可选1份草炭土和1份黏土混合作基质。出室后放于荫棚下，经常喷水，保持基质和空气湿润。生长期每10～15天施1次饼肥水或氮肥。冬季温度保持在10℃以上，不可低于7℃。1年换1次盆，于春季2～3月份进行。

【园林用途】旱伞草株丛繁密，叶形奇特，是室内良好的观叶植物。除盆栽观赏外，还可作盆景材料，也可水培或作插花材料。江南一带可露地栽培，常配置于溪流岸边假山石的缝隙作点缀，别具天然景趣。

（九）龟背竹（*Monstera deliciosa* Liebm.）

【别名】蓬莱蕉、铁丝兰、穿孔喜林芋

图9-25(a) 龟背竹

图9-25(b) 小龟背竹

【科属】天南星科　龟背竹属

【识别特征】多年生常绿宿根藤本植物。茎粗壮，伸长后呈蔓性。幼叶心脏形，无孔，长大后成广卵形、羽状深裂，叶脉间有椭圆形的穿孔，极像龟背。叶具长柄，深绿色。佛焰花序顶生，佛焰苞舟形，白色，质厚［图9-25（a）］。花淡黄色，花期为8～9月份。

【栽培品种】常见栽培的种类和变种如下。

（1）迷你龟背竹（var.minima）叶片长仅8cm。

（2）小龟背竹（M. adansonii）植株较矮，直立性强，叶片多羽裂，孔裂少，光泽度好［图9-25（b）］。

（3）花叶小龟背竹（M. adansonii cv.Variegata）叶片绿色，叶面具黄白色斑纹。

【生态习性】原产墨西哥，常附生于热带雨林中的大树上。喜温暖湿润和半阴环境，切忌强光曝晒和干燥。生长适温20～28℃，不耐寒，幼苗期冬季夜间温度不低于10℃，成熟植株短时间可耐5℃，低于5℃易发生冻害。当温度升到32℃以上时，生长停止。盆土要求肥沃疏松、吸水量大、保水性好的微酸性壤土，常以腐叶土或泥炭土最好。

【繁殖方法】以扦插繁殖为主，亦可用播种和压条，大规模生产可采用组织培养法进行繁殖。以春季4～5月份和秋季9～10月份扦插效果最好。插条选取茎组织充实、生长健壮的当年生侧枝，插条长20～25cm，剪去基部的叶片，保留上端小叶，剪除长的气生根。插床用粗沙和泥炭或腐叶土的混合基质，插后保持25～27℃和较高的空气湿度，1个月左右生根。也可用多年生茎段扦插。

【栽培管理】盆栽通常用腐叶土、园土和河沙等量混合作为基质。种植时加少量骨粉、干牛粪作基肥。生长期间需充足的水分，须经常保持盆土湿润；天气干燥时还须向叶面喷水，保持空气潮湿，以利枝叶生长、叶片鲜艳。秋冬季节可逐渐减少浇水量。4～9月份每月施2次稀薄氮肥。生长期注意遮阴，忌强光直射，尤其盛夏不能放在阳光下直晒，否则易造成叶片枯焦、灼伤，影响观赏价值。

【园林用途】龟背竹叶形奇特，株形优美，是极好的室内观叶植物，常以中小盆种植，置于室内客厅、卧室和书房的一隅；也可以大盆栽培，置于宾馆、饭店大厅及室内花园的水池边和大树下，颇具热带风光。

（十）广东万年青（*Aglaonema modestum* Schott ）

图9-26　广东万年青

【别名】粗肋草、亮丝草、粤万年青

【科属】天南星科　亮丝草属（广东万年青属）

【识别特征】多年生常绿宿根草本。株高60～70cm，茎直立不分枝，节间明显。叶互生，叶柄较长，茎部扩大成鞘状，叶椭圆状卵形，先端渐尖至尾状渐尖，叶亮绿色，有光泽（图9-26）。佛焰苞黄绿色，较小，肉穗花序腋生，短于叶柄，花期为秋季。

【生态习性】喜温暖、湿润的环境，耐阴，忌阳光直射，不耐寒，冬季越冬温度不得低于10℃，土壤要求选择疏松、肥沃、排水良好的微酸性壤土。

【繁殖方法】扦插和分株繁殖。春、夏两季进行扦插繁殖，取长度为15～25cm且粗壮的嫩枝条，基部削平，晾干浆汁，插入沙中，保持较高的湿度，25℃下20天左右即可生根，当根长2～3cm时即上盆；水插也易生根。分株宜在春季换盆时进行。

【栽培管理】选择腐叶土、园土和少量河沙混合作盆栽基质。夏季高温季节每天需早晚各浇1次水，此外，还应向周围地面喷水，以提高空气湿度。春、秋两季浇水要掌握见干见湿，冬季要少浇水。

春、秋两季每隔15～20天追施1次含氮、钾较多的液肥，盛夏一般应停止施肥。若叶片泛黄，应提高室内温度，补施薄肥1次。一般1～2年换盆1次。生长多年的母株，常呈匍匐状，应重新扦插更新。

也可进行水培。剪取茎段插入水中，2～3天换水1次，生根后继续在水瓶中培养，或将盆栽植株脱盆后把根上的泥土洗净，放入透明玻璃花瓶中，每隔10天换1次营养液。也可用磷酸二氢钾和硫酸铵各1/2，加水1000～1500倍稀释后使用。

【园林用途】广东万年青既可盆栽观赏，又可水培法栽植美化内环境；它极耐阴，是理想的室内观叶植物，特别适宜于我国传统园林建筑的厅堂、书房等处摆设；也可作插花配叶或装饰室外环境。

（十一）黛粉叶属（花叶万年青属）（*Dieffenbachia*）花卉

【科别】天南星科

【识别特征】常绿灌木状草本，茎干粗壮多肉质，株高可达1.5m。叶片大而光亮，着生于茎的上端，椭圆状卵圆形或宽披针形，先端渐尖，全缘，长20～50cm、宽5～15cm；宽大的叶片两面深绿色，其上镶嵌着密集、不规则的白色、乳白、淡黄色等色彩不一的斑点、斑纹或斑块；叶鞘近中部下具叶柄。佛焰苞宿存，很少开花。

【栽培品种】其园艺品种甚多，不同的品种叶片上的花纹不同。常见观赏栽培的品种如下。

图9-27(a)　绿玉黛粉叶　　　图9-27(b)　白玉黛粉叶

（1）大王黛粉叶（*D. amoena*）　叶面沿侧脉有乳白色斑纹、斑块及斑点，与脉间绿色相间排列。

（2）夏雪黛粉叶（*D. amoena* cv.Tropic Snow），叶面沿侧脉有乳白色斑条及斑块，脉间只有稀疏的绿色条纹。

（3）绿玉黛粉叶（*D. amoena* cv. Marianne）　浓绿色叶面，中心乳黄绿色，叶缘及主脉深绿色，沿侧脉有乳白色斑条及斑块［图9-27(a)］。

（4）白玉黛粉叶（*D. amoena* cv. Camilla）　叶片中心部分全部乳白色，只有叶缘叶脉呈不规则的绿色［图9-27(b)］。

【生态习性】原产南美巴西，现各地均有栽培。喜温暖、多湿和半阴环境，不耐寒、怕干旱，忌强光曝晒，生长适温为20～28℃。喜肥沃、疏松和排水良好、富含有机质的土壤。

【繁殖方法】分株或扦插繁殖。以扦插为主，沙床扦插或用水苔包扎切口均可，水插也能生根。有时也可采用播种繁殖，大规模繁殖常采用组织培养。

【栽培管理】花叶万年青属植物喜湿怕干，在生长期应充分浇水，并向周围喷水，向植株喷雾。夏季保持空气湿度60%～70%，冬季在40%左右。6～9月份为生长旺盛期，10天施1次饼肥水，入秋后可增施2次磷钾肥。春至秋季间每1～2个月施用1次氮肥能促进叶色富光泽。室温低于15℃以下则停止施肥。盆栽植株生长1～2年后，基部的萌蘖较多，可结合换盆进行分株。

【园林用途】该属植物生长茂盛，叶面常有白、黄各种斑纹，是优良的中型室内盆栽观叶植物。

（十二）喜林芋属（蔓绿绒属）（*Philodendron*）花卉

【科别】天南星科

【识别特征】蔓绿绒属植物有200余种，为多年生常绿草本。大多数茎呈蔓性或半蔓性，茎能生长气生根，攀附他物生长。叶形按品种而异，有圆心形、长心形、卵状三角形、羽状裂叶、掌状裂叶等变化。叶色有绿、褐红、金黄等色。成株开花佛焰花序，但以观叶为主。

图9-28(a)　绿宝石喜林芋

图9-28(b)　春芋

【常见品种】本属常见观赏栽培种类有：绿宝石喜林芋 [*P. erubescens* cv.Green Emerald，图9-28(a)]、丛叶喜林芋（*P. wendlandii*）、春芋 [*Philodendron selloum*，图9-28(b)]、佛手蔓绿绒 [*P. Xanadu*，图9-28（c）]、绿帝王喜林芋 [*P. Emerald

图9-28(c)　佛手蔓绿绒

图9-28(d)　绿帝王喜林芋

Queen，图9-28(d)]、圆叶蔓绿绒（*P. oxycardium*）、心叶蔓绿绒（*P. scandens*）等。

【生态习性】大多原产于热带美洲。性喜高温多湿和半阴环境，忌烈日直射。生长适温为20～28℃，越冬温度不低于13℃。

【繁殖方法】可用播种、分株、扦插或高压法繁殖。能开花结实的品种，可用播种法；灌木状直立型可用分株法；一般用扦插法繁殖最实用，茎段扦插也能生根。

【栽培管理】盆栽基质可用腐叶土1份、园土1份、泥炭土1份和少量河沙及有机肥配制而成。蔓性攀附种种植时可在盆中立柱，在四周种3～5株小苗，让其攀附生长。保持盆土湿润，尤其在夏季不能缺水，而且还要经常向叶面喷水；但要避免盆土积水，否则叶片容易发黄。一般种庇荫50%～60%，叶片金黄的品种光照稍强，约60%～80%生长季要经常追肥，一般每月施1～2次有机液肥或完全肥料；秋末及冬季生长缓慢或停止生长，应停止施肥。

【园林用途】该属植物叶片多宽大茂盛，四季绿色盎然，耐阴性强，极适合室内装饰。常以大中型栽植摆设于厅堂、会议室、花园、办公室、书房等处。

（十三）白鹤芋（*Spathiphyllum kochii*）

【别名】白掌、苞叶芋、一帆风顺

【科属】天南星科　苞叶芋属（白掌属、白鹤芋属）

【识别特征】多年生常绿草本。株高50～60cm。茎极短，成株丛生状，分蘖力强，叶片基生，鲜绿色。佛焰苞片长椭圆形，白色，一段时间后转成绿色（图9-29）。花茎直立，多花性，花期4～10月份。

【栽培品种】同属常见的栽培种为绿巨人（*Spathiphyllum floribundum*）：又称大银苞芋、巨叶大白掌。多年生常绿草本。株型高大、健壮，成年植株高达100cm以上；茎短而粗壮，叶片宽大肥厚，呈椭圆形，叶色深绿至墨绿，富有光泽；肉穗花序乳黄色，佛焰苞片乳白色，高出叶丛。花期4～7月份。极耐阴，是盆栽观叶植物的上品，适宜布置厅堂、会场、商场、办公楼等大型的室内公共场所。

图9-29　白鹤芋

【生态习性】原产于哥伦比亚，生于热带雨林中。喜高温高湿和半阴环境，耐阴性强，切忌阳光直射，怕寒冷。生长适温为18～30℃，越冬温度不低于10℃，以15～18℃为宜。盆栽要求富含腐殖质的砂质壤土，忌黏重土壤。

【繁殖方法】以分株繁殖为主，也可播种、组培繁殖。在温室中经人工授粉，可以得到种子，种子成熟后，随采随播。

【栽培管理】盆栽用土可用腐叶土或泥炭土加1/4左右河沙或珍珠岩混合，还可加少量骨粉或饼肥末作基肥。生长期间应经常保持盆土湿润，但要避免浇水过多，盆土长期潮湿易引起烂根和植株枯黄。夏季和干旱季节应经常保持空气湿润，否则新生叶片会变小发黄，严重时枯黄脱落。冬季要控制浇水，以盆土微湿为宜。生长旺季每1～2周施1次稀薄的复合肥或腐熟饼肥水，既利于植株生长健壮，又利于不断开花。北方冬季温度低，应停止施肥。每年早春新芽大量萌发前要换盆1次。

【园林用途】白鹤芋既耐阴又适应空调环境，常用于室内装饰。在暖地可作林下地被或切叶材料。

（十四）观赏凤梨类（*Bromeliaceae*）花卉

【科别】凤梨科

【识别特征】为多年生草本植物，凤梨科植物是一类庞大的家族，除少数种类是食用的凤梨外，绝大多数是观赏凤梨。其种类繁多，形态特征有一定的差异，但多数品种有其共同的形态特征：叶多为基生，质地较硬，带状或剑形，绿色或彩色，叶形雅致，叶色鲜艳；花茎从叶丛中抽出，花头为圆锥形、棒形或疏松的伞形，形态奇特，花色艳丽（图9-30）。

图9-30(a) 铁兰

【栽培品种】常见的种类和品种有珊瑚凤梨属（*Aechmea*）、水塔花属（*Billbergia*）、果子蔓属（*Guzmania*）、彩叶凤梨属（*Neoregelia*）、铁兰属（*Tillandsia*）和丽穗凤梨属（莺歌属）（*Vriesea*）6个类群。它们以观花为主，也有观叶的种类，其中还有不少种类花叶并貌。

图9-30(b) 果子蔓凤梨

【生态习性】原产于中、南美洲的热带、亚热带地区。有附生和地生两个类群，园艺栽培种以附生种类为主，一般附生于树干或石壁上。性喜温暖、潮湿、半阴环境。要求土壤疏松、透气、排水良好。生长温度为18～30℃，冬季在10～12℃以上才能安全越冬，10℃以下易受冷害。

【繁殖方法】可用分株、播种、组培繁殖。以分株繁殖为主，目前，多采用组织培养繁殖。

【栽培管理】生产上宜选用通透性较好的材料，如树皮、松针、陶粒、谷壳、醋糠、珍珠岩等，并与腐叶土或牛粪混合作盆栽基质，如3份松针加1份草炭加1份牛粪，或3份草炭加1份沙加1份珍珠岩等。

附生的观赏凤梨根系较弱，主要起固定植株的作用，吸收功能是次要的。其生长发育所需的水分和养分贮存在叶基抱合形成的凹槽内，靠叶片基部的鳞片吸收。即使根系受损或无根，只要凹槽内有一定的水分和养分，植株就能正常生长。夏秋生长旺季1～3天向凹槽内淋水1次，保持凹槽内有水，每天叶面喷雾1～2次，保持叶面湿润，土壤稍干；冬季应少喷水，保持盆土潮润，叶面干燥。

观赏凤梨对磷肥较敏感，施肥时应以氮肥和钾肥为主，氮、磷、钾比例以10：5：20为宜，浓度为0.1%～0.2%，一般可用0.2%尿素或硝酸钾等化学性肥料；生产上也可以用稀薄的矾肥水，叶面喷施或施入凹槽内，生长旺季1～2周喷1次，冬季3～4周喷1次，但出圃前需要清水冲洗叶丛中心。

观赏凤梨自然花期以春末夏初为主。在自然状态下，凤梨有足够叶片数、株龄合适或遇到低温时都会自然开花。在规模化的温室生产中，必须制订详细的生产计划，做好催花处理工作。如为使凤梨能在元旦春节开花，可人工控制花期，一般用浓度50～100mg/kg的乙烯利水溶液灌入凤梨已排干水的凹槽内。7天后凹槽内换清洁水，处理后 2～4个月即可开花。

【园林用途】观赏凤梨类耐阴性强，养护容易，几乎全年可开花，花色鲜艳，同时又常具有美艳的苞片，具有花叶俱美的特色，是装饰办公室、会议室、家居书房等极好的观赏盆花。

（十五）竹芋科（*Marantaceae*）花卉

【科别】竹芋科

【识别特征】竹芋类植物多为多年生常绿宿根草本，丛生状，株高10～50cm，地下有根茎，根出叶，叶鞘包茎，叶有披针形、卵形或椭圆形，全缘或波状缘。品种、类型较多，叶面均有不同的斑块镶嵌（图9-31）。

(a)绒叶肖竹芋

(b)孔雀肖竹芋

(c)箭羽肖竹芋

(d)圆叶肖竹芋

图9-31　常见竹芋类花卉

【栽培品种】竹芋科植物多达400余种，原产热带美洲、非洲。主要以观叶为主，常见的观叶类多属于竹芋属（*Maranta*）和肖竹芋属（*Calathea*）。常见栽培种及品种有如下各种。

（1）绒叶肖竹芋（*C. zebrine*）　又称天鹅绒竹芋、斑叶竹芋。株高30～80cm，叶长椭圆形，叶面淡黄绿色至灰绿色，中脉两侧有长方形浓绿色斑马纹，并具天鹅绒光泽，叶背浅灰绿色［图9-31（a）］，老时淡紫红色。

（2）孔雀肖竹芋（*C. makoyana*）　株高60cm，叶长可达20cm，灰绿色，表面密集从中心叶脉延伸至叶缘的深绿色丝状斑纹，叶背紫色并带有同样斑纹，叶柄深红色［图9-31(b)］。原产巴西。

（3）箭羽肖竹芋（*C. lancifolia*）　又称披针叶竹芋。株高20～30cm，叶黄绿色，长披针形或椭圆形，叶面沿侧脉交互分布大小不同的卵形至椭圆形墨绿色小斑块［图9-31（c）］。

此外，常见观赏的还有圆叶肖竹芋［*C. rotundifolia* Fasciata，图9-31（d）］、美丽竹芋（*C. veitchiane*）、彩虹肖竹芋（*C. roseopicta*）、花叶竹芋（*M. bicolor*）、豹纹竹芋（*M. leuconeura*）等诸多种类。

【生态习性】竹芋属和肖竹芋属大多原产中、南美洲的热带雨林，性喜高温多湿及半阴环境，生长适温16～25℃，不耐寒，越冬温度不低于10℃。要求较高的空气湿度。冬宜阳光充足，夏需半荫。

【繁殖方法】一般采用分株繁殖。春季将根茎部置于温水中切割，每丛均需带有2～3个芽的根茎，清除残叶腐根，带原土另行种植。也可扦插繁殖。

【栽培管理】竹芋类对环境条件要求相对严格，栽培上应注意满足其要求。盆栽土壤以腐叶土、泥炭土和素沙混合为好。

一些叶大的种类，生长季要供其较大量水分，每天浇水1～2次，但其块状根茎又不适宜太湿的土壤，故需经常向叶面和场地四周喷水，保持足量的空气湿度，或者将盆钵放在吸水材料如苔藓、湿沙上。温度超过32℃或低于10℃，均对其不利，冬季最好保持在13～16℃。低温下植株呈半休眠状态，应减水停肥。

生长期每月追肥1～2次，氮磷钾均衡施放。对残、老、黄叶等要及时修剪，有利通风。1～2年换盆1次。

【园林用途】竹芋类植物是室内高档观叶植物之一，可盆栽观赏或用于园景隐蔽地美化。

第四节　温室球根花卉

一、温室球根花卉的栽培特点

温室球根花卉是指在当地不能露地越冬，需在温室中越冬或整个生长过程需在温室中进行的球根花卉。温室球根花卉种类丰富，花色艳丽，花期较长，栽培容易，是室内装饰的主要花材，也是重要的切花花卉。

1. 生态习性

球根花卉有两个主要原产区。

一类是以地中海沿岸为代表的地区，包括地中海沿岸、南非好望角附近和加利福尼亚等地，此区为秋植球根花卉的主要原产区。此区的球根花卉，秋天栽植，秋冬生长，春季开花，夏季休眠。这类球根花卉比较耐寒，喜凉爽气候而不耐炎热。如水仙、百合、仙客来、风信子等，在北方常作温室栽培。

另一类是以南非（好望角除外）为代表的夏季多雨地区，包括中南美洲和北半球温带为主要原产区。此区为春植球根花卉主要原产地区。春季栽植，夏季开花，冬季休眠。此类球根花卉生长期要求较高温度，不耐寒冷。如唐菖蒲、大丽花、美人蕉等，在北方常作露地花卉栽培。春植球根花卉一般在生长期（夏季）进行花芽分化，秋植球根花卉多在休眠期（夏季）进行花芽分化。

2. 繁殖方法

（1）分球　各类温室球根花卉繁殖的主要方法，如朱顶红、马蹄莲、小苍兰、虎眼万年青、葱兰等常采用此法繁殖。

（2）扦插　朱顶红可用肉质鳞片扦插；球根秋海棠用茎插；大岩桐既可叶插也可茎插。

（3）播种　常用播种繁殖的温室球根花卉有仙客来、大岩桐、球根秋海棠、朱顶红等。播种繁殖后代常发生变异或分离，为保持品种优良性状，仍以分球或扦插繁殖为宜，大规模生产可采用组织培养。

3. 栽培管理

温室球根花卉栽植深度因土质、种类不同而异。大多数为球高的 2～3 倍。但葱兰以球根顶部与地面相平为宜；朱顶红、仙客来、大岩桐应将球根 1/4～1/3 露于土面之上；虎眼万年青则只将不定根栽入土中。

温室球根花卉的其他栽培管理特点与露地球根花卉基本相同，如第八章所述。

二、常见的温室球根花卉

（一）仙客来（*Cyclamen persicum* Mill.）

【别名】萝卜海棠、兔耳花、一品冠

【科属】报春花科　仙客来属

【识别特征】块茎扁圆形或球形，肉质，紫黑褐色。叶丛生块茎顶端，有紫色长柄，心脏状卵圆形，有突尖，深灰绿色有灰白色花纹，边缘有大小不等的圆齿牙。花单生，有长柄，花蕾下垂，花冠深裂，裂片长椭圆形，长为花冠筒的 4～5 倍，花开时花冠裂片向上翻卷且扭曲，形似兔耳，故而得名。花冠有紫红、红、粉、白等色，冠基部常有紫红色斑，边缘光滑或呈波状锯齿（图9-32）。花期12月份至翌年5月份。蒴果球形，种子褐色。

【栽培品种】现代仙客来的园艺变种与栽培品种很多。园艺品种依据花型可

图9-32　仙客来

分为以下几种。

（1）大花型　花大，花瓣全缘、平展、反卷，有单瓣、重瓣、芳香等品种。

（2）平瓣型　花瓣平展、反卷，边缘具细缺刻和波皱，花蕾较尖，花瓣较窄。

（3）洛可可型　花半开、下垂；花瓣不反卷，较宽，边缘有波皱和细缺刻。花蕾顶部圆形，花具香气，叶缘锯齿显著。

（4）皱边型　花大，花瓣边缘有细缺刻和波皱，花瓣反卷。

（5）重瓣型　花瓣10枚以上，不反卷，瓣稍短，雄蕊常退化。

（6）微型　小型多花，常带香味，花型花色多种，较耐寒。

【生态习性】喜凉爽、湿润及阳光充足的环境。生长和花芽分化适温为15～20℃，湿度70%～75%；冬季开花期温度不得低于10℃；夏季温度若达28～30℃，则植株休眠，达到35℃以上，则块茎易腐烂。属于中性日照植物，夏季要适当遮荫，冬季要良好的光照。要求疏松、肥沃、富含腐殖质，排水良好的微酸性砂壤土。

【繁殖方法】以播种为主，也可分株、切根繁殖。

（1）播种繁殖　春秋均可，但以8～11月份为好。播前用30℃温水浸种2～3小时，可提早半月左右出苗。播种土要求肥沃、疏松和排水良好。仙客来种子大，以2cm×2cm的株距点播于浅盆或浅箱中，覆土0.5cm，轻轻压实，盖上玻璃，置于16～20℃条件下，保持湿润，黑暗，约4～5周可发芽，13～15个月可开花。

（2）分割块茎法　结实不良的优良品种可用分割块茎法繁殖。于8月下旬块茎即将萌动时，将块茎自顶部纵切成数块，每块需要带有芽眼，切口涂以草木灰或木炭，稍晾后，即可上盆栽植。但应用甚少。

近些年来，国际上对仙客来的营养繁殖，进行了多方面的研究，成功的方法有：

① 块茎组织培养，将块茎切块，在无菌条件下组织培养以形成再生植株；

② 用带有部分块茎组织的叶芽进行扦插；

③ 在原盆中，切除块茎上部，然后纵切分割，使之形成再生苗等。

【栽培管理】1片真叶时分苗。4～5片真叶时栽植小盆中。盆栽基质可用园土6份、腐叶土3份、河沙1份混合配制，另加少量骨粉作基肥。生长期间每7～10天施1次稀薄饼肥水，浇水应"见干见湿"，特别是盆栽初期要少浇水，否则易烂球。5～6月份再换入直径12～13cm的大盆中。注意增施磷钾肥，不能偏施氮肥，以防植株徒长。初次上盆时使块茎微露出土面，以后换盆应逐渐使其露出土面1/3～1/2。

夏季气温高，应及时移至遮荫处并注意通风降温，经常向地面喷水，以利降温增湿；此时应停止施肥并控制浇水，才能使其安全度过炎夏。

8月中下旬，休眠球新芽开始萌动，将其取出，定植于14～16cm的盆中。初期不可过湿，以后逐渐增加浇水量。缓苗后可每7～10天左右施1次稀薄复合液肥。仙客来需几次换盆才能苗壮生长。10月份以后至开花前给以充足的光照，并多施些磷钾肥，以利花大色艳。一般可从11月下旬开始见花。开花期间应暂停施肥或少施肥，尤其不宜施氮肥。浇水也不宜太多，以保持盆土湿润为好。给仙客来施液肥和浇水时都要切忌弄脏叶片，更不能淹没球顶，否则易造成烂球。

【园林用途】仙客来花色艳丽、花形别致、烂漫多姿，花期长达6个月，观赏价值高，是冬、春季节的优良高档盆花，常用于室内花卉布置，摆放几架、案头，点缀会议室和餐厅均宜。同时叶形规正，具有斑纹，为世界著名的温室花卉。

（二）大岩桐（*Sinningia speciosa* Benth. et Hook.）

【别名】落雪泥

【科属】苦苣苔科　苦苣苔属

【识别特征】块茎扁球形，地上茎极短，株高15～25 cm，全株密被白色绒毛。叶对生，肥厚而大，卵圆形或长椭圆形，有锯齿，叶脉间隆起。花顶生或腋生，花冠漏斗形，5裂，有粉红、红、紫蓝、白、复色等色［图9-33(a)］，有重瓣种，大而美丽［图9-33(b)］。花期3～6月份。蒴果，种子细小而多。

图9-33(a) 单瓣大岩桐

图9-33(b) 重瓣大岩桐

【生态习性】原产巴西。喜温暖、潮湿及半阴环境，忌阳光直射，有一定抗热力，夏季宜凉爽。常年在温室栽培，生长期温度8～23℃，23℃有利开花。冬季保持室温5℃，适当干燥可安全越冬。喜肥沃疏松的微酸性土壤。

【繁殖方法】以播种繁殖为主，也可扦插繁殖，分株即分割块茎法较少应用。

（1）播种繁殖 只要温度18℃以上，一年四季均可播种。播种用土可用草炭、珍珠岩及蛭石粉混合；也可用腐叶土3份、园土1份，加洗过的河沙1份，过细筛拌匀，装入盆中，刮平压实，用水喷湿，然后将种子拌细土后均匀撒播盆内，轻压，不必覆土，盖上玻璃置18～20℃半阴处，10～15天出苗。2片真叶可分苗，6～7片叶时移植于小盆。播后约180天开花。

（2）扦插繁殖 茎插和叶插两种。茎插大多在春季进行。剪取老茎上萌发的2～3cm长嫩茎，插于基质中，温度保持18～20℃，10天左右生根。叶插是在花凋谢后，掰取中下部健壮的叶片，保留叶柄，将叶柄插入基质约2cm，遮光保湿，15天左右开始产生不定根，1个月左右叶片枯萎产生块茎，当块茎直径长至1cm后，移于小盆，不久即会产生不定芽。

【栽培管理】常用腐叶土、粗沙和蛭石混合作盆栽基质。叶片伸展后到开花前，每隔10～15天应施稀薄的饼肥水1次。当花芽形成时，需增施1次骨粉或过磷酸钙。花期要注意避免雨淋，温度不宜过高，可延长观花期。施肥时不可沾污叶面，否则，易引起叶片腐烂。生长期要求空气湿度大，不喜大水，避免雨水侵入；冬季休眠期则需保持干燥，如湿度过大或温度过低，块茎易腐烂。在冬季将地下块茎挖出，贮藏于阴凉干燥的沙中越冬，要求温度不低于8℃。待到翌年春暖时，再用新土栽植。块茎可连续栽培7～8年，每年开花2次。老块茎需淘汰更新。

【园林用途】大岩桐株形小巧，叶片大而肥厚，花期又长，是一种观赏价值很高的室内盆栽花卉。

（三）马蹄莲（*Zantedeschia aethiopica* Spreng.）

【别名】慈姑花、海芋海芋、水芋、观音莲等

【科属】天南星科 马蹄莲属

【识别特征】株高70～100cm，具有肥大的棒状肉质块茎，叶基生，叶片披针形、箭形或戟形，叶柄粗而长。花梗着生叶旁，高出叶丛，佛焰苞形大、开张呈马蹄形；肉穗花序圆柱形，包藏于佛焰苞内，鲜黄色，花序上部生雄蕊，下部生雌蕊。果实肉质，包在佛焰包内（图9-34）。自然花期从11月份直到翌年6月份，果肉质。

【栽培品种】常见栽培的马蹄莲有七大品种：黄花马蹄莲（*Z. elliotiana*）、红花马蹄莲（*Z. rehmannii*）、银星马蹄莲（*Z. albomaculata*）、黑心马蹄莲（*Z. tropialis*）、星点叶黄花马蹄莲（*Z. jucunda*）、黄金马蹄莲（*Z. pentlandii*）和*Z. odorata*。

【生态习性】原产非洲南部，常生于河流旁或沼泽地中。喜温暖湿润气候，生长适温为18～25℃，忌酷热、烈日，怕水涝。喜富含腐殖质、排水良好的砂壤土。

【繁殖方法】以分球繁殖为主，春秋

(b)戟形叶

(a)箭形叶

(c)披针形叶

图9-34 马蹄莲

两季均可进行。植株休眠后，剥下块茎上带有芽的小球，另行栽植，培养1～2年可开花。也可播种繁殖，发芽适温20℃左右，需培养2～3年方能开花。

【栽培管理】多数8～9月份温室盆栽或地栽。盆土可用园土加有机肥。栽后置半阴处，出芽后置阳光下，霜降前移入温室，室温保持10℃以上。生长期间经常保持盆土湿润，常向叶面、地面洒水，以增加空气湿度。每半月追施液肥1次。生长期间若叶片过多，可将外部少数老叶摘除，以利花梗抽出。5月下旬植株开始枯黄，应逐渐停止浇水，适度遮阴。盆栽应移至通风、半阴处，使盆侧放，免积雨水，以保干燥，促其休眠。

地栽是用作切花生产，种植时间应根据切花需求和种球而定。但以春季种植的彩色马蹄莲切花品质和产量最高。促成和延后栽培时要注意种球的花期调控技术及其栽培环境的有效控制。播种前进行催芽，新芽萌动再进行种植。一般直径3～4cm的种球种植深度为10cm，对于直径超过5cm的种球，深度以15cm为宜。种植后浇足水，在地面盖上小麦秸秆，以提高湿度并降低土温。水分的管理为生长初期宜湿，开花后期适当控制水量，花后宜干燥的环境充实种球，并强迫休眠。在施足基肥的情况下，只要适当追肥即可。通常在开花前用1000倍硝酸钙，每7天叶面喷施1次，共喷施2次，以促进开花。花后需施复合肥促进种球充实成熟。

【园林用途】马蹄莲花形独特，花色艳丽，高雅娇美，花叶同赏，既适宜盆栽室内陈设观赏，同时还是花束、捧花和艺术插花的极好材料，也可作为春秋两季花坛或花境的素材。

（四）朱顶红（*Hippeastrum vittatum* Herb.）

(a)圆瓣类

(b)尖瓣类

图9-35　朱顶红

【别名】孤挺花、百支莲和喇叭花

【科属】石蒜科　孤挺花属

【识别特征】为多年生草本。有肥大的鳞茎，近球形。叶片呈带状，与花茎同时或花后抽出。花茎中空，于叶丛侧面抽出，顶生漏斗状花4～8朵，两两成对着生，花大似百合，花色有深红、粉红、水红、橙红、白等，并镶嵌着各色条纹和斑纹（图9-35）。花期4～6月份。

【栽培品种】目前栽培的朱顶红品种均为园艺杂交种，常有两类：一类是适合盆栽的观赏种类，花大、瓣圆[图9-35（a）]；另一类是适合作切花的种类，花瓣先端尖[图9-35（b）]，生长强健。

近年来，欧洲又推出适合盆栽的新品种，如"拉斯维加斯"（Las vegas），为粉红与白色的双色品种；"卡利默罗"（Calimero），小花种，花鲜红色。

【生态习性】原产巴西和南非。喜温暖、湿润和阳光充足环境。要求夏季凉爽、冬季温暖，5～10月份温度在20～25℃，11月份至翌年4月份温度在5～12℃。夏季避免强光长时间直射，冬季栽培需充足阳光。喜疏松、肥沃的砂质壤土，pH在5.5～6.5，忌积水。

【繁殖方法】以分球和播种为主，大量繁殖时也可采用鳞片扦插繁殖，还可用组培法繁殖。

鳞茎扦插一般于7～8月份进行。首先从底部将鳞茎盘纵切数刀，然后分割鳞片，外层以2枚鳞片为一个单元，内层以3枚鳞片为一个单元，每个单元均需带有部分鳞茎盘。将插穗斜插于pH值为8左右的基质中，保持25～28℃温度和适当的空气湿度，30～40天后，每个插穗的鳞片之间均可产生1～2个小鳞茎，但需培养3年左右方可开花。

【栽培管理】选用疏松、肥沃的微酸性腐叶土或泥炭土作盆栽基质。周径24～26cm的开花鳞茎需用12cm盆，商品栽培也用18～20cm盆，每盆栽植3个鳞茎。栽植深度以鳞茎1/3露出盆土为宜。初栽时少浇水，出现花茎或叶片时，保持盆土湿润。生长期每半月施肥1次，抽出花茎后加施磷钾肥1次。花后继续供水供肥，促使鳞茎健壮充实。朱顶红在商品生产上常用促成栽培，取达到开花年龄的鳞茎，采用5℃低温预处理50天，在土壤温度21℃、室温17～19℃的条件下，栽植6周后开花。

【园林用途】朱顶红适宜室内盆栽观赏。南方温暖地区还可于露地庭园形成群落景观。

（五）球根秋海棠（*Begonia tuberhybrida* Vosso.）

【科属】秋海棠科　秋海棠属

【识别特征】株高25～30cm。块茎肉质褐色，呈不规则扁球形。茎肉质直立，多汁，有毛，有分枝。单叶互生，叶大，多偏斜心脏状卵形，缘有锐角，具齿牙和缘毛。总花梗腋生，雄花大，花径5cm以上，花色丰富鲜艳，有黄、黄橙、白、红、紫、紫红、粉红及复色等（图9-36）。花期4～10月份，蒴果，种子细小。

(a) 大花类

【栽培品种】球根秋海棠是种内杂交种，园艺上可分为三大品种类型。

（1）大花类　花径10～20cm。有单瓣和重瓣之分。不耐高温。茎粗，直立，分枝较少，花梗腋生，顶端着生1朵大雄花，鲜艳而美丽［图9-36（a）］，1侧或2侧着生雌花。此类是球根秋海棠最常见栽培的品种类型，又包括多种花型，如山茶型、皱边山茶型、蔷薇型、镶边型、香石竹型和水仙花型等。

（2）多花类　花径2～10cm。茎直立或悬垂，细而多分枝；叶小，腋生花梗着花多［图9-36（b）］。有小花型和中花型两种。

（3）垂枝类　枝条细长下垂，有的可达1m多。花梗也下垂，叶小，宜作盆吊观赏。耐热性强。也分为小花型和中花型。

(b) 多花类

图9-36　球根秋海棠

【生态习性】喜温暖湿润和半阴环境，但冬季和夏季花期时喜光照充足。长日照条件下促进开花，短日照条件下提早休眠。生长适温为16～21℃，不耐高温；超过32℃，易引起茎叶枯萎和花芽脱落；35℃以上，地下块茎腐烂死亡。块茎的贮藏温度以5～10℃为宜。要求pH5.5～6.5的微酸性土壤，碱性及黏重、易板结的土壤生长不良。

【繁殖方法】常用播种、扦插和块茎分割法繁殖。

播种繁殖常于1～2月份在温室进行，因种子细小，播时拌细沙撒播，播后盆口盖上玻璃，18～21℃，约10～15天发芽。

扦插繁殖以6～7月份为宜，因茎肉质多汁，插穗剪下后，应晾至切口稍干燥后再插，保持基质湿润，约3周后生根，2个月可上盆，当年可以开花。

3～4月份可进行块茎分割法繁殖，在块茎萌发前，将块茎顶部切成数块，每块留一个芽眼，切口用草木灰涂抹，待分割块茎萌芽后，即可上盆。

【栽培管理】春季2～3月份选用健壮块茎在温室沙床内催芽，栽植深度以不见块茎为度，保持土壤湿润。初时保持温度为15℃，出芽后降至10～13℃，芽长至10cm时定植于盆内，定植时块茎顶端要有1/3～1/2露出土面。块茎也可不催芽直接定植盆中。

生长期避免过度潮湿，否则阻碍茎叶生长和引起块茎腐烂。每15天施肥1次，叶片挺拔呈青绿色为生长正常，淡绿色表明缺肥。如叶呈淡蓝色并出现卷曲，说明氮肥过多，应减少施肥量或延长施肥间隙时间。花芽形成前增施1～2次磷钾肥。

夏季高温时要遮荫和喷雾降温，要求环境通风、凉爽。但不可往叶面喷水。若浇水不当、光线太强和气温过高，都会造成叶片边缘皱缩，花芽脱落，甚至块茎腐烂。第一次花后剪去残花，进行短暂休眠后，可重新发芽，此时加强肥水管理，可二次开花。秋末，地上部茎叶逐渐黄化、枯萎、脱落，进入真正休眠期，应剪去全部茎叶，挖起块茎，稍干燥后放入木箱内沙藏，休眠块茎稍有湿度即行，贮藏温度以10℃为宜。块茎也可不取出，带盆放入5～10℃的低温温室中，停止浇水即可。

球根秋海棠的盆土，可用腐叶土、河沙和堆肥土混合而成。球根秋海棠茎叶柔嫩多汁，生长期应少搬动，以免折断茎叶。

【园林用途】球根秋海棠是世界著名的盆栽花卉，其花大色美，兼具香石竹、月季、山茶花和牡丹等名贵花卉的色、香、姿，用来点缀橱窗、客厅，布置花坛、花径及入口处，妩媚动人。

（六）小苍兰（*Freesia refracta* Klatt.）

图9-37　小苍兰

【科属】鸢尾科　小苍兰属

【识别特征】株高30～50cm。球茎卵圆形，茎细弱，叶剑形较细，穗状花序细长而稍有扭曲，花多数偏生一侧或倾斜，每个花序稀疏着花5～7朵，花漏斗形，有鲜黄、乳白、紫红等色（图9-37），具浓香。花期2～5月份，蒴果。

【生态习性】性喜温暖湿润环境，要求阳光充足，耐寒性较差。适宜生长温度为15～25℃，要求疏松、肥沃的砂壤土。

【繁殖方法】以分球繁殖为主，杂交育种或品种复壮常用播种繁殖。1个老球每年可产生5～6个新球茎，其中1～3个较大，直径达1cm以上，栽植后可当年开花；其余较小，需培养1年才能形成开花球。3～4月份休眠后，取出球茎，分别剥下新球与小球，分级贮藏或冷藏后，待8～9月份时再行栽植。

【栽培管理】生长初期，浇水不宜过多。抽出花枝后需设网架支撑，花期保持稍湿润，花后稍干燥。要给予较充足的阳光，并要节制浇水。每10天施1次饼肥水或复合肥。

10月下旬入室后，初期温度以10℃左右为好，以后逐步升到15℃左右，否则植株容易徒长，影响开花。抽薹现蕾期生长迅速，要保持盆土湿润和充足的阳光。后期抽薹开花的早晚与温度有直接关系。10月下旬入室后，若放在不同温度的室内，则可使花分批开放。如需提前开花，只要1个月前将温度升高到20℃，可如期开放。开花后，温度降到12℃左右，可延长花期。花谢后1个月，气温逐步升高，要减少浇水，保持盆土偏干。茎叶枯黄后要停止浇水，以免引起烂球。5～6月份植株全枯后，掘出球根，晾干后分级置阴凉处保存备用。

【园林用途】小苍兰适于盆栽或作切花，花期正值缺花季节，在元旦、春节开放，深受人们欢迎，也可作盆花点缀厅房、案头。在温暖地区可栽于庭院中作为地栽观赏花卉，用于花坛或自然片植。

（七）花毛茛（*Ranunculus anunculus* L.）

图9-38　花毛茛

【别名】芹菜花、波斯毛茛

【科属】毛茛科　毛茛属

【识别特征】多年生草本。株高20～40cm，块根纺锤形，常数个聚生于根颈部。茎单生，或少数分枝，有毛。基生叶阔卵形，具长柄，茎生叶无柄，为二回三出羽状复叶。花单生或数朵顶生，花色有白、粉、黄、红、紫等色。花期4～5月份。栽培品种很多，有重瓣、半重瓣等（图9-38）。

【生态习性】原产亚洲西南部至欧洲东南部。喜凉爽及半阴环境，忌炎热，白天生长适温为20℃左右，夜间7～10℃。既怕湿又怕旱，喜肥沃疏松、排水良好的中性或偏碱性砂质壤土。

【繁殖方法】以分根繁殖为主。通常9～10月份，将块根带根颈顺自然生长处用手掰开，每3～4个小块根一组栽植。秋末入低温温室养护，3月份即可开花。也可播种繁殖，但变异较大。

【栽培管理】盆栽应放疏荫凉爽环境，防干旱和水涝及烟尘污染，经常保持盆土及周围环境湿润。如盆土有机质含量高，仅在现蕾前后追施1～2次以磷钾肥为主的稀薄液肥。花后及时剪去残花，再施1～2次液肥养根，适当控水使其安全进入夏眠。

地栽选择阳光充足、通风好的场所，生长旺盛期应经常浇水，保持土壤湿润，但忌积水，否则易导致黄叶；花前应薄肥勤施，花后再施肥1次。夏季高温季节，植株进入休眠，可将块根挖起，与沙混合后，放通风干燥处保持稍干贮藏，至秋季栽培。

促成栽培时，将越夏的块根经2～8℃低温处理3～5周，种植于温室，保持夜温7～8℃，日温15～20℃，可于11～12月份开花。

【园林用途】花毛茛花大，多瓣，色彩丰富，可作切花、盆栽观赏。在南方温暖地区可植于树下，或草坪中丛植。

（八）葱兰（*Zephyranthes candida* Herb.）

【别名】白花菖蒲莲、葱莲、玉帘

【科属】石蒜科　玉帘属

【识别特征】多年生常绿草本，株高15～20cm。鳞茎长卵圆形，具有长颈部。叶基生，线形稍肉质，暗绿色。花茎从叶丛一侧抽出，花梗中空，顶生一花，花径3～4cm，花被片5枚，椭圆状披针形，白色，没有花筒[图9-39（a）]。花期7～11月份。

图9-39(a)　葱兰

同属常见栽培种为韭兰（*Z. carinata* Herb.），与葱兰的区别是：① 鳞茎卵圆形，颈部短，鳞茎稍大；② 叶扁平条形；③ 花粉红色或玫瑰红色，花被片倒卵形，花径5～7cm，有明显化筒[图9-39（b）]；④ 花期6～9月。

图9-39(b)　韭兰

【生态习性】原产南美。喜温暖湿润和阳光充足，亦耐半阴和低湿环境。要求排水良好、肥沃而略黏质的土壤。有一定耐寒性，长江流域以南均可露地越冬。

【繁殖方法】常用分球法繁殖，多于春季进行。在新叶萌发前掘起老株，将小鳞茎连同须根分开栽植。也可播种繁殖。自花授粉结实率高，种子成熟后即可播种，发芽适温为15～20℃，播后2～3周发芽，实生苗需4～5年开花。

【栽培管理】养护管理较粗放。早春叶片出土后施肥1～2次，生长旺季应视长势酌情浇水、追肥。花后不留种的要及时剪除残花，花谢后停止浇水，50～60天后再浇水又可开花，如此干湿相间，一年可开花多次。冬季可将鳞茎挖起贮藏。

【园林用途】葱兰株丛低矮，花朵繁多，可盆栽供室内观赏。温暖地区也适合花坛、花径和草地中成丛栽植，是园林中广泛应用的半阴性地被花卉。

（九）虎眼万年青（*Ornithogalum caudatum* Ait.）

【别名】鸟乳花、土三七

【科属】百合科　虎眼万年青属

【识别特征】多年生常绿球根花卉，鳞茎绿色，卵状球形，有膜质外皮，栽植时只有不定根入土，整个鳞茎全露于土面之上。叶基生，长带形，鲜绿色，长30～60cm，宽约3～5cm。花50余朵密集成总状花序，花葶长30～80cm；花被6，白色，分离，背面绿色，有白色边缘（图9-40）。花期4～5月份，蒴果。

【生态习性】原产非洲南部。喜光，亦耐半阴，耐寒，忌阳光直射，好湿润环境，鳞茎夏季休眠。

【繁殖方法】分球繁殖。在母鳞茎上可自然着生绿色小子球，当其长出1～2片小叶时可将其剥离下来栽植即可。

【栽培管理】生长强健，管理简单、粗放。夏季可入荫棚中养

图9-40　虎眼万年青

护，冬季移入温室。每半月施肥1次，土壤要疏松、湿润和排水好。

【园林用途】主要观赏硕大独特的绿色鳞茎，叶色常绿，终年可供观赏，是室内装饰的良好盆花。

第五节　温室亚灌木花卉

一、温室亚灌木花卉的特点

亚灌木花卉是指茎干基部木质化的多年生花卉，其性状介于草本花卉与木本花卉之间。亚灌木花卉大多喜凉爽气候，不耐炎热和寒冷，我国北方地区常作温室栽培。其繁殖方法以扦插法为主，其次也可用播种与分株法。常见温室亚灌木花卉有如下各类。

二、常见的温室亚灌木花卉

（一）香石竹（*Dianthus caryophyllus* L.）

图9-41　香石竹

【别名】麝香石竹、康乃馨
【科属】石竹科　石竹属
【识别特征】多年生草本，株高30～90cm。茎簇生，具白粉，有膨大的节。叶对生抱茎，厚线状披针形，花单生或3～5朵簇生于枝顶，有香气。萼圆筒形，尖端5裂；由于长期人工定向培育，园艺变种极多。花色有白、粉、红、紫、黄及杂色等。有半重瓣、重瓣及波状等多种花型（图9-41）。花期5～10月份，蒴果。

现代切花生产中常用品种按花色可分为：黄色系、红色系、白色系。

【生态习性】原产南美至印度等地。喜光照充足、通风良好环境，不耐寒或半耐寒，不耐炎热。适宜于夏季凉爽、冬季温暖、湿度较低的地区种植。生长适温为白天20℃，夜间10～15℃。白天高于25℃，夜间低于5℃，生长势减弱。要求富含腐殖质排水良好的土壤，pH6.5～7.5，怕水渍，忌连作。

【繁殖方法】可用扦插、压条、播种繁殖。因香石竹大花重瓣种不结实，或结实后代退化，因而以扦插繁殖为主。母本应选择抗病性强，生长快、产量高（尤其冬花类）、裂苞少、品质好、市场商品性强的品种。作为温室栽培的切花品种，通常选用大花香石竹，同时还要做好种苗繁殖，母本苗要采用脱毒组织培养苗。

采用嫩枝扦插法。扦插时期，除盛夏外均可进行，切花生产中在2～3月份进行。尤以1月下旬至2月上旬效果最好。冬季于温室内进行。

插床用高床或低床均可，用1/2泥炭加1/2珍珠岩作扦插基质，插床底部填2～3cm厚的煤渣，以利排水；也可用河沙、粗糠灰。插条应选择植株中部2～3节萌发的粗壮侧枝，节间要短，植株基部及顶部的侧枝都不宜做插条。插条长4～6cm，留顶端3～4片叶，将插条浸泡在水中，使插条吸足水分，生长点硬起来后扦插。若基部蘸上生根粉再扦插，可促进生根。扦插株行距为2cm×2cm，深度为插条长的1/3～1/2。扦插时先用与插条同等粗细的竹签打洞，然后再插入，切不可伤及插条基部，立即浇水，用遮阳网遮阳，插床温度保持在15～20℃，15天左右可生根，25～30天可起苗移栽。

【栽培管理】香石竹大面积切花生产时采用地栽，温室或塑料大棚畦床栽培均可。也可盆栽观赏。

（1）肥水管理　施足基肥的基础上多次追肥，施肥的原则是少量多次，且要根据不同生育期的生长量，调整施肥次数和施肥量。定植初期，可每7天施肥1次；在生长旺期的4～5月份及8～9月份，可每7天施肥2次。一般，初春每隔7天施肥1次，夏季略少于秋季的施肥量，秋季每隔5天施肥1次，冬季每隔10天施肥1次。基肥用腐熟的农家肥，每亩（666.7m²）不少于2000kg；追肥主要以氮、钾肥为主，每亩（666.7m²）施尿素1～1.5kg，硝酸钾3～4kg，硝酸钙3～4kg，可溶性硼砂30～40g；硝酸钙仅作夏季施用。施肥前应先拔除杂草，并停止灌溉，让土壤干燥些，利于对肥料的吸收。

苗期要干湿交替，缓苗期保持土壤湿润，缓苗后要适度"蹲苗"。夏季的土壤含水量不宜过高，浇水要清晨或傍晚进行。浇水时采用横向对根部浇水，不可垂直向叶面浇水。

（2）张网　张网在摘心结束、苗高15cm时进行。先在畦边以1.5m距离打一根桩，桩长1.2m，插入土中30cm，打桩时必须纵向拉一根绳子，使每畦的桩在一条直线上。网由尼龙绳编织成，网孔大小为10cm×10cm，使每一株在一个网格内，这样植株不会倒伏。网格要随着植株的生长而增高，一般可增加到3～4层。

（3）摘心、疏芽　通常是从基部第五节处摘心，摘心后要及时喷药防病。利用摘心可决定开花数并能调节花期及生育状态，一般一个生长期可摘心1～3次，最后一次称"定头"。第一次在定植后30天左右进行，第二次在第一次摘心后发生的侧枝长到5～6节时进行，最后一次据不同的品种供花时间而定。疏芽又称抹蕾，单花型品种除留一个顶端花蕾和基部侧枝外，其余侧枝和花蕾全部抹除；多花型需要除去中心花芽，使侧枝均衡发育。

（4）大棚的温度管理　春、秋季温度适宜香石竹的生长发育，除顶膜防雨外，围膜和前后门可以拆除；夏季气温高，光照强，晴天中午要用遮阳网降温；冬季要做好保暖防冻工作。每天要通风换气，初冬早春通风口宜早开迟关，冬天气温低时迟开早关。

【园林用途】香石竹花期长，色形娇艳，香气宜人，是目前需求量很大的切花材料。

（二）天竺葵（*Pelargonium hortorum* Bailey）

【别名】洋绣球、入腊红、石腊红、洋葵等

【科属】牻牛儿苗科　天竺葵属

【识别特征】多年生的亚灌木类花卉。株高30～60cm，全株被细毛和腺毛，具异味。老茎木质化多分枝，叶互生，圆形至肾形，通常叶缘内有马蹄纹。伞形花序顶生，总梗长，花在蕾期下垂，花有白、粉、肉红、淡红、大红等色，有单瓣重瓣之分，变种有彩叶天竺葵，叶面具白、黄、紫色斑纹（图9-42）。花期5～6月份。

图9-42　天竺葵

【栽培品种】本属植物约有250余种，常见观赏的有以下几种。

（1）大花天竺葵（*P. grandiflorum* Willd.）　又名蝴蝶花、洋蝴蝶，高50cm左右，全株被绒毛。叶广心脏形、卵形，叶缘浅裂有锐锯齿，叶面稍有褶皱。花大，径约5cm，有白色、淡红、深红等色，上二瓣特大，瓣中心有显著的深红色、深紫色的斑纹（图9-42左上）。花期较短，一般在4～5月份。

（2）蔓性天竺葵（*P. peltatum* Ait.）　又称盾叶天竺葵，茎半蔓性，多分枝，有棱，平滑无毛，匍匐或下垂。叶呈盾状五角形，肉质多汁，稍具光泽，托叶大。花梗长8～12cm，花4～8朵聚生，上2瓣有暗色斑点或斑纹，下3瓣娇小。花期夏季。有重瓣种。

（3）麝香天竺葵（*P. graveolens*）　又称芳香天竺葵、摸摸香、扒拉香，手触茎叶有香气，故名。茎细弱蔓性，老茎木质化，新茎新叶簇生于茎顶部，伞形花序，花小，白色（图9-42左下）。

（4）香叶天竺葵（*P. graveolens* L. Her）　株高100cm左右，多分枝，叶掌状1～2回深裂，裂片狭线形，上面有刚毛，背面有绒毛。花小，淡粉色，具玫瑰型香气，可提取芳香油。

【生态习性】原产非洲南部，我国引种约有70年历史。喜温暖、湿润和阳光充足环境。耐寒性差，怕水湿和高温。生长适温3～9月份为13～19℃，冬季温度为10～12℃。6～7月份间呈半休眠状态，应严格控制浇水。喜肥沃、疏松和排水良好的砂质壤土。

【繁殖方法】可采用播种、扦插、组织培养繁殖。播种繁殖一般培育新品种时采用，但需要人工辅助授粉，以春季为好。扦插繁殖，除6～7月份植株呈半休眠状态不能扦插外，春、秋、冬季均可扦插。天竺葵嫩枝多汁，易自切口感染病菌引起插条腐烂，尤以夏季高温时最为严重。理想的插条，是生长健壮、长约10cm，由腋芽生出的侧枝，采条时，最好将侧枝由茎上带踵瓣下；若为剪下的插条，则必须剪口平滑，并放置室内阴处晾半天，至茎叶稍萎蔫后进行扦插。插后放半阴处，保持室温13～18℃，插后14～21天生根，根长3～4cm时可盆栽。带踵水插也可生根。

【栽培管理】多为盆栽，一种是小型盆栽，一种是独本高干的树形栽培。苗高12～15cm时摘心，每棵植株留3～5个分枝。浇水一般掌握宁干勿湿原则，盛夏高温时，严格控制浇水，否则半休眠状态的叶片常发黄脱落。茎叶生长期，每半月施肥1次，但氮肥不宜施用太多，浓度一般为0.2%。花芽形成期，每2周加施1次磷肥。花谢后应立即摘去花枝，以免消耗养分，有利于新花枝的发育和开花。温度低的阴天，一般不要施肥和浇水。冬春花期，应放阳光充足处，否则叶片易下垂转黄。叶片过大或过多，要及时摘除。花后要进行修剪，仅把当年生枝条留下3～5cm。在花刚见色时，如喷0.0005%～0.001%（5～10ppm）的赤霉素，可促进开花。一般盆栽3～4年老株需要重新进行更新。

【园林用途】天竺葵花序大似绣球，色彩艳丽，花期长，栽培较易，为重要的温室盆花。

（三）倒挂金钟（*Fuchsia hybrida* Voss.）

图9-43　倒挂金钟

【别名】吊钟海棠　灯笼海棠

【科属】柳叶菜科　倒挂金钟属

【识别特征】常绿亚灌木。株高30～150cm。枝细长，粉红或紫红色，老枝木质化。叶对生或轮生，卵形至卵状披针形，叶缘具疏齿。花单生于枝上部叶腋处，花梗细长，约5cm，下垂。萼筒钟状或长圆形，萼片4裂，肉质多汁，彩色，与花瓣同色或不同色，向外翻卷（图9-43）。

园艺品种极多，有单瓣，重瓣，花色有白、粉红、橘黄、玫瑰紫及茄紫色等。温室栽培，花期一般为春至初夏。

【生态习性】原产墨西哥。喜凉爽湿润阳光充足，空气流通环境，怕高温和强光。生长适温为10～25℃，冬季温度不低度于5℃。喜肥沃、疏松的微酸性土壤。

【繁殖方法】扦插繁殖为主。除炎热的夏季外，周年均可进行，以春插生根最快。剪取长5～8cm，生长充实的顶梢作插穗，温度20℃时，嫩枝插后2周生根，生根后及时上盆，否则根易腐烂。

【栽培管理】盆栽土壤应排水良好，积水易发生烂根死亡。春、秋季生长迅速，每旬施肥1次。夏季高温，停止施肥。放置通风凉爽处，盛夏避免强光直射。经常浇水，增加空气湿度。倒挂金钟枝条细弱下垂，需摘心整形，促使分枝；花期少搬动，防止落蕾落花。

【园林用途】倒挂金钟栽培品种极多，是我国常见的盆栽花卉，气候适宜地区可地栽布置花坛。

（四）文竹（*Aspargus plumosus* Baker.）

【别名】云片竹、山草

【科属】百合科　天门冬属

【识别特征】蔓性常绿亚灌木，根部稍肉质。茎细，圆柱形，绿色，丛生，多分枝。叶状茎纤细，平展呈羽毛状（图9-44）。叶小形鳞片状，主茎上鳞片叶多呈刺状。花小，白色，两性，有香气，花期多在2～3月份或6～7月份。浆果球形，成熟时黑紫色。内有种子1～3粒，紫黑色。

【生态习性】性喜温暖湿润，略耐阴，不耐干旱，忌霜冻，冬季室温不低于5℃。喜疏松肥沃的砂质土壤。

【繁殖方法】用播种或分株繁殖。一般盆栽多不能开花结实，可将2～3年健壮植株地栽于室内庇荫处（多在温室拐角处），搭好支架，任其自然攀缘。浆果成熟后将种子搓洗出来，播于浅盆中，加盖薄膜或玻璃，保持土壤湿润，在20～25℃下约30天即可发芽，待苗高4～5cm时移植，8～10cm时即可定植。对生长4～5年的大株可进行分株繁殖，每2～3株一盆或一丛。但新分的植株株形不够完美，需养护整形后才能投放市场。

图9-44　文竹

【栽培管理】保持盆土见干见湿，干燥季节应多向叶面喷洒清水。文竹喜肥，每10～15天施1次以氮、钾为主的腐熟稀薄液肥。文竹生长快，要随时疏剪过弱、过密及老枝、枯茎，有利通风及保持低矮姿态。

　　地栽切叶生产文竹时，通常是利用塑料大棚越冬，夏季则加盖遮阳网为其创造半阴的生长条件。地栽时土壤要求与盆栽相同，但地栽文竹枝繁叶茂，生长较迅速，故需及时搭架，以利通风和高产。同时要及时修剪，防止开花。在文竹生长期间内可每10天追施1次以氮、钾为主的稀薄液体肥。施肥时注意勿侵染叶片，或在施肥后向叶面喷雾清洗，以免肥料对叶面产生肥害。

　　【园林用途】文竹以盆栽观叶为主，也是良好的插花、花束、花篮的陪衬材料。

（五）天门冬（*Asparagus sprengeri* Baker）

【别名】武竹

【科属】百合科　天门冬属

【识别特征】蔓性常绿亚灌木。株高30～60cm，块根肉质，长椭圆形或纺锤形，外皮灰黄色。幼株直立，老株攀援，光滑无毛，茎细长常扭曲，具有多分枝。叶状枝通常2～3个簇生，线形（图9-45）。茎与退化叶呈坚硬倒生刺针，小枝

图9-45　天门冬

与叶退化成鳞片状。1～3朵花簇生下垂，黄白色或白色。浆果球状，幼时绿色，熟时红色。花期6～7月份，果期7～8月份。

【栽培品种】栽培品种有狐尾天门冬、卵叶天冬草、松叶天冬草、斑叶天门冬等。

【生态习性】喜温暖湿润、半阴，耐干旱和瘠薄，不耐寒，忌烈日，冬季需保持温度6℃以上。

【繁殖方法】以播种和分株繁殖为主。种子发芽适温20～25℃，30天左右即可发芽，待苗高5～10cm时移栽。春季结合换盆可行分株繁殖，每丛3～5个枝条，剪去过多的须根和过长的枝条，一般保留5～7个块根，枝条剪留25～30cm长即可。

【栽培管理】通常栽培土可用50%腐叶土、20%园土、20%河沙、10%厩肥（或磷钾肥）混合而成，也可用腐叶土、园土和河沙等量混合作为基质。栽培养护时土壤要间干间湿，过湿，易烂根；过干，易产生枝叶发黄等现象。秋季空气干燥时，需经常向叶面喷水，以增加空气湿度。在生长期内，每10～15天施1次氮、钾为主的经充分腐熟的稀薄液体肥。

【园林用途】天门冬盆栽者可用于厅堂、会场，观叶、观果，也可作插花的配衬材料和垂直栽培。

第六节　温室木本花卉

一、温室木本花卉的特点

　　温室木本花卉是指耐寒性较弱，可观花、观叶或赏果的木本植物。可孤植与盆栽，通常具有翠绿的枝叶、优美的花形、鲜艳的花色或浓郁的花香。

　　木本花卉种类繁多，生态习性各异，有常绿或落叶之分，也有乔木、灌木及藤本之分。木本花卉从幼苗栽植到开花需要较长的时间，但条件适宜时每年都能开花；随植株逐年生长，不断长

高、分枝和增粗，每年应进行必要的整形和修剪；开花期可以人为控制。其繁殖方法主要采用扦插、压条及嫁接法等。

二、常见的观花类温室木本花卉

（一）杜鹃花（*Rhododendron simsii* Planch.）

图9-46　杜鹃花

【别名】映山红、满山红、羊踯躅

【科属】杜鹃花科　杜鹃花属

【产地与分布】杜鹃花是我国闻名于世界的三大名花（报春花、龙胆花、杜鹃花）之一。全世界杜鹃花属植物约有900余种，除南美和非洲之外遍布世界各地，而以亚洲最多，有850种。其中我国就有530余种，占全世界的59%。中国除新疆和宁夏外，各省区均有分布，特别集中于云南、西藏和四川三省区的横断山脉一带，是世界杜鹃花的发祥地和分布中心。喜马拉雅山脉的不丹、锡金、尼泊尔、缅甸、印度北部，种类也较多，日本、朝鲜、前苏联西伯利亚和高加索地区仅有少数种类。

【识别特征】杜鹃花形态不一，常绿、半常绿灌木或乔木、小乔木，也有落叶灌木。有的高达20m；有的匍匐状，仅10～20cm高。盆栽杜鹃花一般为常绿灌木，主干直立，单生或丛生。枝、叶各部均有红褐色或灰褐色毛。单叶互生，全缘，椭圆状卵形至披针形。花2～6朵簇生枝顶，或排成总状伞形花序，有时单生叶腋，花冠显著，漏斗形、钟形、碟形或管形等。花色丰富，喉部有斑点或浅色晕（图9-46）。花萼杯状。蒴果开裂为5～10果瓣。种子多数，粉末状。花期4～6月份。

【栽培品种】我国现代广泛栽培的园艺品种约有300种，目前我国较为流行的园艺分类法是按杜鹃花的花期进行分类，将其分为春鹃、夏鹃、春夏鹃和春秋二季性杜鹃花。

（1）春鹃　指在江南地区花期较集中4～5月份间的一些园艺品种，或称早花类。多为常绿或半常绿。又分为大花大叶种、小花小叶种。前者以体型高、叶形长大、叶面多毛粗糙的所谓"毛鹃"为主，适于地栽，耐粗放管理，花冠漏斗状，单瓣5裂，花色有白、紫、红、粉红、玫瑰红等，花后发新枝，常见的毛白杜鹃（*Rh. mucronatum*）即为此种；后者叶形短小、平滑少毛、常绿，"东鹃"的大部分为此种。

（2）夏鹃　指花期在5～6月份的园艺品种。先展叶后开花，叶质硬而厚，深绿色，有明显疏毛，叶脉清晰。分枝多而纤细，叶型因品种而异，变化大。花径6～8cm，花色、花瓣同西鹃一样丰富多彩。夏鹃品种十分复杂，是中国、日本及西方多年育成的品种，又相互杂交而成，花色、花形均有丰富的变化，且常易发生芽变，从而获得新品种。

（3）春夏鹃　在春鹃和夏鹃之间开花的称为春夏鹃，或称中期花类。被认为是前者的晚花类型与后者的早花类型杂交而成，花期正好衔接二者的无花阶段。

（4）春秋二季性杜鹃花　春鹃中的一些种类，在春季花后，发出新枝又孕蕾于秋季二度开花。在温度高、湿度大的地区如台湾即选育出不少这一类品种。

此外，按品种来源的地区分类，又可分为东洋鹃、西洋鹃两类。

（1）东洋鹃　即东鹃，是来自日本的一部分花型较小的品种。本类品种在日本登记的有300～500种。常绿，叶多为卵形，质薄，少毛，有光泽。花色、花型变化很多，4月份开花，着花繁密，花径2～4cm，最大达6cm，单瓣或由花萼瓣化而成套筒瓣，少有重瓣。现在世界广为流传的栽培品种中，尤其盆栽出售的杜鹃花，东鹃占很大比重。

（2）西洋鹃　最早在西欧的荷兰、比利时育成，故称西洋鹃，简称西鹃。是我国原产的杜鹃花（*R. simsii*）、凤凰杜鹃（*R. phoeniceum*）和日本的皋月杜鹃（*R. indicum*）及毛白杜鹃经多代反复杂交而成，是树姿、花色、花形最多最美的一类。其主要特征是：体型矮壮，树冠紧密。习性娇嫩、怕晒怕冻。花期4～5月份，多数为重瓣、复瓣，少有单瓣，花径6～8cm。近年出现大量杂交新品种，从国外引入的四季杜鹃便是其中之一，因四季开花不绝而得名。

【生态习性】杜鹃花分布于温带及亚热带高山。性喜疏荫环境，忌烈日曝晒，要求夏季凉爽而湿润的气候条件。在长江流域以南地区，都是露地栽培，但优良品种多数盆栽；长江流域及以北地区，冬季要入温室越冬，春鹃要求室内温度不低于5℃，夏鹃不低于10℃。忌积水。要求肥沃、疏松透气的酸性土壤，忌含石灰质的碱土和排水不良的黏性土。

【繁殖方法】扦插为主，也可嫁接，播种多用于培育杂种实生苗。

（1）扦插繁殖　插穗取自当年生嫩枝稍木质化的枝条，以梅雨季节前扦插成活率最高，扦插时间西鹃为5月下旬至6月上旬，毛鹃为6月上旬至下旬，东鹃、夏鹃为6月中下旬。若用0.03%（300ppm）萘乙酸、0.02%～0.03%（200～300ppm）吲哚丁酸快浸处理，可促进生根。插后管理重点是遮阳和喷水，注意通风降温。毛鹃、东鹃、夏鹃发根快，约1个月左右，西鹃需40～70天。

（2）嫁接繁殖　西鹃品种繁殖时多采用此法。最常用的嫁接方法是嫩枝顶端劈接，以5～6月份最宜，砧木选用2年生独干毛鹃，要求新梢和接穗粗细相仿，嫁接后要在接口处连同接穗套上塑料薄膜袋，扎紧袋口。置于荫棚下，注意保湿，2个月后去袋，次春松绑。

【栽培管理】常绿杜鹃和栽培品种中的毛鹃、东鹃、夏鹃，可以盆栽，也可以在蔽荫条件下地栽。唯西鹃娇嫩，只能盆栽。现以西鹃为例，介绍其栽培管理要点。

（1）场地与选盆　冬季入室，以安全越冬，最低温度不低于−2℃；夏季出室，放于室外荫棚中以度过炎夏。生产上一般都用瓦盆。大规模生产也可用硬塑料盆。杜鹃根系浅，长势弱，扩张慢，栽培要尽量用小盆，以免浇水失控，不利生长。

（2）培养土配制　常用黑山土，俗称兰花泥，也可用泥炭土、黄山土、腐叶土、松针土，经腐熟的锯木屑等人工配制，pH5～6.5，通透排水，富含腐殖质。

（3）浇水　以土壤湿润为度，忌积水，否则易烂根。浇水应根据盆大小和植株长势而定。杜鹃花多在荫棚下养护，故春、夏、秋三季浇水，盆土要见干见湿，一般2～3天浇1次，但应每天检查，适当浇水。7～8月份高温季节，要随干随浇，午间和傍晚在地面、叶面喷水，以降温增湿。冬季在室内少浇，干了才浇。

（4）施肥　杜鹃花既喜肥，又忌浓肥，其根系浅而纤弱如发丝，吸肥能力弱，要求"薄肥勤施"，尤其夏季施肥更应注意薄肥，且肥中不能掺有粪渣，要用稀薄腐熟的液肥。

施肥常分三个阶段：即"花前长蕾肥、花后养树肥、花芽分化肥"。长蕾肥、花芽分化肥以磷肥为主，春鹃3月份前施1～2次，夏鹃4月份前后施入，不能施氮肥，否则枝叶徒长并造成花蕾萎缩或脱落。杜鹃花谢后立即摘去残花，并每隔1周施1次氮肥为主的肥料，促进新枝抽生和补充开花消耗的养分，使枝繁叶茂。为防止杜鹃花叶色变黄，应每7～10天加施硫酸亚铁1次，使叶色鲜绿。大面积生产杜鹃盆花，可采用复合肥或缓施肥料，1年施1～2次即可。肥料浓度，植株较大者，每2～3份肥料加水7～8份；植株较小者，肥与水以1：9的比例为宜。

（5）修剪　幼苗在2～4年内，为了加速形成骨架，常摘去花蕾，并经常摘心，促使侧枝萌发，长成大株后，主要是剪除病枝、弱枝以及紊乱树形的枝条，均以疏剪为主。

（6）花期管理及花期控制　西鹃开花时放于室内，花期可延长1个月，但要注意室内通风。花芽分化后，移于20℃环境约2周即可开花，但品种间差异很大。有些品种也可用植物生长调节剂促其花芽形成，普遍应用的是B9和矮壮素。前者用0.15%溶液喷2次，每周1次，或用 0.25%浓度喷1次；后者用0.3%的浓度每周喷1次，共喷2次。用多效唑处理，效果更好，但残留期有数年，会造成株型矮化，使用时要注意用量和次数。约喷药后2个月，花芽即充分发育，此时将植株冷藏，促进花芽成熟。杜鹃在促成栽培以前需放10℃或稍低温度的环境冷藏，至少需冷藏4周时间，冷藏期植株保持湿润，不能过分浇水，每天保持12小时光照。

【园林用途】杜鹃花为中国十大名花之一，被誉为"花中西施"，以花繁叶茂、绮丽多姿著称。西鹃是优良的盆花，毛鹃、东鹃、夏鹃均能露地栽培，宜种植于林缘、溪边、池畔及岩石旁，成丛成片种植；也可于疏林下栽植。杜鹃也是优良的盆景材料。

（二）月季（*Rosa chinensis* Jacq.）

图9-47(a)　杂种茶香月季

图9-47(b)　丰花月季

【别名】长春花、月月红等

【科属】蔷薇科　蔷薇属

【产地与分布】蔷薇属植物有200余种，广布在北半球寒温带至亚热带，主要分布在亚洲、欧洲、北美及北非。我国有82种，还有许多变种，其中部分种原产我国，部分种原产西亚及欧洲。目前世界各地广泛栽培。

【识别特征】常绿或半常绿灌木，直立、蔓生或攀援。月季的枝干除个别品种光滑无刺外，一般均具皮刺，皮刺的大小、形状疏密因品种而异。叶互生，由3～7枚小叶组成奇数羽状复叶，卵形或长圆形，有锯齿，叶面平滑具光泽，或粗糙无光。花单生或丛生于枝顶（图9-47），花形及瓣数因品种而有很大差异，色彩丰富，有些品种具淡香或浓香。花期4～10月份，而以5～6月份及9～10月份为盛花期。

如今，月季的品种已经超过2万个。主要类群如下。

（1）杂种茶香月季（Hybrid Tea Roses，HT）　占现代月季的大多数，由长春月季、茶香月季、月季花杂交选育而来。特点是多为灌木，植株高大，半开张；花单生于茎顶，花朵大且花芯高出四周花瓣，花形高雅[图9-47(a)]，有的具有芳香，一年中反复开花；主要用作切花和园林绿化。代表品种有和平、萨曼莎等。

（2）丰花月季（Floribunda Roses，FL）　又名聚花月季，是从杂种茶香月季和小花矮灌月季杂交后代中选育出的，特点是树形分枝扩张，中等株高；花朵比杂种茶香月季小，瓣数也少，不具高耸的花心，但许多花朵簇生枝顶成为花束[图9-47(b)]，多数不具芳香，连续开花；多用于园林绿化，也有用作切花的品种。代表品种为杏花村、金玛丽等。

（3）壮花月季（Grandiflora Roses，Gr）　是HT和FL杂交后代中选出。特点是长势和高度多大大超过亲本，花梗和花径介于亲本之间，花形和叶形、刺类似HT，花单生或多朵聚生，连续开花，花色也较丰富。主要用于园林绿化，也有作切花的品种。

（4）微型月季（Miniature Roses，Mr）　该类株高仅15～30cm，枝叶细小，花径仅2～4cm，芳香，花色丰富，开花不断，特别适合盆栽观赏。

（5）灌木月季（Shrubs，Shrub Roses，S）　植株在紧凑型和松散型之间，高度一般超过150cm，多是现代月季品种和古代月季品种或种、变种杂交的品种。花期长，一季或二季开花。如山之星等。

（6）蔓性月季（地被月季）（Ramblers，Grand Cover Roses，R）　藤本，植株蔓生型，茎枝匍匐生长，花多朵聚生成束开放，一般抗病性较强。品种较少，有道潘金（Dorothy Perkins）等。

（7）十姐妹月季（Polyanthas，Pol）　植株紧凑，矮灌丛，株高约100cm左右，枝细，叶小；花小约2.5cm左右，重瓣，花多朵聚生成大簇，四季开花，抗旱性、耐热性较强。代表品种有*Paquerette*、冬梅等。

【繁殖方法】以扦插、嫁接繁殖为主，也可分株、高空压条、组织培养等法繁殖。

（1）扦插繁殖　多在春季15℃以上或初夏、早秋进行，冬季则可在温室内扦插。环剥，待生出愈伤组织后，再剪下枝条扦插。扦插时，如使用激素，可用0.05%～0.1%（500～1000ppm）吲哚丁酸或0.05%（500ppm）吲哚乙酸钾盐快浸插条下端1～30秒，有促进生根的效果。插后要加强管理。如在生长季节内实行全光照间歇性喷雾，收效良好。

（2）嫁接繁殖　目前国内常用的砧木有野蔷薇、粉团蔷薇。在休眠期枝接，南方在12月份～翌年2月份，北方在春季叶芽萌动前进行。在生长季节嫁接，常采用"丁"字形、"门"字形芽接法。嫁接后需加强管理。

【栽培管理】

（1）切花栽培

① 品种选择。切花月季品种应具备花形优美、花枝长而挺直、花色鲜艳带有绒光、生长强健、抗逆性强、产量较高且能周年生产等特点。

② 环境条件。月季喜向阳、背风、空气流通的环境，每天需要接受5～8小时以上的阳光直射才能生长良好。最适温度白天为18～25℃，夜间为15.5～16.5℃，虽能在35℃以上的高温生存，但易发病害。最适宜生长的相对湿度为75%～80%，如果相对湿度过大，则容易生黑斑病和白霉病。

③ 土壤。可以用较好的壤土加泥炭和沙以2∶1∶1的体积比进行配制，用石膏或石灰调整pH值至6～6.5，并进行土壤消毒、杀菌。

④ 栽植。新栽的植株要修剪，留15cm高，尤其是折断的、伤残的根与枝要剪掉，顶芽一定要饱满。切花月季行株距常用30cm×30cm。刚栽下去的一段时间里，一天要喷雾几次，保持地上部枝叶湿润。

⑤ 追肥。月季在生长过程中需要比较均衡的肥料，既不能生长过缓，也不能形成徒长，通常是把月季所需的大量元素或微量元素配成综合肥料施用。

⑥ 修剪与摘心。修剪的方式，一种是逐渐更替的修剪法，即春季第一次采切后，全株留高60cm左右，一部分使它再开一次花，一部分短剪，等短剪的新枝开花后，原来开花的一部分再剪短，轮流开花，终年开花不绝；另一种是一次性统剪法，即5月份采切第一批后，全部短剪成一样高的灌木状，如果是第一年新栽的幼株，留长45cm，第二年以后的留60cm。但这种剪法有5～6周基本停产，之后切花可以连续不断，直到翌年5月份再平茬。新梢生长到15～20cm时，将顶部去掉3cm左右，到一定长度仍要摘心1～2次，直到全株的主枝、侧枝的数量足以产生大量的花朵为止。初期摘心是为了调整株形，开花以后摘心是为了控制花期。当花芽直径达10～13mm时，摘掉枝顶达到第二片叶的地方，可促进花期7天左右。

（2）盆花栽培　矮株型、短枝型或微型月季均适宜用作盆栽。盆栽时，盆土有限，小苗定植时，应选疏松、排水良好并有丰富有机质的培养土，盆底放数片马蹄甲作基肥。此外，在生长开花时节，还必须适时施以追肥，尤其花后，结合修剪增施肥料可促进下次开花繁茂，11月底应移入低温温室或冷窖内越冬。

（3）地栽月季　选背风向阳处定植为宜，否则易发生枝条抽干的现象；同时应选择排水良好、富含腐殖质的砂壤土，株行距要适中。每浇水1次应中耕1次。生长旺季，需施追肥，10月份停止施肥，以免枝条徒长难以度过严冬；11月上中旬可剪去一部分枝条或将枝条捆扎，根部堆土防寒；翌年3月下旬开始去除根部少量土壤，4月份全部去除堆土，剪去干枯枝条，浇足水分促进萌发。

【园林用途】月季为世界四大切花之一。微型月季可作地被、花坛和草地的镶边，也宜盆栽；壮花月季常用于地势较高处作背景，也可展览或切花；灌木月季宜植于偏僻角落或管理困难的地方，组成密集的栅栏，用以封闭或遮拦杂乱的背景或车道，可植于斜坡、陡壁，形成道上花墙；柱状月季和藤本品种可装点、修饰那些设计平庸的建筑物，也可成为联系建筑物与园林的绝妙"纽带"。

（三）牡丹花（*Paeonia Suffruticosa* Andr.）

【别名】鹿韭、木芍药、花王、洛阳王、富贵花

【科属】芍药科　芍药属

【形态特征】落叶小灌木，株高0.5～2m，分枝短；当年生枝光滑、草木，黄褐色，皮常开裂而剥落。根肉质，粗长。叶互生，常为2回3出复叶；小叶披针形、卵圆形或椭圆形，顶生小叶常2～3裂；叶上面深绿色或黄绿色，下面灰绿形色；光滑或有毛；总叶柄长8～20cm，表面有凹槽。花单生于当年枝顶，两性，花大色艳，形美多姿，花径10～30cm；花色有白、粉、红、紫、黄、绿、复色等多种（图9-48）；雄蕊多数，但雌、雄蕊常有瓣化现象，花瓣自然增多及雌雄蕊瓣化的程度常与品种、栽培环境的条件及生长年限等因素有关。花期4～6月份。蓇葖果，五角，每一果角结籽7～13粒。

图9-48　牡丹花

【栽培品种】牡丹是我国固有的传统名花之一。牡丹花五彩缤纷，雍容华贵，故享有"国色天香"、"花中之王"之美誉。中国人民把牡丹看作是人类和平、幸福、繁华与富贵的象征。

据载，牡丹产于海拔1500m左右的山坡和林缘，1500多年前引种下山。隋代正式引种栽培时，仅有红、黄两色品种。到唐代时，牡丹栽培为盛，遍布朝野，当时已培育出重瓣品种。宋代牡丹栽培中心由唐之长安东移到洛阳，欧阳修的《洛阳牡丹记》记载了著名品种24个。明代安徽亳州牡丹盛极一时，到了清代，曹州牡丹取代亳州牡丹。

目前，我国栽培面积最大最集中的有菏泽、洛阳、北京、临夏、彭州、铜陵县等地。其中，菏泽牡丹栽培面积已达5万余亩，600多个品种，成为世界上面积最大、品种最多的中国牡丹栽培、观赏与科研中心。如今，通过南北各地花农及园林专业人员的引种栽培，牡丹栽植已遍布全国各省市自治区，北京、上海、南京、杭州、苏州、西安、兰州、哈尔滨、长春、沈阳等城市，都建有大型牡丹园。

牡丹分三类十二型十个花色系。三类即单瓣类、重瓣类、重台类；十二型即：

① 单瓣型：花瓣1～3轮，宽大，雄雌蕊正常。如"黄花魁"、"泼墨紫"、"凤丹"、"盘中取果"以及所有的野生牡丹种。

② 荷花型：花瓣4～5轮，宽大一致，开放时，形似荷花。如"红云飞片"、"似何莲"、"朱砂垒"。

③ 菊花型：花瓣多轮，自外向内层层排列逐渐变小，如"彩云"，"洛阳红"、"菱花晓翠"。

④ 蔷薇型：花瓣自然增多，自外向内逐渐变小，少部分雄蕊瓣化呈细碎花瓣；雌蕊稍瓣化或正常。如"紫金盘"、"露珠粉"、"大棕紫"。

⑤ 托桂型：外瓣明显，宽大且平展；雄蕊瓣化，自外向内变细而稍隆起，呈半球型。如"大胡红"、"鲁粉"、"蓝田玉"。

⑥ 金环型：外瓣突出且宽大，中瓣狭长竖直，呈金环型。如"朱砂红"、"姚黄"、"首案红"。

⑦ 皇冠型：外瓣突出，中瓣越离花心越宽大，形如皇冠。如"大胡红"、"烟绒紫"、"赵粉"。

⑧ 绣球型：雄蕊完全瓣化，排列紧凑，呈球型。如"赤龙换彩"、"银粉金鳞"、"胜丹炉"。

最后四型可以概括为台阁型：由两朵重瓣单花重叠而成，分为"菊花、蔷薇、皇冠及绣球台阁型"。如"火炼金丹"、"昆山夜光"、"大魏紫"、"紫重楼"等。

花色的十大色系为白、粉、粉蓝（雪青）、红、紫红、紫、墨紫（黑）、黄、绿及复色，如国色无双、蓝翠楼、脂红、霞光、玫瑰紫、黑天鹅、大富贵、姚黄、二乔、绿香球等。

【生态习性】原产于中国西部秦岭和大巴山一带山区。性喜温暖、凉爽、干燥环境。喜阳光，怕烈日直射，耐半阴。怕热，25℃以上时植株呈休眠状态，开花适温为17～20℃，但花前必须经过1～10℃的低温处理2～3个月才可开花。较耐寒，最低能耐-30℃的低温，但北方寒冷地区冬季需采取适当的防寒措施，以免受到冻害。耐干旱，忌积水，南方的高温高湿天气对牡丹生长极为不利，因此，南方栽培牡丹需给其特定的环境条件。适宜在疏松、深厚、肥沃、地势高燥、排水良好的中性砂壤土中生长。耐弱碱，酸性或黏重土壤中生长不良。

【繁殖方法】因播种法生长发育时间长，一般只在培育牡丹新品种时采用。扦插也可，但其成活率一般不超过60%，故牡丹常用分株和嫁接法繁殖。

分株在秋季9月下旬至10月中旬进行为宜。分株时将4～5年生的大株牡丹挖出，于荫凉处放置2～3天，待根变软时将其分成若干株，每株2～3枝，另行栽植。

嫁接时间为8月下旬至10月上旬，"白露"（9月7～8日）前后嫁接成活率最高。嫁接时，剪取大株牡丹发出的土芽或一年生的短枝，将其基部2～3cm削成楔形，嵌接于15～20cm长的芍药根（以"粉玉奴"的根为主）上，用细麻绳或麻皮缠紧，抹上泥巴进行栽植。嫁接苗应挖沟栽植，株距10～15cm，行距30～40cm，栽后培上土埂，以接穗不露出土为宜。

【栽培管理】移植适期为9月下旬至10月上旬，不可过早或过迟。

（1）浇水　牡丹是深根性肉质根，怕积水，平时浇水"宜干不宜湿"。

（2）施肥　喜肥，基肥要足，可施用堆肥、饼肥或粪肥。每年至少应施3次追肥，即开花前（花肥）半个月浇1次以磷肥为主的肥水；花后（芽肥）半个月施1次复合肥；入冬前（冬肥）施1次堆肥。

（3）温度　牡丹耐寒怕热。气温4℃时花芽开始逐渐膨大，开花适温16～20℃，低于16℃不开花。夏季高温时，植物呈半休眠状态。华东及中部地区，均可露地越冬，北方寒冷地区冬季需要包草并培土防寒。

（4）光照　牡丹喜阳，但怕直晒。地栽时，需选地势较高的朝东向阳处；盆栽应置于阳光充足的东向阳台，若放南阳台或屋顶平台，西侧要设法遮荫。

（5）整形修剪　新定植的植株，第二年春天应将所有花芽全部除去，不让其开花，以集中营养促进植株发育。栽培2～3年后应进行整枝，对生长势旺盛、发枝能力强的品种，只需剪去细弱枝，保留全部强壮枝条，及时除去基部的萌蘖，以保持美观的株形。为使植株生长健壮、花繁色艳，应根据株龄控制开花数量，在现蕾早期，选留一定数量发育饱满的花芽，除去过多的芽和弱芽。一般5～6年生的植株，保留3～5个花芽。

【园林用途】牡丹品种繁多，花大色美，雍容华贵，可在公园和风景区建立专类园，作重点美化区供游人观赏；在古典园林和居民院落中筑花台、花池栽植；在园林绿地中自然式孤植、丛植或片植。也可盆栽作室内观赏和切花瓶插等用。

（四）八仙花［*Hydrangea macrophylla*（Thunb.）Seringe］

【别名】绣球、斗球、草绣球、紫绣球等

【科属】虎耳草科　八仙花属

【识别特征】半落叶灌木，小枝粗壮，无毛，皮孔明显。叶对生，大而有光泽，倒卵形至椭圆形，缘有粗锯齿，两面无毛或仅背脉有毛。顶生伞房花序近球形，几乎全部为不育花，花初开时为白色，逐渐变淡红色或浅蓝色（图9-49）。花期5～7月份。

【生态习性】原产我国和日本。喜半阴、温暖湿润环境，忌烈日。不耐干旱，亦忌水涝。不耐寒，生长适温为18～28℃，适宜在肥沃、排水良好的酸性土壤中生长。土壤酸性以pH4～4.5为宜。土壤的酸碱度对八仙

图9-49　八仙花

花的花色影响非常明显，土壤为酸性时，花呈蓝色；土壤呈碱性时，花呈红色。

【繁殖方法】常用分株和扦插，也可压条和组培繁殖。分株繁殖宜在早春萌芽前进行。扦插宜在3月份或5～7月份时进行，3月份将当年新生7～8cm脚芽掰下，或5～7月份将5cm高的萌蘖芽挖出，去除下叶，插在沙床中，约20天生根。

【栽培管理】常用15～20cm的花盆栽植。盆栽植株在春季萌芽后注意充分浇水，保证叶片不凋萎。5～7月份的花期，肥水要充足，每半月施1次。盛夏光照过强时，适当遮荫，可延长花期。花后摘除花茎，促使产生新枝。每年春季换盆1次。适当修剪，保持株形优美。花期调节常用温度控制。

【园林用途】八仙花花序大而美丽，花期又长，是盆栽的好材料。园艺品种多，耐阴性强，在暖地可配植于林下、路缘、棚架边及建筑物之北面。同时还可作切花材料。

（五）一品红（*Euphorbia pulcherrima* Willd.）

【别名】象牙红、圣诞花、猩猩木

【科属】大戟科　大戟属

【识别特征】常绿灌木，株高50～300cm，茎叶含白色乳汁。茎光滑，嫩枝绿色，老枝深褐色。单叶互生，卵状椭圆形，全缘或波状浅裂，有毛。顶端靠近花序之叶片呈苞片状，为主要观赏部位，开花时呈朱红色（图9-50）。杯状花序聚伞状排列，顶生，总苞淡绿色。花期12月份～翌年2月份。

图9-50 一品红

【栽培品种】常见变种与品种有：一品白（var. *alba* Hort.），苞片乳白色；一品粉（var. *rosea* Hort.），苞片粉红色；重瓣一品红（var. *plenissima* Hort.），叶灰绿色，苞片红色、重瓣；一品黄（*Lutea*），苞片淡黄色，深红一品红（*annette* Hegg），苞片深红色；三倍体一品红（*Eckespointc*-1），苞片栎叶状，鲜红色。近年来我国又新引进许多新的品种，这些品种不仅株形美观，而且苞片大而鲜艳，观赏价值极高。

【生态习性】原产墨西哥及美洲热带。喜温暖湿润及阳光充足，对土壤要求不严，但在pH6.0的微酸性肥沃砂壤土中生长更佳。不耐寒，霜前需入温室，保持16～18℃为最好。低于15℃时则叶黄脱落，夏季避免强光直射。

【繁殖方法】常用硬枝或嫩枝扦插繁殖。

（1）硬枝扦插　多在春季3～5月份进行，剪取一年生木质化或半木质化枝条，长约10cm作插穗；剪除插穗上的叶片，切口蘸上草木灰，待晾干切口后插入细沙深约5cm，充分灌水，并保持温度在22～24℃，约1个月左右生根。

（2）嫩枝扦插　当嫩枝生长到10～15cm时，截取6～8cm长、具3～4个节的嫩梢作插穗，在节下剪平，去除基部大叶后，立即投入清水中，以阻止乳汁外流，晾干后扦插，保湿，约15天左右生根。

【栽培管理】北方应温室内栽培，南方温暖地区可露地栽培。用园土、砻糠灰、腐叶土各1份作盆栽基质。生长期间结合浇水可每月施1～2次稀薄的氮、磷、钾等量复合肥料，以促进植株生长茂盛，开花艳丽。

一品红为短日照植物，自然花期在12月份。如欲使其提前开花可用短日照处理。要使苞片提前变红，将每天光照控制在12小时以内，促使花芽分化。如每天光照9小时，5周后苞片即可转红。如要其在国庆节开花，须于8月上旬开始定时遮光处理，处理期须适当增加施肥量，尤其磷肥，这样才能花大叶茂。

【园林用途】一品红花色鲜艳，花期长，正值圣诞、元旦、春节开花，盆栽布置室内环境可增加喜庆气氛。也适宜布置会议等公共场所。南方暖地可露地栽培，美化庭园，也可作切花。

（六）山茶花（*Camellia japomica* L.）

【别名】茶花

【科属】山茶科　山茶属

【栽培简史与分布】原产于我国，以福建、江苏、浙江及山东青岛栽培较多，是我国传统名贵花卉。早在隋唐时期，就由野生进入栽培。到了宋代，栽培山茶之风日盛。明清两代，山茶栽培已很广泛，并有专著立说，如《茶花谱》问世于清康熙年间。1949年以后，山茶品种已达300多种。山茶属的相关花卉，云南山茶栽培从宋代开始，明代达到兴盛；而金花茶在20世纪60年代初在广西发现，成为新宠；茶梅也是有较高观赏价值的花卉。

【识别特征】多年生木本花卉。枝条黄褐色，小枝呈绿色或绿紫色至紫色、紫褐色。叶片革质，互生，椭圆、长椭圆、卵形至倒卵形，基部楔形至近半圆形，边缘有锯齿，叶片正面为深绿色，叶片光滑无毛。花单生或2～3朵着生于枝梢顶端或叶腋间，冬末春初开花。花单瓣（5～7片）、复瓣（20片左右）或重瓣（50片以上）。有大红、紫红、桃红、红白相间等色（图9-51）。蒴果扁球形，有种子3～10粒，黑色。

【生态习性】性喜温暖、湿润半阴的环境，忌烈日。生长适温为18～25℃。在短日照条件下，枝茎处于休眠状态，花芽分化需每天日照13.5～16小时，花蕾发育则要求短日照。山茶喜空气湿度大，忌干燥，要求土壤水分充足，pH5.5～6.5最佳。

【繁殖方法】常用扦插、嫁接、压条和组培繁殖。

（1）扦插繁殖　以5～6月份中旬或8～9月份扦插最为适宜。选树冠外部组织充实、叶片完整、叶芽饱满的当年生半成熟枝条为插穗，取8～10cm长，先端留2片叶。剪取时，基部尽可能带一点老枝。插床需遮荫，每天叶面喷雾，保持湿润，温度维持在20～25℃，6周后生根。当根长3～4cm时上盆。

（2）嫁接繁殖　常用于扦插生根困难或繁殖材料少的品种。以5～6月份、新梢已半木质化时进行嫁接成活率最高，成活后萌芽抽梢快。砧木以油茶或单瓣品种为主。采用嫩枝劈接法，用刀片将芽砧的胚芽部分割除，在胚轴横切面的中心，沿髓心向上纵劈一刀，然后取山茶接穗一节，将节下基部削成正楔形，立即将削好的接穗插入砧木裂口的底部，对准两边的形成层，用棉线缚扎，套上清洁的塑料口袋。约40天后去除口袋，60天左右才能萌芽抽梢。

（3）压条繁殖　梅雨季选用1年生健壮枝条，离顶端20cm处，环状剥皮宽1cm，用腐叶土缚上后包以塑料薄膜，约60天后生根，剪下可直接盆栽，成活率高。

图9-51　山茶花

【栽培管理】山茶花的栽培分地栽和盆栽两种，北方多为盆栽。

（1）地栽　在南方地栽山茶宜选择排水良好，富含腐殖质的砂质壤土，最好能在荫蔽的环境下，移植应带土坨护根。栽植时把地上部残枝、过密枝修剪掉，成活后应及时浇水，中耕除草，防治病虫害。

（2）盆栽　盆栽常用15～20cm盆。山茶花根系脆弱，移栽时要注意不伤根系。盆栽山茶，每年春季花后或9～10月份换盆，剪去徒长枝或枯枝，换上肥沃的腐叶土。春季山茶花换盆后，不需马上施肥。入夏后茎叶生长旺盛，每半月施肥1次，9月份现蕾至开花期，增施1～2次磷钾肥。在夏末初秋山茶开始形成花芽，每根枝梢宜留1～2个花蕾，不宜过多，以免消耗养分，影响主花蕾开花。生长期应保持充足水分，同时叶片每天喷水1次，保持较高的空气湿度，夏季遮荫50%。每月施水肥1次，同时抽新梢前后追施浓肥。

【园林用途】山茶花树冠优美，花大色艳，花期长，正逢元旦、春节开花。盆栽点缀客室、书房和阳台，呈现典雅豪华的气氛。可散植于庭院、花径、假山旁和林缘等地，也可建山茶专类园。

（七）扶桑（*Hibiscus rosa-sinensis* L.）

【别名】佛槿、朱槿、大红花

图9-52　扶桑

【科属】锦葵科　木槿属

【识别特征】常绿灌木。株高2～5m，全株无毛，分枝多。叶片广卵形至卵形，长锐尖，叶面深绿色有光泽。花单生于叶腋，阔漏斗形，花丝与花柱合生，伸出冠外；重瓣种雄蕊常发生瓣化，花色有白、粉、红、橙红、黄、茶褐色等花色（图9-52）。花期全年，夏秋为盛花期。

【栽培品种】扶桑在夏威夷极为受重视，被视为夏威夷州花，经过大量的杂交育种工作，培育出了众多的品质优良的品种，据统计总数达3000个以上。

该属植物约200种，我国24种（包括栽培种），常见温室常绿种类有吊灯花（*H. schizopetalus*）、黄槿（*H. tiliaceus*）、草芙蓉（*H. palustris*）、红秋葵（*H. coccineus*）。

【生态习性】原产东印度和我国南部。喜温暖、湿润和阳光充足环境。不耐寒，不耐阴。枝条萌发力强，耐修剪。生长适温为15～25℃，要求肥沃、疏松的微酸性土。

【繁殖方法】常用扦插和嫁接繁殖。5～10月份进行扦插繁殖，以梅雨季成活率最高，冬季可在温室内进行。插条插于沙床，保持较高空气湿度，室温18～21℃，插后20～25天生根，用0.3%～0.4%吲哚丁酸处理插条基部1～2秒，可缩短生根期，根长3～4cm时移栽上盆。嫁接繁殖宜春、秋季进行，多用于扦插困难或生根较慢的品种，尤其是扦插成活率低的重瓣品种，用枝接或芽接，砧木用单瓣扶桑。嫁接苗当年抽枝开花。

【栽培管理】每天日照不能少于8小时，光照不足，花蕾易脱落，花朵缩小。对肥料需求较大。盆栽扶桑，一般于4月份出室，出室前换盆，适当整形修剪，保持优美冠形。生长期浇水要充足，10月底天气转凉后，移入温室，温度保持在12℃以上，并控制浇水，停止施肥。

【园林用途】扶桑是我国名花，在华南栽培普遍，在长江流域及其以北地区，为重要的温室花卉。

（八）花石榴（*Punica granatum* L.）

图9-53　花石榴

【别名】月季石榴

【科属】石榴科　石榴属

【识别特征】落叶灌木或小乔木。树干高2～3m，分枝多，小枝具四棱，紫色。叶狭倒卵形或椭圆形，全缘，在长枝上对生，短枝上簇生。花顶生，梗短，花色有火红色、粉红色、纯白色、娇黄色、玛瑙色、纯紫色、红瓣白边、白瓣红边等。南方3月份开花，北方5月份开花，花期较长，1年有3～4次开花高峰期。浆果近球形，果径一般为6～8cm，黄红色（图9-53）。果实成熟期为9～10月份。

【栽培品种】花石榴分一般种和矮生种。

（1）一般种　以观花为主，可地栽。依据花色和单重瓣将其分为白石榴、千瓣白石榴、黄石榴、千瓣红石榴、玛瑙石榴。

（2）矮生种　植株矮小，枝密而细软，观花及观果，可盆栽，生长期内开花不绝。以花果不同分为月季石榴、千瓣月季石榴、墨石榴。

【生态习性】原产中亚的伊朗、阿富汗。喜阳光充足和干燥环境，耐干旱瘠薄，不耐水涝，不耐阴，对土壤要求不严，以肥沃、疏松的沙壤土最好。

【繁殖方法】常用扦插、播种繁殖，也可分株和压条。盆栽结实种可于春、秋播种，播后1～2年开花。不结实种，各地均习惯采用扦插、压条和分株繁殖。北方多在温室扦插，春季选二年生枝条或夏季采用半木质化枝条扦插均可，插后15～20天生根，南方可春、秋露地扦插；压条繁殖春、秋季均可进行，不必刻伤，芽萌动前用根部分蘖枝压入土中，经夏季生根后割离母株，秋季即可成苗；可在早春4月份芽萌动时分株繁殖，挖取健壮根蘖苗分栽即可。

【栽培管理】盆栽宜浅栽，需控制浇水，宜干不宜湿。生长期需摘心，控制营养生长，促进花芽形成。露地栽培应选择光照充足、排水良好的场所。生长过程中，每月施肥1次。需勤除根蘖苗和剪除死枝、病枝、密枝和徒长枝，以利通风透光。

【园林用途】花石榴既可观花又可观果，小盆盆栽供窗台、阳台和居室摆设，大盆盆栽可布置公共场所和会场，地栽石榴适于风景区的绿化配置。

（九）叶子花（*Bougainvillea glabra* Choisy）

【别名】三角梅、三角花、宝巾

【科属】紫茉莉科　叶子花属

【识别特征】常绿攀援灌木，老枝褐色，小枝青绿，茎枝有刺；叶片卵圆形到椭圆状披针形，全缘、互生。花管状，很小，裂片内面白色，3朵聚生于枝端，各为1枚叶状苞片包围，苞片为主要的观赏部分，有鲜红、砖红、紫红、橙红、粉红、白色和复色（图9-54）。叶子有花叶和普通叶两类；苞片则有单瓣、重瓣之分。瘦果五棱，常被宿存的苞片包裹，很少结果。

【栽培品种】同属常见栽培种为毛叶子花（B. spectabilis Willd.），又称九重葛、毛宝巾。原产巴西。常绿攀援性灌木。枝叶具疏生或密生的绒毛。叶腋间具弯刺。叶片卵形或卵圆形，较叶子花大、质厚。苞片大，深桃红色，美艳。生长势旺盛。

【生态习性】原产南美巴西，性喜光，不耐阴，不耐寒。属短日照植物，在长日照的条件下不能进行花芽分化。南方地区可以露地越冬，北方则作为温室盆栽花卉。对土壤要求不严，但盆栽以松软肥沃土壤为宜，喜大水、大肥，极不耐旱，生长期水分供应不足，易出现落叶。

【繁殖方法】以扦插为主，也可压条繁殖。室外扦插，以夏季成活率高，温室可在1～3月份扦插，取充实成熟枝条，插入沙床，室温25～30℃，20～30天生根，40天后上盆，第二年入冬即可见花。

【栽培管理】栽培可直接用腐叶土与牛粪混合腐熟后掺沙配制成的培养土。每年翻盆换土。露天栽培可养成灌木状，也可放养成栅架形或修剪成各种形状。盆栽以灌木形为主，栽培中可用摘心或花后进行短剪以保持灌木形态。生长快，应定期修剪，及时短截或疏剪过密的内膛枝、枯枝、老枝、病枝，促生更多的苗

图9-54 叶子花

壮枝条，以保证开花繁盛。阳光充足，夏季花期要及时浇水，花后适当减少浇水量。开花期落花、落叶较多，要及时清理，保持植株整洁美观。冬季要控制浇水，使植株充分休眠。生长期每周追肥1次。10月上旬移入高温温室越冬，可一直开花不断，室温不能低于10～12℃，以减少落叶。如欲使国庆节开花，可提前60天进行短日照处理，每天8小时光照。

【园林用途】北方作为盆花观赏，也可布置夏、秋花坛，可作为节日布置花坛的中心花卉。在华南地区庭院栽植可用于花架、拱门或高墙覆盖，形成立体花卉，盛花时期形成一片艳丽。也可作切花材料。

（十）夹竹桃（*Nerium indicum* Mill.）

【别名】柳叶桃

【科属】夹竹桃科 夹竹桃属

【识别特征】常绿大型灌木，植株高度可达4～5m，树冠开展，枝直立而光滑，丛生，嫩枝具棱，分枝力强，多呈三杈式生长。叶披针形，常3～4叶轮生，在枝条中、下部多对生，厚革质。枝叶内均有少量乳汁。聚伞花序顶生，花冠漏斗状，5裂，瓣上有皱，粉红至深红色，多数为重瓣和半重瓣（图9-55）。花期长，自6～10月份陆续有花。菁荚果长圆形。

园艺品种甚多，常见的有白花夹竹桃、红花夹竹桃等。

图9-55 夹竹桃

【生态习性】原产印度、伊朗、阿富汗。喜温暖湿润的气候，耐寒力不强，越冬的温度需维持在8～10℃，低于0℃易落叶。不耐水湿，喜光好肥，也耐阴。抗空气污染的能力较强，对二氧化硫、氯气、烟尘等有毒气体的抵抗力很强，吸收能力也较强。

【繁殖方法】扦插繁殖为主，也可压条和分株繁殖。

扦插在春季和夏季都可进行。具体做法是，春季剪取1～2年生枝条，截成15～20cm的茎段，20根左右捆成一束，浸于清水中，入水深为茎段的1/3，每1～2天换同温度的水1次，温度控制在20～25℃，待发现浸水部位发生不定根时即可扦插。扦插时应在插床中先用竹筷打洞后再扦插，以免损伤不定根。

压条繁殖时，先将压埋部分刻伤或环割，再埋入土中，2个月左右即可剪离母体，来年带土移栽。

【栽培管理】夹竹桃的适应性强，栽培管理比较容易，无论地栽或盆栽都比较粗放。地栽春季移栽时应重剪，冬季注意保护。盆栽夹竹桃，要求排水良好，肥力充足。

春季萌发时整形修剪，对植株中的徒长枝和纤弱枝可以从基部剪去，对内膛过密枝也宜疏剪一部分，使枝条分布均匀。1～2年换盆1次，换盆应在修剪后进行。夏季是夹竹桃生长旺盛和开花时期，需水量大，每天除早晚各浇1次水外，如见盆土过干，应再增加1次喷水。9月份以后要控水，抑制植株继续生，积累养分，以利安全越冬。

【园林用途】夹竹桃的叶片如柳似竹，有特殊香气，在我国长江流域以南地区可以露地栽植，可在建筑物左右、公园、绿地、路旁、池畔等地段种植，更适宜于工矿区和铁路沿线栽植作抗污染之用。在北方只能盆栽观赏，常摆放于建筑物门前两侧。但茎叶有毒，在修剪、扦插时需注意。

三、常见的香花类温室木本花卉

（一）桂花［*Osmanthus fragrans*（Thunb.）Lour.］

图9-56(a)　金桂

图9-56(b)　银桂

图9-56(c)　丹桂

图9-56(d)　四季桂

【别名】木犀、丹桂、岩桂

【科属】木犀科　木犀属

【识别特征】常绿阔叶灌木或小乔木。树皮光滑呈灰色。单叶对生，叶两侧沿中脉处稍对折，断面略呈"V"字形，革质稍有光亮，叶形及叶缘因品种而不同，叶形椭圆至椭圆状披针形，叶全缘或具锯齿，新发幼叶纸质，呈紫红色。花腋生呈聚伞花序，每花序小花3～9朵。花形小而有浓香，花色因品种而异，有浅黄白、浅黄、橙黄和橙红等（图9-56）。花期9～10月份。核果翌年4～5月份成熟。

【栽培品种】桂花品种主要有金桂、银桂、丹桂、四季桂四个品种：金桂香浓、花多、花黄色；银桂香浓、花多、白色；丹桂香较淡、花较少、色最美；四季桂花少、香少，但一年四季开花。

【生态习性】原产中国西南部。喜光，但在幼苗期要求有一定的庇荫。喜温暖和通风良好的环境，不耐寒。要求土层深厚、排水良好，富含腐殖质的偏酸性砂壤土，忌碱性土和积水。

【繁殖方法】可采用嫁接、扦插和压条繁殖，播种繁殖实生苗始花期较晚，且不易变异，较少应用。大量嫁接繁殖时，北方多用小叶女贞作砧木。盆栽桂花多用靠接，以流苏作砧木。靠接宜在生长季进行。扦插繁殖于春季发芽前进行，插后及时灌水遮荫，保持温度20～25℃，相对湿度85%～90%，2个月可生根。压条繁殖采用1～2年生枝条进行普通压条和高枝压条。

【栽培管理】南方适宜地栽，北方多用盆栽。常用田园土、堆肥土和河沙按3：1：1配制而成的培养土盆栽桂花，要注意消毒处理。追肥宜在生长季节进行。切忌盆内积水，特别是秋季开花时期，过湿会造成落花。一般2年换盆1次。每年在早春进行修剪。先剪除枯枝、细弱枝、病虫枝，然后保留3～5个开张角度适中、空间分布均匀的侧枝，其余萌蘖枝均予疏除，使之形成良好的树冠结构。

【园林用途】桂花是我国特产的芳香兼观赏花木。北方盆栽观赏，南方如湖北、成都、杭州、桂林等地地栽观赏。

（二）米兰（*Aglaia odorata* Lour.）

【别名】树兰、米仔兰
【科属】棟科　米兰属
【识别特征】常绿灌木或小乔木。多分枝，幼枝顶部具星状锈色鳞片，后脱落。奇数羽状复叶，互生，小叶3～5，对生，倒卵形至长椭圆形，两面无毛，革质，全缘，有光泽。圆锥花序腋生。花小而繁密，黄色（图9-57），极香，似米粒，故得名。三季有花，花期6～10月份，或四季开花。浆果。

图9-57　米兰

【生态习性】原产我国南部和亚洲东南部，广泛种植于世界热带各地。喜阳光充足、温暖湿润环境。耐半阴，怕干旱，不耐寒。喜疏松、富含腐殖质的微酸性土壤或砂壤土。长江流域及其以北各地皆盆栽。冬季移入室内越冬，温度需保持10～12℃。

【繁殖方法】常用扦插和高空压条繁殖。6～8月份扦插，插前用0.05%（500ppm）萘乙酸溶液浸泡插穗剪口20小时左右，清洗后再扦插，能促进生根。在梅雨季节选用一年生木质化枝条，于基部20cm处作环状剥皮1cm宽，用苔藓或泥炭敷于环剥部位，再用薄膜上下扎紧，2～3个月可以生根。

【栽培管理】盆土可用25%堆肥、50%腐叶土、25%河沙混合配制。盆底放适量腐熟饼肥作基肥。

米兰刚上盆时浇透水后，半个月内宜少浇水，以促使发新根。夏季气温高、蒸发量大，浇水量宜稍大；开花期浇水量要适当减少，以免引起落蕾。秋后天气转凉，生长缓慢，应控制浇水量。夏季高温季节，可在日落前向叶面或花盆周围喷水，以增加环境湿度。

米兰喜肥，夏季生长旺盛期，应勤施用碎骨末、鱼肠、蹄片泡制成的矾肥水。适当多施一些含磷较多的液肥，能使米兰开花多，花香浓郁，色彩金黄。米兰怕寒，气温在12℃以下进入休眠期，应停止施肥，减少浇水。霜降前移入室内向阳处，温度保持在10～12℃左右。一般2年需翻盆换土1次。

【园林用途】米兰花小而繁密，花开时节气袭人，是人们喜爱的香花植物。盆栽可陈列于客厅、书房和门廊，清新幽雅，使人心身舒畅。作为食用花卉，可提取香精。在南方庭院中，米兰又是极好的风景树。

（三）茉莉花〔*Jasminum sambac*（L.）A it.〕

【别名】茶叶花
【科属】木犀科　茉莉花属
【识别特征】常绿小灌木或藤本状灌木，高可达1m。枝条细长，小枝有棱角，略呈藤本状。单叶对生，宽卵形或椭圆形，叶脉明显，叶面微皱。初夏由叶腋抽出新梢，顶生聚伞花序，花3～9朵，通常三朵，花冠白色（图9-58），极芳香。花有单、重瓣之分，单瓣极芳香，重瓣次之。花期5～10月份，夏季7～8月份间为盛花期。

图9-58　茉莉花

【栽培品种】茉莉花品种较多，达几十种，大面积栽培的主要为三种：单瓣茉莉、双层瓣茉莉、重瓣茉莉。目前，普遍栽培的为双层瓣茉莉。

【生态习性】原产印度等地。性喜温暖湿润气候，喜光，不耐寒，怕旱又怕涝。生长适温为15～25℃，冬季室温应保持在5℃以上。喜富含腐殖质、肥沃而排水良好的微酸性土壤。

【繁殖方法】常用扦插法繁殖，也可压条、分株繁殖。扦插以4～6月份为宜，选取1～2年生健壮枝条作插穗，插于河沙中，遮阴保湿，约1个月即可生根。压条多在夏季进行，10～20天即可生根，当年秋季即可割离母株，另行栽植。分株一般结合换盆进行，在分株后应进行重剪，以保证成活率。

【栽培管理】4份田园土、4份堆肥土、2份河沙混合作盆栽用土，适量加入些饼肥末或腐熟的鸡鸭粪作为基肥。浇水量应随季节、植株生长情况等而定。4～5月份，2～3天浇1次透水。夏季为茉莉花的盛花期，应多浇水，早晚各1次，除正常浇水外应向叶面和地面进行喷水，降低温度，提高空气湿度。秋、冬季应控制浇水量。每半月追施些矾肥水，花芽分化与花期应增施磷、钾肥，可使花香增浓；秋后应少施或停止施肥，有利于越冬。

春季结合换盆对其进行修枝整形，疏去细弱枝，每枝留4对叶片予以短截，以利于生长、孕蕾、开花。盛花后要进行1次重剪，促发新枝，使植株生长健壮。

【园林用途】茉莉花清香四溢，是一种芳香兼观赏的盆栽花卉，可陈列于客厅、书房和门廊。同时茉莉花能够提取茉莉油，是制造香精的原料。此外，茉莉花还可熏制茶叶。

（四）栀子花（*Gardenia jasminoides* Ellis.）

【别名】山栀花、野桂花

【科属】茜草科　栀子属

【识别特征】常绿灌木或小乔木，高100～200cm。干灰色，小枝绿色，叶对生或主枝轮生，倒卵状长椭圆形，花单生枝顶或叶腋，白色，浓香；花冠高脚碟状，6裂，肉质。果实卵形；种子扁平，花期6～8月份，果熟期10月份。有重瓣品种（大花栀子，图9-59）。

【栽培品种】常见栽培观赏的变种有：大栀子花（var. *grandiflora*），叶大，花大，有芳香；卵叶栀子花（var. *oralifolia*），叶倒卵形，先端圆；狭叶栀子花（var. *angustifolia*），叶较窄，披针形；斑叶栀子花（var. *aureovariegata*），叶具斑纹。

图9-59　大花栀子

【生态习性】原产我国。性喜温暖湿润气候，不耐寒；好阳光，但忌烈日直射。喜疏松、肥沃、排水良好、轻黏性酸性土壤，是典型的酸性土花卉。

【繁殖方法】以扦插、压条法繁殖为主，也可用播种、分株法繁殖。扦插繁殖在梅雨季节用15cm长嫩枝，插于沙床，10～12天生根。压条繁殖于4月份选取长20～25cm二年生枝条，压埋在土中，保持湿润，约30天生根，夏季与母株分离，翌春分栽。

【栽培管理】盆栽用土以40%园土、15%粗砂、30%厩肥土、15%腐叶土配制为宜。苗期要注意保持盆土湿润，薄肥勤施。生长期每隔10～15天浇1次0.2%硫酸亚铁或矾肥水，两者可交替使用，以防止土壤碱化。夏季，每天早晚向叶面喷1次水，以增加空气湿度，促进叶面光泽。

盆栽栀子花，8月份开花后，应适当控制浇水量。10月份寒露前移入室内，置向阳处。冬季严控浇水，但可用清水喷叶面。每年5月份、7月份各修剪1次，去掉顶梢，促进分枝，使株形美、开花多。

【园林用途】栀子花四季常绿，花芳香素雅，绿叶白花，格外清丽可爱。适用于阶前、池畔和路旁配置，也可用作花篱和盆栽观赏，花还可做插花和佩带装饰。

（五）含笑 ［*Michelia figo*（Lour.）Spreng.］

【别名】香蕉花、含笑花

【科属】木兰科 含笑属

【识别特征】常绿灌木或小乔木。分枝多而紧密组成圆形树冠，树皮和叶上均密被褐色绒毛。单叶互生，叶椭圆形，绿色，光亮，厚革质，全缘。花单生叶腋，花形小，呈圆形，花瓣6枚，肉质淡黄色，边缘常带紫晕，花朵开放时呈半开状，常下垂（图9-60）。花期3～4月份。果卵圆形，9月份果熟。

【生态习性】原产于中国南部。为暖地木本花灌木，性喜温湿，不甚耐寒，长江以南背风向阳处能露地越冬。夏季炎热时宜半阴环境，不耐烈日曝晒和干燥瘠薄，但也怕积水，要求肥沃、排水良好的微酸性壤土，中性土壤也能适应。

【繁殖方法】以扦插繁殖为主，也可嫁接和压条。于6月份花谢后，取当年生新梢8～10cm，保留2～3片叶扦插繁殖。

图9-60　含笑

嫁接繁殖可用紫玉兰或黄兰作砧木，于3月上中旬劈接或枝接。5月上旬可进行高枝压条，约7月上旬发根，9月中旬前后可将其剪离母体移植。

【栽培管理】南方可地栽和盆栽，北方一般盆栽。移栽时植株要带土球，可在3月中旬至4月中旬进行。最好选疏林下，土质疏松、排水良好的地方定植。盆栽土壤要求弱酸性、透气性好、富含腐殖质。每年翻盆换土1次，注意通风透光。5～9月份应每月施酸性肥1次，冬季入室，春暖后移至室外。

【园林用途】含笑是我国著名的园林观赏花卉，为名贵的香花。既可布置庭院，又宜室内盆栽。

（六）白兰花（*Michelia alba* Lour.）

【别名】白缅花、白兰、缅桂

【科属】木兰科 含笑属

【识别特征】落叶乔木，高达17～20m，盆栽通常3～4m高，也有小型植株。树皮灰白，幼枝常绿，叶片长圆，单叶互生，青绿色，革质有光泽，长椭圆形。花白色或略带黄色（图9-61），花瓣浓香，花期为6～10月份。

【生态习性】原产喜马拉雅地区。喜光照充足、暖热湿润和通风良好的环境，不耐寒，不耐阴，也怕高温和强光，要求疏松肥沃、排水良好的微酸性土壤，最忌烟气、台风和积水。

【繁殖方法】常采用嫁接和压条繁殖，也可扦插和播种。嫁接繁殖以二年生紫玉兰为砧木，在梅雨季节进行靠接，接后60～70天愈合。于6～7月份用高空压条法繁殖，约2个月后生根。

【栽培管理】春季换盆，增添疏松肥土。浇水对白兰花生长非常关键，春季需中午浇水，每次必须浇足，夏季早晚喷水，冬季严格控制浇水。生长期每旬施肥1次，花期增施磷肥2～3次，同时剪去病枝、枯枝、徒长枝，摘除部分老叶，以抑制树势生长，促进多开花。

【园林用途】白兰花香如幽兰，叶片青翠碧绿，花朵洁白，在南方是园地中的骨干树种；北方盆栽，可布置庭院、厅堂、会议室。中小型植株可陈设于客厅、书房。

图9-61　白兰花

四、常见的观叶类温室木本花卉

（一）变叶木（*Codiaeum variegatum* Bl.Var.pictum Muell-Arg.）

图9-62　变叶木

【别名】洒金榕

【科属】大戟科　变叶木属

【识别特征】常绿灌木。叶互生，卵圆形至倒披针形、条状披针形或条形，全缘或分裂，扭曲或附有小叶，形状多变化，叶色绿至深绿或红紫色，有黄斑，叶脉有时为红色或紫色（图9-62）。叶片为主要观赏部分。总状花序，花小不明显，单性。蒴果球形白色。

【栽培品种】园艺品种120余个，常栽培的有：戟形变叶木，叶大色艳；红心变叶木，叶黄色，老叶中心红色；黄斑变叶木，叶狭披针形，有乳黄色斑。

【生态习性】原产印度尼西亚、澳大利亚。喜高温、湿润和阳光充足的环境。生长适温为20～30℃，冬季温度不低于13℃。温度在4～5℃时，叶片受冻害。冬季低温时盆土要保持稍干燥。喜光，喜肥沃、保水性强的黏质壤土。

【繁殖方法】常用扦插、高空压条和播种繁殖。扦插于6～8月份进行，剪取顶部长10cm的枝条，剪口有乳汁，晾干后再插入沙床，插后保持湿润和25～28℃室温，约20～25天可生根，35～40天后盆栽。压条繁殖以7月份高温季节为好，于枝条顶部长15～25cm的下方，用刀将茎作环状剥皮，宽1cm，再用水苔或泥炭包上，并以薄膜包扎固定，约30多天开始愈合生根，60～70天后从母株上剪下盆栽。7～8月份播种，室温25～28℃下，14～21天发芽，翌年春季幼苗才能盆栽。

【栽培管理】盆栽可用园土3份、堆肥1份、河沙1份混合作为基质。5～10月份生长期间应给予较充足的水分，每天向叶面及地面喷水，以保持较高的空气湿度和叶面光洁。每2周施1次液肥。施肥时注意氮肥不可太多，否则叶片变暗绿，不艳丽。冬季搬入室内栽培，由于温度偏低，停止施肥并减少浇水，才能安全越冬。每年春季换盆时，株形可适当修剪整形，保持其优美的株形和色彩。

【园林用途】变叶木叶形、叶色多变。盆栽陈列于宾馆、商厦、银行的大堂，可显示典雅豪华的气派。也可点缀居室和小庭园。在南方还适合于庭院布置。其叶还是极好的插花材料。

（二）印度橡皮树（*Ficus elastica* Roxb.）

【别名】橡皮树、印度橡胶树

【科属】桑科　榕属

【识别特征】常绿乔木。在产地可高达25m以上，盆栽0.5～3m均有。叶片大，幼叶内卷，厚革质，椭圆至长椭圆形，正面暗绿色，背面浅绿色（图9-63）；托叶红褐色，初期包于顶芽外，新叶展开后托叶脱落，并在枝条留有托叶痕。夏日由枝梢叶腋开花（隐花），果长椭圆形，无果柄，熟黄色。

图9-63　橡皮树

【栽培品种】常见的栽培变种有如下几种。

（1）斑叶橡皮树（*F. elastica* cv. Variegata）叶面具黄色或白色等斑块，叶柄粉红色。

（2）美叶橡皮树（*F. elastica* cv. Tricolor）新叶粉红色，长成后主脉附近浓绿色，周围乳白色，有时呈玫瑰色，但长势较弱。

（3）黑叶橡皮树（*F. elastica* cv. Decora Burgundy）叶片黑绿色。

【生态习性】原产印度。北方在温室越冬。性喜暖湿湿润，不耐寒，喜光，亦能耐阴，稍耐干燥。要求肥沃土壤，生长适温为22～32℃。

【繁殖方法】可扦插或高压繁殖。扦插繁殖不受季节限制，温度在15℃以上皆可，但以4～6月份为宜，用扦插繁殖而成的苗木，常出现下部叶片小、上部叶片大的现象，影响观赏效果。橡皮树常用高压繁殖法，可在4～8月份进行，选择母株上半部木质化的顶枝，在离枝顶3～4茎节处环剥，宽为0.5～1cm，然后用糊状泥包裹，再用塑料膜包住，保持一定湿度，40天即可生根。生根后再过几天就可剪下栽于盆中，培育成为独立的小植株。

【栽培管理】培养土可采用3份腐叶土、2份腐熟木屑、2份园土、1份基肥混合配制。生长期，除盛夏每天需浇水外，还要向叶面喷水数次，秋冬季应减少浇水量。在天气较寒的地区，冬季应移入温室内。生长旺期，每2周施1次饼肥水。越冬温度最低13℃，黄边及斑叶品种越冬温度要适当高些。

【园林用途】印度橡皮树叶大光亮，四季常绿，为常见的观叶树种。盆栽可陈列于客厅、卧室中；在温暖地区可露地栽培，作行道树或风景树。

（三）垂榕（*Ficus benjamina*）

【别名】柳叶榕

【科属】桑科　榕属

【识别特征】常绿乔木，盆栽丛生呈灌木状，小枝下垂。叶互生，淡绿色，革质，有光泽，卵形或椭圆形，叶片长5～12cm，宽3～5cm，先端尖细。叶柄细，常下垂（图9-64）。

【栽培品种】垂榕常见的栽培变种有花叶垂叶榕（*F. benjamina* cv. Variegata），叶绿色，中间具乳白色条纹（图9-64左上）。

同属常见栽培种如下。

（1）人参榕（*F. microcarpa*）　常绿乔木，根部肥大，形似人参而得名。播种法繁殖。

图9-64　垂榕

（2）厚叶榕（*F. microcarpa* var. *crassifolia*）　常绿大乔木，叶椭圆形，厚革质，全缘。播种、扦插或高压繁殖。

（3）寄生榕（*F. deltoidea*）　多分枝，叶倒卵形，厚革质，全缘。隐花果球形或卵形，黄绿色，成株常见果实点缀于枝头，经久不凋，甚为雅致。耐阴，适合盆栽观赏。扦插或高压法繁殖。

【生态习性】原产亚洲的热带、亚热带地区。喜温暖湿润环境，忌低温干燥。对光线要求不太严格，生长发育的适宜温度为23～32℃，可耐短暂0℃低温，耐旱性较差。

【繁殖方法】一般采用扦插和压条繁殖。扦插繁殖可于4～6月份进行，保持温度24～30℃和较高的湿度，30天左右即可生根，生根后上盆，置于阴凉处，待其长到20～40cm时再移至光线充足处培养。

压条繁殖常于4～8月份进行，可选择半木质化的顶枝，留上部3～4片叶，在其下方进行环剥或舌状切割，用泥或苔藓包裹，用塑料膜捆扎，1个月左右可生根，待根长至30～40cm时，即可剪下定植。

【栽培管理】盆土可采用堆肥与等量的泥炭土混合，并施入一些基肥作底肥。为了形成良好的树姿，每盆可栽3株苗。生长旺盛期应经常浇水，保持湿润状态，并经常向叶面和周围空间喷水，以促进植株生长，提高叶片光泽。每2周左右施1次液肥，肥料以氮肥为主，适当配合一些钾肥。一般小型盆栽宜每年4月份换盆1次，大型盆栽可2～3年换盆1次，以补充生长所需的养分。

【园林用途】垂榕叶色浓绿，枝条下垂且茂密，树姿优美，是著名的观叶植物。常作乔木状盆栽，用于大堂、会议室、门厅等处美化布置。

（四）朱蕉（*Cordyline terminalis* Kunth）

【别名】红竹、红叶铁树、千年木

图9-65　朱蕉

【科属】百合科　朱蕉属

【识别特征】常绿灌木，株高可达3m，单干，很少分枝。叶披针状椭圆至矩圆形，叶在茎顶呈两列状旋转聚生于茎顶，绿色或带紫红色；有明显叶柄，有槽，基部变宽，抱茎，中脉显著，侧脉羽状平行。圆锥花序着生于上部叶腋，花形小，淡红色或紫色，少有淡黄色，花期春至夏（图9-65）。

【生态习性】原产于我国华南及印度、太平洋热带岛屿等地。喜温暖、湿润和阳光充足环境。不耐寒，怕涝，忌烈日曝晒。生长适温为20～25℃。要求肥沃、疏松和排水良好的砂质壤土为宜，不耐盐碱和酸性土。

【繁殖方法】常用扦插、压条和播种繁殖。6～10月份剪取母株顶端枝条作插穗，适温24～27℃，30～40天生根并萌芽，当新枝长至4～5cm时盆栽，插条用0.2%吲哚丁酸处理2秒，可提高生根率和缩短生根天数。5～6月份进行高空压条，离顶端20cm处，环割，宽1cm，将湿润苔藓敷上，并用塑料薄膜包扎，室温保持20℃以上，约40天后发根，60天后剪下盆栽。9月份种子成熟，种子较大，常用浅盆点播，发芽适温为24～27℃，播后2周发芽，苗高4～5cm时移栽至4cm盆。

【栽培管理】生长期每半月施肥1次，主茎越长越高，基部叶片逐渐枯黄脱落，可通过短截，促其多萌发侧枝，树冠更加美观。叶片周边经常喷水，保持茎叶生长繁茂，并注意室内通风，减少病虫危害。每2～3年换盆1次。

【园林用途】朱蕉株形美观，色彩华丽高雅，盆栽适用于点缀客室和窗台，优雅别致。成片摆放会场、公共场所、厅室出入处，端庄整齐，清新悦目。

（五）富贵竹（Dracaena sanderiana Virens）

【别名】叶仙龙血树

【科属】百合科　龙血树属

【识别特征】常绿亚灌木状植物。株高1m以上，植株细长，直立上部有分枝。根状茎横走。叶互生或近对生，叶长披针形，浓绿色（图9-66）。伞形花序有花3～10朵，生于叶腋或与上部叶对生，花冠紫色。浆果黑色。

【栽培品种】常见的有金边富贵竹，叶片有黄色纵条纹；银边富贵竹，又名镶边竹蕉，植株小巧，叶边镶有银白色纵条纹；金心富贵竹，植株较粗壮，叶深绿色，叶中心部分有绿黄色或金黄色纵条纹；银心富贵竹，叶片中央有一道银白色的纵条纹。

图9-66　富贵竹

【生态习性】原产于非洲西部，性喜温暖湿润及荫蔽环境。喜散射光，忌烈日直晒，越冬温度应保持在10℃以上。喜疏松、肥沃土壤。

【繁殖方法】常扦插繁殖，只要气温适宜整年都可进行。一般剪取不带叶的茎段作插穗，长5～10cm，最好有3个节间，插于沙床中或半泥砂土中。在南方春、秋季一般25～30天可萌生根、芽，35天可上盆或移栽大田。水插也可生根，还可进行无土栽培。

【栽培管理】盆栽、瓶插水养皆可。富贵竹盆栽可用腐叶土、菜园土和河沙等混合作基质，也可用椰糠和腐叶土、煤渣灰加少量鸡粪、花生麸、复合肥混合作基质。盆栽3～6株一盆为宜，生长季节应常保持盆土湿润，切勿让盆土干燥，尤其是盛夏季节，要常向叶面喷水，防叶尖干枯。每20～25天施1次氮、磷、钾复合肥。春、秋季要适当多光照，每天光照3～4小时，以保持叶片的鲜明色泽。盆栽每2～3年换盆换土1次。

瓶插水养富贵竹应注意：入瓶前要将插条基部叶片剪去，并将基部用利刀切成斜口，切口要平滑。每3～4天换1次水，10天内不要移动位置或改变方向，约15天即可生根。生根后不宜换水，只能及时加水。同时要及时施入少量复合肥，春秋两季每月各1次。若施肥过多，会造成烧根或徒长。若长期不施肥，则植株瘦弱，叶色发黄，影响观赏效果。

【园林用途】富贵竹亭亭玉立，姿态秀雅，茎叶似翠竹青翠可人。摆放宾馆、书房、卧室内具富贵吉祥之意。若水养于透明玻璃瓶内，更显生机勃勃、青翠欲滴，因而备受人们青睐。温暖地区林缘或地下岩石园中种植也很相宜。

（六）常春藤（*Hedera hellx* L.）

【别名】洋常春藤

【科属】五加科　常春藤属

【识别特征】常绿攀援藤本，枝蔓细弱而柔软，具气生根。蔓稍部分呈螺旋状生长，能攀援在其他物体上（图9-67）。叶互生，革质，深绿色，有长柄，营养枝上的叶三角状卵形，全缘或3浅裂，总状花序，小花球形，浅黄色。核果球形，黑色。

【栽培品种】同属常见栽培的有：中华常春藤（*H. nepalensis* var.*sinensis*）、日本常春藤（cv. *conglomerata*）、彩叶常春藤（cv. *discolor*）、金心常春藤（cv. *goldheart*）、银边常春藤（cv.*siluer quetn*）等。

图9-67　常春藤

【生态习性】是典型的阴性藤本植物，也能生长在全光照的环境中，在温暖湿润的气候条件下生长良好，不耐寒。对土壤要求不严，喜湿润、疏松、肥沃的土壤，不耐盐碱。

【繁殖方法】常用扦插、分株、压条法繁殖。除严冬季节外，全年皆可繁殖；若温室栽培，则任何季节都可进行。扦插繁殖一般4～5月份或9～10月份进行，切取有生气根的半成熟枝1至数节作插穗，遮荫，保持较高的空气湿度，约20～30天可生根。匍匐地上的枝条在节处可自然生根，故分株、压条都很容易进行。

【栽培管理】常春藤栽培管理简单粗放，但需栽植在土壤湿润、空气流通之处。移植可在初秋或晚春进行，定植后需加以修剪，促进分枝。南方多地栽于园林的蔽荫处，令其自然匍匐在地面上或者墙面、假山上。北方多盆栽，盆栽可绑扎各种支架，牵引整形，夏季在荫棚下养护，冬季放入温室越冬，室内要保持一定的空气湿度，不可过于干燥，但盆土不宜过湿。

【园林用途】常春藤蔓密叶，是理想的室内外垂直绿化材料，又是极好的地被植物。南方温暖地区适宜让其攀附建筑物、围墙、陡坡、岩壁及树荫下地面等处，北方可盆栽观赏。

（七）马拉巴栗（*Pachira aquatica*）

【别名】发财树、巴栗

【科属】木棉科　马拉巴栗属

【识别特征】常绿乔木，树高达10m，盆栽可矮化株形。掌状复叶互生，小叶5～9枚，叶长椭圆形、全缘，叶前端尖（图9-68）。花单生于叶腋，有小苞片2～3枚，花朵淡黄色。

【生态习性】原产中美洲的墨西哥、哥斯达黎加等国。性喜高温和半阴环境。具有抗逆、耐旱特性，耐阴性强。生长适宜温度20～30℃。喜肥沃、排水良好的砂质壤土。

图9-68　马拉巴栗

【繁殖方法】播种或扦插繁殖。播种繁殖在25～30℃下，20天左右即可发芽，5～10cm左右即可上盆。扦插繁殖方法较简单，也易生根，但扦插的植株不具膨大的根基，无商品价值，故多不采用。

【栽培管理】盆栽养护比较简单，小苗上盆或地栽后，顶端具有明显优势，如不摘心，就会单杆直往上长；当剪去顶芽时，很快就会长出侧枝，茎的基部也会明显膨大。地栽长到150cm高时，可编辫或"成龙"造型，编好再继续种于地上或盆栽养护，提高观赏价值。入夏时应遮荫50%为好，以免烈日曝晒使叶尖、叶缘枯焦。盆栽生长期要保持盆土湿润，不干不浇，其膨大茎能贮存一定水分和养分。

【园林用途】发财树树姿幽雅，色彩鲜艳，除编辫造型外，还可通过嫁接进行鹿、狗、海狮等动物造型。可用于各大宾馆、饭店、商场及家庭的室内绿化装饰，在温暖地区是良好的庭园观赏树木。

（八）非洲茉莉［*Madagascarjasmine stephanotisfloribunda*（R.Br.）Brongn］

图9-69　非洲茉莉

【别名】灰莉木、箐黄果

【科属】马钱科　灰莉属

【识别特征】为常绿灌木或小乔木，在园林中可长至5～12m，常附生。叶对生，肉质，长圆形、椭圆形至倒卵形；叶面深绿色，背面黄绿色（图9-69）。花序直立顶生，有花1～3朵，花冠白色，漏斗状，有芳香。花期5月份，果期10～12月份。

【生态习性】性喜温暖，空气湿度高、通风良好的环境，好阳光，但要求避开夏日强烈的阳光直射；生长适温为18～32℃，夏季气温高于38℃以上时，会抑制植株的生长。在疏松肥沃、排水良好的壤土上生长最佳。

【繁殖方法】可用播种、扦插、分株，也可用普通或高空压条法繁殖。播种、扦插、分株采用常规方法进行。压条繁殖，南方地区4月份采用普通压条法繁殖，约40～50天后即可生根，到7～8月份与母株剪离分开，另行地栽或盆栽，此法在生产中应用比较普遍；高空压条繁殖，北方地区的盆栽植株于4月底出房后，在2年生健壮枝条的节下0.5cm处进行环状剥皮，用塑料薄膜包裹附着湿泥苔或泥炭的环状剥皮处，保持湿润，2～3个月后即可生根。

【栽培管理】根部不得积水，否则容易烂根。春秋两季浇水以保持盆土湿润为度；北方盆栽基质可用7份腐叶土、1份河沙、1份沤制过的有机肥、1份发酵过的锯末屑配制。生长季节每月给盆栽植株松土1次，始终保持其根部处于通透良好的状态。另外，对盆栽植株可每隔1～2年换土1次。盆栽植株在生长季节每月追施1次稀薄的腐熟饼肥水，5月份开花前追1次磷钾肥，促进植株开花；北方地区盆栽，为防止叶片黄化，生长季节在施肥时添加0.2%的硫酸亚铁。

【园林用途】非洲茉莉枝条色若翡翠、叶片油光闪亮、花朵略带芳香，长江以北地区盆栽观赏，华南地区地栽作庭园绿化树。

（九）八角金盘（*Fatsia jiponica*）

【别名】八手、手树

【科属】五加科　八角金盘属

【识别特征】常绿灌木，茎干丛生，从根际长出。单叶，近圆形，革质，掌状7～9深裂，表面绿色。裂片卵状椭圆形，边缘有粗锯齿或波状（图9-70）。11月份间从枝梢叶腋间抽出聚成球状的伞形花序，花白色。果球形，具5室。

【生态习性】原产日本。喜阴湿、通风环境，不耐干旱；畏酷热，忌阳光直射，耐阴性强。生长适温为18～25℃，越冬温度以7～8℃为宜，不应低于3℃。喜排水良好而肥沃的微酸性土壤。

【繁殖方法】以扦插繁殖为主，也可用分株或播种繁殖。扦插繁殖于3～4月份进行，在20～25℃条件下，1个月即可生根，2个月可上盆。分株繁殖可结合春季换盆进行，把原植株从切分成数丛或数株，栽植到大小合适的盆中，放置于通风阴凉处养护，2～3周即可转入正常管理。播种繁殖于4月下旬采种后进行，种子必须充分后熟。注意遮荫，保持播种床湿润，播后1个月即可发芽出土。

【栽培管理】盆栽可用腐殖土、泥炭土、少量的细沙和基肥混合配制成培养土，一般用12～20cm的盆栽植。在新叶生长期，浇水量可适当多些，经常保持土壤湿润。盛夏季节盆土宜偏湿些，棚内空气干燥时，还应向植株及周围的地面喷水。冬季应减少浇水次数，提高其抗寒性。夏秋生长季节，每隔半月施1次肥料，可用稀薄的腐熟饼肥水或人粪尿，施肥时，盆土宜稍干，以利植株吸收。

一般每年3～4月份换盆1次，可结合换盆进行修剪，保持优美株形。

图9-70　八角金盘

【园林用途】八角金盘叶丛四季油光青翠，叶片像一只只绿色的手掌。花虽不艳丽，却很雅致。常作为盆栽观叶花卉，可于室内厅堂及会场陈设。温暖地区在园林中常种植于假山边上或大树旁边。

（十）鹅掌柴（*Schefflera octophylla* Fatsia jiponica）

【别名】小叶手树、鸭脚木
【科属】五加科　鹅掌柴属
【识别特征】为常绿灌木。分枝多，枝条紧密。掌状复叶，小叶5～8枚，长卵圆形，革质，深绿色，有光泽（图9-71）。圆锥状花序，小花淡红色，浆果深红色。

【栽培品种】常见同属观赏种如下。

（1）鹅掌藤（*S.arboricola*）　常绿

图9-71　鹅掌柴

蔓性灌木，分枝多，茎节处生有气生根，掌状复叶互生。

（2）斑叶鹅掌柴（*S.odorata* cv. Variegata）　叶绿色，叶面具不规则乳黄色至浅黄色斑块。小叶柄也具黄色斑纹（图9-71左）。

【生态习性】原产于南洋群岛一带。喜温暖湿润半阴环境。生长适温为16～27℃。怕干。对光照的适应范围广，在全日照、半日照或半阴环境下均能生长。喜肥沃、疏松和排水良好的砂质壤土为宜。

【繁殖方法】常用扦插和播种繁殖。

（1）扦插繁殖　在4～9月份进行。剪取1年生顶端枝条，长8～10cm，剪去下部叶片，插于沙床，保持插床湿润，室温在25℃左右，插后30～40天可生根。

（2）播种繁殖　4～5月份采用室内盆播，发芽适温20～25℃，保持盆土湿润，播后15～20天发芽，苗高5～8cm时上盆。

【栽培管理】盆栽可用泥炭土、腐叶土和粗沙的混合作基质。生长期每半月施肥1次，四季施用高硝酸钾肥。夏季需用70%遮阳网遮荫，冬季不需遮光。当萌发徒长枝时，应注意整形和修剪。幼株进行疏剪、轻剪，以造型为主。老株体形过大时，进行重剪调整。幼株每年春季换盆，成年植株每2年换盆1次。

【园林用途】鹅掌柴四季常春，植株丰满优美，易于管理。盆栽可布置客室、书房和卧室。大型盆栽植物适宜宾馆大厅、图书馆的阅览室和博物馆展厅摆放，呈现自然和谐的绿色环境。

（十一）苏铁（*Cycas revoluta* Thunb.）

【别名】铁树、凤尾蕉
【科属】苏铁科　苏铁属

图9-72(a)　苏铁植株

图9-72(b)　苏铁雌花序

图9-72(c)　苏铁雄花序

【识别特征】常绿乔木，高达3m。茎干粗壮，圆柱形，多不分枝，密被褐色毛，由宿存的鳞片状叶柄基部所包围。叶大型，羽状复叶，簇生于茎顶，深绿色，硬革质，有光泽，茎顶中心常有未萌发的棕色绒毛状幼叶[图9-72(a)]。花顶生，雌雄异株，雄序圆柱状，黄色，雌花序头状半球形，密被褐色绵毛[图9-72(b)]；雄花序圆柱状[图9-72(c)]。种子大而扁平，鲜红色。花期6～8月份，果10月份成熟。

【生态习性】原产于我国南部和印度。喜温暖、湿润和阳光充足通风良好环境。但也耐半阴，忌夏季烈日曝晒，耐旱，浇水过多易烂根。生长适温为24～27℃，较耐寒，2～3℃仍绿叶青翠，但温度低于0℃易受冻害。生长极慢，一般每年茎干只生长1～2cm。以肥沃、排水良好的微酸性砂壤土为宜。

【繁殖方法】常用播种、分蘖繁殖。

（1）播种繁殖　种子大而皮厚，播种宜随采随播，也可采后用湿沙贮藏，到翌年春播。盆中点播，覆土2cm，在30～33℃的高温下，2周可发芽。

（2）分蘖繁殖　宜在早春3～4月份利用换盆时进行，将母株旁的蘖株掰出，切下后即浸入1500倍吲哚丁酸（IBA）溶液中2小时，捞出阴干后，栽在装有粗沙和营养土各半的盆内，放半阴处养护，温度保持27～30℃，很容易成活。

【栽培管理】春、夏季要多浇水，并增加早晚叶面喷水。每月施用腐熟饼肥水1次。入秋后，浇水应控制3～5天1次，冬季间隔更长一些，以干燥为好。低温又湿易引起烂根。苏铁生长缓慢，每年长1～2轮新叶，新叶展开成熟后，可将下部老叶剪除，以保持姿态青翠古雅。为控制新叶长度，当新叶要萌发时，1周内不要浇水和施肥。当羽状复叶全放出来，新叶全部长好定型后，每半月左右追1次稀薄液肥，最好是矾肥水。

新叶对光十分敏感，要经常转动花盆方向，每隔3～5天转180°，使其受光均匀，四面生长匀称，但盛夏中午要遮荫，防止灼伤新叶。每2～3年换盆1次。

【园林用途】苏铁树形古朴，主干粗壮，叶锐如针，洁滑有光，四季常青，是庭院、室内常见的大型盆栽观叶植物，亦适用于中心花坛和广场、宾馆、酒楼、会议厅堂等公共场所摆设，美观大方。

（十二）香龙血树（*Dracaena fragrans* Hort.）

【别名】巴西木、巴西铁树

【科属】百合科　龙血树属

【识别特征】常绿小乔木，原产地可高达5～6m，盆栽株高多为0.5～1.5m。茎干直立，皮淡灰褐色。枝端有分枝。叶绿色，常丛生于茎顶，长披针形，拱状，边缘波状，长30～40cm，宽5～10cm。伞形花序排成总状，花小，黄色，有香气，花期6～8月份。

【栽培品种】龙血树属植物有150种，我国有5种。常见栽培的品种如下。

（1）金边香龙血树（*Dr. fragrans* cv. Victoria）　叶长10～22cm，宽1.6～2.5cm，绿色，

叶缘有黄白色条纹。

（2）金心香龙血树（*Dr. fragrans* cv. Massangeana）又称缟香龙血树，叶长30～60cm，宽5～10cm，绿色，中央有金黄色纵条纹（图9-73）。

【生态习性】原产南非、几内亚等地。喜阳也耐阴，忌强光直射，喜高温多湿，不耐寒。生长适温为18～24℃，低于13℃则植株休眠，停止生长，越冬温度为10℃以上。对土壤要求不严，以疏松、富含腐殖质的壤土为佳。

【繁殖方法】常用扦插繁殖。选用一年生茎顶或茎段作插穗，土插、水插均可。也可用多年生茎段作插穗，当栽培数年的植株过于高大，或茎干下部叶片脱落不整，株形较差时，即可进行修剪，剪下的茎段可用于扦插繁殖。将插穗插入插床或水容器中，保持较高湿度，在温度25～30℃条件下，30～40天即可生根。

图9-73　金心香龙血树

【栽培管理】盆土以腐叶土、泥炭土和1/4河沙或珍珠岩及少量基肥配制而成。生长季保持盆土湿润，但浇水不可过多，以免积水引起根系腐烂，经常喷雾提高空气湿度。生长旺盛期每2周施1次液肥，多年生老株每周施1次肥。每1～2年换盆或换土1次。北方温室栽培，春夏秋三季遮去50%光照，冬季不遮荫。

【园林用途】香龙血树茎干粗壮，株形规整优美，叶片翠绿，对光照的适应性强，栽培管理简单，是室内绿化装饰的理想材料。还可将50cm、75cm和110cm不同规格的植株栽植于一个盆中，形成高、中、矮三个茎干的组合盆栽，观赏效果更佳。

（十三）棕榈科（Palmaceae）常见植物

【棕榈科植物特点】全世界约有棕榈科植物150属5000余种，分布于热带、亚热带或温暖地区，其形态有常绿乔木、灌木或藤木，茎干有单生或丛生，通常不分枝，呈圆柱形；叶簇生于枝顶，有羽状复叶、掌状分裂或掌状复叶等，裂片有披针形、椭圆形、线形，全缘或有锯齿、丝毛等，雌雄异株或同株，单性、两性或杂性；果有浆果、坚果或核果，果皮为纤维质。植株形态各异，有小巧玲珑者，也有高大挺拔者。树姿婆娑，终年常绿，南方作庭园树、行道树，北方盆栽观赏，广受人们喜爱。

【繁殖方法】茎干单生者用播种法繁殖，丛生者除播种外，也可采用分株繁殖。播种室温22～28℃，1～6个月发芽。喜高温多湿，生长适温为20～28℃。一般需日照充足，耐阴种类以40%～70%的光照为佳。

1. 散尾葵（*Chrysalidocarpus lutescens*）

【识别特征】散尾葵属常绿灌木或小乔木。株高3～8m，丛生，基部分蘖较多。茎干光滑，黄绿色，叶痕明显，似竹节。羽状复叶，平滑细长，叶柄尾部稍弯曲，亮绿色。小叶线形或披针形（图9-74）。果实紫黑色。

【繁殖方法】播种、分株均可繁殖，但常用分株法繁殖。

【栽培管理】换盆时，应清除枯枝残叶，还应根据生长情况，剪除过于密集的株丛，以利于株丛的萌发，保持优美的盆栽姿态。

【园林用途】散尾葵是优良的观叶植物，北方常作盆栽观赏，温暖地区可庭院种植或布置园林。

2. 观音棕竹（*Rhapis excelsa*）

【别名】筋斗竹

【识别特征】棕竹属常绿丛生灌木。株高1～1.5m。茎有节，具褐色粗纤维质叶鞘。叶掌状4～10深裂，裂片较宽，边缘和中脉有极小的暗褐色锯齿［图9-75（a）］。肉穗花序，腋生。雌雄异株，花淡黄色，花期5～7月份，

图9-74　散尾葵

图9-75(a) 观音竹

图9-75(b) 棕竹

图9-76 袖珍椰子

(a)

(b)

图9-77 短穗鱼尾葵

浆果球形。同属与之形态相近的观赏植物为棕竹（R. humilis）[图9-75(b)]，区别是叶掌状7～20裂，裂片较窄。

【繁殖与栽培管理】多用分株法繁殖。适应性强，栽培管理粗放。分栽上盆时适当施一些基肥，生出新根后，每15天左右施1次稀薄液肥，促其生长，冬季停止施肥。

【园林用途】观音棕竹耐阴性强，青翠淡雅，姿态秀美，多用于盆栽装饰室内，布置厅堂、会场。

3. 袖珍椰子（chamaedorea elegans）

【别名】矮生椰子、袖珍棕、矮棕

【科属】棕榈科 袖珍椰子属

【识别特征】常绿小乔木。盆栽时，株高不超过1m，其茎干细长直立，不分枝，深绿色，上有不规则环纹。叶片由茎顶部生出，羽状复叶，全裂，裂片宽披针形（图9-76）。春季开花，肉穗状花序腋生，雌雄异株，花黄色呈小珠状；浆果。

【生态习性】喜高温多湿半阴环境。不耐寒，不耐干旱，怕阳光直射，宜放室内明亮散射光处。生长适温为20～30℃，13℃进入休眠状态，越冬温度为10℃。要求排水良好、湿润、肥沃壤土为佳。

【繁殖方法】主要用播种或分株法繁殖。播种繁殖随采随播，在25℃左右的温度下，约需3个月萌发。幼苗期分蘖较多，应及时于春季结合换盆进行分株。

【栽培管理】盆栽时一般可用腐叶土或泥炭土加1/4河沙和少量基肥混合作基质。对肥料要求不高，一般生长季每月施1～2次液肥。每隔2～3年于春季换盆1次。浇水以宁干勿湿为原则，盆土经常保持湿润即可。夏秋季空气干燥时，要经常向植株周围喷水。冬季适当减少浇水量，以利于越冬。

【园林用途】袖珍椰子树形矮小，耐阴性强，叶色浓绿，是室内盆栽观赏的好材料。

4. 短穗鱼尾葵（Carvota mitis Lour.）

【别名】丛生鱼尾葵

【识别特征】鱼尾葵属常绿小乔木，株高可达5～8m，盆栽的株高多为1～3m。在茎基部分蘖较多植株，形成丛生状；叶为大型二回羽状复叶，小叶形似鱼尾，故名鱼尾葵[图9-77(a)]。肉穗花序花序侧生于茎干中上部[图9-77(b)]，并可结实，果实形似黄豆状。

【生态习性】在原产地为阳性树种，喜温暖，其抗寒力较散尾葵强，为较耐寒的棕榈科热带植物之一。生长适宜温度为18～30℃，越冬温度为3℃。相对湿度70%～85%。生长势强，根系发达。

【繁殖与栽培管理】可用播种和分株繁殖。播种一般2～3个月可以出苗，第二年春季可分盆种植。分株繁殖的植株往往生长较慢，并且不宜产生多数的蘖芽，所以一般少用。盆栽可用园土和腐叶土等量混合作为基质。3～10月份为其主要生长期，一般每月施液肥或复合肥1～2次；平时保持盆土湿润，干燥气候条件下还要向叶面喷水。根为肉质，忌盆土积水。生长期给予充足的阳光，但它对光线适应能力较强，适于室内较明亮光线处栽培观赏。

【园林用途】短穗鱼尾葵植株丛生状生长，树形丰满而富层次感，叶形奇特，叶色浓绿，为室内绿化装饰的主要观叶树种之一。

它常以中小盆种植，摆放于大堂、门厅、会议室等场所。

5. 蒲葵 [*Livistona chinensis* (Jacq.) R.Br.]

【别名】葵树、扇叶葵、葵竹

【识别特征】蒲葵属单干型常绿乔木，高达20m。树冠紧实，近圆球形，冠幅可达8m。叶扇形，掌状浅裂至全叶的1/4～2/3，着生茎顶；叶片宽1.5～1.8m，长1.2～1.5m，盆栽后变小；裂片条状披针形，先端长渐尖，浅二叉裂，柔软下垂，叶柄两侧具骨质倒钩刺，叶鞘褐色 [图9-78(a)]。肉穗花序腋生，长1m有余，分枝多而疏散 [图9-78(b)]，花小，两性，通常4朵聚生，花期3～4月份。核果椭圆形，状如橄榄，熟时亮紫黑色，外略被白粉，果熟期为10～12月份。

【生态习性】蒲葵原产于中国华南，在广东、广西、福建、台湾栽培普遍，内陆地区以湖南南部、广西北部、云南中部为其分布北界。喜光，亦能耐阴，忌烈日。

【繁殖方法】主要用播种繁殖，也可用分株法繁殖。种子经过堆沤洗净，先沙藏层积催芽，挑出幼芽刚突破种皮的种子点播于苗床。播后20～60天即可发芽。当苗长有5～7片大叶时，便可出圃定植。

【栽培管理】蒲葵适应性较强，冬季只要放在室内，不需加温，保持0℃以上就能安全越冬。冬天要控制浇水，停止施肥。春季4月份移至室外养护。夏、秋放在荫棚下或半阴处，可适当加强肥水管理，可使植株生长旺盛，叶色浓绿。盛夏酷暑时浇水可进行叶面洒水或地面喷水，以提高空气湿度，使叶片始终保持翠绿。

【园林用途】蒲葵四季常青，树冠伞形，叶大扇形，气度雄伟，具有浓厚的热带风光气息。北方冬天作室内装饰，布置客厅、卧室、办公室等场所。它是热带地区园林绿化的重要树种，叶可编制蒲扇。

(a)

(b)

图9-78 蒲葵

6. 棕榈 [*Trachycarpus fortunei* (Hook.) H. Wendl]

【识别特征】棕榈属常绿乔木。高10～15m，茎干粗硬无分枝，外裹棕色丝毛，圆柱形，具环状叶柄痕，树冠伞形或圆球形，冠幅4～8m。叶近圆形，簇生顶部，革质，坚硬，掌状深裂至中部以下，每个裂片先端又2浅裂，叶鞘棕褐色，纤维状，宿存，包茎 [图9-79(a)]；雌雄异株，佛焰花序腋生，花小，淡黄色，[图9-79(b)]花期4～5月份。核果肾状球形，蓝褐色，被白粉。

【生态习性】原产日本、我国中部至南方。为棕榈科中抗逆性最强的植物。耐寒性极强，喜温暖湿润、排水良好的中性土壤，但在酸性、微碱性土中也能生长良好。

【繁殖方法】可采用播种繁殖。果实采收后洗净种子，用草木灰水搓洗，去掉蜡质，再用60℃温水浸泡一昼夜，即可播种，播后50～110天陆续发芽；北方地区，可将种子沙藏至翌年春播，种子

(a)

(b)

图9-79 棕榈

发芽率约为70%。幼苗出土后，需遮荫，生长较慢，一年生苗可长出2～3片叶。冬季入低温温室越冬。

【栽培管理】棕榈较耐寒冷，大树可耐-8℃左右的低温。盆栽用土以腐叶土为主，加以园土、沙及肥料等配成。根系浅，易被风吹倒，无主根，须根发达，忌深栽；对二氧化硫、氟化氢等有毒气体的抗性也较强。

【园林用途】棕榈树栽于庭院、路边及花坛之中，树势挺拔，叶色葱茏，为适于四季观赏的优良观叶树种。在北方的冬天作室内装饰用，可布置客厅、卧室、办公室等场所；木材可以制器具；叶可制扇、帽等工艺品；根可入药。

五、常见的观果类温室木本花卉

（一）冬珊瑚（*Solanum pseudocapsicum*）

图9-80　冬珊瑚

【别名】珊瑚樱、玉珊瑚

【科属】茄科　茄属

【识别特征】常绿小灌木，多分枝。植株高度为30～60cm，茎半木质化，茎枝具细刺毛。叶互生，狭长圆形至披针形，边缘波状。花白色，较小，腋生。花期夏秋季。浆果球形，深橙红色，直径1～1.5cm，花后结果，果实经久不凋，可宿存到春节以后（图9-80）。

【生态习性】原产南美洲，我国云南有野生种，目前各地均有栽培。喜温暖湿润、阳光充足和半阴环境。不耐寒，冬季温度保持2℃以上，生长适温为18～25℃。不抗旱，炎热的夏季怕雨淋、怕水涝。

【繁殖方法】多用播种繁殖。采收成熟的果实，除去果皮、果肉和不成熟种子，晾干后撒播于盆土中，用筛子过筛覆土，厚度为种子的2倍。播后立即用细孔喷壶喷透水，盖以玻璃或塑料薄膜，保持土表湿润。

【栽培管理】当播种苗长到6～8cm时即可上盆定植。生长期适当浇水，见干见湿，夏季每天浇水2次，冬季减少浇水。花期和挂果期增加浇水量，促进果实发育。夏季高温时节，切忌雨水淋洗。每2周施1次稀释液肥，但不宜过多，以免徒长。不需修剪。换盆时，从植株内部疏去一部分枝条，以利通风透光。冬珊瑚生长强健，栽培管理较容易。

【园林用途】冬珊瑚果实色彩鲜艳，挂果时间长，栽培管理容易，适宜作中小型盆栽，为冬季良好的盆栽观果花卉。果熟期近于元旦和春节期间，陈设于窗台、几架及厅堂，可增加喜庆气氛。

（二）火棘［*pyracantha fortuneana*（Maxim）］

图9-81　火棘

【别名】火把果、救军粮

【科属】蔷薇科　火棘属

【识别特征】常绿灌木。侧枝短刺状；叶倒卵形，边缘具圆细锯齿，长1.6～6cm。复伞房花序，疏生，有花10～22朵，白色；果近球形，成穗状，每穗有果10～20余个，扁球形，橘红色至深红色（图9-81）。花期4～5月份，果期9～11月份。

【生态习性】分布于中国黄河以南及广大西南地区。耐干旱，喜强光，喜中性到微酸性土壤。黄河以南露地种植，华北需盆栽，塑料棚或低温温室越冬，温度可低至0～5℃。

【繁殖方法】常用扦插和播种法繁殖。3月下旬至4月上旬，可露地作畦播种或播于浅盆中，30～50天即可出苗。在春季萌芽前或夏季新梢木质化后，剪取10～15cm枝条扦插在沙床上，40～50天左右即可生根。

【栽培管理】盆栽火棘的定植时间可在晚秋或早春。萌芽后及时施肥，可用豆饼类有机肥沤制成腐熟液肥进行施肥。10天左右施1次肥。生长前期可隔2周左右根外喷施1次0.3%尿素液。根据季节、天气及生长期不同适当浇水。一年之中需要进行多次修剪。生长期随时可修剪。剪除抽生的徒长枝、过密枝、枯枝，保持树形优美，通风透光。冬季修剪时可对密生枝条进行疏枝，部分枝条进行短截，既促进发枝，又控制植株高度与保持美观的树形。

冬季将盆栽火棘移到避风向阳的地方或移到室内越冬。越冬期间经常检查盆土，如盆土过分干旱或寒流来临前盆土干旱时要浇1次透水防冻。

【园林用途】盆栽火棘叶片常绿，春天白花点点，秋天红果累累，热闹如火，是优良的观果盆栽植物；火棘的枝干刚劲有力，曲折多姿，也是制作盆景的优良材料。温暖地区在庭院中作绿篱及基础种植材料，也可丛植或孤植于草地边缘或园路转角处。

（三）南天竹（*Nandina domestica* Thunb）

【别名】天竺、南天竺、竺竹、南烛、南竹叶

【科属】小檗科　南天竹属

【识别特征】常绿灌木，高2m，枝干丛生，分枝少，褐色，幼枝呈红色。2～3回羽状复叶，对生。小叶全缘，椭圆形。大型圆锥花序顶生，花小白色，花期5～6月份。浆果球形，鲜红色（图9-82），果期10～11月份。

图9-82　南天竹

【生态习性】原产我国及日本。性喜温暖、湿润及光照充足的环境。较耐阴，也耐寒。要求肥沃、排水良好的砂质壤土。对水分要求不严，既耐湿也耐旱。

【繁殖方法】南天竹常用播种、分株和扦插繁殖。11月份采种后即播种，播后露地越冬，翌春4月初发芽，幼苗需遮荫养护。早春或秋季均可进行分株，将林丛密集的母株从根部分开，并在泥浆水中浸蘸后栽植。在梅雨季节剪取15～20cm长的一、二年生枝条作插穗，插于沙床，插后40～50天生根。

【栽培管理】多施磷、钾肥。生长期每月施1～2次液肥。栽培土壤要保持一定湿润，花期浇水不要过多过干，以免引起落花、落蕾。盆栽植株观赏几年后，枝叶老化脱落，可整型修剪。

【园林用途】南天竹是十分难得的室内观叶、观果植物。在我国北方作盆栽观赏，温暖地区适用于点缀院落、假山、花坛，也可用作花篱或绿篱；也是切花好材料。

（四）佛手（*Citrus medica* var. *sarcodactylis* Swingle.）

【别名】佛手柑、手柑

【科属】芸香科　柑橘属

【识别特征】常绿小乔木或灌木，盆栽结果树高约60～100cm，冠径40～80cm，老化的树枝灰褐色，长有硬刺。叶互生，长椭圆形，有微锯齿；初夏开花，圆锥花序，上部白色，基部紫红；果实冬季成熟，色泽橙黄，基部圆形，上部分裂如掌，成手指状，果肉基本退化，香气浓郁（图9-83）。有"指佛手"和"拳佛手"两类。佛手挂果时间长，特耐贮藏。

【生态习性】喜暖畏寒，喜潮忌湿，喜阳怕阴；耐寒性较弱，低于0℃易受冻害，低于-8℃易死亡；耐旱性也不及柑橘类的其他品种。喜疏松、肥沃的砂壤土。

【繁殖方法】佛手的繁殖方法有扦插、嫁接、高压等。

（1）扦插繁殖　于6月下旬～7月上旬为宜。从健壮母株上剪取去年的春梢、秋梢或当年的春梢作为插条，取中段，剪成长10～12cm一段，插入沙土中，在25℃条件下约20～30天可生根。

（2）嫁接繁殖　可用切接法。选2～3年生的枸橼、橘、柚的实生苗作砧木，在谷雨至立夏间或秋后进行切接，一般繁殖量不多时可用靠接，在5月底进行。靠接1个月后先在接穗下部剪断一半，再过半个月，可完全脱离母体，这样愈合牢靠，有利生长。

（3）高压繁殖　一般在5～7月份进行。选生长旺盛的

图9-83　佛手

枝干高压，1个月后发根。

【栽培管理】盆土采用80%的红沙土再加上20%焦泥灰混合而成；也可用70%河沙、25%肥沃的园土和5%腐熟干燥的鸡粪混合而成。以3月中下旬在芽未萌发前定植较适宜。

树体主要采用自然开心形整形。结果树的修剪主要有春剪和夏剪2种。春剪一般在春天发芽前进行。夏剪泛指生长季的修剪，主要是剪去枯枝、交叉枝、徒长枝和病虫枝，并应及时做好摘心和除芽等工作。老树修剪按栽培条件的不同，采用短截、疏剪、拉枝等措施，以达到更新的目的。

幼龄期或营养生长期以施N肥为主，在孕花结果期以P、K肥为主。一般分基肥、花前肥、果实膨大肥等，无论何种肥都应遵守"薄肥勤施"的原则，并以施有机肥为主，适量增施微肥。浇水要做到不干不浇，浇即浇透，要干湿相间。

疏花要留下结果母枝先端的大朵花和有叶花，疏去单性花和瘦弱花，疏花程度视树势强弱和花量多少而定。一般中花树和多花树宜疏去总花量的50% ~ 60%为宜。疏果宜分次进行，留果量为40片左右的叶留1个果。成年树疏果应掌握树冠中上部多留果，树冠下部少留果。

【园林用途】佛手是形、色、香俱美的佳木。花有白、红、紫三色；叶色泽苍翠，四季常青；果实色泽金黄，香气浓郁，形状奇特似手，千姿百态，让人感到妙趣横生，是著名的观果植物。

（五）金橘（*Fortunella margarita* Swingle.）

图9-84　金橘

【别名】洋奶橘、牛奶橘、金枣、金弹、金柑

【科属】芸香科　金橘属

【识别特征】常绿小乔木，新梢具棱角，淡绿色。枝叶光滑无刺。盆栽株高50 ~ 150cm。叶互生，阔披针形至长椭圆形，先端尖，下部叶缘微有齿，翼叶退化。花单生或数朵簇生于叶腋间，多着生在枝梢部位，花被五瓣裂，乳白色，雄蕊多数。果小，成熟后为金黄到橙黄色，椭圆形或倒卵形，密生油点，有香味（图9-84）。夏末开花，秋冬果熟。

【生态习性】原产于我国南方暖温带和亚热带地区。性喜温暖湿润和日照充足的环境，稍耐寒，不耐旱，南北各地均作盆栽。要求富含腐殖质、疏松肥沃和排水良好的中性培养土。

【繁殖方法】常用嫁接繁殖。盆栽金橘常用枳橘做砧木，在6月份采用靠接法嫁接。

【栽培管理】

（1）幼苗栽培管理　一般当年成活的金橘苗应每天或隔天浇1次水，夏秋季施液肥4 ~ 5次，以氮肥为主，配适量磷、钾肥。霜降后放在5 ~ 10℃以上的环境中保温越冬。3、4月份换盆，培养土可用腐叶土、堆肥或马粪土，加少量饼肥或酱渣配制。4月前后，应逐步进行室外适应性锻炼后移于背风向阳处，并注意进行施肥、浇水及修剪管理。在北方寒冷地区，应在9 ~ 10月份搬入室内，保持室内温度4℃以上。

（2）成年金橘的管理　每隔2 ~ 3年换盆1次，在3 ~ 4月份或9 ~ 10月份进行，以3 ~ 4月份金橘发芽前进行最好。盆土可用腐叶土、堆肥或马粪、粗沙拌匀而成。宜适时薄肥勤施，一般春季7 ~ 10天施1次以氮肥为主的有机肥水；7 ~ 8月份施足磷肥，适时喷0.1% ~ 0.2%尿素和0.1%磷酸二氢钾；10月份后不再向盆土中施肥，可每月叶面喷施少量稀释的氮、磷、钾混合液。浇水原则是"见干见湿"，开花期应控水，盛花期适当增多，结实期减少浇水量，以促开花坐果，提高观赏效果。

（3）整形修剪　一般在春芽萌发后，抹去2/3的春芽，夏、初秋的6月份 ~ 8月份上旬除去弱的或过密的芽，8月中旬以后所发的芽应全部抹去。在开花期及果期应特别注意疏花疏果，提高座果率，保持盆橘四面都能挂果，提高观赏价值。冬季观果后，可在3月底至4月初将果全部摘除，在春分至清明换盆时进行重剪。

【园林用途】金橘四季常青，夏日开花，秋冬果实金黄，且有清香味，是冬季观果佳品，摆放在厅堂、客厅里，既增添新意又显雅致，是家庭盆栽名优花卉之一。

第十章　专类花卉的栽培管理技术

第一节　蕨类植物

一、种群特点

　　蕨类植物也称羊齿植物，是高等植物中较为低级且不开花的一个类群。常为多年生草本，少数种类可形成高大的乔木，如桫椤科植物。具有独立生活的配子体和孢子体。其中，孢子体是观赏部分，有根、茎、叶之分，可以进行光合作用，生活周期中仅在幼胚期寄生在配子体上；配子体绿色自养或与真菌共生，无根、茎、叶分化。有性生殖器官为精子器和颈卵器，无种子，而以孢子进行繁殖。

　　全世界蕨类植物约有12000种，广布全球，以热带和亚热带为分布中心。我国是世界上蕨类植物资源最丰富的国家之一，有2400多种，其中半数以上为我国特有种和特有属，主要分布在西南和长江以南各地，尤以西南地区最为丰富，被誉为"蕨类植物王国"。

二、形态特征

　　与种子植物一样，蕨类植物具有适应陆地生活的根、茎、叶等营养器官，能进行光合作用，大多数为绿色自养。

1. 根

　　蕨类植物的根常为不定根，着生在根状茎上，但也有少数种类不具有根，如松叶蕨、槐叶苹等。

2. 茎

　　蕨类植物中，拟蕨类常具根状茎，如卷柏、木贼、松叶蕨、石松等，而真蕨类除树蕨等少数种类具有高大的树状地上茎外，均为地下茎，又称根状茎。这些根状茎通常横卧、斜伸或直立，内有分化的中柱组织，外被毛或鳞片等附属物。

3. 叶

　　叶是蕨类植物最显著的营养器官，按其来源可分为两类。

　　（1）小型叶　又称拟叶，是茎的突起物，内部只有一条简单的维管束，体积较小，无叶柄和叶隙。卷柏等拟蕨类植物的叶即属此类。

　　（2）大型叶　为枝的变态，内有复杂的微管组织，形状多样。真蕨类的叶，除少数种类如槐叶萍的水生叶变成须根外，绝大多数属于此类。其特点是叶脉具各种分支，形成各种脉序，幼叶多呈拳卷状，成叶分为叶柄和叶片两部分。

三、常见种类

（一）桫椤（*Alsophila spinulosa*）

　　【科属】桫椤科　桫椤属

　　【形态特征】为大型陆生木本植物。茎直立，高1～6m，胸径10～20cm。叶螺旋状排列于茎顶端，叶粗壮，叶片大，长矩圆形，三回羽裂，纸质，见图10-1。

　　【园林用途】暖地可庭院种植或盆栽，还可用于大型建筑室内绿化装饰。其幼茎磨成碎屑可作附生植物的栽培基质。

图10-1　桫椤

图10-2 鹿角蕨

图10-3 铁线蕨

图10-4 二叉鹿角蕨

图10-5 巢蕨

图10-6 肾蕨

（二）鹿角蕨（*Platycerium wallichii* Hook）

【科属】水龙骨科　鹿角蕨属

【形态特征】为多年生附生草本植物。全株灰绿色，二型叶。一种叶子不产生孢子，呈扁平型的圆盾形，覆瓦状紧密地附着在支持物上；另一种叶能产生孢子，顶部分叉，形似鹿角，见图10-2。

【园林用途】可作室内立体绿化，充满热带风光。常用于吊盆或篮架装饰，点缀书房、客厅和窗台，管理方便，观赏期长。

（三）铁线蕨（*Adiantum capillus-veneris* L）

【科属】铁线蕨科　铁线蕨属

【形态特征】为中小型陆生宿根草本植物。株高15～40cm。根状茎横走，密被棕色披针形鳞片。叶互生，卵状三角形，2～4回羽裂，薄纸质，见图10-3。

【园林用途】优良的室内盆栽观叶植物，还可点缀山石盆景及背阴处作基础栽植。叶片可作切花材料，干后可作干花材料。

（四）二叉鹿角蕨（*Platycerium bifurcatum*）

【科属】水龙骨科　鹿角蕨属

【形态特征】为多年生大型附生植物。植株灰绿色。叶二型，一种为"裸叶"（不育叶），呈圆盾状，紧贴根茎处，叶上密密地披着银灰色的星状毛；另一种为"实叶"（生育叶），直立，基部渐窄，叶柄极短，叶片长可达60cm，先端呈2～3回二叉状分裂，裂片下垂，两面被星状毛，见图10-4。

【园林用途】优良的室内盆栽悬吊观叶植物。

（五）巢蕨（*Neottopteris nidus*）

【别名】鸟巢蕨、山苏花

【科属】铁角蕨科　巢蕨属

【形态特征】为多年生常绿大型附生植物。植株高100～120cm。叶阔披针形，革质，两面滑润，锐尖头或渐尖头，向基部渐狭，全缘，辐射状环生于根状短茎周围，叶丛中空如鸟巢，故名。有软骨质的边，干后略反卷，叶脉两面稍隆起，见图10-5。

【园林用途】优良的室内盆栽观叶植物，也可盆吊观赏或切叶。

（六）肾蕨（*Neottopteris cordifolia*）

【别名】蜈蚣草、排草

【科属】骨碎补科　肾蕨属

【形态特征】为中型地生或附生蕨，株高一般30～60cm。地下具根状茎，包括短而直立的茎、匍匐茎和球形块茎三种。叶簇生，披针形，长30～70cm、宽3～5cm，一回羽状复叶，羽片无柄，见图10-6。

【园林用途】优良的室内盆栽观叶植物，也可作吊盆，也常作切叶。

（七）凤尾蕨（*Pteris multifida* Poir.）

【科属】凤尾蕨科　凤尾蕨属

【形态特征】为多年生地被型蕨类。根状茎很短，直立，具鳞片。叶异型，簇生，可孕叶长卵形，一回羽状；不孕叶的羽片较宽，边缘有不整齐锯齿，见图10-7。

【园林用途】优良的室内盆栽观叶植物，插花中也可作切叶。

图10-7　凤尾蕨

（八）荚果蕨（*Matteuccia struthiopteris*）

【别名】黄瓜香（东北）、小叶贯众、野鸡膀子

【科属】球子蕨科　荚果蕨属

【形态特征】为多年生草本植物。株高90cm。根状茎直立，粗厚，连同叶柄基部有密披针形鳞片。叶簇生，二型，有柄。不育叶片矩圆至披针形，二回深羽裂。下部多对羽片向下逐渐缩短成小耳形。能育叶短，挺立，一回羽状，纸质，见图10-8。

【园林用途】北方10月份后休眠，是良好的地被植物。

图10-8　荚果蕨

（九）波士顿蕨（*Nephrolepis exaltata* cv. Bostoniensis）

【别名】高肾蕨

【科属】骨碎补科　肾蕨属

【形态特征】小型陆生植物。根状茎横走，向上簇生于叶丛，叶片一回复叶，见图10-9。

【园林用途】用于庭园造景、室内盆栽观赏或作插花中的配叶。

图10-9　波士顿蕨

（十）卷柏（*Selaginella tamariscina* (P. Beauv.) Spring）

【科属】卷柏科　卷柏属

【形态特征】多年生常绿草本，土生或石生，呈垫状。株高5～20cm。主茎自中部开始羽状分枝或不等二叉分枝，侧枝2～5对，2～3回羽状分枝，小枝稀疏、规则，背腹压扁，末回分枝连叶宽1.4～3.3mm（图10-10）。叶形小，覆瓦状密生于小枝上，孢子囊穗生于小枝顶端。

【园林用途】用于假山、大型盆景的栽培点缀，也可作小型盆栽，有防辐射和保护视力的作用。

四、生态习性

蕨类植物的不同种类对环境条件的要求不同，大多数种类在18～25℃条件下生活良好。多数喜阴，有较强的耐旱能力。空气湿度的高低对其生长影响较大。喜疏松、肥沃、保水、排水良好的土壤。

五、繁殖方法

图10-10　卷柏

1. 无性繁殖

（1）分株繁殖　将蕨类植物用快刀切割为至少带一个芽的小块另行栽种；或将具有株芽的种类当其株芽生根后从母株上分离，另行栽种。

（2）扦插繁殖　有的蕨类植物，如卷柏类，直立型植株可于春季切去4～5cm长、发育成熟的茎枝，浅插于细沙土中，遮荫并保持15～20℃及95%的相对湿度，其上可形成许多个体。

（3）分栽不定芽　有些蕨类植物，如铁角蕨、鳞片蕨等，在叶腋或叶片上能长出幼芽，可以直接把幼芽从母株上取下培养。将河沙与泥炭土按1∶1混合作基质，将幼芽一半埋入基质，伤口最好用杀菌剂处理，以免腐烂。充分浇水，用玻璃覆盖。

2. 有性繁殖

用孢子繁殖。将活性孢子撒播于保水性和通透性好的基质中，保持湿度即可。

3. 组织培养

对产生孢子量少或不产生孢子及用孢子繁殖困难的种类，或对名贵种类迅速扩大繁殖，可用组培法进行离体快繁。大规模现代化商品生产也需用组培法繁殖。

六、栽培要点

生长期需要较高的温度，冬季于室内保护越冬。盆栽时应将其置于有散射光的半阴处，夏季忌曝晒。保持土壤湿润和较高的相对湿度。绝大多数种类生长期都需要施肥。

七、园林应用

不少种类的蕨类植物，由于具有独特、美观、清雅、别致等体形和无性繁殖力强，常被用来布置专类园和阴生植物园，是优良的耐阴地被植物。也可作盆景或盆栽，是优良的室内观叶植物之一。蕨叶也是重要的插花材料。随着对蕨类植物资源的不断研究和开发，其园林用途将会越来越广泛。

第二节　兰科花卉

一、栽培历史

兰花广义上是兰科花卉的总称，狭义上仅指国兰。兰科是单子叶植物中最大的科，全世界约有100属2万种。分布很广，除两极和沙漠外都有分布，85%集中在热带和亚热带南、北纬30°以内、降雨量1500～2500mm的森林中。有悠久的栽培历史和众多的栽培种。自然界中还有许多有观赏价值的野生兰花有待挖掘和利用。

兰花在我国有200多年的历史，古代称之为兰、蕙，栽培始于唐代至五代十国之间，至宋朝已相当普及，我国第一本兰谱是南宋晚期赵时庚所著的《金漳兰谱》（1233年），也是世界上最早的一本兰谱。

兰花是我国人民最喜爱的传统名花之一。自古以来人们就把兰花视为高洁、典雅、爱国和坚贞不渝的象征，兰花象征高尚。它植株婀娜多姿，叶片四季常绿，花形优美绰约，香气高洁幽雅，其色、香、姿、韵均属花中上品，素有"香祖"、"王者香"、"天下第一香"之称。与茉莉、桂花合称为"香花三元"；与竹、松、梅又合称为"花中四友"；与梅、竹、菊则称为"花中四君子"；与菊花、水仙、菖蒲合称为"花中四雅"；与银杏、牡丹合称为"园林三宝"。由此可见人们对兰花的喜爱程度。

相对于国兰，洋兰的栽培历史要晚许多年。据资料记载，洋兰作为商品销售始于19世纪。第一次世界大战后，洋兰在英国、日本较为盛行，到第二次世界大战后美国成为洋兰的一个产销大国。洋兰多原产于热带和半热带，多为附生兰，是当今世界上最流行的花卉。

二、形态特征

（1）根　粗壮，数根近等粗，无明显主次根之分；无根毛，有菌根，也称兰菌，起根毛的作用，它是一种真菌。

（2）茎　因种类不同，有直立茎、根状茎和假鳞茎之分。直立茎同正常植物，一般短缩；根状茎较细，索状；假鳞茎是变态茎，由根状茎上生出的芽膨大形成。地生兰大多有短的直立茎，而热带兰大多为根状茎和假鳞茎。

（3）叶　国兰一般为线形、带状或剑形；热带兰多肥厚革质，为带状或长椭圆形。

（4）花　具有3枚瓣化的萼片，3枚花瓣，其中1枚成为唇瓣，具1枚蕊柱。

（5）果实和种子　蒴果开裂，种子多且发育不全，地生兰不具胚乳。

三、品种分类

1. 按植物形态分类

（1）地生兰　生长在地上，花序通常直立或斜上生长。亚热带和温带地区原产的花卉多为此类。中国兰和热带兰中的兜兰属植物属于这一类。

（2）附生兰　生长在树干或石缝中，花序弯曲或下垂。热带地区原产的一些兰花属于这一类。

（3）腐生兰　无绿叶，终年寄生在腐烂的植物体上生活，园艺中没有栽培。

2. 按东、西方地域差别分类

（1）中国兰　又称国兰、地生兰，是指兰科兰属的少数地生兰，如春兰、蕙兰、建兰、墨兰、寒兰等，也是中国的传统名花。主要原产于亚洲的亚热带，尤其是中国亚热带雨林区。一般花较少，但芳香。花和叶都有较高观赏价值，主要为盆栽欣赏。

几种国兰的共同点和不同点如下。

① 共同点：具假鳞茎，叶片有一定数目，成长后不再增加，叶多常绿，带状，上下几乎等宽，基部较窄，花径较小，不超过6cm。

② 不同点：叶边缘有细锯齿（蕙兰、春兰），其中蕙兰的叶脉明显，花序具多数花，夏初开花；春兰的叶脉不明显，单花，春季开花。叶边缘不具细锯齿（建兰、墨兰、寒兰），其中建兰的花莛短，低于叶面，夏秋开花；墨兰的花莛长，高于叶面，叶宽2cm以上，冬春开花；寒兰的花莛长，高于叶面，叶宽2cm以下，秋冬开花。

（2）洋兰　刈国兰以外兰花的称谓，主要是热带兰。常见栽培的有卡特兰属、蝴蝶兰属、兜兰属、石斛属、万代兰属的花卉等。一般花大、色艳，但大多数没有香味。以观花为主。

热带兰主要是观赏其独特的花形，艳丽的色彩。可以盆栽观赏，也是优良的切花材料。

四、生态习性

兰花种类繁多，分布广泛，生态习性差异较大。

1. 对光照的要求

种类不同，生长季节不同，对光的要求也不同。冬季要求充足的光照，夏季忌阳光直射，须遮阴。中国兰要求50%～60%遮荫度，墨兰最耐阴，建兰、寒兰次之，春兰、蕙兰需光较多。

2. 对温度的要求

热带兰以原产地不同有较大差异，生长期对温度要求较高，原产热带的种类，冬季白天要保持在25～30℃，夜间18～21℃；原产亚热带的种类，白天保持在18～20℃，夜间12～15℃；原产亚热带和温暖地区的地生兰，白天保持在10～15℃，夜间5～10℃。

中国兰要求比较低的温度，生长期白天保持在20℃左右，越冬温度夜间5～10℃，其中春兰和蕙兰最耐寒，也耐夜间5℃的低温，建兰和寒兰要求温度高。地生兰不能耐30℃以上高温，要在兰棚中越夏。

3. 对水分的要求

喜湿忌涝，有一定耐旱性，土壤水分不可过多。还要求一定的空气湿度，生长期要求60%～70%，冬季休眠期要求50%。热带兰对空气湿度的要求更高，因种类而定。

4. 对土壤的要求

地生兰要求肥沃、富含腐殖质并且疏松、通气、排水良好、富含腐殖质的中性或微酸性土壤。热带兰对基质的通气性要求更高，常用水苔、蕨根类作栽培基质。

五、繁殖方法

有播种、扦插、分株及组织培养等方法。

1. 种子繁殖

主要用于新品种的选育。由于兰科易于种间或属间杂交，杂种后代可用组织培养方法繁殖。一般采用组织培养的方法播种在培养基上，种子萌发需要半年到1年，要8～10年才能开花。

2. 扦插繁殖

据插穗的来源性质不同分为以下几种。

（1）顶枝扦插　适用于具有长地上茎的单轴分枝种类，如万带兰属、蜘蛛兰属等。

（2）分蘖扦插　适用于单轴分枝及具假鳞茎的属，如万带兰属。

（3）假鳞茎扦插　适用于具假鳞茎种类，如卡特兰属、兰属等。

3. 分株繁殖

适用于具假鳞茎的种类，如卡特兰属、兰属、石斛属、兜兰属等。　一般3～4年生的植株可以用来分株繁殖。一般普通种3年1次，名贵种5年1次。冬春开花品种在秋末分，夏秋开花种类在新春分。分株前，先使盆土略干，以使根系变软，在分株栽植时不易断根。

4. 组培繁殖

有快速、大量、苗整齐等优点，常用于商品生产。组培繁殖的外植体有：茎尖、侧芽、幼叶尖、休眠芽或花序，但最常用的是茎尖。

目前兰花的组织培养发展极为迅速，近20年来，已在兰科的35个属中取得不同程度的成就，克服了兰花繁殖上的困难，建立了兰花试管苗工业。

六、栽培管理

① 选好栽培基质。地生兰选原产林下的腐质土为好，或人工配制的类似的栽培基质。底层要垫碎砖、瓦块以利于排水。热带兰可选苔藓、蕨根类作基质。

② 依种类不同，控制好生长期和休眠期的温度、光照、水分和肥料，掌握不同的栽培方法。

七、中国兰常见的栽培品种

（一）春兰（*Cymbidium goeringii*）

【别名】兰草、山兰

【形态特征】为多年生常绿花卉。根肉质白色，假鳞茎呈球形，叶4～6片集生，狭线形，长约20～40cm，叶宽0.5～1.0cm，边缘具细锯齿，叶脉明显（图10-11）。花单生，偶有二花者。花葶直立，有鞘4～5片。花黄绿色，亦有近白色或紫色品种。有香气。花期2～4月份。

图10-11　春兰

【繁殖与栽培】原产我国长江流域及西南各省。常采用分株繁殖。本种品种甚多，抗性强，易栽培，花期正值春节前后，有香气，故栽培较普遍。掌握"春不出，夏不日，秋不干，冬不湿"的原则。缺点为花少而低，常隐藏于叶丛，故易小盆栽少数苗。

（二）蕙兰（*C. faberi*）

【别名】夏兰、九节兰

【形态特征】为多年生常绿花卉。根肉质，淡黄色。假鳞茎卵形，叶线形，5～7枚，直立性强，幼时对折，中下部横切面呈"V"字形；叶缘有锋利细齿（图10-12）。花葶直立，总状花序，着花5～13朵；花多浅黄绿色，香气较春兰稍淡；花期4～5月份。原产我国，分布于秦岭以南、南岭以北及西南广大地区，是我国栽培最久和最普及的兰花之一，为国家二级保护物种。

图10-12　蕙兰

【繁殖与栽培】久经栽培，性耐寒。繁殖栽培同春兰。

（三）建兰（*C. ensifolium*）

【别名】雄兰、秋兰、秋蕙

【形态特征】为多年生常绿花卉。假鳞茎椭圆形，较小。叶片2～6枚丛生，带形，有光泽，直立如剑，长30～60cm，宽1～1.5（2.5）cm，叶缘无齿或近顶部有极细齿。总状花序直立，葶一般短于叶，着花3～9（13）朵，花浅黄绿色至淡黄褐色（图10-13），

图10-13　建兰

有紫斑，香浓。花期7～10月份。

【繁殖与栽培】建兰是指中国地生根兰花，植物学界以其主产地福建而为名。原产我国华南、东南、西南的温暖、湿润地区。繁殖栽培同春兰。

（四）墨兰（*C. sinense*）

【别名】报岁兰

【形态特征】为多年生常绿花卉。假鳞茎椭圆形，叶剑形，3～5枚丛生，长50～100cm，宽2（1.5）～3cm，边缘平滑无齿（图10-14）。花葶直立，略高出叶面，总状花序着花7～17朵；萼片披针形，淡褐色，有5条紫褐色的脉，花瓣短宽，暗紫色或紫褐色。而具浅色唇瓣，也有黄绿色、桃红色或白色的，唇瓣三裂不明显；芳香。花期9月份至翌年3月份。

【繁殖与栽培】分布于中国福建、台湾、云南等地。繁殖栽培同春兰。

图10-14　墨兰

（五）寒兰（*C. ranran*）

【形态特征】为多年生常绿花卉。假鳞茎不显著，叶3～7枚丛生，直立性强，狭长，长35～70cm，宽1～1.8cm，叶缘无齿或有极细齿（图10-15）。花葶直立，着花5～10朵，与叶面等高或高出叶面，花疏生，有黄、白、青、红、紫等花色，常有杂色脉纹与斑点，具香气，花期11月份至翌年1月份。

【繁殖与栽培】原产中国浙江、福建、江西、湖南、广东等地。繁殖栽培同春兰。

图10-15　寒兰

八、洋兰常见的栽培品种

（一）卡特兰（*Cattleya hybrida*）

【别名】卡特利亚兰、嘉德利亚兰

【属别】卡特兰属

【形态特征】原产南美，现世界上广为栽培。为附生性兰，茎通常膨大成假鳞茎状，顶端具叶1～3枚，革质。花单朵或数朵排成总状花序，着生于茎顶或假鳞茎顶端，花大而艳，品种在数千以上，有白、黄、绿、红等色；花萼与花瓣同色，唇瓣3裂，基部包围雄蕊下方，中裂片伸展而显著，见图10-16。花期早春或夏季，因品种而异。

【繁殖与栽培】常用分株、组培或无菌播种繁殖。卡特兰为中温性兰类，喜温暖、潮湿和充足光照。通常用蕨根、苔藓、树皮块等盆栽。在温带条件下应在温室内栽培。春、夏、秋三季是卡特兰生长时期，要求有充足的水分和较高的空气湿度，尤其在夏季高温生长季节，更应保持湿润，需经常在叶面及气生根上喷少量水，并注意遮阳于半阴下养护。冬季卡特兰处于休眠期，最低温度以不低于14℃为宜，此时要控制浇水，约10天左右浇水1

图10-16　卡特兰

次，保持假鳞茎不干缩即可，并给予充足的光照。施肥以稀薄的液肥为好，生长季节1～2周施1次腐熟的饼肥水，冬季应停止施肥。

【园林用途】卡特兰是珍贵又普及的盆花，是洋兰的代表种类，被誉为"洋兰之王"，也是栽培最多，最受人们喜爱的洋兰之一。其花形优美、花色多样，花大美丽。可悬吊观赏，也可作高档切花。

（二）大花蕙兰（Cymbdium hybrida）

【别名】西姆比亚、东亚兰

【属别】大花蕙兰属

【形态特征】为多年生常绿附生草本花卉。根粗壮。叶丛生，带状，革质。花大而多，色彩丰富艳丽，有红、黄、绿、白及复色，见图10-17；花具丁香型香味，花期依品种可从10月份开到翌年4月份，花期长达50～80天。

【繁殖与栽培】常用分株和组培繁殖。大花蕙兰喜凉爽、昼夜温差大，10℃以上为好。喜光照充足，夏季防止阳光直射。要求通风、透气。为热带兰中较喜肥的一类。喜疏松、透气、排水好、肥分适宜的微酸性基质。花芽分化在8月份高温期，在20℃以下花芽发育成花蕾和开花。

【园林用途】高档盆花和切花。

图10-17　大花蕙兰

（三）兜兰（Paphiopedilum insigne）

【别名】美丽兜兰、波瓣兜兰、拖鞋兰

【属别】兜兰属

【形态特征】为多年生常绿植物，主要分布在热带和亚热地区，是世界上栽培最早和最普及的洋兰之一，多数种类为地生兰。我国主要分布在西南、华南各省区。无假鳞茎，地上茎自根茎抽出，较短。叶5～6枚，带状，深绿色或有斑块。花顶生，常为单花，兜兰花色素雅，花瓣厚，花朵的唇瓣特化为兜状，背萼形态、颜色因品种不同而各异，是观赏的主要部位，两瓣侧萼合生（图10-18），多数品种花期为10月份至翌年3月份，可开放2～3个月。

【繁殖与栽培】常用分株和组培繁殖。喜温暖、高湿环境，耐寒、耐热，在10～30℃正常生长。喜半阴，喜湿润而忌积水，喜疏松、排水好的土壤。

【园林用途】精美盆花。

图10-18　兜兰

（四）石斛兰（Dedrobium nobil）

【别名】金钗石斛

【属别】石斛属

【形态特征】为多年生附生植物，原产我国及热带亚洲。假鳞茎丛生于短的根茎上，呈圆柱状。株高20～40cm，叶片矩圆形。总状花序自上部叶腋或枝顶抽出，着花1～4朵，花大，唇瓣具短爪，唇瓣基部有一颜色特别的色斑，花形、花姿优美，见图10-19，花期长，自然花期在8～11月份。

【繁殖与栽培】常用分株和组培繁殖。原产于海边或低海拔处者常绿，需中温环境；产高山者冬季落叶，适较冷凉气候，冬季休眠。均适于高湿度的隐蔽处，一般需遮光60%～70%，保持潮湿和半阴。幼苗时需水较多，在生长期注意如果过分潮湿会导致烂根，肥料可施液体肥料，每2周1次，用复合肥按浓度1∶1000以上稀释后使用。栽培2年以上的植株，若根系过满要及时修剪和更换盆土。

【园林用途】可盆栽、吊盆观赏或作切花。

图10-19　石斛兰

（五）蝴蝶兰（*Phalaenopsis amabilis*）

【属别】蝴蝶兰属

【形态特征】为多年生附生常绿草本植物，是兰科植物中栽培最广泛、最普及种类之一，被誉为"兰花皇后"。根扁平如带，表面多疣状突起。茎短，叶近两列状丛生，肥厚，绿色或带红褐色斑点，一茎上花朵由数朵到十多朵，以9朵花以上的为甲等品。总状花序拱垂，长达70～80cm；花大，蜡状，形似蝴蝶，见图10-20。花期冬春季，花期一般在春节前后，可长达2～3个月。

图10-20　蝴蝶兰

【繁殖与栽培】蝴蝶兰目前多以组织培养方法产生种苗。喜温暖、潮湿、半阴环境，生长期宜高湿度，多向叶面喷水。栽培基质为树皮、水苔等介质，栽植于通透性好的多孔花盆中，不能用花泥。

【园林用途】盆栽适宜家庭、办公室摆放，同时也是名贵花束、花篮常用的插花材料。

第三节　仙人掌及多汁多浆花卉

一、仙人掌及多汁多浆花卉的栽培特点

（一）仙人掌及多汁多浆花卉的含义

1. 含义

仙人掌及多汁多浆花卉，是指原产于热带、亚热带干旱地区或森林中，植物的茎、叶具有发达的贮水组织，呈现肥厚而多肉的变态状植物。在园艺上，这一类植物形态特殊，种类繁多，体态清雅而奇特，花色艳丽而多姿，颇富趣味性。

2. 分类

多汁多浆花卉通常包括仙人掌科以及番杏科、景天科、大戟科、菊科、百合科、凤梨科、龙舌兰科、马齿苋科、葡萄科、鸭跖草科、酢浆草科、葫芦科等植物。栽培中常将仙人掌科植物另列一类，称仙人掌类，仙人掌科植物就有140余属2000种以上。将仙人掌科之外的其他科花卉（约55科），统称为多汁多浆花卉。有时两者通称为仙人掌及多汁多浆花卉。

仙人掌及多汁多浆花卉从形态上看，可分为两类。

第一类为叶仙人掌及多汁多浆花卉。贮水组织主要分布在叶片器官内，因而叶形变异极大，叶片为主体形态，而茎器官处于次要地位，甚至不显著。如石莲花及雷神。

第二类为茎仙人掌及多汁多浆花卉。贮水组织主要在茎器官内，茎为主体形态，呈多种变态，绿色，具光合作用，而叶片退化或仅在茎初生时具叶，以后脱落，如仙人掌、大花犀角等。

3. 产地

仙人掌类花卉，原产南北美洲热带、亚热带大陆及附近一些岛屿，部分生长在森林中。多汁多浆类花卉的多数种类原产南非（有"浆植物宝库"之称），仅少数分布于其他各洲的热带、亚热带地区。

从产地与生态环境看，可把上述植物分为三类。

第一类为原产热带、亚热带干旱地区或沙漠地带，在土壤及空气极为干燥的条件下，借助于茎、叶贮藏的水分而生存，如龙爪球、金琥等。

第二类为原产热带、亚热带的高山干旱地区。这些地区水分不足，日照强烈，大风，低温，因而形成的多汁多浆植物植株矮小，叶片多呈莲座状，或密被蜡层及绒毛。

第三类为原产热带雨林中。该种类不生长在土壤中，附生在树干及荫谷的岩石上，其生态习性接近于附生兰类，如昙花、蟹爪及量天尺等。

（二）仙人掌及多汁多浆花卉的生物学特性

1. 具有鲜明的生长期和休眠期

陆生的大部分仙人掌科植物，原产在南、北美洲热带地区。该地区的气候有明显的雨季（通常5～9月份）及旱季（10月份～翌年4月份）之分。长期生长在该地的仙人掌科植物，就形成了生长期和休眠期交替的习性。在雨季中吸收大量的水分，并迅速地生长、开花、结果；旱季为休眠期，借助贮藏在体内的水分来维持生命。对于某些多汁多浆花卉，也同样具有该生长特点，如大戟科的松球掌等。

2. 具有非凡的耐旱能力

由于仙人掌及多汁多浆花卉长期生长在干旱或季节性干旱的环境中，因此较能够忍受干旱环境。

3. 繁殖方式多样

仙人掌及多汁多肉花卉在原产地是借助昆虫、蜂鸟等进行传粉的，极易开花结实，宜进行种子繁殖。室内栽培时，因光照不足或授粉不良而不易结实，一般多采用无性繁殖，如扦插、嫁接和分株等。

（三）仙人掌及多汁多浆花卉的观赏特点及园林应用

1. 观赏特点

（1）观棱类　仙人掌及多汁多肉花卉的棱肋均突出于肉质茎的表面，上下贯通或呈螺旋状排列的，形状各异，数量不一，有锐形、钝形、瘤状、螺旋棱及锯齿状等，如昙花属、令箭荷花属有两条棱，量天尺属有三条棱，金琥属有5～20条棱。

（2）观刺类　仙人掌及多汁多肉花卉，通常在变态茎上着生刺座（刺窝），其刺座的大小及排列方式也依种类不同而有变化。刺座上除着生刺、毛外，有时也着生仔球、茎节或节朵。依刺的形状可区分为刚毛状刺、毛发状刺、针状刺、钩状刺等。这些刺，刺形多变，刚直有力，也是鉴赏依据之一。如金琥的大针状刺呈放射状，金黄色，7～9枚，使球体显得格外壮观。

（3）观花类　仙人掌及多汁多肉花卉花色艳丽，以白、黄、红等色为多，而且多数花朵不仅有金属光泽，重瓣性也较强，一些种类夜间开花，具有芳香。从花朵着生的位置来看，分侧生花、顶生花、沟生花等。花的形态变化也很丰富，如漏斗状、管状、钟状、双套状花以及辐射状和左右对称状花均有。花的色彩、位置及形态各异，更具较高的观赏价值。

（4）观姿类　多数种类都具有特异的变态茎，扁形、圆形、多角形等，体态奇特。如山影拳的茎生长发育不规则，棱数也不定，棱的发育前后不一，全体呈熔岩堆积姿态，清奇而古雅。又如生石花的茎为球状，外形很似卵石，是对旱季的一种"拟态"适应性，也是人们观赏的奇品。

2. 园林应用

仙人掌及多汁多肉花卉在园林中的应用也较广泛，主要以专类花园的形式，向人们展示该类植物种类、观赏形态，体会沙漠植物景观的乐趣。不少种类也常作篱垣应用，如霸王鞭、龙舌兰、仙人掌、量天尺等。园林中常把一些矮小的仙人掌及多汁多浆花卉用于地被或花坛中。如垂盆草、佛甲草等，都使园林更加增色。此外，不少仙人掌及多汁多浆花卉都有药用、食用或经济价值，如大家熟知的芦荟，既可制作化妆品，也可用作保健品和药品，还可制成酒类、饮料等。

（四）仙人掌及多汁多浆花卉的繁殖技术

1. 扦插

仙人掌及多汁多浆花卉的茎节或茎节的一部分，带刺座的乳状突以及仔球等营养器官，多具有再生能力，利用这种特性，可以进行扦插繁殖。切取插穗时，应注意保持母株外形完整，并选取成熟者，过嫩或过于老化的茎节都不易成活。切下部分首先置于阴处半日或四、五日，使切口稍干燥后再插。扦插基质应选择通气、排水和保水性都良好的材料，如珍珠岩、蛭石，含水较多的种类也可使用河沙。在设施栽培的条件下，四季均可进行，但以春、夏季节为好。一些种类不易产生侧枝，可在生长季中将茎上部切断，促其萌发侧枝，用以采取插穗。

2. 嫁接

仙人掌及多汁多肉花卉嫁接的接穗，多选择于根系不发达、生长缓慢或不易开花的种类，珍贵稀少的畸变种类，或自身球体不含叶绿素的种类等。嫁接时间以春、秋为好，温度保持在20～25℃下易于愈合。接后5天再浇水，约10天就可去掉绑扎线。嫁接过程要注意消毒防病。

（1）平接　适用于柱状或球形种类。通常接穗粗度较砧木稍小，并注意接穗砧木的维管束要有对齐才利于成活。嫁接后要及时固定、捆绑和加压，使伤口密接。

（2）插接　多用于茎节扁平的种类，如蟹爪兰、仙人指等。常用的砧木有仙人掌属、叶仙人掌属、天轮柱属、量天尺属等。砧木高出盆面15～30cm，以养成垂吊式供观赏。

插接时，将砧木从需要的高度横切，并在顶部或侧面切成楔形切口，接穗下端的两侧也削成楔形，并插入砧木切口内，用仙人掌刺或竹针固定。但应注意砧木与接穗的髓部对齐，保证维管束易于愈合。

用叶仙人掌作砧木嫁接时，先将接穗下部中心作一"十"字形切口，再将砧木先端削成尖楔形把小球安在砧木先端，用细竹针固定。

3. 播种

多肉类植物在原产地极易结实，进行种子繁殖。室内盆栽仙人掌及仙人掌及多汁多浆花卉，常因光照不充足或授粉不良而花后不易结实，可采取人工辅助授粉的方法促进结实。通常这类植物在杂交授粉后50～60天种子成熟，多数种类为浆果。除去浆果的皮肉，洗净种子备用。种子寿命及发芽率依品种而异，多数种类的种子生活力为1～2年。

种子发芽较慢，可在播种前2～3天浸种，促其发芽。播种期以春夏为好，多数种类在24℃条件下发芽率较高。播种用土，用仙人掌盆栽用土即可。

此外，某些种类还可用分割根茎或分割吸芽（如芦荟）的方法进行繁殖。近年来也有利用组织培养法进行无菌播种及大量增殖进行育苗的。

（五）仙人掌及多汁多浆花卉的栽培管理要点

1. 浇水

多数种类原产地的生态环境是干旱而少水的，因此在栽培过程中，盆内不应"窝水"，土壤排水良好才不致造成烂根现象。一般掌握"见干见湿，宁干勿湿"的浇水原则。

对于多绵毛及有细刺的种类、顶端凹入的种类等，不能从上部浇水，可采用浸水的方法，否则上部存水后易造成植株溃烂而有碍观赏，甚至死亡。

这类植物休眠期以冬季为多（温带自10月份以后，暖地在12月份左右），因而冬季应适当控制浇水；体内水分减少，细胞液渐浓可增强抗寒力。

由于地生、附生类的生态环境不同，在栽培中也应区别对待。地生类在生长季中可以充分浇水，高温、高湿可促进生长；休眠期宜控制浇水。附生类则不耐干旱，冬季也无明显休眠，四季均要求较温暖、空气湿度较高的环境，因而可经常浇水或喷水。

2. 温度及湿度

多数地生类通常在5℃以上就能安全越冬，但也可置于温度较高的室内继续生长。附生类四季均须温暖，通常在12℃以上为宜，空气湿度也要求高些才能生长良好；但温度超过30～35℃时，生长趋于缓慢。

3. 光照

地生类耐强光，室内栽培若光照不足，则引起落刺或植株变细；夏季在露地放置的小苗应有遮阳设施。附生类除冬天需要阳光充足外，以半阴条件为好；室内栽培多置于南侧。

4. 土壤及肥料

多数种类要求排水通畅、透气良好的石灰质砂土或砂壤土。幼苗期可施少量骨粉或过磷酸盐，大苗在生长季可少量追肥，薄肥稀施，并且加些硫酸亚铁，以降低土壤pH，更有利于生长。

二、仙人掌类花卉的常见种类

（一）仙人掌（*Opuntia ficus-indica* Mill.）

【别名】仙巴掌、仙人扇

【科属】仙人掌科　仙人掌属

【识别特征】呈直立灌木状，茎节扁平，多分枝，椭圆形或圆形，光滑被蜡质；刺座多为星状排列，每簇着生针刺1～20个不等（图10-21）。花色鲜艳，花期集中在春末至秋初。浆果肉质，卵形，成熟时红色或紫红色。

图10-21　仙人掌

【栽培品种】常见品种有黄毛仙人掌（*O. microdasys* Pfeiffer），茎节较小，刺座上密生金黄色的沟状刺毛。

【生态习性】为陆生类植物，原产墨西哥沙漠地带。耐旱、耐高温，喜直晒光，耐寒性差，不耐湿。对土壤要求不严。不喜大肥大水。

【繁殖方法】以扦插为主，也可嫁接或播种繁殖。扦插多选在生长旺盛的夏季，分枝多，易于取材和生根。沙土的含水量在40%～50%左右，20天左右可生根。

【栽培要点】盆栽植株应在春季结合翻盆换土，培养土可用园土、腐叶土、粗沙按1∶1∶1的比例配制，并加入少量蹄片、麻渣等有机肥和石灰质材料。4～10月份为仙人掌生长期，浇水掌握"干透浇透"的原则，半个月左右施1次低浓度有机液肥。冬季可控制肥水，搬至5℃以上环境下越冬。

【园林用途】北方地区大多作盆栽观赏，装点阳台、居室。温暖地区可露地栽植，各种仙人掌是多汁多浆专类观赏区重要组成部分之一，形成自然景观或绿化庭院。

（二）仙人球（*Echinopsis tubiflora* Zucc.）

【别名】花球、草球、短毛球、短毛丸

【科属】仙人掌科　仙人球属

【识别特征】株高15～30cm，幼龄时茎圆球形，老年则呈柱状，具11～18个棱，排列整齐。刺座着生于棱背上，针刺放射状，10～14枚，褐色（图10-22）。新生球翠绿色，集中于母球顶部或基部。花生于茎顶，单生，花长喇叭形，多白色，傍晚开放，可持续12小时，具香味。花期夏季。果实为肉质浆果。

图10-22　仙人球

【生态习性】原产阿根廷、巴西等国，现各地广泛栽培。喜光，但夏季应避免直晒光。耐旱，耐瘠薄，不耐湿，不耐寒。以颗粒较大的砂壤土生长较好。

【繁殖方法】可用分球、扦插、嫁接、播种繁殖。分球、扦插多在夏季进行；嫁接多采用"平接法"，砧木可用量天尺类。切取仙人球嫁接部位直径与砧木直径大小一致，将底部削平，削平砧木顶部，削口要整齐，然后将接穗和砧木的髓部对齐，稍加压固定，7～10天后若接穗不变软，即可确认为成活。

【园林用途】仙人球株型圆润可爱，花色素洁高雅，常作盆栽；也可作艺术加工，制作盆景；或丛植，形成小型沙漠景观。

（三）令箭荷花（*Nopalxochia ackermannii* Kunth.）

【别名】红孔雀

【科属】仙人掌科　令箭荷花属

【识别特征】灌木状，株高40～80cm。茎基部细扁圆形，上部主干及分枝扁平似令箭状，绿色，叶状枝中筋明显，肉质，边缘有波状钝齿，齿间着生刺座。花蕾从茎先端两侧的刺座中抽生，无柄，重瓣，盛开后花瓣外反呈喇叭形，花径约10～15cm，单朵花可持续1～2天。花色有紫、大红、粉红、白、黄等（图10-23）。花期集中在春夏，红色浆果，椭圆形。种子成熟时黑色。

图10-23　令箭荷花

【生态习性】原生于墨西哥和玻利维亚一带。野生种原为寄生性植物，喜温暖、湿润的气候和半阴环境，喜富含腐殖质、排水良好的土壤。

【繁殖方法】常用扦插繁殖，也可嫁接或播种。扦插繁殖一般结合春秋季修剪整形进行，剪成长约8～10cm的小段，剪口涂少量草木灰，晾1～2天剪口干燥后，可扦插于素沙插床上，深度为插穗长度的1/4～1/3。温度控制在20℃左右，适当遮荫，20天左右即可生根。二年生枝扦插苗较好。

播种繁殖一般用于培育新品种，播种苗开花较慢。

【栽培要点】令箭荷花为附生仙人掌类，夏季要求通风和轻度光照，温度控制在25℃以下，避免烈日直晒。冬季需光照充足，温度保持在10℃左右。栽培用土应选择腐殖质丰富的腐叶土，注意定期补充磷钾肥。浇水不宜过多，否则易导致落蕾。花后及时剪去残花，注意修剪整形，疏除细弱枝、过密枝，提高孕蕾量，使令箭荷花多开花。

【园林用途】令箭荷花品种繁多，花大色艳，易栽培，为广泛栽培的一种盆栽花卉赏。

（四）仙人指（*Schlumbergera russellianus* Britton et Rose）

【别名】仙人枝

【科属】仙人掌科　仙人指属

【识别特征】多分枝，向外分散下垂，茎节扁平，顶部钝圆，两侧呈疏浅波状，无尖齿，凹处着生刺座，刺座上无硬刺，具少量黄褐色细绒毛状物。花2～3朵一簇，着生于先端茎节的顶部，稍下垂，花辐射对称，花瓣尖端钝尖形，稍向外反卷，花色大红或紫红色，见图10-24。花期2～3月。

图10-24　仙人指

【生态习性】原产巴西和玻利维亚，我国栽培广泛。附生于树木或岩石上。仙人指喜光，但忌强光直晒。喜温暖、湿润环境。适应性强，水肥要求不严。以富含腐殖质、排水良好的砂壤土为好。

【繁殖方法】用嫁接、扦插和播种法繁殖。

（1）嫁接繁殖　一般选用普通仙人掌、叶仙人掌或量天尺作砧木。接穗选用生长健壮的茎节，保留3～4节，将最下部一节削去1/3左右，削成楔形。再迅速将砧木顶部去刺，纵切一刀，切口宽与接穗切口吻合。将接穗插入切口内，可以刺或竹签固定，或用支持物绑扶。接好后将其置于阴凉干燥处。

（2）扦插繁殖　约20天左右可生根，10天后可定植，定植植株次年开花。

【栽培要点】需肥量较小，生长期间可施稀薄液肥，浇水见干见湿，培养土宜选用排水良好的砂质壤土。夏季节应适当遮荫，注意通风。花蕾分化期应适当控水。栽培容易。

【园林用途】仙人指花果并赏，四季常绿，适宜作盆栽装饰。

（五）假昙花（*Rhipsalidopsis gaertneri*）

【别名】垂花掌、亮红仙人指、连叶仙人掌

【科属】仙人掌科　假昙花属

【识别特征】多年生肉质草本植物，多呈悬垂伞状，多分枝。茎节扁平、长圆形，与仙人指相似，嫩绿色，边缘波浪状齿，带红色，新出茎节常红色，刺座上有刺毛。花着生于茎节顶部刺座上，呈辐射状，与昙花、令箭荷花相类似。常见栽培品种有大红、粉红、杏黄或纯白色，见图10-25。花期3～4月份，花朵昼开夜合，单朵花开7～10天，全株开花20～30天。

【生态习性】原产于巴西，为林下附生性植物，现中国广为栽培。喜疏松、肥沃、排水良好的砂壤土。喜温暖、湿润环境。夏季半阴，冬季向阳。生长适温15～25℃，越冬温度需保持在10℃以上。

【繁殖方法】嫁接、扦插或播种繁殖。嫁接方法同仙人指。

【栽培要点】栽培方法与仙人指相似，生长期每20天左右施1次氮、磷混合的液肥，孕蕾期多施磷、钾肥。花期忌盆土积水，水分过大花蕾脱落。冬季节制浇水，以偏干为宜。夏季需遮光50%～60%。越冬温度不低于10℃，假昙花较仙人指耐高温和抗干旱的能力差，若管理不善，会出现大量茎节脱落，严重时会根系腐烂，植株死亡，原因是高温干旱时会进入休眠状态，根系吸收能力显著下降。花蕾形成后不宜随意搬动，保持盆土湿润，否则容易落蕾落花。因其茎节柔软，长到一定高度时要为其设立支架。

夏季易受红蜘蛛危害，受害处呈火烧状，茎节整片脱落，需用杀螨药物及时防治，并注意通风透光。

【园林用途】茎节翠绿光亮，花开繁密，可盆栽装饰家庭窗台、茶几及案头，也可吊挂于窗前、阳台或客厅，是点缀室内的理想材料。

图10-25　假昙花

（六）蟹爪兰（*Zygocactus truncactus* K.Schum.）

【别名】蟹爪莲、蟹爪、锦上添花、蟹足

【科属】仙人掌科　蟹爪兰属

【识别特征】节状茎扁平，多分枝，常悬垂簇生，茎节先端平截，两端具尖齿，连续生长的节似蟹足状。花着生于顶部茎节顶端，左右对称，花瓣向外反卷似两节喇叭状，花色有玫瑰红、橙黄、粉、白等，见图10-26。花期11月底至12月份。浆果卵形，红色。

【生态习性】原产南美巴西。附生于树干或沟谷中。蟹爪兰

图10-26　蟹爪兰

喜温暖、湿润和半阴环境，不耐寒，忌日光直射。要求富含腐殖质、排水良好的腐叶土和泥炭土。

【繁殖方法】常用扦插或嫁接繁殖，方法同仙人指。

【栽培要点】春季应控制肥水，夏季处于半休眠，停止施肥，控制浇水并适当遮荫。待休眠期过后，应提供充足的肥水，薄肥勤施，每日施1次腐熟有机液肥，开花前应多施磷、钾肥，可在花前1个月喷施2～3次0.2%磷酸二氢钾液，使花大色艳。对于多年生植株应进行整形修剪，适当支撑，可以根据喇叭式、伞状、宝塔式、桩景式、悬卧式等要求进行造型。开花季节保持10～15℃，可使花期持续2～3个月。开花后有40天左右处于休眠期。

【园林用途】蟹爪兰茎四季常绿，茎花俱佳，花冬春盛开。控制花期使其元旦或春节开花，可用以弥补冬春淡季花季，以此装饰居室、阳台，可使隆冬季节焕发春天气息，增添节日气氛。

（七）金琥（*Echinocactus grusonii*）

【别名】象牙球、无极球

【科属】仙人掌科　金琥属

【识别特征】为多年生肉质常绿植物。植株呈圆球形，通常单生，球顶部密披大面积的绒毛，具棱21～37，排列非常整齐。刺座长，有金黄色或淡黄色短绒毛，刺长且直，金黄色，有光泽，形似象牙，故又称"象牙球"（图10-27）。钟状花生于球顶部，花筒披尖鳞片，花瓣淡黄色。

园艺变种有白刺金琥，针刺白色；狂刺金琥，针刺不规则弯曲；短刺金琥，针刺较短。

图10-27　金琥

【生态习性】原产墨西哥中部干旱沙漠及半沙漠地带，现广为栽培。喜温暖、干燥、阳光充足的环境，生长适温20～25℃，冬季适温20℃以上。忌积水，不耐寒，不耐旱。喜肥沃、疏松、富含石灰质的砂壤土。

【繁殖方法】播种繁殖为主，也可用切顶促生仔球的方法繁殖。大型金琥开花时人工授粉，容易结实，采种后适时播种，出苗率较高。

【栽培要点】选择与茎球大小相对应的花盆，用砂6份、园土2份、腐叶土2份混合为培养土上盆。根系浅而弱，一般10～15天浇1次水，注意不浇大水，且不要浇在球体上，特别不要浇在球顶的金黄色锦毛上，否则会降低观赏价值。金琥生长迅速，每年春季需换盆。病虫害以介壳虫、日灼病为多，注意通风、遮荫，并及时防治。

【园林用途】茎球巨大，棱多整齐，针刺发达金黄色；寿命长，生长缓慢，适宜用作大型盆栽，点缀商场、宾馆等公共场所，十分壮观。家庭室内观赏可用幼苗装饰。也可地栽，布置专类园。

（八）昙花（*Epiphyllum oxypetalum* Haw.）

【别名】琼花、月美人、白孔雀

【科属】仙人掌科　昙花属

【识别特征】为附生植物。灌木状，基部木质化，叉状分枝，老枝圆柱形，分枝扁平叶状，肥厚多肉，边缘波状无刺座，木质化中筋不甚明显，深绿色，光滑被蜡质，有毛状刺，老枝无刺。花朵单生于扁平枝边缘波状齿凹处，花漏斗状，花梗短或无，花萼筒状下垂，红色；花重瓣，花瓣披针形，色白如玉（图10-28），芳香。昙花开花多在夜间，花期较短，整个展开过程仅2～4小时左右。浆果，成熟时红色，可观赏。种子黑色。

【生态习性】原产美洲及印度的热带森林中，现广泛栽培。喜光照，适生于半阴和湿度较大的环境，畏夏季曝晒。不耐寒。忌涝，喜肥。

【繁殖方法】多采用扦插法繁殖，也可播种繁殖。在温室内一年四季都可扦插。选择生长强健的二年生茎枝3个节约10cm左右，基部削平，于阴处晾2～3天，待剪口不流汁液时进行。20～25℃条件下，30天左右可生根。植株生长较慢，一般需要5年以上才能开花。

图10-28　昙花

【栽培要点】昙花每年结合换盆，更新土壤，施足基肥，基肥以腐熟的麻渣为主。生长期间应施薄肥，开花前后加强肥水管理，以磷、钾肥为主。保持较高的空气湿度，浇水见干见湿。夏季应适当遮光。冬季应转入5℃以上的环境，并适当控水。昙花多年生植株分枝较多，为保持株形，应设架支撑，以防倒伏。

为增加其观赏价值，可控制花期，在白天开放。具体方法是：花蕾长至10cm左右时，每天上午7时把昙花搬入暗室，下午7时见光，天黑后以100～800W电灯加光，处理10天右，花可在上午7～9时开放，下午4～5时闭合。

【园林用途】昙花多作盆栽观赏，昙花一现，珍奇名贵。

图10-29　山影拳

（九）山影拳（*Piptanthocereus peruranus* var. *monstrous* DC.）

【别名】仙人山、山影

【科属】仙人掌科　山影拳属

【识别特征】为陆生植物。株高20～60cm茎肉质，粗壮肥厚，分枝不规则，具有深浅不一的纵沟及不规则的脊，呈岩石状，脊上生长刺座，针刺多枚，黄色或顶端褐色，有毒。茎浅绿至深绿色（图10-29）。花白色，喇叭状，夜开昼合。

【生态习性】原产秘鲁。性强健。喜光，亦耐半阴。耐旱性极强，不耐水湿。耐瘠薄，耐盐碱。

【繁殖方法】多采用扦插繁殖，也可嫁接。扦插繁殖四季均可进行，但以春、秋两季为佳。嫁接繁殖采用平接法，砧木一般选用2～3年生的仙人球，将仙人球顶部1/3处削平，切取山影拳健壮分枝，与砧木切口对紧，加压固定，10～15天可愈合成活。

【园林用途】山影拳是室内陈设的优良观茎植物，多作盆栽观赏。

（十）量天尺（*Hylocereus undatus*）

【别名】棱柱、三棱箭、仙人三角

【科属】仙人掌科　量天尺属

【识别特征】攀援性灌木。量天尺有附生习性，常生有气生根。茎深绿色，粗壮，具三棱，棱脊波状，具边缘有刺座（图10-30）。茎上花大形，白色，筒部较长，具芳香，夏季晚上开放，次日凋谢。

图10-30　量天尺

【繁殖方法】扦插繁殖，生根容易。春、夏季扦插最适宜。

【园林用途】量天尺性强健，生长迅速，是目前多汁多浆花卉使用最普遍的砧木，也可盆栽观赏。

（十一）绯牡丹（*Gymnocalycium mostii* Br. et Rose）

【别名】红牡丹、红蛇球、红球、麝香球

【科属】仙人掌科　蛇龙球属

【识别特征】为多年生肉质植物。球茎扁圆形，高约4～6cm，直径约12cm。球茎具棱11～14，刺座具刺17～19，褐色向外开张。

图10-31　绯牡丹

刺座上能分生小球茎（图10-31）。花单生，漏斗状，淡红色，常数朵同时开放。花期春夏季。

【生态习性】原产于南美巴拉圭一带。喜温暖干燥和阳光充足环境。夏季怕高温、强光直射。不耐寒，冬季温度不低于8℃。球茎红色，不含叶绿素，必须嫁接在其他绿色植物上，才能生长开花。

【繁殖方法】以嫁接繁殖为主。砧木多用量天尺。温室栽培全年均能嫁接，但以春、夏季为好。5～6月份从母株上剥取健壮子球，径粗5cm，削平子球茎底部，并将砧木顶部也削平，然后将子球紧贴砧木切口中央，对齐髓心，绑缚，套上塑料膜袋保湿，接后7～10天松绑，养护2周后，如接口完好，表明已成活。一般接后2个月可供观赏。嫁接部位不能积水，防止腐烂。3～4年重行嫁接，以便更新。

【栽培要点】嫁接成活后，给予充足光照，生长期15天施肥1次，每1～2天对球体喷水1次，使红色球体更加清新鲜艳。夏季光线过强时应适当遮荫，以免球体灼伤。冬季需要充足阳光，否则球体变得暗淡失色。每年5月份换盆。

【园林用途】绯牡丹是仙人常植物中最常见的红色球种。夏季开花，粉红娇嫩，用白色塑料盆栽植，更觉美丽，是点缀阳台、案几和书桌的佳品。

三、多汁多浆类花卉的常见种类

（一）虎皮兰（*Sansevieria trifasciata* Prain）

【别名】虎耳兰、千岁兰

【科属】百合科　虎尾兰属

【识别特征】多年生常绿草本。根系呈匍匐状根茎。叶簇生自地下根系，倒披针形或剑形，尖硬挺直，肉质扁平，基部具凹沟或呈圆筒状，高达50cm。两面具浅绿色和深绿色相间的横纹。穗状花序顶生，花葶高出叶面，白色至淡绿色（图10-32左下）。花期春夏季。浆果。

【栽培品种】同属常见观赏植物有虎尾兰（*S. zeylanica* Will.），叶长45～75cm，剑形，半圆柱形，基部厚，有深沟，叶背面有浅绿色横纹及暗绿色纵纹，花绿白色，花葶长30cm。

园艺栽培变种有如下几种：金边虎皮兰（var. *laurentii* N.E.Br.）（图10-32右）、金边短叶虎

皮兰（var.*golden hahnii* Hort.）、短叶
虎皮兰（var. *hahnii* Hort. 或*S. hahnii*）
（图10-32左上）。

【生态习性】喜温暖、湿润而通风良
好的环境。耐半阴，喜富含腐殖质、排水
良好的砂壤土。我国广东、云南等地常露
地栽培。

【繁殖方法】常用扦插、分株法。扦
插最好在夏季进行，用片叶插法，选生
长健壮的叶片，剪成5～8cm长的插穗，
插入插床，深约1/4～1/3，1个月后可
生根。分株在春季结合母株翻盆换土时
进行。

【栽培要点】原产非洲，现各地广泛
栽培。栽培养护简单，夏季注意充分浇

图10-32　虎皮兰

水，并施以薄肥，光照过强时应适当遮阳，防止灼伤叶片。冬季要充分见光，控制浇水，否则易
引起叶基部腐烂。虎尾兰宜丛植，保持一定大小的株丛。

【园林用途】虎皮兰姿态独特，叶色美丽，可供盆栽室内观赏，也可用于园林栽培。

（二）芦荟（*Aloe chinensis* Baker）

【别名】中国芦荟、油葱、斑纹芦荟、龙角、草芦荟

【科属】百合科　芦荟属

【识别特征】多年生常绿肉质植物。茎节极短。叶近簇生，幼苗期叶片为2列状排列，长大后
螺旋状排列，狭披针形，叶面叶背都有白色斑点，终生不褪；长10～20cm、厚5～8mm，先端渐
尖，边缘有刺状小齿，基部阔而抱茎。总状花序自叶丛中抽生，高60～90cm；疏散型；花梗长
约2.5cm，花黄色或有紫色斑点［图10-33（a）］。花期7～8月份。

【栽培品种】该属植物世界约有300种，若加上变种，杂交种则更多。在中国最常见的芦荟
即为中国芦荟，它是库拉索芦荟的变种。同属常见栽培的其他食、药用及观赏植物有：木立芦荟
（A. arborescens）［图10-33（b）］、库拉索芦荟（A. barbadersis）［图10-33（c）］、木锉芦荟（A.
aristata）［图10-33（d）］、花叶芦荟（A. brevifolia）、剑叶芦荟（A. arborescens）。

【生态习性】原产非洲南部、地中海地区、印度，我国云南南部的元江地区也有野生分布，现
各地广泛栽培。喜温暖、阳光充足和干燥通风良好的环境条件。不耐寒。对土壤要求不严。耐旱
力强，耐盐碱。喜排水良好的酸性砂壤土。

【繁殖方法】多用扦插和分株繁殖。春季3～4月份，选择母株上10～15cm长的分枝作插穗，
去除基部2～3片叶，晾至切口干燥后插入沙土中，30天左右即可生根。分株繁殖于春季4月份
进行，将母株上基部萌生的过密的侧枝带根分出，稍晾后栽入素沙土中。待根系恢复生长后，换
入培养土，极易成活。

(a)中国芦荟　　　　　　　　　(b)木立芦荟　　　　　　　　　(c)库拉索芦荟　　　　　(d) 木锉芦荟

图10-33　芦荟

【栽培要点】芦荟生长迅速，扦插苗上盆后，每年春季出室前翻盆1次，培养土宜用腐叶土与砂质壤土混合，盆底垫蹄角片作底肥。夏季放在通风良好的荫棚下养护，15～20天追施腐熟的有机肥溶液。10月中下旬移入低温温室，保持10～15℃，控制浇水，保持盆土稍干，给予充足光照，即可安全越冬。

【园林用途】芦荟是良好的盆栽肉质观叶植物。也可在观赏温室地栽丛植。

（三）龙舌兰（*Agave americana* L.）

【别名】龙舌掌、番麻

【科属】龙舌兰科　龙舌兰属

【识别特征】为多年生大型常绿肉质草本植物。茎极短。叶片自植株基部呈轮状互生，披针形，肥厚多浆，硬质，相互抱合，叶色灰绿，被白粉，长可达60cm，先端具硬尖刺，边缘具锯齿状钩刺。圆锥花序自叶丛中抽生，花淡黄绿色。花期6～7月份。蒴果。

图10-34　金边龙舌兰

【栽培品种】具有观赏价值的变种有：金边龙舌兰（var. *marginata*），叶缘呈黄色或白色线形条纹，叶面宽大（图10-34）；金心龙舌兰（var.*mediopicta*），叶片中央呈淡黄色；银边龙舌兰（var.*marginata-alba*），叶片两侧呈白色，或略带淡粉红色。

【生态习性】原产墨西哥等地，我国华南及西南亚热带地区广为栽培，现各地温室多做盆栽养护。喜温暖畏寒，好阳光充足，耐旱，忌积水。异花授粉，自花授粉不易结实。

【繁殖方法】分株法繁殖。若蘖蘖苗无根系或根系较少，也可扦插于沙中，生根后再上盆定植。

【栽培要点】热带、亚热带地区可露地栽培，其余地区均作盆栽养护，冬季在低温温室保护越冬，并保证充足光照。生长季节保持盆土湿润即可，适当追肥，使叶色浓绿，不可大肥大水。浇水时水不宜淋在叶片上及叶丛中，以防褐斑病发生。花叶品种在盛夏季节应适当遮荫，防止花叶退化。植株新叶长出后，下部老叶逐渐枯黄，应及时剪除。

【园林用途】龙舌兰叶形美观大方，为大型观叶盆花，可置于厅堂陈设，也可群植作园林观赏。

（四）虎刺梅（*Euphorbia milii*）

【别名】虎刺、铁海棠、麒麟刺、龙骨花

【科属】大戟科　大戟属

【识别特征】为常绿亚灌木。具攀缘性。株高50～80cm，茎多汁，具纵棱，着生褐色硬刺。叶少，稀疏着生于嫩枝上，倒长卵型，先端圆钝，具小凹尖。二歧聚伞花序顶生，花小，两两并生，无花被，总苞片美丽，是主要的观赏部分，大红色或橘红色，扁肾形（图10-35），花期5～10月份。

【生态习性】原产热带非洲，现各地广泛栽培。性强健，喜温暖，喜光，耐旱。要求通风良好的环境和疏松的土壤。茎姿奇特，花期较长，可四季开花，以春季开花最多。

【繁殖与栽培】扦插繁殖。在6～9月份，剪取老枝顶端8～10cm长作插穗，置阴凉处1天，待切口流出的白色乳汁干燥后扦插，30天可生根。栽培管理容易，浇水"见干见湿"，生长期则需充分浇水，保持盆土湿润，并施以稀释的有机肥，可开花不断。冬季入中温温室养护，温度12℃以上。适当进行修剪，并设立支架，绑缚造型，提高观赏性。

【园林用途】虎刺梅是深受欢迎的观花、观茎花卉，可盆栽观赏，幼株可

图 10-35(a)　虎刺梅

图 10-35(b)　重瓣虎刺梅

扎缚成各种形状。

（五）长寿花（*Kalanchoe blossfreldiana* cv. Tomthumb）

【别名】十字海棠、寿星花、圣诞伽蓝菜

【科属】景天科　伽蓝菜属

【识别特征】为多年生肉质常绿草本花卉。株高15～30cm，茎直立光滑，基部常木质化。叶肉质，交互对生，长圆形，下部叶全缘，上部叶具圆齿或呈波状，深绿色有光泽，边缘略带红色。聚伞花序，红色至橙红色，单瓣或重瓣（图10-36），单瓣品种花冠4枚，高脚碟形。花期10月份至翌年3月份。

【栽培品种】同属常见栽培的肉质多年生草本花卉为落地生根类：叶对生，单叶或羽状复叶，长矩圆形或棒形，在叶缘缺刻处常长有幼小植株，落地后能长成新的植株，聚伞花序，生性强健，耐干旱，喜光，也耐半阴。喜温暖，越冬温度10℃左右，要求排水良好的砂壤土。常见有：①宽叶落地生根（*K. daigremontiana* Hamet et perrier），叶片宽大，矩圆形［图10-36(c)］；②棒叶落地生根（*K. tubiflorum* Harv.），叶圆棒形。

图10-36(a)　单瓣长寿花　　　　图10-36(b)　重瓣长寿花　　图10-36(c)　宽叶落地生根

【繁殖与栽培】初夏或初秋进行嫩枝扦插，或掰取带柄健壮叶片进行全叶直插。一年四季都宜放在有直射阳光的地方。翻盆换土用轻质砂壤土，浇水"见干见湿"。定期追施腐熟液肥或复合肥，缺肥时叶片小，叶色淡。注意摘心，促分枝，花后剪去残花，促长新枝叶。

【园林用途】长寿花株形紧凑，花朵繁密，花期长，故是冬春盆栽摆设的优良花卉。

（六）石莲花（*Echeveria glauca*）

【别名】偏莲座、莲花掌

【科属】景天科　石莲花属

【识别特征】多年生常绿草本。根茎粗壮，具多数长丝状气生根。叶无柄，肉质倒卵形，蓝灰色，先端圆钝，带红色（图10-37）。花葶高20～30cm，单歧聚伞花序，着花8～12朵，花期夏季。

【繁殖与栽培】可用分株或扦插繁殖。分株于春、秋季将根际处萌发的萌蘖小苗带根切下，另行栽植即可。扦插繁殖可选

图10-37　石莲花

生长健壮的叶片，叶面朝上平铺于插床，不覆土，遮荫，保湿叶片基部伤口的愈伤组织以萌发出新株。

用粗沙和壤土等份混合作盆土上盆。夏季高温生长期要注意控水，保持环境干燥，防止盆土过湿，引起茎叶徒长。每年春季换盆，并清理过多的子株和枯叶，生长2～3年后，要进行更新。

【园林用途】石莲花叶丛似盛开的绿色荷花，是较好的盆栽观叶花卉。

（七）露草（*Aptenia cordifolia*）

【别名】樱花吊兰、花蔓草、心叶冰花、牡丹吊兰

【科属】番杏科　露草属

【识别特征】原产于南非。为多年生草绿草本植物。株高15～20cm，枝条具棱，呈半匍匐状

图10-38　露草

图10-39　条纹十二卷

图10-40　燕子掌

生长。叶对生，肉质肥厚，翠绿色（图10-38）。花红色，花期3～6月份。

【生态习性】性喜温暖，忌高温多湿，喜光、通风良好，忌涝，喜肥，要求排水良好的砂质壤土。

【繁殖与栽培】嫩枝扦插繁殖，20天后可生根。性生长健壮，需肥量较大，生长期及花前追肥，促进枝叶繁茂，开花良好。经常保持盆土偏干，不要浇水过勤，同时注意通风，防止腐烂。适当进行修剪，短截徒长枝，促分枝，保持完好株型。

【园林用途】枝叶繁密翠绿，花色柔美，是良好的盆栽观花、观叶花卉。也可吊盆悬挂观赏。

（八）条纹十二卷（*Haworthia fasciata* Haw）

【别名】孔雀兰、锉刀花、十二卷
【科属】百合科　蛇尾兰属
【识别特征】多年生常绿草本。地上茎短缩，植株矮小，高约20cm。叶肉质，长披针形，20～30片莲座状着生，叶背有条状横排列的白色小疣点（图10-39）。总状花序，红色；花期6月份。

【生态习性】原产南非。性喜温暖，稍耐寒。散射光照，耐半阴。忌涝，保持湿润环境。要求肥沃排水良好的壤土。

【繁殖与栽培】分株繁殖。用砂质中性培养土上盆。生长期给予散射光照，每年仅追全肥1～2次。夏季置于荫棚下通风处，防水防涝，叶面积水，盆土过湿易腐烂。隔2～3年进行换盆。

【园林用途】叶片宛如孔雀尾，绚丽多姿，为优良室内盆栽观叶花卉。

（九）燕子掌（*Crassula portulacea* Lan）

【别名】厚叶景天、肉质万年青
【科属】景天科　青锁龙属
【识别特征】为多年生常绿草本花卉。燕子掌性健壮，直立，肉质多汁，具分枝，枝上有明显的环状节，老茎半木质化，嫩枝绿色。叶对生，厚肉质倒卵形，具短柄，全缘，表面光滑，上被白霜（图10-40）。春季开花，花小，呈粉红色。花期从12月中旬至翌年3月份，持续开花达3个月。

【生态习性】原产于热带非洲地区，现世界各地广泛栽培。性喜温暖，光照充足，但在室内散射光条件下也能生长良好。耐干旱，忌水湿。耐瘠薄。喜排水良好的砂质土壤。

【繁殖与栽培】扦插繁殖。在温室内可常年进行，枝插或全叶插均可，生根容易。温度20℃以上，15天左右即可生根。

燕子掌生性强健，幼年苗为使其迅速生长，每年出室前翻盆换土1次。浇水"见干见湿"。一般不需施肥。夏季适当遮荫。冬季移入室内向阳处。

【园林用途】燕子掌茎叶青翠常绿，是叶、茎俱佳的观赏植物，定型的植株适合在室内陈设观赏。

单元复习思考题

一、名词解释

扦插 分生 嫁接 压条 花期调节 促成栽培 抑制栽培 遮光处理法 补光处理法 昼夜颠倒法 换盆 翻盆 移植 定植 基肥 根外追肥

二、简述题

1. 花卉常见的繁殖方法有哪些？分别适用于哪些花卉种类？

2. 有性繁殖和无性繁殖的区别如何？各有哪些优缺点？

3. 如何确定种子的采收时间？如何贮藏各类花卉种子？

4. 影响花卉种子萌发的因素有哪些？播种时应怎样对它们进行调控？

5. 露地花卉的播种方式有哪几种？请简述苗床播种的全过程。

6. 试述容器播种的步骤与方法。

7. 播种后怎样管理才能使幼苗生长健壮？

8. 花卉扦插的方法有哪些？怎样操作？各适用于哪些花卉？

9. 比较硬枝扦插、绿枝扦插和嫩枝扦插的异同。

10. 促进扦插生根的方法有哪些？

11. 叶片扦插适合什么样的花卉？方法如何？举出5种适合叶插的花卉种类。

12. 花期控制的意义何在？调控的基本原理是什么？

13. 促成栽培和抑制栽培的常见方法有哪些？查阅资料，各举2例常见一、二年生花卉及宿根花卉、球根花卉、木本花卉的促成栽培方法。

14. 若使一品红在国庆节开花应采取哪些栽培措施？

15. 北方可供"五一"节布置城市园林的露地花卉有哪些？如何培养？

16. 一、二年生花卉和宿根花卉、球根花卉的繁殖方法有何不同？各有哪些栽培要点？

17. 露地花卉的栽培管理措施有哪些？

18. 种子成熟后易落、不易采收的露地花卉有哪些？应怎样采收？

19. 说出具有下列特点的露地花卉有哪些？

（1）能自播繁衍，或扦插繁殖　　（2）耐寒性强，不耐炎热

（3）直根性，不耐移植　　　　　（4）播种前种子需要处理

（5）耐修剪　　　　　　　　　　（6）喜半阴

20. 哪些露地花卉可以摘心？摘心的目的是什么？哪些不能摘心？为什么？

21. 常见的露地蔓生性草本花卉有哪几种？栽培要点如何？

22. 园林中常见应用的草本观叶花卉有哪些？常见的应用形式有哪些？

23. 一串红、矮牵牛、万寿菊、百日草栽培的关键技术措施是什么？

24. 菊花主要以哪些方法繁殖？养好盆菊的关键技术是什么？

25. 芍药花和牡丹花主要采用哪些繁殖方法？栽培要点是什么？如何从形态上区别二者？

26. 地栽大丽花的繁殖与栽培管理方法如何？栽培时应注意哪些问题？

27. 唐菖蒲的生态习性如何？应如何进行栽培管理？

28. 百合类的繁殖方法有哪些？应如何进行？

29. 温室花卉的栽培管理包括哪些工作？

30. 盆花的整形、修剪工作包括哪些内容？

31. 常用的盆栽基质有哪几种？各有何特点？实际应用的混合基质常见有哪几类？

32. 怎样采集腐叶土、园土及河沙？采集后如何处理？常用哪些方法消毒？

33. 人工堆积腐叶土的方法如何?

34. 盆栽用的培养土应如何配制?不同花卉培养土有何不同?

35. 怎样防止盆栽土壤碱化?碱化后如何调节?

36. 花卉浇水与施肥的原则是什么?浇水过多和施肥过浓会对花卉造成哪些伤害?

37. 南、北方盆栽花卉有哪些不同?南花北养需要注意什么问题?

38. 花卉的上盆、换盆与翻盆有何不同?换盆时如何使花株轻松脱盆?脱盆后对花株如何处理?

39. 盆花养护时对地上茎叶要经常作哪些护理?

40. 文竹叶子易黄化、吊兰叶子易干尖的原因是什么?养护时应注意什么?

41. 简述盆栽观叶植物的栽培要点,举出当地常见观叶种类10种,并区分相似种。

42. 高温季节怎样养护君子兰?君子兰烂根后应如何挽救?怎样鉴别君子兰品种的优劣?

43. 君子兰不开花的原因是什么?为什么易夹箭?如何解决?

44. 非洲菊在栽培中要注意哪些事项?

45. 怎样区别各种温室凤仙花?它们应如何繁殖?园林用途怎样?

46. 朱顶红的休眠期应怎样管理?如何处理能使其在春节开花?

47. 大岩桐的繁殖方法有哪些?播种方法与仙客来有什么不同?栽培管理中要注意哪些问题?

48. 仙客来的繁殖方法及管理要点有哪些?

49. 天竺葵的生态习性如何?其生长期与休眠期的管理有何不同?

50. 香石竹、月季及唐菖蒲切花生产的技术要点各有哪些?

51. 盆栽杜鹃花时要注意哪些问题?为什么室内养护杜鹃花容易落花落蕾?

52. 怎样从形态上区分盆栽榕树、山茶花、含笑、桂花与栀子花?

53. 橡皮树、苏铁的生态习性如何?应怎样繁殖?

54. 北方地区盆栽山茶花、茉莉花、米兰、桂花时应注意什么问题?

55. 盆栽栀子花时容易出现什么问题?如何避免?

56. 蒲葵与棕榈在形态上有何不同?

57. 比较常见观果类花卉的挂果期、挂果时间长短及果实的观赏特性。

58. 盆栽藤本观叶类植物有哪些?管理方法与其他花卉植物有何不同?

59. 冬天在有暖气的室内养花时要注意哪些问题?

60. 简述水生花卉的含义和类型,并举例说明。

61. 简要说明水生花卉的繁殖方法与栽培要点。

62. 举出5种常用水生花卉,简述其栽培养护要点和应用特点。

63. 举出当地常见的5种蕨类植物,说明它们的识别要点、繁殖方法及栽培管理措施。

64. 国兰和洋兰的含义是什么?有什么不同?分别举出3种常见种类,说明其识别、繁殖及栽培要点。

65. 举出常见的5种仙人掌及多汁多浆植物,说明其识别与繁殖栽培要点。

66. 北方地区盆栽仙人掌时为什么常不开花?怎样促其开花?

67. 通过实物比较或资料查阅,区分日本芦荟、库拉索芦荟和中华芦荟,并说明三者的主要用途。

单元实训指导

实训十三　花卉种子的采集、处理与包装贮藏（秋季进行）

一、实训目的

了解种子的采集要点、处理方法及包装、贮藏的方法。

二、实训材料与用具

凤仙花、三色堇、一串红、芍药等花卉植株；修枝剪、塑料布、木棍、烘箱、温湿度计、纸袋、木桶、湿沙等。

三、实训方法与内容

1. 花卉种子的采集

（1）采摘　凤仙化、二色堇、一串红等花卉的果实陆续成熟，应单果采摘，随熟随采，防止散落；万寿菊、翠菊、百日草、紫罗兰等花卉种子成熟较一致，可剪切其花序和植株；易散落的种子采种时，将纸或纸袋置于花序周围或下方，用手摇或敲击植株将果实或种子震落。

（2）采种后记录　包括编号、名称、特性（株高、花色、花径）、采集日期、产地、采集人等。

2. 花卉种子的处理

（1）种子的干燥、脱粒。

（2）净种。即去壳、去翅、清除杂物和病损种子。

（3）分级。

3. 花卉的包装、贮藏

（1）干藏法　将处理后的一串红、凤仙花、万寿菊、紫罗兰等一、二年生草木花卉种子分别装入纸袋中，置室内通风干燥的环境中贮藏。

（2）沙藏法　将芍药种子与3倍体积的湿沙充分混合，装入木桶中，放低温环境下贮藏。

四、分析与讨论

分组讨论判断种子成熟的方法和种子采摘的方法。种子采后处理过程中会碰到哪些问题？怎样解决？

五、实训作业

将种子的采集、处理、包装及贮藏操作过程及注意事项整理成报告。

实训十四　花卉种子的认识及品质鉴定

一、实训目的

熟悉露地常见的一、二年生花卉种子，掌握种子品质鉴定的基本方法。

二、实训材料与用具

一串红、三色堇、矮牵牛、金盏菊等一、二年生花卉种子；放大镜、解剖镜、直尺、铅笔、记录本、镊子、种子瓶、盛物盘、白纸板。

三、实训方法与内容

1. 种子的识别

（1）由教师结合实物讲解花卉种子的形态特征和识别要点，指导各小组学生对各类花卉种子进行仔细观察，认真区分。

（2）学生分组边观察、边详尽记录各类常见一、二年生花卉种子的形态、色泽、大小及硬度，熟悉各类花卉种子的形态特征，达到脱离植株能识别并能描述其主要形态特点。

2. 种子品质鉴定

本实训仅通过实物观察初步确定种子的品质。优良种子的形态鉴定标准是：种子纯净、颗粒饱满、发育充实、无机械损伤和病虫害感染。

四、分析与讨论

1. 讨论分析如何对同一科、属花卉（如雁来红与鸡冠花、万寿菊与孔雀草）的种子及一些微粒种子（如金鱼草、虞美人的种子）进行形态区别；怎样才能牢固记忆和区分不同花卉的种子？

2. 种子的播种品质需通过什么方法进行鉴定？

五、实训作业

1. 查阅资料，了解所观察的种子花卉所属的科别、果实类型。

2. 列表整理实训结果，包括花卉的科别、果实的类型，以及种子的形态、色泽、大小、硬度及分析与讨论的结果，形成实训报告。

3. 取 15～20 种花卉种子作实物考核。

实训十五　整地作畦

一、实训目的

掌握露地整地作畦的方法与步骤。

二、实训用具

铁锹、尖镐、土筐、有机肥、耙子、米尺、不同孔径的筛子。

三、实训步骤

1. 选地

应选择光照充足、空气流通，排水良好的地方；土壤以富含腐殖质、轻松而肥沃的砂质壤土为宜。

2. 翻地

将土壤深翻约30cm，清除杂物，打碎大土块，去除石砾，耙平。

3. 作床

翻地后将床面耙平耙细，作高畦和低畦。

高畦宽 1～1.2m，高度 10～15cm，断面呈梯形；低畦宽 1～1.2m，畦埂高 15～20cm，步道宽40cm。畦长依圃地大小及播种规模而定，中央略高，利于排水。

畦床做好后，在其上面覆盖两层施有腐熟且细碎堆肥或厩肥等有机肥（也可施草木灰，土壤条件好也可不施）的过筛壤土，约8～10cm厚。即先覆孔径0.5～1.0cm的土壤，约5～7cm厚，然后再覆孔径0.2～0.3cm的土壤，约3cm厚，要求畦面平整，土壤细碎。

四、分析与讨论

1. 分析高畦、低畦的优缺点，花卉育苗时如何确定应该选择高畦还是低畦。

2. 分析讨论整地过程中的技术要点及注意事项。

五、实训作业

分组完成高畦和低畦，并将操作过程和分析讨论的结果整理成报告。

实训十六　露地花卉苗床育苗技术

一、实训目的

1. 学会依据种子大小和数量多少选择不同的播种方法。
2. 掌握苗床播种育苗的全过程；学会容器播种的操作步骤、方法及管理要点。

二、实训材料与用具

大粒、中粒、小粒、微粒草本花卉种子；喷壶、培养土、铁锹、筛子、碎瓦片、浅盆、花盆、苗盘。

三、实训方法与内容

1. 露地苗床播种

分组整地作畦，准备好育苗床，浇底水深至10cm左右，待床面水分适宜时播种，按种子大小或数量多少选择不同的播种方法。

2. 容器播种

准备好播种容器和播种用土，按大粒种子点播、中粒种子条播、小粒与微粒种子撒播的方法播种。其中，微粒种子撒播前要先将种子和细土或细沙混匀再播，撒播时要求种子分布均匀，密度适当。

3. 播后管理

播种后依据花卉种子的大小选择覆土厚度，覆土后将床面或盆面压实，浇透水，覆膜保温、保墒。注意微粒种子撒播后要用盆底给水法浇水或细眼喷壶喷水。发芽前充分给水，适当遮荫；发芽后适当减少浇水，掀去遮阳物，逐渐通风、见光。当真叶出土后及时间苗和移栽。

四、分析与讨论

1. 记录操作步骤、不同花卉种子发芽的时间、出苗率、成苗率及幼苗生长状况。
2. 分析播种方法与出苗情况、幼苗生长状况的关系。
3. 分析不同花卉种子发芽的时间、发芽率及幼苗生长状况与期望目标的差距，如有差距，则分析其原因。

五、实训作业

1. 掌握露地苗床播种和容器播种的技术要点。
2. 熟练掌握种子发芽前、发芽后和成苗期的管理技术。
3. 按实训步骤、内容、结果、讨论分析书写详细的实训报告。

实训十七　幼苗的间苗、移植与定植技术

一、实训目的

熟练掌握花卉幼苗间苗、移植及定植技术。

二、实训材料与用具

播种花卉幼苗、移植铲、耙子、铁锹、喷壶、营养钵、水桶、锄头。

三、实训方法与内容

对露地苗床播种幼苗或盆播幼苗分组进行下列技术操作。

1. 间苗

幼苗长出1～2片真叶时，根据幼苗的疏密情况及时进行间苗，去弱留强，去密留疏，间苗后需立即浇水。

2. 移植

将生长过密，已生出3～4枚叶片或高至3～5cm的幼苗，移栽到苗钵或闲置的大苗床上。

移植前一天上午或傍晚先给幼苗浇1次透水，以免移植时土壤过干伤及根系或不易带土移栽，但土壤过干或过湿，都不宜操作。小苗和耐移植的幼苗裸根移植，大苗和直根性较强的如紫茉莉、百日草等带土护根移栽。栽后立即浇透水，用遮阳网遮荫或将盆钵移至庇荫处。

3. 定植

把花圃的地翻整好，并按一定株距挖好定植穴。将待栽苗提前浇透水，然后带土或脱钵栽植到定植穴中，浇透水。

注意事项：

① 掌握间苗的标准及操作方法，若间出的幼苗健壮、无病虫害，则可根据其生长情况另行栽植，以提高成苗率；

② 起苗后的位置要用土培好并浇水，以免未起的幼苗根系裸露，因曝晒导致死亡；

③ 起苗时一次不能起的过多，最好边栽边起，防止未栽的幼苗风干或曝晒而死，栽不完的幼苗要进行假植；

④ 栽植时注意根系不能拳曲或根尖露在土外；

⑤ 移栽和定植操作过程中注意保护幼苗的根、茎不受伤害，以保证成活率。

四、分析与讨论

记录实训结果，包括间苗、移植、定植的幼苗种类、成活率、生长状况等。分析讨论实训过程中出现的问题；实训结果与操作认真程度、规范程度及熟练程度等的因果关系。

五、实训作业

分析间苗的作用，调查间苗的结果、移植、定植的成活率，并以实训报告形式上交作业。

实训十八　花卉的分株、分球繁殖技术

一、实训目的

熟悉常见的宿根花卉和球根花卉，掌握宿根花卉的分株与球根花卉的分球繁殖技术。

二、实训材料与用具

宿根花卉如荷兰菊、萱草、马蔺、芍药、蜀葵、一叶兰、吊兰、玉簪，球根花卉如美人蕉、葱兰、唐菖蒲、马蹄莲、仙客来、大岩桐、大丽花等；培养土、花盆、利刀、枝剪、喷壶、杀菌剂、木炭粉或草木灰。

三、实训方法与内容

1. 宿根花卉的分株繁殖

露地宿根花卉分株时先将全株掘起，盆栽花卉则先脱盆。去除株丛外围根土，用利刀将地下根茎之间的连接切断，每丛3～5株，每株都要带有根、茎、芽。去除残根、枯叶，用木炭粉或草木灰涂抹伤口，另行栽植。

2. 球根花卉的分球繁殖

（1）根茎类　扒开美人蕉的根茎，去除干枯的老根茎，用利刀按每块2～3个小根茎为一组进行分割，每个小根茎要带有2～3个节，用拌有杀菌剂的木炭粉涂抹伤口，阴干后栽植。

（2）鳞茎类　将葱兰的株丛从盆中脱出，于各株小鳞茎自然分离处分开，按3cm×3cm的株行距栽植于新盆土中，栽植时球顶部与土面齐平，栽后浇透水，置庇荫处缓苗。

（3）球茎类　唐菖蒲经1年栽培后，每一母球会形成1～2个大的新球和较多的小子球。繁殖时，将这些新球和子球自然分离下来，新球栽植后可当年开花，子球条播或撒播，培养1～2年后可开花。

（4）块茎类　马蹄莲休眠后，挖出其块茎，剥下四周的小球另行栽植。仙客来和大岩桐不能自然产生子球，多采用播种法繁殖，但3年生以上的植株，可采用纵切块茎的方法来繁殖。仙客来在8月下旬块茎即将萌动前切割，每块都应带有芽眼；大岩桐于春暖后的发芽期进行，浇水催芽，待芽长至5cm时切割，每块带有1个壮芽，切口涂以草木灰，稍微晾干后分植于花盆内。因切割法繁殖系数小，切割的块茎不圆整，不易管理，故实际中应用较少。

（5）块根类　早春发芽前将贮藏的大丽花块根于根颈连接处分割，每株带块根1～2个，且要保留完整的根颈部（含芽眼），分割后用草木灰或硫黄粉涂抹切口，植于花盆内催芽。亦可在分株前将块根放在15～20℃的温室内先行催芽，当新芽长至2～3cm时再进行块根的切割分离。

四、分析与讨论

1. 球根花卉球根的分级方法、栽种前的处理技术及分球和栽种时的注意事项有哪些？

2. 宿根花卉分株时应如何确定株丛切分的位置？切分后如何处理伤口？分株和栽种时有哪些注意事项？

五、实训作业

检查分株、分球栽植后的成活率和生长情况，翔实记录实训过程和实训结果，并以实训报告形式上交作业。

实训十九　花卉的扦插繁殖技术

一、实训目的

掌握绿枝插、嫩枝插、硬枝插、叶插的操作技术和管理方法。

二、实训材料与用具

月季、一串红、虎尾兰；刀片、枝剪、插床、壤土、蛭石、河沙、小木棒、喷壶、遮荫网、杀菌剂。

三、实训方法与内容

1. 绿枝插

选月季半木质化带叶片的健壮枝条，剪成10～15cm的茎段，上剪口在芽上方1cm左右，下剪口在基部芽下0.3cm处，切面要平滑。去掉茎段下部叶片，保留上部小叶2～4枚，然后用木棒在插床插一孔洞，插入插穗长度的1/2～2/3，喷水压实。

2. 嫩枝插

剪取一串红嫩梢5～7cm，摘除下部叶片，保留上部两对叶片，插入插床，深为插穗长度的1/3～1/2。

3. 硬枝插

选月季完全木质化不带叶片的健壮枝条做插穗，插穗的剪取及扦插方法同绿枝扦插。

4. 叶插

选虎尾兰健壮叶片，用刀片横切成段，每段5～7cm，在下切口切去一角，按原来上下方向插入插床2～3cm深。

5. 扦插管理

扦插生根前主要是水分的管理，保持插床较高的空气湿度，光照过强要搭遮荫网，喷洒杀菌药剂等；生根后适当减少浇水，加强通风，逐渐见光。

四、分析与讨论

1. 如何确定扦插的时间？
2. 如何选择插穗？给你一种花卉，你怎样判断应采用哪一种扦插方法？
3. 如何判断插穗已成活？怎样才能提高插穗的成活率？

五、实训作业

整理各种扦插方法的操作步骤，统计扦插成活率；分析扦插成活率高低的原因。

实训二十　菊花、杜鹃花的嫁接繁殖技术

一、实训目的

掌握菊花、杜鹃花的嫁接原理和基本操作技术。

二、实训材料与用具

菊花（接穗）、青蒿或黄蒿（砧木），不同品种杜鹃花；嫁接刀、柳枝茎皮套、塑料条等。

三、实训方法与内容

（一）菊花的嫁接

1. 砧木的选择及处理

于秋冬或初春到野外挖取青蒿或黄蒿苗，栽于苗床培养。5月中旬，在距主茎12～15cm处切断青蒿，用嫁接刀从切断面由上而下纵切一刀，刀口深约2cm左右。

2. 接穗的处理

将菊花接穗剪成楔形，插入青蒿枝的纵切口内，使其形成层吻合，用柳枝茎皮套套好或用塑料条绑扎好。嫁接后套袋保湿。青蒿枝保留1～2片叶子，待其与接穗愈合后再全部摘去。

（二）杜鹃花的嫁接

1. 砧木选择

砧木应选择生长健壮、适应性强、嫁接亲和力好、成活率高的品种。

2. 嫁接时间

嫁接时间以5～6月份或9～10月份为最好。我国南北气候相差较大，也可以根据当地气候适当提前或延后。

3. 嫁接方法

（1）腹接法　在杜鹃砧木的腰腹处，用刀片向下斜切（30°左右）深至木质部，切口长度约1.5cm左右；将接穗下端削成楔形，嵌入砧木的切口内，使两者的形成层对齐，用塑料带扎紧，使接口密封。如砧木较粗壮时，可同时在不同方位上嫁接数个接穗。

（2）抹头劈接　砧木枝条仅顶端有几轮叶片，而中下部无叶时，宜采用此法。将砧木带叶的枝梢剪掉，在剪口的中央向下纵切深1cm的切口。把接穗（带有叶片的枝梢）基部削成0.8cm长的鸭嘴状，插入砧木切口，使一侧的形成层对齐，用塑料带绑扎好。砧木的切口和接穗的削面应光滑平整，砧木与接穗的接触面要尽可能宽。

4. 接后的管理

嫁接后必须罩上塑料薄膜保护，以防止切、削面的水分蒸腾和雨水、露水流进接口。罩内温度不得超过30℃，湿度保持80%以上。接后移入塑料大棚内。保持棚内空气相对湿度80%以上，气温在25℃左右，不超过35℃，庇荫养护。20天后可愈合，1个月后将薄膜去掉，进行正常管理。

四、分析与讨论

1. 如何选择接穗？采用劈接时，砧木上为什么一定要保留几片叶子？对砧木及接穗切口及削面有什么要求？

2. 砧、穗相接时应注意哪些问题？（提示：可以从接触面、形成层、接口三方面考虑）

3. 春、秋两季腹接的花木各以何时剪除砧木为好？

五、实训作业

试用不同品种的杜鹃花相互嫁接、不同花色的菊花嫁接在同一株砧木上。

实训二十一　　露地花卉识别

一、实训目的

熟练认识和区别各类露地花卉，掌握常见花卉的习性、观赏特性、识别要点和园林用途。

二、实训材料与用具

钢卷尺、直尺、卡尺、铅笔、笔记本；露地花卉40余种。

三、实训方法与内容

1. 由指导教师带领学生到花圃或花卉应用场地，结合花卉实物讲解其形态特征、生态习性及园林应用形式。

2. 在教师指导下，学生实地观察并记录花卉主要观赏特征，测量植株的高度、花径的大小等。

3. 学生分组进行课外活动，复习花卉的主要观赏特征、生态习性及园林应用。

四、分析与讨论

1. 讨论如何快速掌握花卉主要的观赏特性？如何准确区分同属相似种，或虽不同科但却有相似特征的花卉种类？

2. 分析讨论园林花卉的应用形式有哪些？进一步掌握花卉的生态习性及应用特点。

五、实训作业

总结40种露地常见一二年生花卉、宿根花卉、球根花卉的识别要点、主要观赏特性、生态习性及园林应用形式，形成实训报告。

实训二十二　　露地花卉整形、修剪技术

一、实训目的

了解花卉整形、修剪的适期，掌握露地花卉整形修剪的基本方法。

二、实训材料与用具

枝剪、手锯；常见的各类一年生花卉及多年生草本或木本花卉，如一串红、菊花、月季等。

三、实训方法与内容

由指导教师指导，学生具体操作，对实训基地的一年生花卉及多年生花卉进行生长期和休眠期的修剪。具体方式是以小组或个人为单位分配修剪管护任务，即由小组或某个学生负责某几种花卉或某个栽植地段花卉的修剪养护工作，并由指导老师适时监督检查修剪管护的结果。

实际训练内容包括：

① 生长期修剪，包括摘心、抹芽、剥蕾、疏花和疏果等技术措施；

② 休眠期的修剪，包括疏剪和短截等技术措施。

四、分析与讨论

1. 分析讨论如何确定不同花卉的整形、修剪时间和修剪方法。
2. 分析各种整形、修剪方法的技术要点及对花卉生长发育的影响。

五、实训作业

总结各种花卉整形、修剪方法的技术要点及作用，并以报告形式上交作业。

实训二十三　切花菊的张网、剥芽技术

一、实训目的

1. 要求学生熟悉切花菊生长发育规律及产品要求。
2. 掌握张网、剥芽技巧。

二、实训材料与用具

塑料袋、竹签、芽接刀、竹竿、铁丝、切花菊、苗床等。

三、实训方法与内容

1. 张网

选用切花菊苗床，当切花菊长到15cm以后，根据苗床长宽及株行距设计网的长宽及网孔大小，并张网。在苗床四周每隔2m插一高为1m的竹竿，并将事先结好的网固定在竹竿上，要求平整、踏实，定期（半月左右1次）向上提拉。可张2层网，使菊花在网内均匀分布。

2. 剥芽

在定苗后应及时剥去下部腋芽，待芽长到0.5cm时开始剥芽，用竹签、芽刀或直接用手抹除腋芽，操作中不可损伤菊花枝叶，剥除要干净、及时。

四、分析与讨论

剥芽的要求和作用有哪些？

五、实训作业

整理、记录切花菊张网操作的过程及张网的标准与要求，形成实训报告。

实训二十四　唐菖蒲的定植技术

一、实训目的

1. 要求学生熟悉唐菖蒲球茎定植前的处理方法。
2. 掌握唐菖蒲定植技术。

二、实训材料与用具

唐菖蒲生产用种球、高锰酸钾、萘乙酸、刀片、有机肥、铁锹、耙子、移植铲、喷壶等。

三、实训方法与内容

1. 种球的选择与处理

选择健壮的唐菖蒲种球，剥去外皮膜，挖出根盘残留物，用清水浸泡种球6小时，再用0.5%的高锰酸钾溶液浸泡1小时，捞出后置于温度为15～20℃环境条件中催芽，待白根露尖后播种。

2. 作畦

整地并施入足量的有机肥，作宽 1.0m，高 15cm 的种植畦。

3. 定植

按 15cm×20cm 的株行距定植，覆土 5～8cm，浇透水后扣上地膜。

四、分析与讨论

如何确定唐菖蒲种球栽培的数量和播种期？

五、实训作业

观察唐菖蒲球茎在吸水前及催芽后的变化，分析其变化的原因，形成实训报告。

实训二十五　花卉培养土的取材与处理

一、实训目的

1. 熟悉配制培养土常见的土壤或基质种类，了解它们的来源和取材方法。
2. 掌握土壤处理与消毒的常用方法。

二、实训材料与用具

蛭石、珍珠岩、园土、腐叶土、堆肥土、泥炭土、河沙、锯末、煤渣、陶粒、树皮、钢筛、铁锨、喷雾器、粉碎机、搅拌机、铁锹、筐等。

三、实训方法与内容

1. 培养土的种类识别

识别园土、泥炭土、腐叶土、厩肥土、河沙、蛭石、珍珠岩、锯末、煤渣、陶粒、树皮等。

2. 培养土的取材

组织学生分别到不同的场所采集河沙、园土、腐叶土等材料。珍珠岩、蛭石、泥炭土、陶粒、厩肥土等则需要购买。

3. 培养土的过筛与消毒

将河沙、园土、腐叶土和厩肥土分别用 1～2cm 网孔的筛子过筛，除去杂物粗块后分别堆积，按每立方米拌入 400～500ml 的量拌入 40% 的福尔马林药液消毒，消毒后立即用塑料薄膜覆盖，密闭 24 小时后揭去薄膜，待药物全部挥发后使用。

四、分析与讨论

组间相互讨论，应如何识别腐叶土？哪种林下的腐叶土更好？哪种消毒方法对培养土的消毒效果最好？

五、实训作业

1. 识别常见的培养土如园土、腐叶土、泥炭土、珍珠岩、蛭石、陶粒、堆肥土等。
2. 记录培养土取材与消毒过程，整理成实训报告。

实训二十六　盆栽花卉的上盆、换盆与翻盆技术

一、实训目的

掌握盆栽花卉上盆、换盆、翻盆的技术要点。

二、实训材料与用具

草花幼苗、各类盆花、不同型号的花盆、不同种类的基质、花铲、铁锹、花枝剪、喷壶等。

三、实训方法与内容

1．培养土的配制

取已过筛、消毒的各类土壤或基质，按下列配方充分混合，配制成相应的培养土。

① 播种或扦插：园土1份、草木灰1份，或单独使用河沙。扦插用的河沙较粗，直接用建筑用河沙即可；播种用的河沙较细，要用过筛的细河沙。

② 草花幼苗：蛭石1份、园土1份、腐叶土1份。

③ 草本盆花：肾蕨、吊竹梅、龟背竹、万年青等可用园土2份、河沙1份、木屑或泥炭土1份；凤梨科、萝藦科、爵床科、多肉花卉等可用蛭石2份、园土2份、泥炭土（或腐叶土）4份、河沙1份；天南星科、竹芋科、苦苣苔科、蕨类及胡椒科花卉等可用蛭石2份、园土2份、泥炭土（或腐叶土）5份、河沙1份。

④ 木本盆花：蛭石2份、园土2份、泥炭土2份、腐叶土1份、干燥腐熟的厩肥0.5份。

也可按下列配方配制。

① 一般盆栽花卉：山泥2份、园土2份、腐殖土1份、草木灰1份；或园土4份、堆肥4份、河沙2份、草木灰1份，适用于文竹、瓜叶菊、菊花、四季海棠、天竺葵、一品红等。

② 偏酸性花卉：山泥1份、腐殖土1份、园土4份，适用于茉莉、米兰、栀子花、金橘等。

③ 偏碱性花卉：陆生型仙人掌类花卉如仙人掌、仙人球、宝石花、山影拳等，可用园土1份、山泥2份、河沙1份，或腐叶土2份、园土3份、粗沙4份、细碎瓦片屑1份，或园土2份、草木灰1份；附生型仙人掌类花卉如昙花、令箭荷花等，可用腐叶土3份、园土3份、粗沙3份、骨粉1份、草木灰1份。

2．pH值的测定和调节

取少量培养土置于干净的烧杯中，按土与水1∶2的比例加入凉开水，经充分搅拌沉淀后，将pH试纸放入溶液内约1～2秒后取出，与标准比色板比色，即可得知该种培养土的pH值。若酸性过高，可加入少量石灰粉调节；若碱性过高，则可加少量硫黄粉。

3．上盆

根据苗株的大小选择大小合适的花盆，用瓦片盖住花盆的排水孔。喜排水良好土壤的花卉还要放些碎片、粗土于盆底，装入培养土，将幼苗放于花盆中央深浅适当的位置，填土于苗根四周，用手指压紧或将花盆提起在地上墩实，土面与盆口应有2～3cm距离（"水口"）。浇透水，放庇荫处。

4．换盆与翻盆

把待换盆花脱出原盆，脱盆时分开左手手指，按放于盆面植株的基部，将盆提起倒置，并用右手轻扣盆边和盆底，植株的根与基质所形成的球团即可取出。如植株很大，应由两人配合进行操作，其中一人用双手将植株的根茎部握住，另一人用双手抱住花盆，在木凳上轻磕盆沿，将植株倒出。修剪根坨和上部多余枝叶，换入新盆，栽植方法参照上盆方法。

四、分析与讨论

分析讨论上盆、换盆和翻盆的操作技巧，通过结果比较，找出操作中存在的问题。

五、实训作业

1. 分析上盆、翻盆与换盆的不同之处。
2. 对实训过程及结果进行分析讨论，并整理成实训报告。

实训二十七　温室花卉浇水与施肥技术

一、实训目的

掌握温室花卉浇水和施肥的基本技术；学习矾肥水的沤制方法。

二、实训材料与用具

喷雾器、喷壶、花铲、缸；盆花；尿素、黑矾、油粕或豆饼、粪干、水等。

三、实训方法与内容

1. 沤制矾肥水

取硫酸亚铁（黑矾）、粪干（禽粪）、饼肥（油粕、豆饼、菜籽饼）与水，按1∶3∶5∶100的比例配制，置缸内混合，于阳光下暴晒发酵1个月左右，当肥料腐熟成黑绿色液体时，即可取其上清液兑水稀释100倍后施用。

2. 盆花的施肥

（1）基肥的施用　盆花栽植时将一定量的肥料（饼肥、蹄甲＞10%，骨粉、过磷酸钙＞1%）与土壤拌和，或埋入盆底及距盆边2cm、深约2～3cm的地方。

（2）追肥的施用

① 根外追肥　幼苗期叶面喷施0.1%～0.5%的尿素（草本成株0.2%～1%、木本成株0.5%～1%）可促进枝叶生长；孕蕾期喷施0.2%～0.3%的磷酸二氢钾，可使花大色美。酸性花卉喷施0.1%～0.2%的硫酸亚铁可防止叶片黄化。

② 土壤追肥　一是施固体肥料，即将腐熟的饼肥或无机肥尿素、磷酸二氢钾等撒施土表与土壤混合，或上覆土壤，肥料可随浇水慢慢分解吸收；二是浇灌液肥，除可用"矾肥水"稀释浇灌喜酸性温室花卉外，也可用其他肥料浇施。施肥时要遵循"薄肥勤施"的原则。

3. 浇水

按"见干见湿"、"宁干勿湿"、"宁湿勿干"的浇水原则给各类盆花浇水。

四、分析与讨论

1. 组内讨论盆花缺水与缺肥的判断方法。
2. 组间比较沤制矾肥水及盆花施肥、浇水的养护结果，并教师分析点评存在的问题。

五、实训作业

1. 记录矾肥水的材料用量、配制过程和腐熟特点。
2. 记录不同花卉的施肥方法和浇水方法，总结养护结果。

实训二十八　温室花卉整形、修剪技术

一、实训目的

熟悉花卉的生长发育规律，掌握温室花卉整形、修剪技术。

二、实训材料与用具

花卉材料、剪枝剪、刀片、细绳、米尺、笤帚、塑料袋、花卉材料等。

三、实训方法与内容

选定花卉材料，由教师指导学生分组进行整形修剪。

1. 无用枝修剪

先修剪枯枝、残叶、残花，再修剪徒长枝、过弱枝、砧木萌蘖。

2. 定型修剪

根据株形培养计划，去除多余枝或叶；根据花期及花枝数，确定摘心、抹芽、摘蕾数量；根据花卉生长特性，确定对枝条进行重剪（只留基部1～2个芽）、中剪（剪去1/2）还是轻剪（剪去1/3）。

四、分析与讨论

小组间相互检查比较整形修剪结果，然后由教师点评。

五、实训作业

1. 比较修剪植株与未修剪的生长状况。
2. 根据结果，分析和总结整形修剪的目的和作用是什么？

实训二十九　香石竹的摘心、疏芽与抹蕾技术

一、实训目的

熟悉香石竹生长发育规律，掌握香石竹的摘心、疏芽与抹蕾操作技术。

二、实训材料与用具

香石竹、生产苗木；直尺、芽接刀、塑料袋、喷雾器、杀菌剂。

三、实训方法与内容

在教师或技术人员指导下，分组选定苗床，按生产管理方案进行摘心、疏芽和抹蕾操作。每次操作后要喷施杀菌剂，并注意以下两点。

1. 摘心的次数与方法

摘心次数和方法，依据栽培类型、品种性状及对花期的要求不同而不同。有一次摘心、二次摘心及第二次半摘心三种方法，分别适合于早熟品种中大花型品种的短期栽培、晚花性品种及提早采花又要均衡供花之间矛盾的情况时。一次摘心法是在定植后的30天左右生出5～6节时摘掉主茎，留4～5个侧枝开花；二次摘心法是在主茎摘心后侧枝长至5个节时，再对所发生的全部侧枝行二次摘心，留6～8个侧枝开花；第二次半摘心法是在二次摘心时仅对一次摘心产生的一半侧枝（上部1～2个侧枝）摘心，另一半侧枝不摘心，使分批开花。摘心时，切记不能向上提苗，以免松动根系。

2. 花枝的疏芽与抹蕾

花蕾发育后，除了要保留的顶花蕾外，下部侧花蕾以及第7节以上的全部侧芽都要及时抹去，第7节以下可选留1～2个作为下一批切花花枝培养，其余亦应尽早疏除。在芽或蕾呈豌豆粒大小时开始抹掉，操作时要注意不能伤及叶和预留枝芽。

四、分析与讨论

同学之间相互讨论香石竹摘心和抹蕾的意义和操作方法，教师逐一点评。

五、实训作业

通过实际操作，分析讨论因摘心、抹蕾技术操作不当引起的后果和应采取的解决措施。

实训三十　切花月季的采收与保鲜技术

一、实训目的

熟悉切花月季采收标准，掌握采收方法、采后处理及保鲜贮藏技术。

二、实训材料与用具

切花月季；枝剪、塑料水桶、保鲜剂、打刺机、保鲜柜、塑料袋、撕裂膜。

三、实训方法与内容

在清晨或傍晚采收，提前备好工具、用品，分组、分地点采收、保鲜。

1. 观察月季花萼是否平展，第1～2花瓣是否露色外展，留足营养枝长度，尽量延长切花枝长度达25cm，要求剪口平滑，及时将下切口浸入清水中。

2. 按品种色泽、长度分级，打去下部20～25cm叶和刺，喷上保鲜液，接12支（一级）、20支（二、三级）或30支（四级）为一束绑扎枝条中下部，再用塑料袋或纸袋套住花朵部分，放于2℃左右条件下贮藏。

四、分析与讨论

同学之间相互讨论月季采收的标准、分级要求和保鲜技术，教师进行总结点评。

五、实训作业

记录采收的过程及保鲜技术处理方法，分析保鲜的原理和作用。

实训三十一　温室花卉的识别

一、实训目的

能识别常见温室花卉100种，了解其生态习性、观赏特点及栽培管理要点。

二、实训材料与用具

放大镜、镊子、钢卷尺、直尺、卡尺、铅笔、笔记本；切花花卉10种，盆栽草本花卉45种，盆栽木本花卉45种。

三、实训方法与内容

1. 教师现场讲解每种花卉的名称、科属、生态习性、繁殖方法、栽培要点、观赏用途。

2. 学生分组进行课外活动，对温室花卉进行观察、识别，要求学生相互间对温室花卉的叶形、花形、花色以及果实等特点加以描述。课后复习各种花卉的生态习性、繁殖方法、栽培要点、观赏用途。

四、分析与讨论

每组选一个同学作代表，进行组间交流，教师进行总结。

五、实训作业

将100种花卉按种名、拉丁名、科属、观赏用途列表记录，形成实训报告。

实训三十二　仙人掌类植物的嫁接繁殖技术

一、实训目的

熟悉仙人掌类花卉中适宜嫁接繁殖的花卉种类，掌握嫁接繁殖的操作方法及接后管理方法。

二、实训材料与用具

量天尺、仙人掌、龙凤牡丹等彩球或仙人球、蟹爪兰；嫁接刀、镊子、棉线、酒精、仙人掌类的粗刺、塑料袋。

三、实训方法与内容

1. 嫁接时间

在温室内嫁接一年四季均可，但以春天到初夏（气温达到20～25℃时）的晴天嫁接为佳。

2. 嫁接方法

（1）平接法　适合在柱类和球形种类上应用。用嫁接刀在量天尺直根基向上10～20cm处平截，再斜削去几个棱角。用嫁接刀将仙人球下部平切，切面与砧木形成层大小一致，然后平放在砧木上，使二者形成层对齐。用棉线将仙人球固定，套上塑料袋防水。

（2）插接法　常用于嫁接蟹爪兰、仙人指等具有扁平茎节的种类。嫁接时，用嫁接刀将砧木（仙人掌、量天尺）横切，然后在顶部或侧面不同的部位切几个深达髓部楔型裂口，再将接穗下端两面削去一层皮，使之呈"鸭嘴"形，立即插入楔形裂口中，使接穗和砧木的维管束相接触，然后在砧木与接穗的重合部位插进粗刺或针，将接穗固定。

3. 嫁接后管理

嫁接后未愈合的植株放在空气流通、遮荫、湿度适中的场所，注意不要让水溅到接口上，一周后即可愈合，松绑，可正常管理。

四、分析与讨论

1. 分析嫁接刀为什么要用酒精消毒？砧木腐烂后如何处理？

2. 分析切面不平滑的原因？嫁接后切口为什么易腐烂？分析切口太干，接穗与砧木分离的原因？

3. 分析讨论嫁接成活的判断方法和嫁接不成功的原因？

五、实训作业

记录嫁接过程，检查嫁接的成活率，分析嫁接未成功的原因，并以报告形式上交作业。

参考文献

[1] 北京林业大学园林系花卉教研组. 花卉学 [M]. 北京：中国林业出版社，1990.

[2] 鲁涤非. 花卉学 [M]. 北京：中国农业出版社，1998.

[3] 曹春英. 花卉栽培 [M]. 北京：中国农业出版社，2001.

[4] 许荣彦. 花卉学 [M]. 北京：中国林业出版社，2002.

[5] 吴志华. 花卉生产技术 [M]. 北京：中国林业出版社，2003.

[6] 健辉. 观赏园艺 [M]. 广州：广东科技业出版社，2004.

[7] 李景侠，康永祥. 观赏植物学 [M]. 北京：中国林业出版社，2005.

[8] 杨念慈. 常见花卉栽培与欣赏 [M]. 济南：山东科学技术出版社，1985.

[9] 王莲英，朱秀珍等. 中国名贵花卉鉴赏与栽培 [M]. 合肥：安徽科学技术出版社，1997.

[10] 孙俊雄，费永俊. 我国花卉产业的现状及发展对策 [J]. 安徽农学通报，2007，13(16)：102-104.

[11] 钟秀媚. DIY手册：秋冬篇 [M]. 广州：广东科学技术出版社，2001.

[12] 刘艳. 园林花卉学 [M]. 北京：中国林业出版社，2003.

[13] 芦建国，杨艳容. 园林花卉 [M]. 北京：中国林业出版社，2007.

[14] 王秀娟，张兴. 园林植物栽培技术 [M]. 北京：化学工业出版社，2007.

[15] 金为民. 土壤肥料 [M]. 北京：中国农业出版社，2001.

[16] 路鹏等. 土壤质量评价指标及其时空变异 [J]. 中国生态农业学报，2007，15(4)：190-194.

[17] 赵样云，侯芳梅，陈沛仁. 花卉学 [M]. 北京：气象出版社，2001.

[18] 刘燕. 园林花卉学 [M]. 北京：中国林业出版社，2003.

[19] 张福墁. 设施园艺学 [M]. 北京：中国农业大学出版社，2001.

[20] 宛成刚. 花卉栽培学 [M]. 上海：上海交通大学出版社，2002.

[21] 刘庆华. 花卉栽培学 [M]. 北京：中国广播电视大学出版社，2001.

[22] 古润泽. 高级花卉工培训考试教程 [M]. 北京：中国林业出版社，2006.

[23] 陈卫元. 花卉栽培 [M]. 第2版. 北京：化学工业出版社，2010.

[24] 彭东辉. 园林景观花卉学 [M]. 北京：机械工业出版社，2008.

[25] 王三根. 常见花卉调控保鲜贮藏实用技术 [M]. 北京：金盾出版社，2005.

[26] 芦建国，杨艳容. 园林花卉 [M]. 北京：中国林业出版社，2006.

[27] 付玉兰. 花卉学 [M]. 北京：中国农业出版社，2001.

[28] 刘会超等. 花卉学 [M]. 北京：中国农业出版社，2006.

[29] 毛洪玉. 园林花卉学 [M]. 北京：化学工业出版社，2005.

[30] 孙世好. 花卉设施栽培技术 [M]. 北京：高等教育出版社，1999.

[31] 劳动和社会保障部教材办公室，上海市职业技术培训教研室组. 花卉园艺工 [M]. 北京：中国劳动社会保障出版社，2003.

[32] 郑秀珍. 一串红的栽培及花期控制 [J]. 湖北林业科技，2005，131(1)：56-57.

[33] 戴文平等. 一串红栽培管理技术 [J]. 现代农业科技，2007，3：22-24.

[34] 廖继红等. 鸡冠花主要病害的综合防治 [J]. 江西园艺，2001，1：36-37.

[35] 岳桦. 园林花卉 [M]. 北京：高等教育出版社，2006.

[36] 张晓平等. 万寿菊栽培技术 [J]. 北方园艺，2007，(6)：192-193.

[37] 张伟祥等. 万寿菊栽培技术 [J]. 现代农业科技，2007，(19)：67.

[38] 丁学才等. 万寿菊高产栽培技术 [J]. 北方园艺，2007，(5)：183-184.

[39] 刘文华. 矮牵牛育苗及栽培养护技术 [J]. 山西农业，2006，(2)：50-51.

[40] 蔡连捷等. 千日红的栽培及利用价值 [J]. 特种经济动植物，2002，(5)43.

[41] 黄毓明等. 麦秆菊栽培与采种技术 [J]. 种子科技，2000，(5)：289.

［42］吴玉堂. 金盏菊栽培技术［J］. 中国林副特产，2007，90（5）：56.

［43］张扬城等. 三色堇的生物学特征特性及栽培技术特点［J］. 福建农业科技，2006，（5）：49.

［44］毛忠良. 三色堇的采种栽培技术［J］. 西南园艺，2005，33（4）：49.

［45］哈新英. 羽衣甘蓝栽培技术浅析［J］. 园林科技，2006，101（3）：20-21.

［46］马成亮. 月见草的栽培与利用［J］. 林业科技，2002，27（6）：53-54.

［47］赵淑君. 玉簪的栽培管理［J］. 中国林副特产，2006，（2）：54.

［48］叶永忠，张赞平，葛得有. 北方习见植物［M］. 郑州：河南科学技术出版社，2000.

［49］陈健辉. 观赏园艺［M］. 广州：广东科技出版社，2004.

［50］李景侠，康永祥. 观赏植物学［M］. 北京：中国林业出版社，2005.

［51］陈俊愉. 中国花卉品种分类学［M］. 北京：中国林业出版社，2001.

［52］刘金海等. 观赏植物栽培［M］. 北京：高等教育出版社，2005.

［53］包满珠. 花卉学［M］. 北京：中国农业出版社，2003.

［54］古润泽. 高级花卉工培训考试教程［M］. 北京：中国林业出版社，2006.

［55］古润泽. 中级花卉工培训考试教程［M］. 北京：中国林业出版社，2006.

［56］徐民生. 仙人掌类及多肉植物［M］. 北京：中国经济出版社，1991.

［57］邱强，郝璟，赵世伟等. 花卉与花卉病虫原色图谱［M］. 北京：中国建材工业出版社，1999.

［58］武汉市园林技工学校，长春市城建技工学校. 花卉栽培学［M］. 北京：北京科学技术出版社，1999.

［59］吴涤新. 花卉应用与设计［M］. 北京：中国农业出版社，1994.

［60］王桂芝. "十五" 全国花卉产业建设工作总结（上）. 中国花卉报，2006-03-9.